동해와 독도

이 저서는 2018년 (재)독도재단 동해 및 독도 교육홍보자료 개발 사업의 지원을 받아 제작되었음.(독도재단-2018120610)

동해와 독도

김호동

지성인

-저자-

김호동

경북 대구 출생
영남대학교 문과대학 국사학과
동 대학원 국사학과 수료(문학박사)
전 영남대학교 독도연구소 연구교수
현 영남대학교 민족문화연구소 연구교수

저서 :
『독도·울릉도의 역사』, 『고려 무신정권시대 문인 지식층의 현실대응』, 『영원한 독도인 최종덕』, 『한국 고·중세 불교와 유교의 역할』, 『한국사6』(공저), 『울릉도·독도의 종합적 연구』(공저), 『독도를 보는 한 눈금 차이』(공저), 『울릉군지』(공저) 등

논문 :
「조선 숙종조 영토분쟁의 배경과 대응에 관한 검토」, 「조선초기 울릉도·독도에 관한 '공도정책'의 재검토」, 「개항기 울릉도 개척정책과 이주실태」외 다수

동해와 독도

2018년 12월 31일 초판 1쇄 발행

저 자   김호동
펴낸이   엄승진
책인편집.디자인   안암골 호랑이
펴낸곳   도서출판 지성인
주 소   서울 영등포구 여의도동 11-11 한서빌딩 1209호
메 일   Jsin0227@naver.com
연락주실 곳   T) 02-761-5915   F) 02-6747-1612
ISBN   979-11-89766-00-9 93300

정가 38,000 원

잘못 만들어진 책은 본사나 구입하신 곳에서 교환하여 드립니다.
이 책은 저작권법에 의해 보호를 받는 도서이오니 일부 또는 전부의 무단 복제를 금합니다.

책머리에

　필자는 1982년에 영남대학교 민족문화연구소에 첫 발을 내딛으면서 1997년 경상북도의 지원을 받아 1998년에 『울릉도·독도에 관한 종합적 연구』를 발간하였다. 이 도서의 '총론'과 「군현제의 시각에서 바라다 본 울릉도·독도」를 집필하였다. 뒤돌아보면 독도 연구를 한지 21년이 된다. 2005년 5월 11일, 영남대학교 독도연구소를 개소하였으며, 2007년 6월에 『독도·울릉도의 역사』(영남대학교 독도연구총서 1, 경인문화사)를 단독으로 출간하였다.

　2007년 12월 1일에 영남대학교 독도연구소는 '교육과학기술부(현재의 교육부) 정책중점연구소'로 선정되었다. 그런 연유로 민족문화연구소를 떠나 독도연구소 연구교수가 되었다. 교육과학기술부 정책주제는 【독도학 정립을 위한 학제간 연구】이다. 그 연구 성과인『독도영유권 확립을 위한 연구』Ⅰ~Ⅷ(공저)를 발행하였으며, 거기에 「『竹島문제에 관한 조사연구 최종보고서』에 인용된 「일본 에도시대 독도문헌 연구」, 「지방행정체계상에서 본 울릉도·독도 지위의 역사적 변화」, 「『竹島考證』의 사료 왜곡」, 「일제시대 도리이 류조(鳥居龍藏)의 눈에 비친 울릉도」, 「한일 양국에서 누가 먼저 '독도'를 인지하였는가-일본 외무성의 竹島 홍보 팸플릿의 포인트 1, 2 비판-」, 「울릉도의 역사로서 '우산국' 재조명」, 「메이지시대 일본이 동해와 두 섬(독도·울릉도) 명칭의 변경의도에 관한 검토」, 「독도 영유권 공고화와 관련된 용어 사용에 대한 검토」, 「「일로청한명세신도」에 표기된 '일본해' 명칭의 역사적 의미」, 「독도의용수비대 정신 계승을 위한 제안」, 「일본의 북방영토 문제와 독도 문제의 차이점」, 「『竹島考』분석」, 「일본의 독도 '고유 영토설' 비판」, 「「明治 10년 太政官指令-竹島外一島件은 本邦과 관계없다-을 둘러싼 제문제」(杉原 隆)의 비판」, 「조선시대 독도·울릉도의 인식과 정책 검토」, 「울릉도와 독도로 건너간 사람들」, 「독도 주민 정착과정의 역사적 고찰」, 「한국 고지도가 증명하는 독도 영유권」, 「제1·2기 '『竹島문제에 관한 조사연구』중간·최종보고서'의 비교·검토」, 「교육과정과 해설서의 독도기술과 학교급별 체계적 독도교육의 방안 모색」, 「안용복이 살았던 시대」, 「월송포진의 역사」, 「우리나라 독도교육 정책의 현황과 과제」, 「정부기관 산하 독도 홍보사이트의 현황과 과제」 등 필자의 25개 논문이 수록되어 있다.

2012년 9월에 최종덕의 딸 최은채의 건의에 따라 『영원한 독도인 최종덕』을 출간했다. 『영원한 독도인 최종덕』의 경우 2012년 동북아역사재단 '독도학술상'으로 선정되었다. 그 후 『안용복과 울릉도·독도』를 단독으로 출간했다.

이번에 제작하는 책은 『독도 영유권 확립을 위한 연구』(Ⅰ~Ⅶ)에 수록되지 않은 논문들이다. 제1편의 【'동해'와 '환동해문화권'】에는, 「동해의 바닷길과 울릉도·독도」, 「개항 전후 환동해문화권 거점항 '원산'을 둘러싼 러·일의 각축」의 미발표 논문과, 「일제의 한국침략에 따른 '일본해' 명칭의 의미 변화-일본 고지도를 중심으로-」의 3편으로 엮었고, 제2편의 【'울릉도'와 '독도'】에는, 「이사부, 우산국 복속의 역사적 의미」, 「울릉도·독도 어로활동에 있어서 울산의 역할과 박어둔」, 「『竹嶋紀事』에 나타난 안용복·박어둔 진술서 분석 및 '우산도' 인식」, 「메이지시대 일본의 울릉도·독도 정책」, 「「鬱島郡節目」을 통해본 1902년대의 울릉도 사회상」, 「독도마을 정책강화 방안」, 「개항기 울도 군수의 행적」 등 7편과 「이규원 검찰사가 수행한 사람들과 울릉도에서 마주친 사람들」, 「개항기 일본의 한국침략과 독도·울릉도」, 「역사·지리적 관점에서 본 독도」의 미발표 논문 3편을 포함 13편의 논문으로 엮었다.

마지막으로 이 책의 출판을 기꺼이 허락한 독도재단과 편집을 맡아 애쓰신 편집진 여러분께 고마움을 전한다.

2018년 12월 10일
영남대학교 민족문화연구소에서

김호동 씀

목차

책머리에 / 5

제1편 / '동해'와 '환동해문화권'

제1장 동해의 바닷길과 울릉도·독도 ························ 13
Ⅰ. 머리말 / 13
Ⅱ. 동해의 해양조건 / 15
Ⅲ. 개항기 전후의 동해 바닷길과 울릉도·독도 / 25
Ⅳ. 맺음말 / 40

제2장 개항 전후 환동해문화권 거점항 '원산'을 둘러싼 러·일의 각축 ······ 42
Ⅰ. 머리말 / 42
Ⅱ. 개항 전후 元山港을 둘러싼 러·일의 각축 / 43
Ⅲ. 고지도를 통해 본 동해의 뱃길, 원산의 뱃길 / 58
Ⅵ. 맺음말 / 61

제3장 일제의 한국침략에 따른 '일본해' 명칭의 의미 변화
-일본 고지도를 중심으로- ························ 65
Ⅰ. 머리말 / 65
Ⅱ. '동해' 명칭에 대한 일본의 주장과 한국 대응의 문제점 / 68
Ⅲ. 일본의 '동해' 명칭의 변화에 나타난 영토팽창 의지 / 77
Ⅳ. 맺음말 / 109

제2편 / '울릉도'와 '독도'

제4장 이사부, 우산국 복속의 역사적 의미 ························ 125
Ⅰ. 머리말 / 125
Ⅱ. 이사부, 512년 우산국 복속의 역사적 의미 / 126
Ⅲ. 우산국 멸망시기 / 135
Ⅳ. 맺음말 / 140

제5장 울릉도·독도 어로활동에서의 울산의 역할과 박어둔
  - 조선 숙종 조 안용복·박어둔 납치사건의 재조명- ················· 144
  Ⅰ. 머리말 / 144
  Ⅱ. 숙종 조 울릉도·독도 어로활동 거점으로서의 울산지역 / 147
  Ⅲ. '박어둔'을 비롯한 울산 사람들이 울릉도·독도로 간 까닭 / 162
  Ⅳ. 맺음말 / 175

제6장 『竹嶋紀事』에 나타난 안용복·박어둔 진술서 및 '우산도'
  인식 ··· 180
  Ⅰ. 머리말 / 180
  Ⅱ. 『竹嶋紀事』에 나오는 안용복·박어둔 구두진술 / 181
  Ⅲ. 『竹嶋紀事』에 나오는 '우산도' / 196
  Ⅳ. 맺음말 / 202

제7장 메이지시대 일본의 울릉도·독도 정책 ···················· 204
  Ⅰ. 머리말 / 204
  Ⅱ. 1876년 전후의 일본의 울릉도·독도정책의 변화 / 205
  Ⅲ. 맺음말 / 230

제8장 개항기 일본의 한국침략과 독도·울릉도 ·················· 233
  Ⅰ. 머리말 / 233
  Ⅱ. 개항 이전 일본의 한국침략 기도와 독도·울릉도 / 235
  Ⅲ. 개항 이후 일본의 한국침략과 독도·울릉도 / 241
  Ⅳ. 러일전쟁 전후 일본의 독도 침탈 / 270
  Ⅴ. 맺음말 / 283

제9장 이규원 검찰사가 수행한 사람들과 울릉도에서 마주친
  사람들 ·· 286
  Ⅰ. 머리말 / 286
  Ⅱ. 이규원 검찰사가 울릉도에서 수행한 사람들 / 288
  Ⅲ. 이규원 검찰사가 울릉도에서 마주친 사람들 / 298
  Ⅳ. 이명우의 「울릉도기」와 이규원의 「울릉도검찰일기」 비교 / 305

V. 조선 후기 수토관들과 이규원의 「울릉도검찰일기」 비교 / 311
VI. 맺음말 / 315

제10장 개항기 울도 군수의 행적 ················ 320
  I. 머리말 / 320
  II. 울도 군수의 행적 / 321
  III. 맺음말 / 350

제11장 「鬱島郡節目」을 통해 본 1902년대의 울릉도 사회상 ········ 353
  I. 머리말 / 353
  II. 「鬱島郡節目」의 탈초문과 번역 / 355
  III. 「鬱島郡節目」에 나타난 울릉도의 사회상 / 358
  IV. 맺음말 / 384

제12장 '독도마을' 정책 강화 방안 ················ 387
  I. 머리말 / 387
  II. 왜 '독도마을'이 필요한가? / 389
  III. '독도마을' 조성 정책 강화 방안 / 395
  IV. 맺음말 / 412

제13장 역사·지리적 관점에서 본 독도 ················ 416
  I. 머리말 / 416
  II. 지리적 관점에서 본 독도 / 418
  III. 일본 자료를 통한 역사적 관점에서 바라본 독도 / 429
  IV. 맺음말 / 441

제 1 편

'동해'와 '환동해문화권'

제1장 | 동해의 바닷길과 울릉도·독도
제2장 | 개항 전후 환동해문화권 거점항
        '원산'을 둘러싼 러·일의 각축
제3장 | 일제의 한국침략에 따른 '일본해' 명칭의 의미 변화

제1장

동해의 바닷길과 울릉도·독도

Ⅰ. 머리말

　목포대학교 도서문화연구원이 【해양실크로드와 항구, 그리고 섬】을 주제로 삼아 학술대회를 개최하기로 하였다. 그 계획서는 다음과 같다.
　경상북도에서 2014년을 '해양실크로드 탐사의 해'로 정하여, 포항에서 출발해 중국 닝보·광저우, 베트남 다낭, 인도네시아 자카르타, 말레이시아 포트클랑, 인도 콜카타, 스리랑카 콜롬보, 인도 캘리컷, 오만 무스카트를 거쳐 이란 반다르아바스에 도착하는 탐사가 계획되어 있다. 이번 학술회의는 고대 해양실크로드의 종착지였던 신라의 경주에서, 동아시아 해양 실크로드가 지닌 역사적 의미를 고찰하기 위함이다. 21세기 신해양 시대를 맞아 동아시아 국가들이 지닌 해양 문화에 대한 관심도를 점검한다는 의미에서 해양 실크로드의 발달에 중요한 거점 역할을 했던 동아시아의 항구와 섬의 관점에서 접근하기로 한다.
　계획서에 의하면 키워드는 '해양 실크로드', '항구', '섬'을 주제로 하고 있다. 2005년 11월, 강원도에서 동북아 4개 지역 지방정부 대표단이 춘천에서 모여 '동북아지역 경제협력체 형성을 위한 실질적 교류협력 방안'을 강구하고, 2008년부터 동북아지역 2개 지방정부(중국 지린성, 일본 돗토리현)와 동북아 지방정부간 첨단산업 기술교류체제 구축하고,

2009년 6월 29일, 동해 · 사카이미나토 · 블라디보스토크 정기여객선이 정식 취항하게 된 것은 '환동해문화권'을 활성화하기 위한 것이다. 이와 함께 경상북도에서 2014년을 '해양실크로드 탐사의 해'로 정하고, 동해안이 서 · 남해안과 함께 환동해경제권의 중심축으로서 역할을 수행하기 위해 7월 28일, 신동해안 해양수산 마스터플랜과 신해양시대 동해안 상생발전을 위한 다음과 같은 공동선언문을 발표했다.

경상북도와 동해안 5개 시 · 군은 무한한 자원의 보고이자 인류에게 남겨진 마지막 꿈이 바다라는 사실을 직시하면서, 동해안에서 경북의 미래를 견인할 신성장 동력을 창출하고 이를 통해 도민의 행복 실현과 환동해 경제권 중심지역으로 도약해 나간다.

이에 우리는 민선 6기 출범과 함께 100만 동해안 지역민들의 염원과 의지를 담아 바다에서 부를 창출하고 신해양 시대를 열어 나가기 위해 다음과 같이 공동 협력한다.

하나. 북극항로 개척과 환동해 경제권시대 부상에 대비하여 국제물류 거점기지를 구축하고, 동해선을 유라시아 경제의 중심축으로 만들어 21세기 대한민국 통일시대를 준비해 나간다.

하나. 청청바다 동해안을 힐링 공간으로 조성하고 수려한 산림과 역사 문화, 연안 경관자원을 상호 연계해 융복합 관광산업을 육성해 나간다.

하나. 동해를 누구나 믿고 찾을 수 있는 깨끗한 바다, 안전한 바다, 풍요로운 바다로 만들고 수산업의 고부가가치화를 통해 어업인이 잘사는 행복한 어촌을 만들기 위하여 함께 노력한다.

하나. 동해안의 풍부한 해양자원을 활용하여 지역특화 해양산업의 기반을 조성하고, 첨단 해양산업을 육성하여 지역의 미래 먹을거리를 창출해나간다.

하나. 대한민국 울릉도와 독도를 우리나라 국민뿐만 아니라 세계인이 자유롭게 찾을 수 있도록 접근성을 개선하고, 한민족의 역사와 문화, 예술이 살아 숨 쉬는 평화의 섬으로 널리 알려 나간다.

2014년 7월 28일

목포대학교의 연구계획서와 경상북도 공동선언문을 통해 보면 "북극항로 개척과 환동해 경제권시대 부상에 대비하여 국제물류 거점기지를 구축하고, 동해선을 유라시아 경제의 중심축으로 만들어 21세기 대한민국 통일시대를 준비해나간다."는 것을 내세워 동해안 해양실크로드를 만들어 울릉도를 국제물류 거점도시로 만들고, 세계인이 자유롭게 찾을 수 있도록 독도를 평화의 섬으로 널리 알리기 위해【해양실크로드와 항구, 그리고 섬】이라는 총 주제 속에「동해의 바닷길과 울릉도·독도」를 소주제로 잡은 것이라 짐작한다. 그동안 독도와 관련된 연구는 '독도영유권'에 집착하는 일변도의 연구였다.

울릉도와 독도는 '해양실크로드의 거점'이 아니었으므로 역사적 사료가 적기 때문에「동해의 바닷길과 울릉도·독도」주제를 해결하기는 어렵다. 또, 한국의 고지도의 경우 육로 표시는 비교적 상세하지만 해로의 표시는 거의 없다. 그렇기 때문에 동해의 항구와 바닷길을 살펴보는 것은 쉽지 않았다.

지금의 경우 포항항, 울진 후포항, 동해 묵호항, 강릉항에서 울릉도 가는 배가 있지만 조선 후기 자료에 의하면 동남해연안민들은 울진, 삼척, 영해 주변에서 울릉도로 들어갔다. 근대 제국주의가 출현하면서 제국의 열강들이 군함과 포경선, 상선들이 동해 바다를 누비게 됨에 따라 원산과 울릉도, 독도가 주목되기 시작하였다.「동해의 바닷길과 울릉도·독도」란 제목에서 그것을 강조하고자 한다.

Ⅱ. 동해의 해양조건

동해의 두 섬은 '울릉도'와 '독도'이다. 이 두 섬에 대해서는 고대의 경우 512년, 신라 이사부의 우산국 복속 기록만이『삼국사기』와『삼국유사』에 나온다. 그 기록을 보면 출항지와 울릉도 기착지, 바닷길이 나오지 않는다. 그 때문에 출항지가 '삼척'이거나 '강릉'설 등이 나온다. 그리고『고려사』의 기록에 울릉도와 우산도(독도)가 나오지만 바닷길과 항구는 나오지 않는다. 이러한 것에 관점을 두고 독도영유권에 집착하여 그간 연구가 진행되어 왔다.

한국은 동해, 남해, 서해(황해)의 삼면이 바다로 되어 있다. 전근대, 특히 고대 한국의 역사와 문화는 서해를 무대로 하여 중국 대륙문화와 접촉 교류하는데 발전하였다고 할 수 있다. 서해의 경우 지형 상 굴곡이 매우 강해서 도처에 정박처(항구)가 발달하여 해상교통이 발달할 수 있는 여건을 구비하였다.

그에 반해 동해안은 지반이 융기한 방향과 나란하기 때문에 비교적 단조로우며, 수심이 깊고 파도가 거칠어 정박하기에 적합한 항구가 부족하고, 원거리 대양 항해도 힘들었다. 그렇기 때문에 이중환(李重煥)은 『擇里志』 '강원도'조에서 "동해는 조수가 없기 때문에 해수가 흐르지 않고, 汊港(차항, 물이 두갈래로 갈리는 곳)이나 도서의 가림이 없어 큰 못이나 평평한 방축에 임한 것과 같아 넓고 멀고 굉장하다."고 표현하였다. 이중환의 말처럼 수심이 깊고, 섬이 많지 않아 서해와 남해에서 보는 바와 같은 해상활동은 기대할 수 없었지만 고대부터 동해안 바닷가에 예와 옥저 등의 국가가 일찍이 성립되었고, 울릉도를 기반으로 하는 해상왕국, 우산국이 고대부터 고려시대 현종조까지 존재하였다.

해양지역의 접촉을 가능하게 하는 자연조건에는 해류와 조류, 바람이 있다. 서남해안 조류의 움직임은 매우 복잡하므로 지역 물길에 익숙한 집단이 해상권을 장악하고 세력화한다. 그렇지만 이중환의 말처럼 동해에는 조수가 없기 때문에 동해의 해양환경에 절대적인 요소는 해류 및 바람이다.[1)]

〈그림 1〉에서 보다시피 동해는 난류계인 쿠로시오(黑潮)와 한류계인 리만해류가 동시에 복합적으로 작동한다. 쿠로시오의 한 지파인 대한난류는 쓰시마(對馬島)를 가운데에 두고 동수도(東水道)와 서수도(西水道)로 나뉜다. 서수도를 통과한 해류는 한반도 남동단을 지나 동해로 들

---

1) 이하의 동해 해양조건의 경우 윤명철의「해양조선을 통해서 본 고대 한일관계사의 이해」(『일본학』14, 동국대학교 일본학연구소, 1995) 논문과「동해 문화권의 성격과 영일만의 문화적 위상」(『한국암각화연구』15)를 요약한 것이다. 〈그림 1~4〉도 그것을 인용하였음을 밝혀둔다. 이 논문들을 참조하여 필자는「삼국시대 신라의 동해권 제해권 확보의 의미」(『대구사학』65, 2001)를 쓴 적이 있다.

어가다가 원산 외해(外海)
와 울릉도 부근에 이르러
동쪽으로 전향한다. 동수
도를 통과한 해류는 북동
방향으로 흐르면서 일본
서안을 끼고 올라간다. 한
편 리만해류는 타타르해협
의 북단에서 남으로 내려
오다가 3개 해류로 갈라진
다. 첫째, 사할린 남단까지
흐르는 흐름을 리만해류,
둘째, 일종의 회류(回流)로
서 일본열도 쪽으로 가는
것을 연해주해류, 셋째, 계
속 남진해서 함경도 연안
을 따라 내려오는 북한해
류가 있다. 이 북한해류는

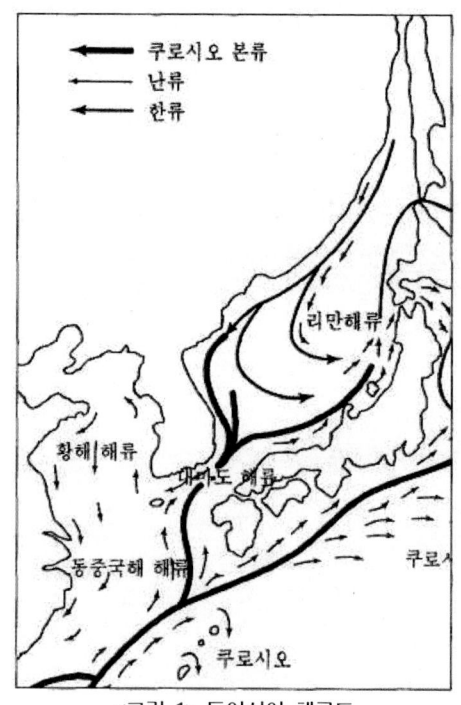

<그림 1> 동아시아 해류도

겨울과 여름에 따라서 남하 위치에 차이가 있고, 동해해역 남부까지 영향을 주게 되며, 경북 연안에서 침강되어 영일만 이남에서는 저층수나 연안 용승으로 나타난다. 리만해류는 연해주의 연안을 통과해서 한반도 동안에 접근해서 남하하고, 서남쪽에서 북상해온 대한난류와 동해의 중남부 해상에서 만나 원산의 외해와 울릉도 부근에 이르러 그 일부는 방향을 동으로 움직여 횡단하다가 올라간다. 노토반도(能登半島, 이시카와현(石川縣) 북쪽 지방)의 외해에서 리만해류의 주류와 합하기 때문에 한반도의 동남부를 출발하면 혼슈 중부 해안에 도착할 수 있다.

동해는 서해와 남해에 비하여 바람의 영향력이 강력하고, 계절에 따라 일정한 방향성을 가지고 있기 때문에 항해에 많은 영향을 끼친다. 여름에는 풍력이 약하고 남풍계열의 바람이 분다. 동남풍은 4월 중순에 시작하여 8월에 들어서면 제일 강성하며, 9월 이후에는 쇠퇴하기 시작한다. 반면에 서북풍이 주풍(主風)인 북풍계열의 바람은 9월 하순부터 시작하여 11월에 최강이 되고, 다음 해 3월까지 계속된다. 남풍계열의 바람은 일본열도에서 한반도로의 교류를, 북풍계열의 바람은 한반도에서 일본열도의 남부와 서부해안과의 교섭을 가능하게 한다.

동해는 항법상으로 도움을 받을 만한 섬들이 별로 없다. 울릉도와 독도가 있고, 일본 쪽에는 니이가타 앞의 사도섬, 이시가와현의 노토반도, 그리고 혼슈 남단인 오키 제도 등이 있을 뿐이라서 각 지역 간에는 반드시 원양항해를 할 수 밖에 없다.

동해의 이러한 환경조건 속에서 한·일간의 교류는 세 가지 항로를 상정할 수 있다.

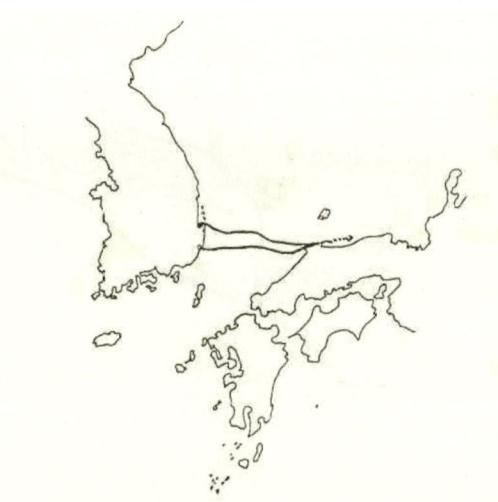

<그림 2> 동해남부 출항~혼슈 중부이남 항로

첫째, 동해 남부~혼슈 중부이남 항로이다(<그림 2>). 울산이나 감포, 포항 등 동해 남부의 해안을 출발하여 동해 남부를 횡단한 다음에 동해와 마주하고 있는 일본 혼슈 남부지역인 돗토리(鳥取)현의 다지마(但馬)·호키(伯耆), 시마네(島根)현의 이즈모(出雲)·오키(隱岐), 야마구치(山口)현의 나가토(長門) 등이다. 이렇게 도착한 다음에 목적에 따라 연안 혹은 근해 항해를 이용하여 북으로 후쿠이(福井)현의 敦賀(쓰루가)지역으로, 남으로 큐슈지역으로 다시 들어가기도 했다.

둘째, 동해 중부~혼슈 중부 이북 항로이다(<그림 3>). 동해 북부 해안에서 항구의 조건을 갖추고 있는 곳은 두만강 하구의 나진항, 청진항, 그리고 영흥만에 있는 원산항과 함흥만에 있는 흥남항이 있다. 발해 사신들은 동경 용흥부나 두만강 하류지역에서 출발하기도 했으나 남경

제1장_ 동해의 바닷길과 울릉도·독도 19

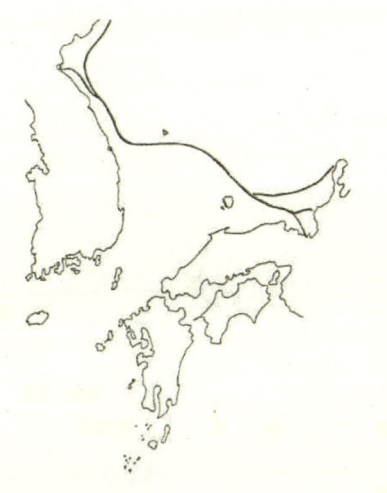

<그림 3> 동해 중부 이북 출항~혼슈 중부 이북 항로

남해부(현 鏡城의 吐號浦) 근처에서 출발했다. 고구려의 대왜 출항지는 원산, 혹은 그 이북의 함흥만 근처의 항구였을 가능성이 높다. 원산 등 동해안 북부 항구에서 출발했을 경우 일단 연안 항해를 해서 고구려 영토내의 최남단까지 내려온 다음에 삼척·울진, 혹은 그 이하에서 먼 바다로 나가 사단(斜斷)으로 일본열도 혼슈 중부 이북 지방으로 항진했을 것이다. 물론 중간에는 지형지물이 없음으로 울릉도와 독도를 좌우로 보면서 방향을 측정했을 것이다. 그리고 발해인들처럼 물길과 계절풍을 활용했을 것이다. 쿠로시오에서 분파된 해류는 동해 남부나 중부에서 출발한 선박을 일본 해안으로 자연스럽게 밀어 붙인다.

셋째, 연해주 항로이다(<그림 4>). 북으로는 하바로브스크와 비교적 가까운 항구인 그로세비치로부터 남으로는 블라디보스토크 등에 이르는 연해주 지역에서 출발하여 사할린과 홋카이도 등에 도착하는 항로이다.

넷째, 동해 남북연근해(南北沿近海) 항로이다. 동해 남북연근해 항로는 연안 항해 또는 근해 항해를 통해서 동해의 연안을 남북으로 오고 가는 항로이다. 항구 거점지역은 북으로 흑룡강 하구가 만나는 연해주의 북부 해안 일대에서 남부 해안, 두만강 하구, 동해의 북부와 중부 해역을 거쳐 남해의 여러 지역과 이어지는 긴 항로이다. 비록 불연속적이고 점 형태이지만 선사시대부터 사용됐을 것이다. 이러한 것은 암각화 분포지역을 통해서도 알 수 있다. 신라의 경우 울진과 삼척을 영토로 영속시키면서 우산국의 존재를 알게 되었고, 우산국을 복속시켰다고 이해하면 좋

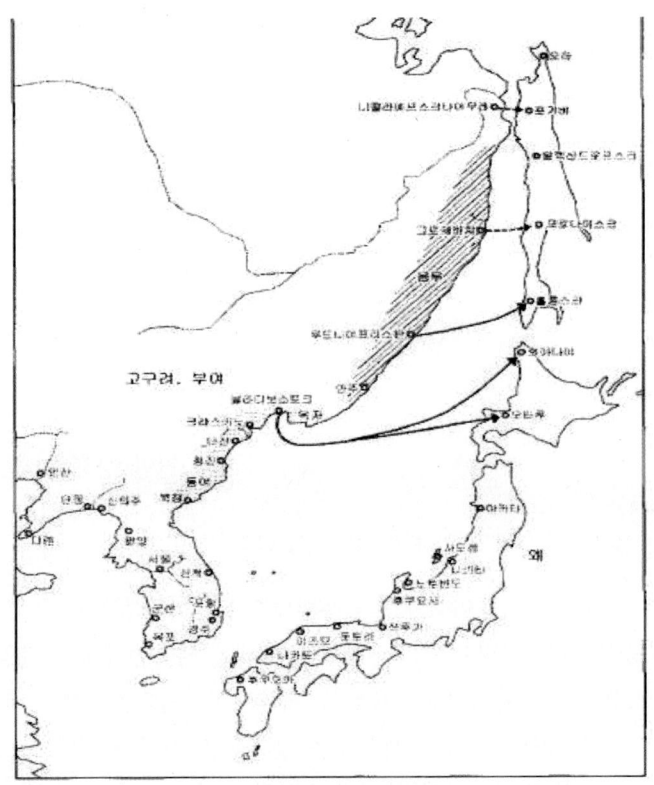

<그림 4> 연해주 항로

을 것이다.
　해류와 순풍을 타고 울릉도와 독도에 드나들기가 가장 좋은 지역이 삼척, 울진 지역이다. 울진의 대풍헌(待風軒)은 조선 후기 수토관들이 순풍, 바람을 기다리는 지역이다. 울릉도의 서면 태하에도 대풍감이 있다. 또 삼척, 울진 등의 동해안 지역과 울릉도는 서로 육안으로 보인다. 그리고 울릉도와 독도도 서로 육안으로 보인다. 그렇기 때문에 울릉도와 독도는 삼척, 울진 등지의 동해안 지역민의 삶의 터전으로서 하나의 생활공동체였다고 할 수 있다. 그것을 입증하는 사료는 『世宗實錄』「지리지」와 장한상의 『울릉도사적』이다. 다음의 사진들은 그것을 뒷받침하는 자료이다.

<강원도에서 바라 본 울릉도>
(이효웅 제공)

<울릉도에서 바라 본 독도>
(동북아역사재단 독도연구소)

<울릉도(학포)에서 바라 본 강원도>
(동북아역사재단 독도연구소)

<독도에서 바라 본 울릉도>
(동북아역사재단 독도연구소)

고대에서부터 조선 전기의 사료에 울진, 영해, 삼척 사람들이 울릉도와 독도에 드나든 자료가 있다. 그러나 조선 후기에 오면 울산, 부산, 전라도 남해안 어민들까지 동해 남북 연근해 항로를 따라 삼척, 울진지역으로 진출하여 울릉도와 독도로 건너갔다. 거문도 주변의 해류는 동남쪽으로 연결되었다. 거문도 주변의 해류는 제주도 해

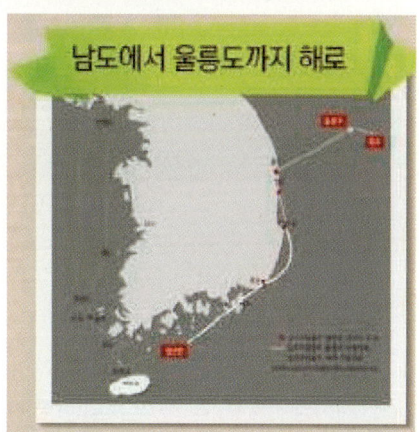
<그림 5> 남도-울릉도 항로

역에서 동쪽으로 올라오는 대만난류의 직접적인 영향을 받아 북동쪽으로 물이 낙조 할 때 남서쪽으로 드는 물의 속력보다 빨라 이 조류를 타면 빠르게 동남쪽 해역으로 드나들 수 있었다. 남동해안 항로에 위치한 거문도는 연도, 욕지도를 돌아 경상도 연안으로 진입하여 장기곶을 지나 울진, 영해 등으로 진출하여 울릉도와 독도로 진출하였다. 그리고 북동 계절풍을 타고 역순으로 돌아와 장기곶을 거쳐 남해안의 섬과 섬 사이를 타고 돌아왔다.[2]

1693년 안용복은 울릉도에 갔다가 일본 어부들에 의해 납치되었고, 3년 뒤인 1696년에는 울릉도와 독도에 있는 일본인들을 쫓아내고, 그들을 따라 일본으로 건너갔다. 이 행적을 문헌자료를 통해 항로를 표시하면 다음과 같다.

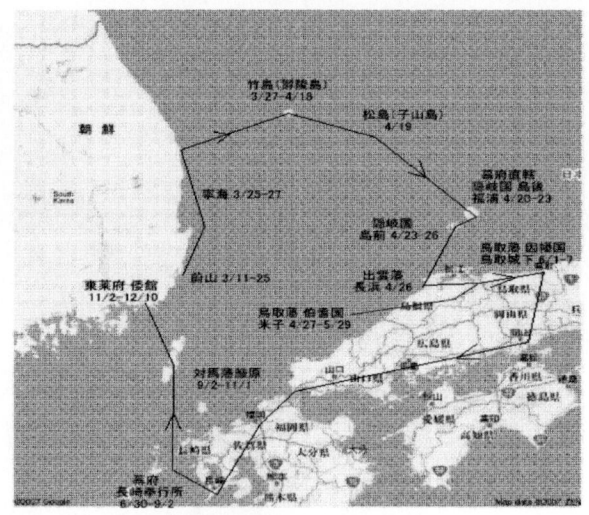

<그림 6> 1693년의 안용복 행적

---

2) 이에 관해서는 추효상, 「하계 한국 남해의 해항 변동과 멸치 초기 생활기 분포 특성」(『한국수산경영지』35, 2002) 및 고희종 외 2인, 「한반도 주변 해역 5개 정점에서 파랑과 바람의 관계」(『한국지구과학회지』26, 2005)의 연구 성과를 활용한 김수희, 「개척령기 울릉도와 독도로 건너간 거문도 사람들」(『한일관계사연구』38, 2011, 207~208쪽)의 연구논문이 있다.

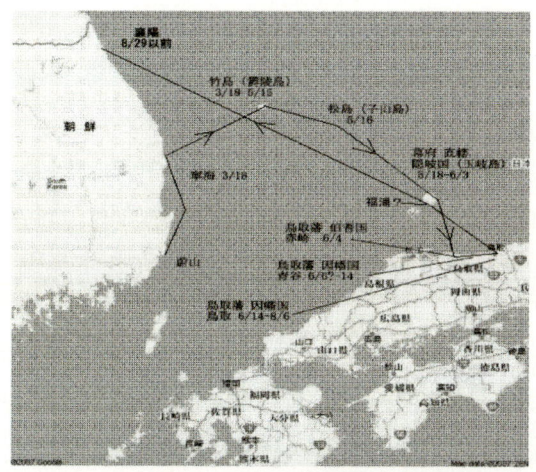

<그림 7> 1696년 안용복의 행적

안용복도 연안항로를 따라 울진, 영해 주변지역에서 울릉도로 건너갔다. 그렇지만 17세기~18세기 중반의 지도들에는 동해안 항구와 울릉도 항로가 표시되지 않았다.

그렇지만 18세기 후반의 『輿地圖』(59.6×74.5cm) 3책으로 구성된 지도책 중의 「강원도」 지도와 19세기 중기에 만들어진 「海左全圖」(가채 목판본, 97.8×55.4cm, 영남대학교 박물관)의 경우 울진~울릉도 항로가 표시되었다.

이러한 현상은 조선 후기에 수토관들이 울진 대풍헌에 기다려 출발하였고, 동남해연안민들도 울진 등지에서 출항하였기 때문에 나타난 현상일 것이다.

이 지도 2점(<그림 8, 9>) 외

<그림 8> 『輿地圖』「강원도지도」

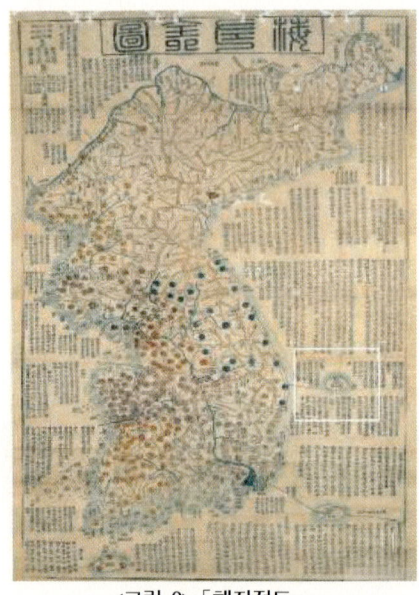

<그림 9> 「해좌전도」

에 울진 등의 동해안과 울릉도 항로에 관한 지도가 보이지 않는다.

1696년 '죽도도해금지령(竹島渡海禁止令)'으로 인해 울릉도와 독도 도항이 금지되었다. 일본 에도막부가 울릉도에 무단으로 입국하여 밀무역을 하는 하치에몽을 처단하였다. 그 전말을 기록한 「朝鮮竹島渡航始末記」(1870)에 실린 지도에서 울릉도와 독도에 가는 항로가 표시되었다. 이 지도는 하치에몽이 그린 지도이다.

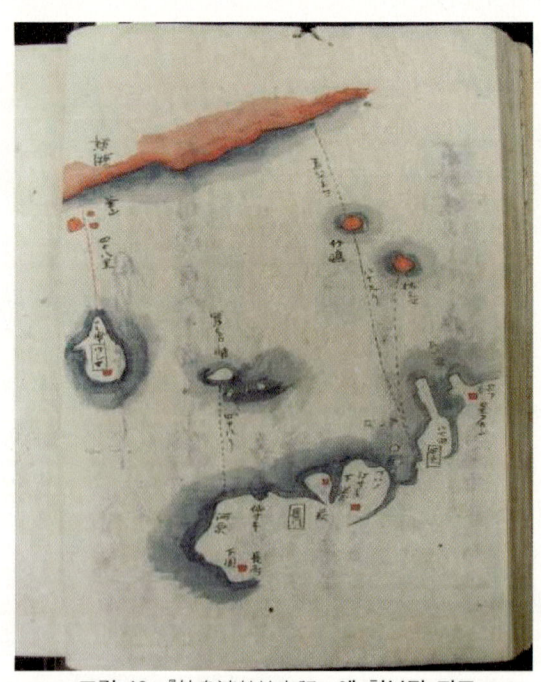

<그림 10> 『竹島渡航始末記』에 첨부된 지도

일본의 공식지도에는 울릉도·독도 항로가 표시되지 않았다.
 이 장에서는 동해의 해양조건을 통해 동해의 바닷길과 울릉도와 독도의 관계를 살펴보았다. 다음 장에는 개항기 전후의 시기를 통해 '동해와 바닷길과 울릉도·독도'를 살펴보고자 한다.

Ⅲ. 개항기 전후의 동해 바닷길과 울릉도·독도

 흔히들 바다를 지배한 자가 세계를 지배한다고 한다. 바다는 열려 있고, 교역과 약탈이 공존하는 공간이다. 특히 서양사의 경우 고대나 중세, 그리고 대항해시대 이후 바다로 진출하는 것이 부를 획득하는 과정이요, 해외개척의 장, 모험과 진취성을 상징한다. 그래서 바다는 일면 침략과 약탈의 상징으로 비추어지기도 한다. 특히 대항해시대 이후 해양을 통한 부국강병, 대외교류를 평계 삼는 해양의 거대담론 속에 바다는 제국의 바다, 식민의 바다가 되었다. 한국은 일본과의 강화도조약, 즉 '병자수호조규'의 체결로 인해 근대에 편입되면서 부산·인천·원산이 개항장이 되었다. 그렇지만 부산·인천·원산의 개항장은 한국의 부를 획득하고, 해외개척의 장이 되지 못하였고, 제국의 바다, 식민의 바다가 되어 열강의 침략의 교두보로 여겨졌다. 근대 환동해문화권역의 동해의 역할도 마찬가지였다.
 일본은 강화도조약에 의해 부산, 인천과 함께 개항장으로 원산을 지목하였다. 원산만은 예로부터 한반도·연해주와 일본 열도를 연결해주는 바닷길이기 때문에 연해주에 진출한 러시아는 원산항이 있는 영흥만에 눈독을 들이고 있었다. 일본과 러시아가 원산을 차지하기 위한 각축을 벌이게 된 시기는 1850년대로 거슬러 올라간다.
 러시아가 원산항에 주목한 것은 시베리아를 개척한 뒤 남하의 향방을 동아시아로 정하면서부터이다. 러시아가 동아시아로 진출하자 영국이 1840년 아편전쟁을 도발하면서 동아시아를 무대로 한 영국과 러시아의 대결이 첨예하게 시작되었다. 그러면서 일본의 개국을 둘러싸고 영국과 러시아가 경쟁을 벌이는 상황이 연출되었다. 그 과정에서 러시아의 푸티아틴(Putyatin, E. V.) 제독이 1853년 8월 일본을 찾아와 수교를 요청하였고, 1854년 5월에 일본과의 수교교섭을 마무리 짓고자 나가사키(長崎)로 향하였다. 그 노정에서 거문도에 무단 정박하고, 조선 정부에 개항을 요청하기도 하였다. 그는 일본과의 수교교섭을 위해 몇 차례 일본을 내왕하면서 대마도에서 두만강 입구에 이르기까지 한국 동해안을 샅샅이 탐사하였다. 그 목적은 쓸모 있는 부동항 예정지의 물색에 있었다. 그 과정에서 영흥만, 특히 그 내만인 송전만(松田灣)을 발견하고, 이 항구를 옛 상사인 라자레프(Michail Petrovich Lazarev)의 이름을 따서 '포트 라자레프'라는 이름을 붙였다.

러시아 군함 팔라다 호가 1854년 조선동해안을 탐사한 결과를 바탕으로 해군이 1857년에 「朝鮮東海岸圖」(65×103cm)를 처음 발행했다. 러시아 해군성은 1862년, 1868년, 1882년에 지도를 재차 발행하였다. 그동안 조사된 지리적 정보를 추가하여 재차 증보 발행하는 형태를 취하면서 한

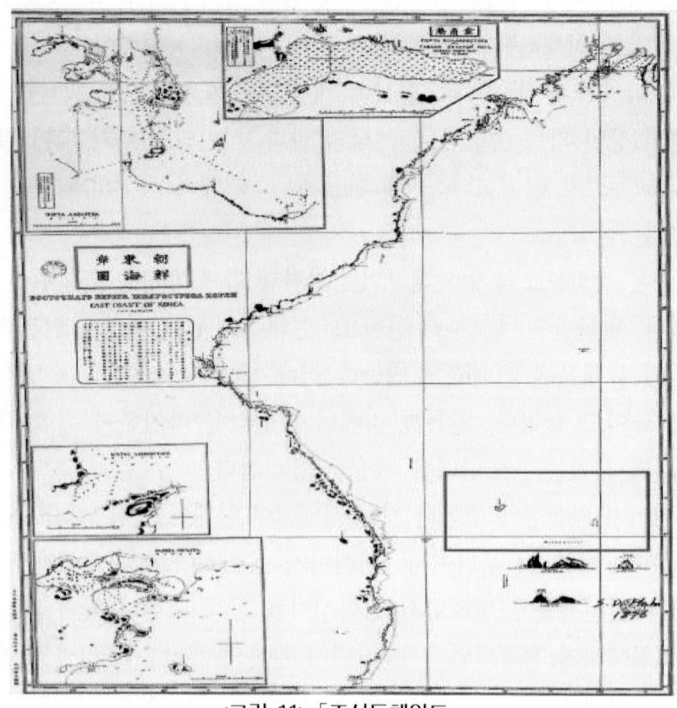

<그림 11> 「조선동해안도」

반도 동부 해안의 포구와 해안선 및 울릉도와 독도 등 부속도서를 상세히 그렸다. 그것을 일본 해군 수로국에서 입수하여 1876년에 일본에서도 발행하였다.

1857년에 푸티아틴은 모호한 청국과의 국경을 확정하고, 영국의 영향력이 더 이상 확대될 수 없도록 저지하고자 북경으로 가기 위해 아메리카호 편으로 니콜라예프스크를 떠나 가는 도중에 거문도에 정박하였다. 중국 땅에서 영·러의 대결이 첨예화함에 따라 한반도가 지리적으로 동시베리아와 중국의 중간 지점에 해당하기 때문에 중간 기지로서의 가치가 주목되었다. 자국의 령을 출발해 중국 대륙으로 가기 위해서는 조선의 동해안을 거쳐야만 한다. 러시아가 특히 조선에서 부동항의 필요성을 통감하게 된 근거가 바로 여기에 있다. 푸티아틴의 1857년 거문도 방문은 중국 대륙에서 영국을 견제하는 데 주목적을 두고 있지만 한반도를 청국과 일본을 상대하기 위한 전초기지로 사용하려는 목적도 있었기 때문에 전략상의 목적에서 「조선동해안도」를 발행하였다.

러시아는 1860년까지 동아시아에서 40만㎢가 넘는 광활한 영토를 획득하였다. 그렇지만 그들이 확보한 연해주는 혹한으로 인해 식량 생산이 불가능하여 생필품 보급을 필요로 하였고, 당시 러시아 중심부에서 태평양까지 육로로 가려면 2년이란 오랜 기간이 소요되는 교통 문제의 애로가 있었다. 러시아 본국과 태평양 령 사이의 왕래와 교역이 주로 해운에 의존할 수밖에 없었다. 1869년에 오면 수에즈 운하의 개통으로 인해 오데사에서 블라디보스토크까지 겨우 45일이면 도달할 수 있게 되었다. 그로 인해 러시아는 태평양 지역의 해군력 증가가 당면과제로 부각되었고, 해군력 확대를 위해서는 함대의 근거지로서의 유용한 항만 획득, 해군 근거지로서의 부동항이 반드시 필요하였다. 1860년에 '동방의 지배자'란 뜻을 가진 블라디보스토크에 군항을 설치했지만 연중 4개월(12월~3월) 동안이나 결빙되었고 너무 북쪽에 치우쳐 있어 지리적으로 고립되어 있을 뿐만 아니라 물자도 크게 부족했다. 블라디보스토크항이 해군기지로 제대로 기능하게 된 것은 1872년부터였지만 시베리아철도가 착공되는 1891년 이전까지는 사실상 군항으로서의 기능을 다하지 못하였다. 그렇기 때문에 러시아는 부동항의 획득에 초점을 두고 한국에 관심을 기울였다. 러시아 해군성이 「조선동해안도」의 발행 이후에 1862년, 1868년, 1882년에 지도를 재차 증보 발행하는 의도는 여기에서 비롯된 것이고, 그 과정에서 원산항을 차지하고자 하였다.

러시아는 태평양 진출과 그들의 중심 지역과의 연결을 위해서 사할린과 대한해협 등 두 방향으로 진출하여 부동항을 찾아 나서게 되었다. 러시아는 1855년 이후 자국 령으로 확정된 쿠릴열도를 일본에 넘겨주고, 그 대가로 일본이 가졌던 사할린 절반의 권한을 넘겨받음으로써 이 섬 전체를 차지하려고 하였고, 러시아의 태평양함대의 창설자였던 리카체프(Likhatchev) 제독이 대마도의 가라시키우라(芋崎浦)를 점령하려고 하였다. 러시아의 대마도 점령에 대해 영국이 대마도 현지에 출동함으로써 러시아는 물러날 수밖에 없었다.

러시아는 대마도 점령이 실패로 돌아가자 아시아령에 대한 방호와 생존을 위해서 한반도에서 부동항 획득의 기회를 엿보기 시작하여 1866년 원산만, 즉 영흥만 조차를 기도하였다. 이때 러시아는 영흥만에 대한 야욕을 드러내기는 했지만 자진해서 철수하였다. 이것이 러시아의 한국에 대한 첫 침략행위였다. 이때 대원군은 원산만에 나타난 러시아 함선을 프랑스 해군의 힘을 빌려 막기 위해 프랑스 베르뇌 주교를 불러 협조를 요청하였으나 뜻을 이루지 못하자 베르뇌 주교를 비롯한 많은 천주교도를 처형함으로써 러시아의 원산에 대한 야욕이 병인양요 발발의 간접적 계기가 되었다.3) 러시아가 원산만에서 자진 철수한 것은 영·청과 대결의 모험을 감행할 만큼 한국에서 부동항의 획득을 기도할 형편이 못되었으며, 이것은 아직까지 러시아로서는 동아시아에서 자원도 갖지 못했고 해군력도 보유하지 못하였기 때문이다. 영·청의 저지를 받아 대마도에 이은 원산만 부동항 획득에 다시 실패하게 된다면 자국의 아시아 령 전체에 대한 방위 능력까지 잃게 될 수도 있는 상황에서 1885년 이전까지 블라디보스토크항으로 만족할 수밖에 없었다.4)

---

3) 달레 저 ; 최석우 역, 『한국천주교회사』 하, 한국천주교회사연구소, 1979.
4) 김호동, 「독도와 울릉도를 둘러싼 러·일의 각축과 조선의 대응」 『독도연구』 10, 영

1860년에서 1880년에 이르는 약 20년 동안 영국과 러시아는 상대가 한국을 침략할까 두려워하면서 동아시아에서 대결을 자제하였다. 그 힘의 공백을 틈타 일본의 한국 침투가 가능하였다. 특히 러시아의 1866년의 원산만, 즉 영흥만 조차기도 이후 일본은 한국에서 러시아와의 대결을 예견하면서 러시아의 동태에 주목하지 않을 수 없었다.

일본은 메이지 유신 직후 정한론이 팽배한 가운데 1869년 12월, 사다 하쿠보(佐田白茅)와 모리야마 시게루(森山茂), 사이토 사카에(齊藤榮) 일행을 조선에 파견하여 조선의 사정을 조사하였는데 그 조사항목 가운데 러시아의 동태 파악이 중요 임무였다. 「조선국교제시말내탐서」에 조선 해군, 육군의 무비(武備) 허실, 군함이 정박할 좋은 항구, 러시아의 조선 경략론 등에 대한 내용이 담겨있다. 사다 하쿠보가 1870년에 외무성을 통해서 태정관 변관에게 보낸 건백서에서도 러시아의 위협에 대한 우려가 담겨 있다. 사다 하쿠보는 일본을 하나의 성(城)으로 보면서 아이누(蝦夷)와 필리핀(呂宋), 오키나와(琉球), 만청(滿淸), 조선은 다 황국의 번(藩)으로 간주하고 청나라를 교류할 대상으로, 조선을 정벌해야 할 대상이라고 하였다. 조선을 정벌하지 않으면 안 되는 이유로서 프랑스와 러시아의 동태를 언급하고 있다. 만약 조선이 러시아 등에 정벌당한다면 "우리의 입술을 잃어서 우리의 이빨이 반드시 시려질 것"이라는 이유를 대면서 일본의 정한론(征韓論)을 정당화하고자 하였다.5) 일본이 사다 하쿠보 등으로 하여금 조선의 사정을 내탐한 1869년은 러시아의 「조선동해안도」가 다시 증보되어 그려진 1868년의 다음 해에 해당한다. 러시아의 경우 거문도와 영흥만의 조차 기도를 하였지만 소기의 목적을 달성하지 못했기 때문에 러시아가 향후 울릉도와 독도를 부동항으로 주목하게 될 상황을 염려하여 죽도와 송도가 조선에 속한 시말을 조사항목에 포함시킨 것으로 볼 수 있다.

일본이 러시아의 동향을 예의 주시하면서 조선 침략 기회를 엿보던

남대학교 독도연구소, 2011, 115~120쪽.
5) 『日本外交文書』第3卷, 事項6, 文書番號 88, 1870年 4月 15日, 「朝鮮國ヨリ歸朝セシ 外務省出仕佐田白茅等ノ建白書提出ノ件」;「附屬書1」'3月 外務省出仕佐田白茅ノ 建白書寫', 139~140쪽.

상황에서 러시아가 1871년에 중앙아시아로 눈을 돌려 청국령 투르키스탄(新疆省)을 점령, 이리분쟁을 일으키자 일본은 호기를 맞게 되었다. 청나라와 러시아가 이리분쟁에 휩싸여 여념이 없자 일본은 이 기회를 재빨리 포착하여 운요호 사건을 도발하여 1876년 강화도조약을 강압하여 한국을 개국시켰다.

러시아가 이리분쟁을 일으켜준 덕분에 일본은 한반도 침략을 가로막고 있던 청국이라는 큰 제약 요인을 별반 수고도 없이 극복할 수 있었지만 영국과 러시아라는 최대 장애 요인을 극복할 수 있었던 것은 일본이 당시 동아시아에서의 영·러 대결이라는 국제 정세를 교묘하게 이용한 결과이기도 했지만, 러시아의 한반도 병합을 저지하기 위한 영국의 음모가 작용한 결과이기도 했다.

일본이 대만을 침공하자 영국은 청국에 압력을 가해 화해를 맺도록 주선하고, 일본에게는 자기 나라와 부딪칠 가능성이 있는 대만으로부터 그 진출방향을 북쪽으로 돌려 한반도로 전환시키려고 했다. 그것은 또한 일본으로 하여금 러시아의 남하에 대항하도록 만들기 위한 계략이었다. 이에 일본은 영국의 계략을 파악하고 영·러의 극한 대립을 교묘하게 이용하였다. 러시아의 남하를 저지하려는 영국의 동아시아 정책에 편승하기도 하고, 다른 한편으로는 자국의 한국 침공 때 러시아의 묵인을 약속받기 위해 러시아와 비밀 거래도 서슴지 않았다.

당시 영국과 미국은 만일 러시아가 영흥만이나 부산항을 얻어 한국 땅에 발판을 구축, 대해군국으로 발전할 경우에는 아시아에서 벌이고 있는 자신들의 활동이 제약받을 수밖에 없다는 두려움을 갖고 있었기 때문에 일본의 조선 개국에 반대하지 않았다. 1875년 7월 일본 정부는 군함 운요호(雲揚號)를 조선 근해에 파견하여 부산항을 측량하고 '조선국부산항'이라는 「港泊圖」를 발행하였고, 부산에서 영흥만에 이르는 동해안 일대의 해로측량을 하였다. 그것은 러시아의 영흥만 조차기도와 연이은 「조선동해안도」의 작성에 대한 대응이기도 하다. 그에 의해 해군수로료가 1876년에 「朝鮮東岸圖」를 작성하여 조선의 개국을 위한 사전 조사를 하였다. 일본은 다시 9월에 해안측량을 내세우며 강화도 앞 바다에 나타나 시위와 포격으로 조선을 도발하여 이듬해 결국 '병자수호조규'를 체결하여 조선을 개항시켰다.

일본이 강화도 조약을 체결하면서 역점을 두었던 것이 개항장의 확보였다. 강화도 조약, 즉 병자수호조규에는 제 4, 5관에 부산과 다른 두 개의 항구를 개항할 것을 규정하였는데, 두 개의 항구는 경기, 충청, 전라, 경상, 함경 5도의 연해 중에서 택하되 조약 체결 후 20개월 후에 개항하도록 하였다. 일본은 원래부터 동해안의 원산과 서해안의 인천을 지목하고 있었으나, 조선 측에서는 이를 반대하였다. 그 반대 이유는 원산은 부근 함흥이 태조 이성계의 탄생지이며 인근에 그 조상들의 무덤이 남아 있어 이를 보호하기 위함이었으며, 인천은 바로 한성의 길목이므로 수도의 방비에 문제가 있다고 보아 반대하였다. 그 대안으로 조선 측은 동해안은 청진이나 나남, 서해안은 군산이나 목포 또는 진도를 제시하였다. 충청, 전라, 경상도가 아닌 원산과 인천을 왜 일본이 요구하였을까? 인천은 일본의 입장에서 한성의 길목이기 때문에 일본이 요구한 것은 충분히 이해되지만 왜 원산을 요구하였을까?

일본의 경우 강화도조약을 맺기 전에 위에서 살핀바와 같이 군함 운요호를 조선 근해에 파견하여 부산에서 영흥만에 이르는 동해안 일대의 해로측량을 하였다. 그것을 통해 러시아가 원산만, 즉 영흥만에 주목하고 있었다는 것을 주시하여 개항장에 원산을 포함시켰다고 볼 수 있다.

강화도조약이 맺어진 후 러시아의 블라디보스토크에 드나들었던 일본 상인 무토 헤이가쿠(武藤平學)은 1876년 7월에 외무성에 '송도(울릉도) 개척에 대한 안건'을 올렸는데 그 개척 안에 "조선과 조약을 맺은 이상에는 함경도 부근도 개항되어 서로 왕복하게 된다."[6]고 하여 함경도를 개항장이 되리라고 확신하고 있고, 그 개척 안을 논의하는 외무성 관리들은 울릉도가 "시모노세키에서 이와미, 이바나, 호키, 오키를 지나 저 중요한 원산항으로 가는 뱃길에 있다."거나 "우리나라 산인지방에서 조선 함경도 영흥부, 즉 원산항까지 가는 항로에 있다."[7]라고 한 것을 통해 일

---

6) 北澤正誠, 『竹島考證』下, 제8호, 武藤平學, 「松島(울릉도) 개척에 대한 안건」.
7) 北澤正誠, 『竹島考證』下, 제11호 · 12호, 「渡邊洪基의 의견을 적은 서신」.

본은 당초 함경도 원산을 개항장으로 지목하여 결국 1879년 7월에 원산이 개항하였다. 일본이 개항장 3곳 중에 동해의 원산항을 요구하자 블라디보스토크와 원산항의 항로에 있는 울릉도와 독도가 주목되었으므로 울릉도 개척에 대한 민원이 일본 정부에 폭주하였다.8)

원산의 개항을 요구한 일본의 의도는 다음의 사료에 잘 드러난다.

> 소신이 나와 있는 이곳의 형세를 살펴보면, 감히 러시아가 조선을 노리고 있는듯하니 조금이라도 빨리 국내를 평정시키고 민심을 안정시켜 조선의 북쪽 땅과 관계를 맺어두는 것이 지금의 일대 급무로 보입니다. 지난해에도 말씀드린 대로 먼저 우리나라에 속해 있는 松島 개척에서부터 시작하여 조선의 북부를 오가며 우리나라의 쌀과 소금, 기타 국산물을 판매하면 수출이 증가되고, 또 러시아인이 최근 감히 노리고 있는 상황에 대해 자세히 알 수 있을 것입니다. 요즈음 육로로 한국 땅에 들어가는 자가 있고, 또 바다를 건너 들어가는 자도 있습니다. 이것은 모두 그 땅의 형세를 정탐하기 위함입니다.9)

이 사료는 블라디보스토크 무역사무관인 세와키 히사토(瀬脇壽人)가 블라디보스토크에서 사이토 시치로베(齊藤七郎兵衛)가 제출한 '송도(울릉도) 개척 청원서 및 건의서'(1876. 12. 19)를 상부에 보고한 문서에 담긴 내용이다(1877. 4. 25). 이것을 보면 뱃길을 통해 상선이 모여들고, 여러 도의 상인이 모이는 곳인 원산을 통해 일본은 경제적 이익을 도모하고, 러시아가 조선을 노리는 상황에 대해 자세히 정탐하려는 목적을 갖고 함경도 원산을 개항하는 것이 일대 급무로 여기고 있음을 알 수 있다. 이미 일본이 조선의 땅의 형세를 정탐하여 개항장으로 원산으로 원하는 상황에서 부근 함흥이 태조 이성계의 탄생지이며 인근에 그 조상들의 무덤이 남아 있어 이를 보호하기 위해 청진이나 나남을 대안으로 제시하는 것이 먹혀들 수는 없는 상황이었다. 나아가 일본은 아래의 사료를 보면 '보다시피 블라디보스토크 항구를 끼고 있는 4, 5백리에 달하는

---

8) 김호동, 「메이지시대 일본의 울릉도 · 독도 정책」 『일본문화학보』 46, 2013.
9) 北澤正誠, 『竹島考證』下, 제14호.

지역은 숙신 혹은 여진이라고 불리며, 옛날에는 중국의 영역이었다가 그 후 일본에 예속되었고, 그때 이름을 바꾸어 만주라고 칭했다고 합니다. 그 후 다시 중국에 복속되었는데 10여 년 전부터 러시아령이 되었다. 그런데 이 지방의 토착인들은 모두 중국의 구습을 지니고 있어서 러시아인을 야만인이라 부르며 아예 복종하지 않았고 그들을 보기를 원수나 적같이 하였다. 이런 까닭에 러시아도 만주인을 친애하지 않고 다만 무력을 써서 압제하였다. 한국인들은 러시아인의 위광을 빌려 만주인을 우습게 여기고 있다만 한국인 또한 결코 러시아 정부에 마음으로부터 복종하고 있는 것은 아니다. 겉으로는 신변의 안전을 위해 복종하는 척 하나 속으로는 러시아를 야만인이라 칭하며 더욱 복종할 뜻을 가지고 있지 않았다. 그러므로 자기 나라를 떠나 이곳으로 오고자 할 이유가 없으나 본국에서 늘 조세가 많고, 폭정에 시달리고 있고, 특히 최근 2년간은 기근이 심해 길 위에서 죽은 자가 있을 정도였으므로 이 기갈의 괴로움을 피하려고 오는 자가 여전히 많다고 하였다. 한국과 달리 러시아령으로 오면 세금을 내지 않고도 경작할 수도, 벌목할 수도 있게 되고, 또 매우 존중받기 때문이다. 결코 러시아에 지배받기를 원하고 마음으로부터 복종하고 있기 때문에 오는 것이 아니다. 이 기회에 재빨리 섬(울릉도)을 개척하여 한국의 북쪽을 오고가면서 쌀과 소금, 그 외 국산물품을 조금 싼 가격으로 판매한다면 한국과 만주 모두 우리나라와 예전부터 사이좋은 국가였고, 서로 일심동체의 관계에 있음을 자랑할 것이고, 그들을 애정으로써 대하면 반드시 우리에게 복종할 것임은 거울을 보듯이 뻔하다.'10)

　　위의 내용은 미구에 만주를 집어삼키기 위해 함경도 원산을 개항하고자 하였음을 알 수 있다. 강화도 조약 체결을 통해 일본은 개항장을 부산과 인천 외에 원산을 개항장에 포함시킨 것은 러시아가 영흥만을 탐내고 있었기 때문에 원산을 개항장으로 지정하여 러시아의 남하를 막고자 하는 의도에서 나온 조처인 동시에 원산을 창구로 하여 러시아의 블라디보스토크와의 경제적 교역을 용이하게 하고, 만주로 그 영역을 넓혀가기 위한 의도에서 비롯되었다.

---

10) 北澤正誠, 『竹島考證』 下, 제15호, 明治 10년 일반서신 제2 번외 갑호.

일본이 함경도, 특히 원산을 개항지로 선택한 것은 첫째, 일본의 경제적 이익, 둘째, 러시아가 조선을 노리는 상황, 특히 원산만, 즉 영흥만에 관심이 있다는 것을 알고 러시아의 동향을 자세히 정탐하려는 목적, 셋째, 조선의 북쪽을 교두보로 삼아 만주 진출을 위한 사전 포석의 차원에서 이루어졌다고 할 수 있다. 결국 조선에 대한 일본과 러시아의 노골적인 침략의 기운이 첨예하게 되면서 양국은 원산을 둘러싼 각축을 벌일 수밖에 없었다. 그리고 그 기회에 울릉도를 개척하여 원산과 블라디보스토크를 연결하려고 하였다.

1876년에 일본이 조선을 개항하자 영국과 미국은 이후 조선을 개국시키는 방법으로서 일본의 주선을 받으려고 했지만 일본이 구미 열강의 한반도 진출을 꺼려 성의를 보이지 않자 청나라의 이홍장의 주선을 받기로 방침을 바꾸었다.11) 미국의 슈펠트 제독이 청나라의 이홍장과의 회담(1880년 8월)에서 "러시아가 영흥만을 점령하려한다."고 하여 청나라에 대하여 러시아의 위협에 대한 경각심을 불러일으키려고 한 것을 통해 러시아의 원산에 대한 점령 의도는 공공연한 것이었음을 알 수 있다. 이에 두려움을 느낀 이홍장은 한국에 대해 "항구를 개방하지 않을 경우 러시아가 공격해올 것이므로 한국은 고립될 것"이라고 경고하였다. 바로 이런 분위기에서 1880년 9월 6일, 주일 청국공사 하여장(何如璋)이 참찬관 황준헌(黃遵憲)을 시켜 한국이 장차 취해야 할 외교의 방향을 정리한 『朝鮮策略』을 김홍집에게 전해주었다. 여기에는 러시아에 대한 두려움을 강조하고, 그것을 막는 방법으로 열강이 서로 균형을 유지해야 한다고 하면서 '친중국 결일본 연미방(親中國 結日本 聯美邦)'해야 한다는 내용을 담았다. 그로 인해 한국은 그 자신의 의지와 상관없이 러시아의 남하를 저지하려는 영·미·일의 대열에 끼게 되었고, 그로 인해 한·러수교가 늦어지게 되었다.

1884년으로 접어들면서 청불전쟁의 발발 위기가 고조되자 러시아는 이 전쟁의 혼란을 이용, 일본이 한국의 어느 항만을 점취하게 될 위험한 사태로 여겨 한국으로의 접근을 서두르게 되었다. 이 당시 개화파의 영·

---

11) 최문형, 『러시아의 남하와 일본의 한국침략』 지식산업사, 2007, 144쪽.

미 접근 외교가 실패로 돌아가자 개화파 대신에 외교의 주도권을 진 민비는 청국과 일본을 배척하기 위해 러시아와의 수교를 적극 고려하게 되었다. 여기에는 러시아를 조선으로 끌어들이려는 묄렌도르프의 주선이 있었기 때문에 가능하였다. 보불전쟁(1870~1871) 이후 프랑스의 고립화 정책을 추진한 비스마르크는 프랑스의 대러 접근을 막기 위해 동아시아의 진출을 부추겨야 할 필요성이 있었기 때문에 묄렌도르프는 러시아의 진출을 아시아로 돌리게 하려는데 목적을 두고 러시아와의 수교를 주선하게 된 것이다. 그 결과 '한·러수호통상장정'은 불과 2주일 만인 1884년 7월 7일 베베르와 김병시(金炳始)가 서명함으로써 전격 체결되었다.

갑신정변(1884. 12. 4.)은 우리나라 최초의 부르주아 개혁의 시도였다는 평가를 받고 있지만 일본이라는 외세를 이용하려고 하였다는 점에서 3일 천하로 끝난 뒤 친 청 수구세력만이 남았다. 그런 상황에서 청의 압제를 벗어나기 위해 러시아란 또 다른 외세를 이용하려고 하였기 때문에 러시아는 대한 침투를 위한 절호의 기회로 여겼다. 러시아는 정변의 혼란을 이용하여 영국과 일본이 한반도에서 항만 획득을 위한 결정적 기회를 포착하게 될까 두려워 '청·일 충돌 시에는 이 틈을 이용하여 러시아도 한국의 항만을 차지한다.'는 원칙을 이미 세워놓은 터였다. 한국과 국경을 접하고 있는 러시아로서는 영·일의 한반도에서의 항만 획득이 곧바로 자국에 대한 직접적인 위협으로 이어질 수밖에 없었기 때문이다. 더욱이 수교 성립 훨씬 이전부터 한반도에서 부동항 획득 기회를 호시탐탐 노려온 그들로서는 정변의 혼란이라는 이런 절호의 기회를 결코 놓칠 까닭이 없었다.[12]

갑신정변 직후 조선은 청국의 압제를 벗어나기 위해 러시아에 의존하려고 하였다. 조선과 러시아는 갑신정변 직후 서로 접촉하였다. 그 같은 상황에서 '한·러밀약'이 논의되었다. 갑신정변 직후인 12월 말 김용원(金鏞元)과 권동수(權東壽)를 시베리아에 파견해 러시아 관헌들과 접촉했고, 이듬 해 1월 초에 묄렌도르프로 하여금 내한한 스페이에르와 접촉하게 하였다. 이 만남에서 한국이 군사교관의 파한과 청·일 충돌 시 러시

---

12) 최문형, 『한국을 둘러싼 제국주의 열강의 각축』 지식산업사, 2001, 31쪽.

아의 한국 보호를 요청하자(1885. 2), 러시아는 이를 응낙하는 대가로 영흥만의 조차를 요구했다는 것이다. 그러나 이 밀약에 대해서는 아직까지 구체적인 내용은 물론 그것의 실재조차 분명하게 확인된 것이 없다. 러시아의 영흥만 조차는 어디까지나 한·러 양국 사이의 이 같은 빈번한 접촉을 질시한 영·일의 추정에서 비롯된 풍문이고, 영국은 물론 일본도 '한·러밀약'의 실재를 확인한 사실도 없다. 러시아의 역사가들은 이 밀약의 존재 자체를 부정하고 있다.[13]

또 1885년 1월 초에 묄렌도르프는 스페이에르에게 러시아의 한국 보호를 요청했고, 그 대가로 해군기지용으로 얼지 않는 항만을 러시아 상사에게 대여하는 형식으로 주는데 동의하면서, 그 항만으로서는 영흥만보다 영일만이 더 나을 것이라고 하였다고도 한다.[14] 이후 한·러 사이의 협의는 서상우와 묄렌도르프가 갑신정변의 사과사절로 도쿄를 방문한 기회(1885. 2. 15~4. 5)를 이용하여 주일 러시아공사 다비도프와 협상이 이루어졌다. 이때 묄렌도르프는 러시아에게 선호할 만한 외곽의 섬들을 할양하겠다고 하면서 거문도 점령을 권고하기도 하였다고 한다. 이러한 묄렌드로프의 거동을 둘러싼 소문은 동아시아에서 러시아에 대한 불신을 고조시키기에 충분했다. 더욱이 러시아의 한 신문에 러시아는 영국에 대한 보복 행동을 취하고 조선 동해안의 영흥만을 점령하는 것이 더 좋겠다고 제안한 기사가 게재되자 사태는 더욱 악화되었다. 어쨌든 조선 측이 러시아에게 해군기지를 제공한다는 제의 자체는 그 사실 여부를 확인하기에 앞서 영·일 양국에게는 큰 충격이 아닐 수 없다.[15] 1889년 러시아 참부본부 군사학술위원회에서 발간한 『아시아에 관한 지리, 지형 및 통계자료집』(상트페테르부르크)에 러시아의 상인 파벨 미하일로비치 델로트케비치가 1885년 12월 6일에서부터 1886년 2월 29일까지 약 3개월간 한국을 여행하며 기록한 일기를 싣고 있다. 그는 1885년 기선을 타고 블라디보스토크를 떠나 부산과 제물포를 여행한 뒤 한 달가량 서울에 머

---

13) 최문형, 위의 책, 61~70쪽.
14) 최문형, 『러시아의 남하와 일본의 한국 침략』 지식산업사, 2007, 191~192쪽.
15) 최문형, 위의 책, 194쪽.

문 후 1886년 1월 14일 도보로 러시아 국경을 향해 출발하였다. 원산-함흥-경성-경흥을 잇는 여행경로를 밟아 2월 29일 포시에트 항에 도착함으로써 여행을 마치게 된다. 그의 여행은 러시아 참부본부 군사학술위원회에서 발간한 『아시아에 관한 지리, 지형 및 통계자료집』에 실린 것이기 때문에 군사첩보의 여행이라고 여겨진다. "원산은 조선에서 가장 큰 촌락이다."고 하면서 일본인, 중국인과 거래상황과 항만의 사정을 비교적 자세히 언급하고 있다. 특히 "원산에는 나가사키에서 블라디보스토크를 왕복하는 일본의 급행 증기선이 운항되고 있다. 이 노선은 12월부터 3월까지는 운항이 중단 된다."는 것을 담고 있다.16) 이 일기를 통해서도 한·러 양국의 밀약설이 설득력 있게 받아들이는 당시의 상황을 엿볼 수 있다.

개항이 되면서 동해의 원산항이 주목되었고, 또 블라디보스토크와 원산의 항로에 있는 울릉도와 독도가 주목되었다. 고지도를 통해 개항장 이후의 동해 바닷길의 변화를 살펴보고자 한다.

개항장 이전의 조선지도와 일본지도의 경우 대마도와 부산항의 항로가 표시되는데 반해 원산이 개항장이 되면서 부산항-원산항-블라디보스토크 항을 연결하는 항로가 개설되었다. 1894년에 발간된 「實測朝鮮全圖」(일본, 宗孟寬, 36×50cm, 국회도서관)는 대마도-부산항-원산항-블라디보스토크 항로가 그려졌다.

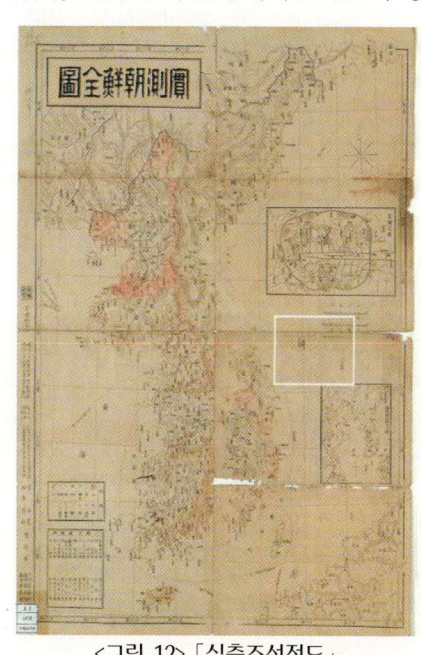

<그림 12> 「실측조선전도」

---

16) I.A. 곤차로프 외 2인 저 ; 심지은 편역, 『러시아인, 조선을 거닐다』한국학술정보, 2006, 127~128쪽.

그것을 반영하는 조선의 지도도 발간하였다.

『大韓輿地圖』(1900, 학부편집국, 동판인쇄본, 152.0×84.5cm, 서울역사박물관, 384쪽)의 경우 부산-원산의 항로가 표시되었고, 원산과 露領 사이의 항로가 표시되지만 「대한여지도」이기 때문에 노령이 표시되어 있지 않아서 항구가 표시되어 있지 않다.

그렇지만 『大韓帝國地圖』(1902, 玄公廉, 동판인쇄본, 30.5×23.2cm, 이화여자대학교 도서관)의 「大韓帝國全圖」의 경우 부산-원산-노령 浦鹽斯德 항로가 표시되어 있기 때문에 『大韓輿地圖』는 부산-원산-블라디보스토크 항로가 표시되었을 것이다. 1902년의 「大韓帝國全圖」의 경우 원산-成津을 연결하는 항로가 개설되었지만 성진과 블라디보스토크를 연결하는 항로의 경우 개설되지 않았다.

1905년, 일본의 박문관에서 『러일전쟁의 실기』를 출판하면서 그 부록에 수록된 「韓國全圖」(일본 박문관, 25.1×38.0cm, 국회도서관)에는 부산-원산항-성진항-러시아 블라디보스토크항을 연결하는 항로가 표시되었다.

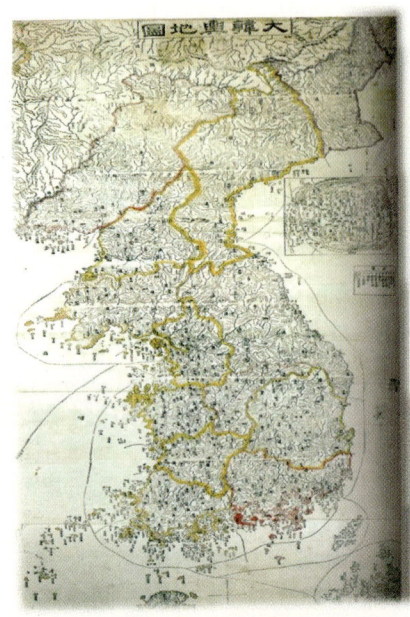

<그림 13> 「대한여지도」

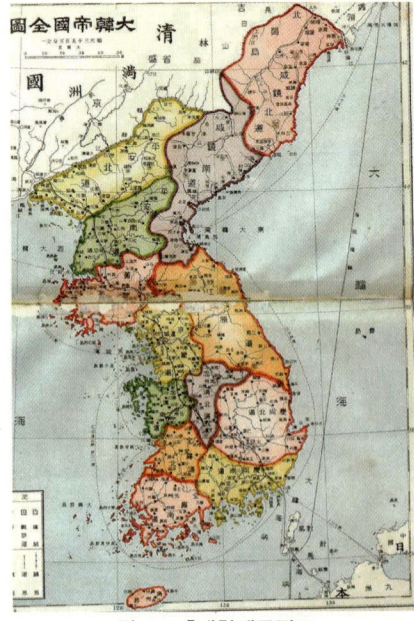

<그림 14> 「대한제국전도」

또 한국에서 발행된 『大韓帝國地圖』(1908, 玄公廉, 동판본, 103.5×75.3cm, 개인 소장)의 경우 부산-원산-성진-포염사덕 항로가 표시되었다.

1900년대 조선과 일본의 동해 항로 변화를 통해 일본은 원산을 통해 함경도의 경제적 이익을 독점하면서 러시아를 압박하였고, 러일전쟁을 승리하면서 러시아의 경우 동해 제해권을 일본에 넘겨주었다. 일본의 경우 원산 외에 성진항의 항로가 개설되었다는 것은 함경도의 경제적 이익을 독점하고, 연해주까지 진출하려는 의지를 보여주는 것이라고 할 수 있다.

그렇지만 1898년의 「Gerneral map of Korea and neighbouring countries」(영국, Bishop, 25×26cm, 국회도서관)를 보면 동해의 경우 부산항-원산항의 항로를 그려놓았지만 원산-블라디보스토크 항을 연결하는 항로가 표시되어 있지 않다. 그 대신에 일본의 나가사키항-블라디보스토크 항을 연결하는 항로가 표시되었다.

<그림 15> 「한국전도」

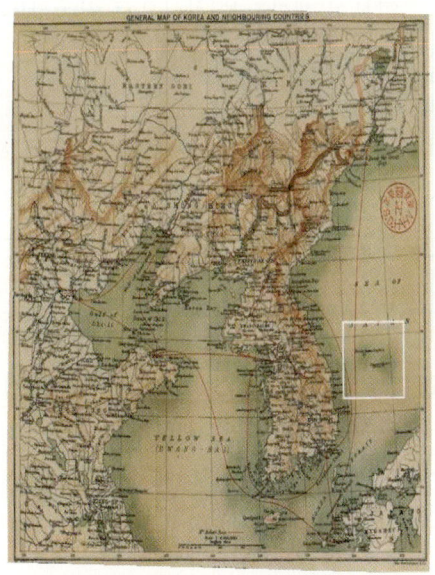

<그림 16> 「Gerneral map of Korea and neighbouring countries」

Ⅳ. 맺음말

「동해의 바닷길과 울릉도·독도」를 주제로 하여 '동해의 해양조건', '개항기 전후의 동해 바닷길과 울릉도·독도'를 살펴보았다. 이 글은 서양의 지도로 참고하여 보완해야할 것이다. 또 서양의 배와 일본의 배, 한국의 배를 비교할 필요가 있다.

이 발표문은 전근대 동해의 항로를 살펴보고, 삼척, 울진 등지의 동해안에서 울릉도가 보이고, 해류와 순풍을 타기 좋은 지역임을 강조하였고, 동남해연안민들이 연안항로를 타고 울진 주변에서 울릉도와 독도로 드나들었다는 것을 강조하였다. 그 결과 18세기 후반의 『輿地圖』(59.6×74.5cm) 3책으로 구성된 지도책 중의 「강원도」 지도와 19세기 중기에 만들어진 「海左全圖」(가채목판본, 97.8×55.4cm, 영남대 박물관)의 경우 울진-울릉도 항로가 표시되었다는 것을 밝혀내었다. 그렇지만 이 지도 2점 외에 고지도의 경우 울진과 울릉도 항로가 표시된 지도는 존재하지 않다고 하였다. 앞으로 더 많은 지도를 보면서 결론을 내려야 할 것이다.

일본이 개항장을 원산으로 지목하면서 원산항과 블라디보스토크항으로 가는 길목에 있는 울릉도를 거점 항으로 개척하는 민원이 일본정부에 폭주하였지만 그 항로는 개설되지 않았고, 부산항-원산항-성진항-블라디보스토크 항을 연결하는 항로가 동해 해양실크로드였다는 것을 확인하였다. 하지만 한국과 일본의 지도와 서양의 지도에는 1900년대 울진-울릉도, 일본의 울릉도 항로가 보이지 않는다. 원산을 개항하면서 부산-원산-성진-블라디보스토크 항로가 개설되고, 경부선 철도와 경의선, 경원선 철도가 개통되면서 울릉도와 독도를 거점 항으로 하기 보다는 부산-원산-블라디보스토크 항로를 개설하는 게 경제적 이익이 되었다고 할 수 있다.

일본은 원산을 통해 함경도의 경제적 이익을 독점하면서 러시아를 압박하였으며, 러일전쟁에서 일본이 승리하면서 러시아의 경우 동해 제해권을 일본에 넘겨주었다.

【참고문헌】

고희종 외 2인,「한반도 주변 해역 5개 정점에서 파랑과 바람의 관계」『한국
　　　지구과학회지』 26, 2005
김수희,「개척령기 울릉도와 독도로 건너간 거문도 사람들」『한일관계사연
　　　구』 38, 2011
김호동,「삼국시대 신라의 동해권 제해권 확보의 의미」『대구사학』 65, 2001
김호동,「독도와 울릉도를 둘러싼 러·일의 각축과 조선의 대응」『독도연
　　　구』 10, 영남대학교 독도연구소, 2011
김호동,「메이지시대 일본의 울릉도·독도 정책」『일본문화학보』 46, 2013
달레/최석우 역,『한국천주교회사』 하, 한국천주교회사연구소, 1979
윤명철,「해양조선을 통해서 본 고대 한일관계사의 이해」『일본학』 14, 동국
　　　대학교 일본학연구소, 1995
윤명철,「동해 문화권의 성격과 영일만의 문화적 위상」『한국암각화연구』
　　　15, 2011
최문형,『한국을 둘러싼 제국주의 열강의 각축』 지식산업사, 2001
최문형,『러시아의 남하와 일본의 한국침략』 지식산업사, 2007
추효상,「하계 한국 남해의 해항 변동과 멸치 초기 생활기 분포 특성」『한
　　　국수산경영지』 35, 2002
I.A. 곤차로프 외 2인 저 ; 심지은 편역,『러시아인, 조선을 거닐다』 한국학
　　　술정보, 2006

제2장

개항 전후 환동해문화권 거점항 '원산'을 둘러싼 러·일의 각축

I. 머리말

　함경남도 영흥만, 즉 원산만에 위치한 원산항은 1880년(고종 17) 부산 다음으로 개항장이 된, 동해안 제일의 양항이다. 개항 당시 원산진이라 일컬었던 원산항은 함경선의 개통 전까지는 동한만에서 어획되는 명태의 중개무역과 콩의 수출로 그 무역액에 있어서 부산·인천·신의주에 이어 제4위를 차지할 정도로 번성한 무역항이었다.
　원산항은 중요한 군사요충지였다. 개항기 전후에 러시아와 일본은 원산항에 눈독을 들이고 있었다. 러시아는 시베리아철도를 원산까지 연결시켜 철도로 황해의 항구도시로 연결을 시도하고자 하였다. 일본은 조선을 개항하면서 부산과 함께 인천과 원산을 개항하였던 것도 그 때문이다.
　'원산폭격'과 '신고산 타령' 두 개의 용어는 원산이 양항(良港)과 경원선 철도를 통한 군용 철도라는 군사적 요충지, 즉 해륙(陸海) 교통상의 요지라는 것을 상징해준다. 경성(서울)과 원산을 잇는 철도 '경원선'의 개통으로 인해 육상교통과 해상교통의 중요한 요충지였지만 함경선 개통 후 청진항의 급속한 발전으로 정체되기 시작하였다.
　개항기 전후 원산을 둘러싼 러시아와 일본이 각축을 벌이는 상황에서 동해의 외딴 섬, 울릉도와 독도에도 러시아와 일본이 관심을 갖게 되었다. 1854년 조선의 원산항 등의 동해안을 조사한 함대는 팔라다호였고, 독도를 발견한 함정은 그 부속 함정인 올리부차호였다. 개항 직전에 러시아 블라디보스토크를 드나들던 일본의 무역상들은 그 항로 곁에 있는 울릉도와 독도를 발견하고 개척원이 일본 정부에 쇄도했다. 그리고 개항 전후 원산과 블라디보스토크의 진출을 위한 거점 항으로서 울릉도와 독도를 주목하였다.

원산에 대한 전론적인 논문이 없다. 한반도를 둘러싼 러·일의 각축을 다룬 논문과 책이 많지만 원산에 대한 단편적 언급이 있을 뿐이다.[1] 그렇지만 기존의 연구 성과에서 왜 일본이 원산항을 개항장으로 지목하는지 그 이유는 밝혀내지 못하고 있다. 원산항이 개항장으로 지목되면서 환동해문화권의 거점도시로 부상하면서 그 항로 거점 항을 울릉도·독도를 주목하게 된다. 그렇지만 독도영유권에 대해 매몰되어 그것을 놓쳐버렸다. 그래서「개항 전후 환동해문화권 거점도시 '원산항'을 둘러싼 러·일의 각축」이라고 제목을 잡았다. 개항기 고지도를 통해 원산항이 일본-한국-러시아를 연결하는 뱃길을 통해 환동해문화권 거점도시인 것을 주목하고자 한다.

일제 식민지시대의 경우 일본이 원산에 대해 연구한 많은 자료가 있다. 그렇지만 이 자료는 연구가 되지 않고 사장되어 있다. 이 자료를 연구하기 위해 '원산'에 관한 기존 정리라고 보면 좋을 것이다.

Ⅱ. 개항 전후 원산항을 둘러싼 러·일의 각축

흔히들 바다를 지배한 자가 세계를 지배한다고 한다. 바다는 열려 있고, 교역과 약탈이 공존하는 공간이다. 특히 서양사의 경우 고대나 중세, 그리고 대항해시대 이후 바다로 진출하는 것이 부를 획득하는 과정이요, 해외개척의 장, 모험과 진취성을 상징한다. 그래서 바다는 일면 침략과

---

1) 원산을 둘러싼 러시아와 일본의 각축은 최문형,『러시아의 남하와 일본의 한국침략』(지식산업사, 2001) ;『러시아의 남하와 일본의 한국침략』(지식산업사, 2007)을 비롯해 최덕규,『제정러시아의 한반도 정책, 1891~1907』(경인문화사, 2008) 등이 있다.

약탈의 상징으로 비추어지기도 한다. 특히 대항해시대 이후 해양을 통한 부국강병, 대외교류를 핑계 삼는 해양의 거대담론 속에 바다는 제국의 바다, 식민의 바다가 되었다. 한국은 일본과의 강화도조약, 즉 '병자수호조규'의 체결로 인해 근대에 편입되면서 부산·인천·원산이 개항장이 되었다. 그렇지만 부산·인천·원산의 개항장은 한국의 부를 획득하고, 해외개척의 장이 되지 못하였고, 제국의 바다, 식민의 바다가 되어 열강의 침략의 교두보로 여겨졌다. 근대 환동해문화권역의 원산 및 울릉도·독도의 역할도 마찬가지였다.

원산항이 포함된 '영흥만'은 '원산만'이라고도 부르기도 한다. 영흥만은 북부의 송전만과 남부의 덕원만으로 나뉘는데 원산항은 덕원만 안에 자리 잡고 있다. 원산은 갈마각 약 45m의 산정에서 송정리 산기슭을 흐르는 양일천 좌안까지를 일직선으로 그은 안쪽에 긴 활 모양의 시가를 이룬다. 시가의 뒤쪽 산기슭 중앙에는 시루봉[甑峰] 셋이 정립하고, 서쪽으로 장덕산이 솟아 있다. 남쪽으로는 갈마 산기천을 건너서 안변평야에 연속된다. 또 항내는 광활하고 평온하며, 수심은 8~13.4m이고, 조수 간만의 차는 불과 90cm로서 한국에서는 물론 동양에서도 뛰어난 양항(良港)이다. 그렇지만 이중환의 『택리지』 함경도조에 관한 '원산'의 기록에 의하면 "육진 및 여러 읍의 상선은 모두 이곳에 머무른다."거나 "강원도, 황해도, 평안도, 경기도 각 도의 여러 상인들이 모여들고 화물이 쌓여 큰 도회를 이룬다."고 하지만 환동해문화권의 거점도시는 아니었다. 개항을 통해 환동해문화권의 중심지로 부상하였다.

러시아가 원산항에 주목한 것은 1850년대로 거슬러 올라간다. 시베리아를 개척한 뒤 남하의 향방을 동아시아로 정하면서부터 러시아는 조선 동해안에 부동항, 양항을 주목하기 시작하였다. 당초 러시아는 일본을 개국하려고 영국과 각축을 벌이고 있었다. 그 과정에서 러시아의 푸티아틴(Putyatin, E. V.) 제독이 1853년 8월 일본을 찾아와 수교를 요청하였고, 1854년 5월에 일본과의 수교교섭을 마무리 짓고자 나가사키(長崎)로 향하였다. 그 노정에서 거문도에 무단 정박하고, 조선 정부에 개항을 요청하기도 하였다.

이반 알렉산드로비치 곤차로프는 푸티아틴 제독의 비서로서 1852년 10월 7일, 팔라다호를 타고 페테르부르크를 출발하여 1855년 2월 13일에 귀환하고, 1858년『전함 팔라다호』라는 책을 내었다. 그 책에는 거문도와 원산항에 대한 자세한 지적이 있는 것을 보면 조선의 동해안 가운데 영흥만에 주목하고 있음을 알 수 있다.

『전함 팔라다호』기록에 의하면 푸티아틴 제독은 1854년 타타르 해협에서 빙하와 안개를 만날 가능성을 예상하고 한국의 동해안 탐사를 결정했다.2) 그래서 팔라다호는 "한반도의 동해안 남동쪽부터 만주와 국경을 접하는 두만강까지, 그리고 만주 연안을 따라 몇 십 마일 더 먼 곳에 이르기까지 동해안 지역을 조사하고 사진을 찍었다."고 기록했다. 팔라다호는 영흥만을 이루는 원산항 북부의 송전만 등을 측량했고,3) "날씨가 좋았던 첫날에는 잠수 도구를 이용하여 그곳의 수중 지형을 조사했다."고 하였다. 이 기록을 통해 보면 러시아는 새로운 항로를 개척하려고 하였고, 조선 동해안에 원산항이 포함된 영흥만을 주목하였음을 알 수 있다.

팔라다호의 소속 함정 중 올리부차호는 1854년 4월 6일 대한해협을 지나 북쪽의 타타르 해협으로 항해하던 도중 독도를 발견하고, 서도를 '올리부차', 동도를 '메넬라이'라고 명명했다. 팔라다호는 1854년 4월 20일부터 5월 11일 사이에 한국 동해안을 조사한 결과를 러시아 해군지 1855년 1월호에 게재하였다. 그 글에 의하면 "이 섬(독도=필자)의 발견은 항해에 적지 않은 도움을 준다. 이들 섬(독도의 '올리부차 〈서도〉', '메넬라이 〈동도〉')은 근접한 섬들로부터 분리되어 떨어져 있어서 동해 북방으로 항해하는 선박의 십자로에 위치하고 있다."고 하였다.4)

팔라다호의 한국 동해안 답사의 경우 송전만과 원산만을 포함한 영흥만과 독도에 대해 주목을 하여, 송전만과 독도의 동도와 서도에 러시아명

---

2) 김영수,「해제 : 곤차로프의 세계항해」『전함 팔라다』이반 알렉산드로비치 곤차로프 지음 ; 문준일 옮김, 동북아역사재단, 2014, 23쪽.
3) 이 항구를 옛 상사인 라자레프(Michail Petrovich Lazarev)의 이름을 따서 '포트 라자레프'라는 이름을 붙였다.
4) 김영수,「해제 : 곤차로프의 세계항해」『전함 팔라다』이반 알렉산드로비치 곤차로프 지음 ; 문준일 옮김, 동북아역사재단, 2014, 24~25쪽.

을 붙였다. 그리고 러시아 군함 팔라다호가 1854년 조선동해안 탐사한 결과를 바탕으로 해군이 1857년에 「朝鮮東海岸圖」(65×103)를 처음 발행했다. 러시아 해군성은 1862년, 1868년, 1882년에 지도를 재차 발행하였다. 그동안 조사된 지리적 정보를 추가하여 재차 증보 발행하는 형태를 취하면서 한반도 동부 해안의 포구와 해안선 및 울릉도와 독도 등 부속도서를 상세히 그렸다.

1860년에 '동방의 지배자'란 뜻을 가진 블라디보스토크에 군항을 설치했지만 연중 4개월(12월~3월) 동안이나 결빙되었고 너무 북쪽에 치우쳐 있어 지리적으로 고립되어 있을 뿐만 아니라 물자도 크게 부족했다. 블라디보스토크 항이 해군기지로 제대로 기능하게 된 것은 1872년부터였지만 시베리아철도가 착공되는 1891년 이전까지는 사실상 군항으로서의 기능을 다하지 못하였다. 그렇기 때문에 러시아는 부동항의 획득에 초점을 두고 한국에 관심을 기울였다. 러시아 해군성이 「조선동해안도」의 발행 이후에 1862년, 1868년, 1882년에 지도를 재차 증보 발행한 의도는 여기에서 비롯된 것이고, 그 과정에서 원산항을 차지하고자 하였다.

러시아는 태평양 진출과 그들의 중심 지역과의 연결을 위해서 사할린과 대한해협 등 두 방향으로 진출하여 부동항을 찾아 나서게 되었다. 러시아는 1855년 이후 자국령으로 확정된 쿠릴열도를 일본에 넘겨주고, 그 대가로 일본이 가졌던 사할린에 대한 절반의 권한을 넘겨받음으로써 이 섬 전체를 차지하려고 하였고, 러시아의 태평양함대의 창설자였던 리카체프(Likhatchev) 제독이 대마도의 가라시키우라(芋崎浦)를 점령하려고 하였다. 러시아의 대마도 점령에 대해 영국이 대마도 현지에 출동함으로써 러시아는 물러날 수밖에 없었다.

러시아는 대마도를 점령하는 것이 최대의 목적이었지만 대마도 점령이 실패로 돌아가자 아시아령 방호와 생존을 위해서 한반도에서 부동항 획득의 기회를 엿보기 시작하여 1866년 원산만, 즉 영흥만의 조차를 기도하였다. 이때 러시아는 영흥만에 대한 야욕을 드러내기는 했지만 자진해서 철수하였다. 이것이 러시아의 한국에 대한 첫 침략행위였다. 이때 대원군은 원산만에 나타난 러시아 함선을 프랑스 해군의 힘을 빌려 막기 위해 프랑스 베르뇌 주교를 불러 협조를 요청하였으나 뜻을 이루지 못하자 베르뇌 주교를 비롯한 많은 천주교도를 처형함으로써 러시아의 원산에 대한 야욕이 병인양요 발발의 간접적 계기가 되었다.5) 러시아가 원산만에서 자진 철수한 것은 영·청과 대결의 모험을 감행할 만큼 한국에서 부동항의 획득을 기도할 형편이 아니었기 때문이다. 아직까지 러시아로서는 동아시아에서 자원도 갖지 못했고 해군력도 보유하지 못하였기 때문이다. 영·청의 저지를 받아 대마도에 이은 원산만 부동항 획득에 다시 실패하게 된다면 자국의 아시아령 전체에 대한 방위 능력까지 잃게 될 수도 있기 때문이다. 그런 상황에서 1885년 이전까지 블라디보스토크항으로 만족할 수밖에 없었다.6)

1860년에서 1880년에 이르는 약 20년 동안 영국과 러시아는 상대가 한국을 침략할까 두려워하면서 동아시아에서 대결을 자제하였다. 그 힘의 공백을 틈타 일본의 한국 침투가 가능하였다. 특히 러시아의 1866년의 원산만, 즉 영흥만조차 기도 이후 일본은 한국에서 러시아와의 대결을 예견하면서 러시아의 동태에 주목하지 않을 수 없었다.

일본은 메이지 유신 직후 정한론이 팽배한 가운데 1869년 12월, 사다 하쿠보(佐田白茅)와 모리야마 시게루(森山茂), 사이토 사카에(齊藤榮) 일행을 조선에 파견하여 조선의 사정을 조사하였는데 그 조사항목 가운데 러시아의 동태 파악이 중요 임무였다. 「조선국교제시말내탐서」에 조선 해군, 육군의 무비(武備) 허실, 군함이 정박할 좋은 항구, 러시아의 조선 경략론 등에 대한 내용이 담기어 있다. 사다 하쿠보가 1870년에 외무성을 통해서 태정관 변관에게 보낸 건백서에서도 러시아의 위협에 대한 우려가 담겨 있다. 사다 하쿠보는 일본을 하나의 성(城)으로 보면서 아이누(蝦夷)와 필리핀(呂宋), 류큐(琉球), 만한(滿淸), 조선은 다 황국의 번(藩)으로 간주하고 청나라를 교류할 대상으로, 조선을 정벌해야 할 대상이라고 하였다. 조선을 정벌하지 않으면 안 되는 이유로서 프랑스와

---

5) 달레 ; 최석우 역, 『한국천주교회사』하, 한국천주교회사연구소, 1979.
6) 김호동, 「독도와 울릉도를 둘러싼 러·일의 각축과 조선의 대응」『독도연구』10, 영남대학교 독도연구소, 2011, 115~120쪽.

러시아의 동태를 언급하고 있다. 만약 조선이 러시아 등에 정벌당한다면 "우리의 입술을 잃어서 우리의 이빨이 반드시 시려질 것"이라는 이유를 되면서 일본의 정한론을 정당화하고자 하였다.7) 일본이 사다 하쿠보 등으로 하여금 조선의 사정을 내탐한 1869년은 러시아의 「조선동해안도」가 다시 증보되어 그려진 1868년의 다음 해에 해당한다. 러시아의 경우 거문도와 영흥만의 조차기도를 하였지만 소기의 목적을 달성하지 못했기 때문에 러시아가 향후 울릉도와 독도를 부동항으로 주목하게 될 상황을 염려하여 죽도와 송도가 조선에 속한 시말을 조사항목에 포함시킨 것으로 볼 수 있다. 지금까지의 연구자는 독도영유권에 매몰되었다보니 그것에 주목하지 않았다.

일본이 러시아의 동향을 예의 주시하면서 조선 침략 기회를 엿보던 상황에서 러시아가 1871년에 중앙아시아로 눈을 돌려 청국 령 투르키스탄(新疆省)을 점령, 이리분쟁을 일으키자 일본은 호기를 맞게 되었다. 청나라와 러시아가 이리분쟁에 휩싸여 여념이 없자 일본은 이 기회를 재빨리 포착하여 운요호 사건을 도발하여 1876년 강화도조약을 강압하여 한국을 개국시켰다.

러시아가 이리분쟁을 일으켜준 덕분에 일본은 한반도 침략을 가로막고 있던 청국이라는 큰 제약 요인과 영국과 러시아라는 최대 장애 요인을 별반 수고도 없이 극복할 수 있었던 것은 일본이 당시 동아시아에서의 영·러 대결이라는 국제 정세를 교묘하게 이용한 결과이기도 했지만, 러시아의 한반도 병합을 저지하기 위한 영국의 음모가 작용한 결과이기도 했다.

일본이 대만을 침공하자 영국은 청국에 압력을 가해 화해를 맺도록 주선하고, 일본에게는 자기 나라와 부딪칠 가능성이 있는 대만으로부터 그 진출 방향을 북쪽으로 돌려 한반도로 전환시키려고 했다. 그것은 또한 일본으로 하여금 러시아의 남하에 대항하도록 만들기 위한 계략이었

---

7) 『日本外交文書』第3卷, 事項6 文書番號 88, 1870년 4월 15일, 「朝鮮國ヨリ歸朝セシ 外務省出仕佐田白茅等ノ建白書提出ノ件」 附屬書 1, '3月 外務省出仕佐田白茅ノ建 白書寫', 139~140쪽.

다. 이에 일본은 영국의 계략을 파악하고 영·러의 극한 대립을 교묘하게 이용하였다. 러시아의 남하를 저지하려는 영국의 동아시아 정책에 편승하기도 하고, 다른 한편으로는 자국의 한국 침공 때 러시아의 묵인을 약속받기 위해 러시아와 비밀 거래도 서슴지 않았다.

당시 영국과 미국은 만일 러시아가 영흥만이나 부산항을 얻어 한국 땅에 발판을 구축, 대해군국으로 발전할 경우에는 아시아에서 벌이고 있는 자신들의 활동이 제약받을 수밖에 없다는 두려움을 갖고 있었기 때문에 일본의 조선 개국에 반대하지 않았다. 1875년 7월 일본 정부는 군함 운요호를 조선 근해에 파견하여 부산항을 측량하고 '조선부산항'이라는 「港泊圖」를 발행하였고, 부산에서 영흥만에 이르는 동해안 일대의 해로측량을 하였다. 그것은 러시아의 영흥만 조차기도와 연이은 「조선동해안도」의 작성에 대한 대응이기도 하다. 그에 의해 해군수로료가 1876년에 「朝鮮東海岸圖」를 작성하여 조선의 개국을 위한 사전 조사를 하였다. 일본은 다시 9월에 해안측량을 내세우며 강화도 앞 바다에 나타나 시위와 포격으로 조선을 도발하여 이듬해 결국 '병자수호조규'를 체결하여 조선을 개항시켰다.

일본이 강화도 조약을 체결하면서 역점을 두었던 것이 개항장의 확보였다. 강화도 조약, 즉 병자수호조규에는 제4, 5관에 부산과 다른 두 개의 항구를 개항할 것을 규정하였는데, 두 개의 항구는 경기, 충청, 전라, 경상, 함경 5도의 연해 중에서 택하되 조약 체결 후 20개월 후에 개항하도록 하였다. 그렇지만 일본은 원래부터 동해안의 원산과 서해안의 인천을 지목하고 있었으나, 조선 측에서는 이를 반대하였다. 그 반대 이유는 원산은 부근 함흥이 태조 이성계의 탄생지이며 인근에 그 조상들의 무덤이 남아 있어 이를 보호하기 위함이었으며, 인천은 바로 한성의 길목이므로 수도의 방비에 문제가 있다고 보아 반대하였다. 그 대안으로 조선 측은 동해안은 청진이나 나남, 서해안은 군산이나 목포 또는 진도를 제시하였다. 충청, 전라, 경상도가 아닌 원산과 인천을 왜 일본이 요구하였을까? 인천은 일본의 입장에서 한성의 길목이기 때문에 일본이 요구한 것은 충분히 이해되지만 왜 원산을 요구하였을까?

일본의 경우 강화도조약을 맺기 전에 위에서 살핀바와 같이 군함 운요호를 조선 근해에 파견하여 부산에서 영흥만에 이르는 동해안 일대의 해로측량을 하였다. 그것을 통해 러시아가 원산만, 즉 영흥만에 주목하고 있었다는 것을 주시하여 개항장에 원산을 포함시켰다고 볼 수 있다.

강화도 조약이 맺어진 후 러시아의 블라디보스토크에 드나들었던 일본 상인 무토 헤이가쿠는 1876년 7월에 외무성에 '송도(울릉도) 개척에 대한 안건'을 올렸는데 그 개척 안에 "조선과 조약을 맺은 이상에는 함경도 부근도 개항되어 서로 왕복하게 된다."[8]고 하여 함경도를 개항장이 되리라고 확신하고 있고, 그 개척 안을 논의하는 외무성 관리들은 울릉도가 "시모노세키에서 이와미, 이바나, 호키, 오키를 지나 저 중요한 원산항으로 가는 뱃길에 있다."거나 "우리나라 산인지방에서 조선 함경도 영흥부, 즉 원산항까지 가는 항로에 있으며"[9]라고 한 것을 통해 일본은 당초 함경도 원산을 개항장으로 지목하여 결국 1879년 7월에 원산이 개항하였다. 그리고 원산을 개항장으로 지목하면서 울릉도를 개척하여 원산-울릉도 뱃길을 염두에 두고 있음을 알 수 있다.

원산의 개항을 요구한 일본의 의도는 다음의 사료에 잘 드러난다.

> 소신이 나와 있는 이곳의 형세를 살펴보면, 감히 러시아가 조선을 노리고 있는듯하니 조금이라도 빨리 국내를 평정시키고 민심을 안정시켜 조선의 북쪽 땅과 관계를 맺어두는 것이 지금의 일대 급무로 보입니다. 지난해에도 말씀드린 대로 먼저 우리나라에 속해 있는 松島 개척에서부터 시작하여 조선의 북부를 오가며 우리나라의 쌀과 소금, 기타 국산물을 판매하면 수출이 증가되고, 또 러시아인이 최근 감히 노리고 있는 상황에 대해 자세히 알 수 있을 것입니다. 요즈음 육로로 한국 땅에 들어가는 자가 있고, 또 바다를 건너 들어가는 자도 있습니다. 이것은 모두 그 땅의 형세를 정탐하기 위함입니다.[10]

이 사료는 블라디보스토크 무역사무관인 세와키 히사토(瀨脇壽人)가

---

8) 北澤正誠, 『竹島考證』下 第8호, 武藤平學, '松島(울릉도)개척에 대한 안건'.
9) 北澤正誠, 『竹島考證』下 第11호 · 12호, 渡邊洪基의 의견을 적은 서신.
10) 北澤正誠, 『竹島考證』下, 第14호.

블라디보스토크에서 사이토 시치로베(齊藤七郞兵衛)가 제출한 '송도(울릉도) 개척청원서 및 건의서' (1876.12.19.)를 상부에 보고한 문서에 담긴 내용이다(1877.4.25). 이것을 통해 뱃길을 통해 상선이 모여들고, 여러 도의 상인이 모이는 곳인 원산을 통해 일본은 경제적 이익을 도모하고, 러시아가 조선을 노리는 상황에 대해 자세히 정탐하려는 목적을 갖고 함경도 원산을 개항하는 것이 일대 급무로 여기고 있음을 알 수 있다. 이미 일본이 조선의 땅의 형세를 정탐하여 개항장으로 원산으로 원하는 상황에서 부근 함흥이 태조 이성계의 탄생지이며 인근에 그 조상들의 무덤이 남아있어 이를 보호하기 위해 청진이나 나남을 대안으로 제시하는 것이 먹혀들 수는 없는 상황이었다. 나아가 일본은 아래의 사료에서 보다시피

> 블라디보스토크 항구를 끼고 있는 4, 5백리에 달하는 지역은 숙신, 혹은 여진이라고 불리며, 옛날에는 중국의 영역이었다가 그 후 일본에 예속되었고, 그때 이름을 바꾸어 만주라고 칭했다고 합니다. … 그 후 다시 중국에 복속되었는데 10여 년 전부터 러시아령이 되었습니다. 그런데 이 지방의 토착인들은 모두 중국의 구습을 지니고 있어서 러시아인을 야만인이라 부르며 아예 복종하지 않았고 그들을 보기를 원수나 적같이 하였습니다. 이런 까닭에 러시아도 만주인을 친애하지 않고 다만 무력을 써서 압제하였습니다. … 한국인들은 러시아인의 위광을 빌려 만주인을 우습게 여기고 있습니다만 한국인 또한 결코 러시아 정부에 마음으로부터 복종하고 있는 것은 아닙니다. 겉으로는 신변이 안전을 위해 복종하는 척 하나 속으로는 러시아를 야만인이라 칭하며 더욱 복종할 뜻을 가지고 있지 않습니다. 그러므로 자기 나라를 떠나 이곳으로 오고자 할 이유가 없으나 본국에서 늘 조세가 많고, 폭정에 시달리고 있고, 특히 최근 2년간은 기근이 심해 길 위에서 죽은 자가 있을 정도였으므로 이 기갈의 괴로움을 피하려고 오는 자가 여전히 많다고 합니다. 한국과 달리 러시아령으로 오면 세금을 내지 않고도 경작할 수도, 벌목할 수도 있게 되고, 또 매우 존중받기 때문입니다. 결코 러시아에 지배받기를 원하고 마음으로부터 복종하고 있기 때문에 오는 것이 아닙니다. 이 기회에 재빨리 섬(울릉도)을 개척하여 한국의 북쪽을 오고가면서 쌀과 소금, 그 외 국산물품을 조금 싼 가격으로 판매한다면 한국과 만주 모두 우리나라와 예전부터 사이좋은 국가였고, 서로 일심동체의 관계에 있음을 자랑할 것이고, 그들을 애정으로써 대하

면 반드시 우리에게 복종할 것임은 거울을 보듯이 뻔합니다.11)

미구에 만주를 집어삼키기 위해 함경도 원산을 개항하고자 하였음을 알 수 있다. 강화도 조약 체결을 통해 일본은 개항장을 부산과 인천 외에 원산을 개항장에 포함시킨 것은 러시아가 영흥만을 탐내고 있었기 때문에 원산을 개항장으로 지정하여 러시아의 남하를 막고자 하는 의도에서 나온 조처인 동시에 원산을 창구로 하여 러시아의 블라디보스토크와의 경제적 교역을 용이하게 하고, 만주로 그 영역을 넓혀가기 위한 의도에서 비롯되었다. 그 전단계로서 원산에 있는 길목인 울릉도를 개척하여 한국의 북쪽을 오고가면서 쌀과 소금, 그 외 국산물품을 조금 싼 가격으로 판매한다면 일본에 복종할 것이라고 하였다.

지금의 아오모리현과 이와테현을 아우른 지역인 미치노쿠(陸奧)의 사족인 무토 헤이가쿠(武藤平學)가 외무성에 1876년 7월에 '송도개척지의(松島開拓之議)'를 제출하였다.12) '송도개척지의'에서 주목할 사항은 울릉도는 하나의 작은 섬이긴 하나, 장차 황국에 도움이 될 만한 섬으로서, 남쪽에 있는 오가사와라섬 보다도 한층 더 주의해야 할 땅이라고 함으로써 오가사와라 영토편입에 즈음하여 송도 개척이 급선무임을 드러내주고 있다는 점이다. 그리고 죽도는 조선에 가깝고 송도는 일본에 가깝고, 일본에 속하는 섬이라는 점이 강조되고, 러시아의 블라디보스토크에 가는 길목, 그리고 조선의 개국에 즈음하여 함경도 부근에 개항장이 설치되면 그곳으로 가는 길목에 위치한 지정학적 중요성을 일깨우면서 우선 등대를 설치하고, 항해의 안전을 돕고, 그 섬의 큰 나무를 벌목하여 좋은 재목을 지금 성대하게 개항된 블라디보스토크로 수출하거나 혹은 시모노세키로 보내 매각하여 그 이익을 얻게 되기를 희망하며, 또 만일 광산이 있을 경우에는 광산도 역시 개발하고, 어민과 농민을 이주시켜 개척하여 황국의 소유로 해 간다면 막대한 이익이 될 것이라는 점을 강조하고 있다. 조선의 개국에 즈음하여 함경도 부근에 개항장이 설치되면

---

11) 北澤正誠, 『竹島考證』下, 제15호, 明治 10년 일반 서신 제2번외 갑호.
12) 北澤正誠, 『竹島考證』下, 別紙 제8호, '松島開拓之議'.

그곳으로 가는 길목에 위치한 지정학적 중요성을 일깨운 것에서 병자수호조약의 체결로 인해 일본은 조선의 근해에 자유롭게 진출하고 통상과 어업 및 측량활동을 할 수 있었기 때문에 '송도 개척 건의'의 호기로 여겼던 것 같다. 그리고 원산-울릉도의 뱃길을 열기 위해 일본이 울릉도 개척을 한 시도가 있었다.

실제 울릉도로의 침입은 러시아 공사 에노모토 다케아키(榎本武揚)를 중심으로 관민일체가 되어 행해졌다. 1878년에 에노모토의 처제인 치카마쓰 마쓰지로(近松松二郞)는 에노모토의 영향을 받아 울릉도로 도항하여 사업을 준비하였다. 이듬해 치카마쓰는 벌목에 필요한 인부를 주로 야마쿠치현에서 모집하여 울릉도로 보냈고 본격적인 도벌과 어로활동을 하였다.13) 어로활동은 주로 전복의 채취였다. 치카마쓰 등의 사업에 대하여 러시아 공사로부터 외무대보(外務大輔)를 거쳐 해군경이 된 에노모토와 무기매매로 부를 축적한 오오쿠라 재벌이 출자를 하는 등 깊게 관여하였다. 해군경 에노모토는 국제법의 1인자였다. 그는 울릉도가 무주지임을 구실로 삼아 민간인의 거주 실적을 축적하여 울릉도를 일본영토로 편입하려 계획한 것이 아닌가하는 추정이 있다.14) 해군은 1880년에 인부의 운송을 위해 일장기를 단 군함을 이용하는 등 울릉도로의 개척을 전면적으로 지원하였다.15) 그때부터 야마구치현을 중심으로 울릉도에 침입하여 느티나무를 도벌하거나 전복을 채취하는 자들이 속출하여 그 수는 약 400명에 달하였다.

야마모토의 '복명서'에 의하면 치카마쓰 외에 울릉도에서 어로를 한 자는 아사히 구미(旭組)였다. 오오쓰(大津)군의 후지쓰 마사노리(藤津政憲)는 아사히 구미의 지배자로서 1881년 5월부터 울릉도로 인부를 보내 벌목사업을 개시하였다.16) 그 이듬해인 1882년에는 벌목인과 어민을 보

---

13) 山本修身, 『明治十七年鬱陵島一件錄』 「復命書」(山口縣文書館所藏 行政文書 戰前A 土木 25, 1883) ; 박병섭, 「한말 울릉도·독도 어업」 한국해양수산개발원 재인용, 2009.
14) 박병섭, 『한말 울릉도·독도 어업』 한국해양수산개발원, 2009.
15) 外務省記錄 3532, 「鬱陵島に於ける伐木關係雜件」 「朝鮮國鬱陵島渡航人民處分の議」.
16) 山本修身, 『明治十七年鬱陵島一件錄』 「復命書」 山口縣文書館所藏 行政文書 戰前A 土木 25, 1883.

내 벌목 외에 어로를 개시하였다. 이러한 일본인의 침입을 조선 정부가 알아차린 것은 1881년(고종 18)이었다.

1881년 5월 22일 통리기문아문이 고종에게 올린 보고에 의하면 울릉도에서 일본인들이 나무를 찍어내어 원산과 부산으로 보내려하는 것을 울릉도 수토관이 적발한 것이 나온다.[17] 이미 원산을 통해 블라디보스토크로 목재를 보냈다는 것을 알 수 있다. 그로 인해 일본인의 퇴거를 요구하며, 1883년 개척령이 내려짐으로써 울릉도-원산-블라디보스토크 뱃길이 끊어졌다.

일본이 함경도, 특히 원산을 개항지로 선택한 것은 첫째, 일본의 경제적 이익, 둘째, 러시아가 조선을 노리는 상황, 특히 원산만, 즉 영흥만에 관심이 있다는 것을 알고 러시아의 동향을 자세히 정탐하려는 목적, 셋째, 조선의 북쪽을 교두보로 삼아 만주 진출을 위한 사전 포석의 차원에서 이루어졌다고 할 수 있다. 결국 조선에 대한 일본과 러시아의 노골적인 침략의 기운이 첨예하게 되면서 양국은 원산을 둘러싼 각축을 벌일 수밖에 없었다. 그렇기 때문에 원산이 개항장으로 지목되면서 환동해문화권의 거점 항이 되었다고 할 수 있다. 넷째, 함경도와 만주로 진출하기 위해 원산-울릉도의 뱃길을 열겠다는 복안을 갖고 있음을 알 수 있다.

1876년에 일본이 조선을 개항하자 영국과 미국은 이후 한국을 개국시키는 방법으로서 일본의 주선을 받으려고 했지만 일본이 구미 열강의 한반도 진출을 꺼려 성의를 보이지 않자 청나라 이홍장의 주선을 받기로 방침을 바꾸었다.[18] 미국의 슈펠트 제독이 청나라 이홍장과의 회담(1880년 8월)에서 "러시아가 영흥만을 점령하려 한다."고 하여 청나라에 대하여 러시아의 위협에 대한 경각심을 불러일으키려고 한 것을 통해 러시아의 원산에 대한 점령 의도는 공공연한 것이었음을 알 수 있다. 이에 두려움을 느낀 이홍장은 한국에 대해 "항구를 개방하지 않을 경우 러시아가 공격해올 것이므로 한국은 고립될 것"이라고 경고하였다. 바로 이런 분위기에서 1880년 9월 6일, 주일 청국공사 하여장(何如璋)이 참찬관 황준

---

17) 『高宗實錄』 高宗 18년 5월 21일.
18) 최문형, 『러시아의 남하와 일본의 한국침략』 지식산업사, 2007, 144쪽.

헌(黃遵憲)을 시켜 한국이 장차 취해야 할 외교의 방향을 정리한 『朝鮮策略』을 김홍집에게 전해주었다. 여기에는 러시아에 대한 두려움을 강조하고, 그것을 막는 방법으로 열강이 서로 균형을 유지해야 한다고 하면서 '친중국 결일본 연미방'해야 한다는 내용을 담았다.

1884년으로 접어들면서 청불전쟁의 발발 위기가 고조되자 러시아는 이 전쟁의 혼란을 이용, 일본이 한국의 어느 항만을 점취하게 될 위험한 사태로 여겨 한국으로의 접근을 서두르게 되었다. 이 당시 개화파의 영·미 접근 외교가 실패로 돌아가자 개화파 대신에 외교의 주도권을 진 민비는 청국과 일본을 배척하기 위해 러시아와의 수교를 적극 고려하게 되었다. 여기에는 러시아를 조선으로 끌어들이려는 묄렌도르프의 주선이 있었기 때문에 가능하였다. 보불전쟁(1870~1871) 이후 프랑스의 고립화정책을 추진한 비스마르크는 프랑스의 대러 접근을 막기 위해 동아시아의 진출을 부추겨야 할 필요성이 있었기 때문에 묄렌도르프는 러시아의 진출을 아시아로 돌리게 하려는데 목적을 두고 러시아와의 수교를 주선하게 된 것이다. 그 결과 한러수호통상장정은 불과 2주일 만인 1884년 7월 7일 베베르와 김병시(金炳始)가 서명함으로써 전격 체결되었다.

갑신정변(1884.12.4.)은 우리나라 최초의 부르조아 개혁의 시도였다는 평가를 받고 있지만 일본이라는 외세를 이용하려고 하였다는 점에서 3일 천하로 끝난 뒤 친 청 수구세력만이 남았다. 그런 상황에서 청의 압제를 벗어나기 위해 러시아란 또 다른 외세를 이용하려고 하였기 때문에 러시아는 대한 침투를 위한 절호의 기회로 여겼다. 러시아는 정변의 혼란을 이용하여 영국과 일본이 한반도에서 항만 획득을 위한 결정적 기회를 포착하게 될까 두려워 '청·일 충돌 시에는 이 틈을 이용하여 러시아도 한국의 항만을 차지한다.'는 원칙을 이미 세워놓은 터였다. 한국과 국경을 접하고 있는 러시아로서는 영·일의 한반도에서의 항만 획득이 곧바로 자국에 대한 직접적인 위협으로 이어질 수밖에 없었기 때문이다. 더욱이 수교 성립 훨씬 이전부터 한반도에서 부동항 획득 기회를 호시탐탐 노려온 그들로서는 정변의 혼란이라는 이런 절호의 기회를 결코 놓칠 까닭이 없었다.[19]

갑신정변 직후 조선은 청국의 압제를 벗어나기 위해 러시아에 의존하려고 하였다. 조선과 러시아는 갑신정변 직후 서로 접촉하였다. 그 같은 상황에서 '한·러밀약'이 논의되었다. 갑신정변 직후인 12월 말 김용원(金鏞元)과 권동수(權東壽)를 시베리아에 파견해 러시아 관헌들과 접촉했고, 이듬 해 1월 초에 묄렌도르프로 하여금 내한한 스페이에르와 접촉하게 하였다.

이 만남에서 한국이 군사교관의 파한과 청·일 충돌 시 러시아의 한국 보호를 요청하자(1885.2), 러시아는 이를 응낙하는 대가로 영흥만의 조차를 요구했다는 것이다. 그러나 이 밀약에 대해서는 아직까지 구체적인 내용은 물론 그것의 실재조차 분명하게 확인된 것이 없다. 러시아의 영흥만 조차는 어디까지나 한국과 러시아 양국 사이의 이 같은 빈번한 접촉을 질시한 영·일의 추정에서 비롯된 풍문이고, 영국은 물론 일본도 '한·러밀약'의 실재를 확인한 사실도 없다. 러시아의 역사가들은 이 밀약의 존재 자체를 부정하고 있다.[20]

또 1885년 1월 초에 묄렌도르프는 스페이에르에게 러시아의 한국 보호를 요청했고, 그 대가로 해군기지용으로 얼지 않는 항만을 러시아 상사에게 대여하는 형식으로 주는데 동의하면서, 그 항만으로서는 영흥만보다 영일만이 더 나을 것이라고 하였다고도 한다.[21] 이후 한·러 사이의 협의는 서상우와 묄렌도르프가 갑신정변의 사과사절로 도쿄를 방문한 기회(1885.2.15~4.5)를 이용하여 주일 러시아공사 다비도프와 협상이 이루어졌다. 이때 묄렌도르프는 러시아에게 선호할 만한 외곽의 섬들을 할양하겠다고 하면서 거문도 점령을 권고하기도 하였다고 한다. 이러한 묄렌드로프의 거동을 둘러싼 소문은 동아시아에서 러시아에 대한 불신을 고조시키기에 충분했다. 더욱이 러시아의 한 신문에 러시아는 영국에 대한 보복 행동을 취하고 조선 동해안의 영흥만을 점령하는 것이 더 좋겠다고 제안한 기사가 게재되자 사태는 더욱 악화되었다. 어쨌든 조선 측

---

19) 최문형, 『한국을 둘러싼 제국주의 열강의 각축』 지식산업사, 2001, 31쪽.
20) 최문형, 위의 책 61~70쪽.
21) 최문형, 『러시아의 남하와 일본의 한국 침략』 지식산업사, 2007, 191~192쪽.

이 러시아에게 해군기지를 제공한다는 제의 자체는 그 사실 여부를 확인하기에 앞서 영·일 양국에게는 큰 충격이 아닐 수 없다.[22] 1889년 러시아 참부본부 군사학술위원회에서 발간한『아시아에 관한 지리, 지형 및 통계자료집』(상트페테르부르크)에 러시아의 상인 파벨 미하일로비치 델로트케비치가 1885년 12월 6일에서부터 1886년 2월 29일까지 약 3개월간 한국을 여행하며 기록한 일기를 싣고 있다. 그는 1885년 기선을 타고 블라디보스토크를 떠나 부산과 제물포를 여행한 뒤 한 달가량 서울에 머문 후 1886년 1월 14일 도보로 러시아 국경을 향해 출발하였다. 원산-함흥-경성-경흥을 잇는 여행경로를 밟아 2월 29일 포시에트 항에 도착함으로써 여행을 마치게 된다. 그의 여행은 러시아 참부본부 군사학술위원회에서 발간한『아시아에 관한 지리, 지형 및 통계자료집』에 실린 것이기 때문에 군사 첩보의 여행이라고 여겨진다. "원산은 조선에서 가장 큰 촌락이다."고 하면서 일본인, 중국인과 거래상황과 항만의 사정을 비교적 자세히 언급하고 있다. 특히 "원산에는 나가사키에서 블라디보스토크를 왕복하는 일본의 급행 증기선이 운항되고 있다. 이 노선은 12월부터 3월까지는 운항이 중단된다."는 것을 담고 있다.[23] 이 일기를 통해서도 한국과 러시아 양국의 밀약설이 설득력 있게 받아들이는 당시의 상황을 엿볼 수 있다.

한·러 양국의 밀약설이 알려지면서 영국과 일본, 그리고 청나라의 긴장을 고조시켰고, 결국 청일 사이의 천진조약 타결과 영국의 거문도 점령을 기화로 조선을 둘러싼 국제관계는 다시 한 번 크게 변전하였다.

거문도는 일찍부터 영·일과 러시아가 다 같이 탐내는 군사 요충이었다. 거문도에 대한 러시아의 거동은 영국의 감시 대상이었고, 마찬가지로 영국의 거동도 러시아의 주시 대상이었다. 1885년 3월 30일, 러시아가 아프가니스탄 국경의 판데 지역을 침공하여 영국의 인도에 이르는 통로를 위협하고, '한·러밀약'으로 러시아가 다시 영흥만을 얻게 되었다는 풍문이 떠돌자 영국에 의해 거문도 점령이 이루어졌다. 영국은 블라디보스토

---

22) 최문형, 위의 책 194쪽.
23) I.A. 곤차로프 외 2인 저 ; 심지은 편역,『러시아인, 조선을 거닐다』한국학술정보, 2006, 127~128쪽.

크를 선제공격 대상으로 선정하고, 블라디보스토크를 봉쇄하기 위한 거점으로 거문도를 점령하였다.

러시아는 영국의 거문도 점령사건으로 인해 자국 해군의 전략적 약점이 극명하게 드러남으로써 동아시아 령에 대한 그들의 방위정책을 전면 수정하게 되었다. 해군력에 의존하던 동아시아 령 방위를 육군력 의존으로 바꾸게 되었다. 러시아의 동아시아 령 방위정책을 이처럼 육군 의존으로 방향을 바꾼 것은 전적으로 거문도 사건에 따른 영국 해군의 압박 때문만은 아니었다. 1880년대에 이르러 증강된 일본 해군의 위협도 크게 일조했다. 일본 해군이 러시아 함선의 해상통로를 바로 대마도에서 차단함으로써 러시아는 그들의 해군력을 가지고는 압도적으로 우월한 영·일의 그것에 대적할 수 없다는 사실을 인식하였다. 따라서 동해상에서 제해권을 잃게 되고 유일한 군항인 블라디보스토크의 전략적 가치마저 떨어지게 된 당시의 러시아로서는 자국의 동아시아 령 방위를 해군력 대신 육군력에 의존하는 새로운 정책을 채택할 수밖에 없었다. 동아시아 령 방위를 육군력에 의존하는 새로운 정책이 채택되면서 원산항이 있는 영흥만에 대한 러시아의 관심은 식었다.

Ⅲ. 고지도를 통해 본 동해의 뱃길, 원산의 뱃길

개항이 되면서 동해의 원산항이 주목되었다. 고지도를 통해 개항장 이후의 동해 바닷길의 변화를 살펴보고자 한다. 개항장 이전의 조선지도와 일본지도의 경우 대마도와 부산항의 항로가 표시되는데 반해 원산이 개항장이 되면서 부산항-원산항-블라디보스토크항을 연결하는 항로가 개설되었다. 1894년에 발간된 「實測朝鮮全圖」(일본, 宗孟寬, 36×50cm, 국회도서관 〈그림 1〉)는 나가사키-대마도-부산항-원산항-블라디보스토크 항로가 그려졌다.

러시아의 상인 파벨 미하일로비치 델로트케비치가 1885년 기선을 타고 블라디보스토크를 떠나 원산항을 거쳐 부산항에 도착한 뒤 제물포에 가서 서울에 머문 것을 통해 머문 후 도보로 원산에 도착한 후 "원산에는 나가사키에서 블라디보스토크를 왕복하는 일본의 급행 증기선이 운항되고 있다. 이 노선은 12월부터 3월까지는 운항이 중단된다."24)는 것을 담고 있는 것으로 보아「實測朝鮮全圖」는 그것을 반영하는 지도이다.

나가사키-대마도-부산항-원산항-블라디보스토크 항로가 표시된 지도도 한국에서 1900년대 조선의 지도에서 발견된다.『大韓輿地圖』(1900, 학부 편집국, 동판인쇄본, 152.0×84.5cm, 서울 역사박물관, 〈그림 2〉)의 경우 부산-원산의 항로가 표시되었고, 원산과 露領 사이의 항로가 표시되지만「대한여지도」이기 때문에 노령이 표시되어 있지 않아서 항구가 표시되어 있지 않다.

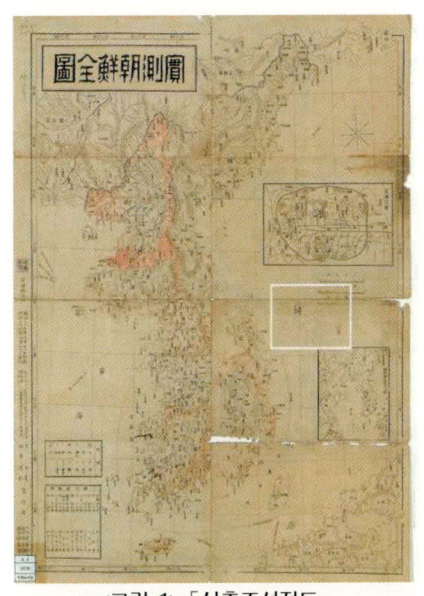

<그림 1>「실측조선전도」

그렇지만『大韓帝國地圖』(1902, 玄公廉, 동판인쇄본, 30.5×23.2cm, 이화여자대학교 도서관)의『大韓帝國全圖』(〈그림 3〉)의 경우 부

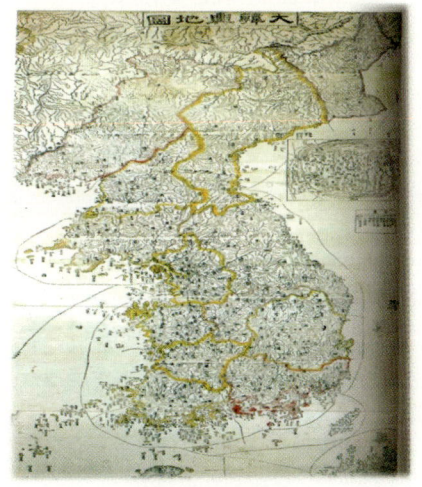

<그림 2>「대한여지도」

산-원산-노령 浦鹽斯德 항로가 표시되어 있기 때문에『大韓輿地圖』는 부산-원산-블라디보스토크 항로가 표시되었을 것이다.

---

24) I.A. 곤차로프 외 2인 저 ; 심지은 편역,『러시아인, 조선을 거닐다』한국학술정보, 2006, 127~128쪽.

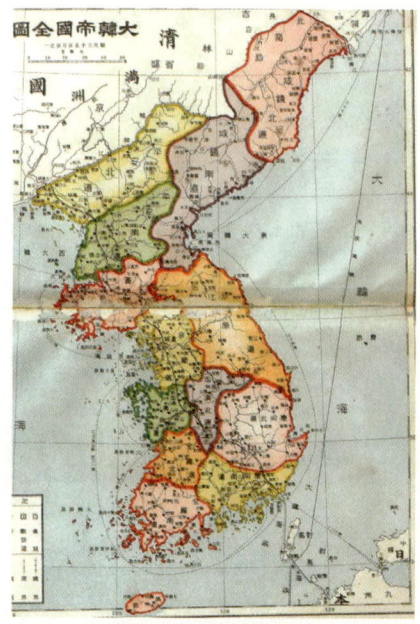

<그림 3> 「대한제국전도」

<그림 4> 「한국전도」

1902년의 「大韓帝國全圖」의 경우 원산-成津을 연결하는 항로가 개설되었지만 성진과 블라디보스토크를 연결하는 항로의 경우 개설되지 않았다.

1905년, 일본의 박문관에서 『러일전쟁의 실기』를 출판하면서 그 부록에 수록된「韓國全圖」(일본 박문관, 25.1×38.0cm, 국회도서관, 〈그림 4〉)에는 부산-원산항-城津港-러시아 블라디스토크항을 연결하는 항로가 표시되었다.

또 한국에서 발행된『大韓帝國地圖』(1908, 玄公廉, 동판본, 103.5×75.3cm, 개인 소장)의 경우 부산-원산-성진-포염사덕 항로가 표시되었다.

1900년대 조선과 일본의 동해 항로 변화를 통해 일본은 원산을 통해 함경도의 경제적 이익을 독점하면서 러시아를 압박하였고, 러일전쟁을 승리하면서 러시아의 경우 동해 제해권을 일본에 넘겨주었다. 일본의 경우 원산 외에 성진항의 항로가 개설되었다는 것은 함경도의 경제적 이익을 독점하고, 연해주까지 진출하려는 의

지를 보여주는 것이라고 할 수 있다.

그렇지만 1898년의 「Gerneral map of Korea and neighbouring countries」(영국, Bishop, 25×26cm, 국회도서관, 〈그림 5〉)의 경우 동해의 경우 부산항-원산항의 항로를 그려놓았지만 원산-블라디보스토크항을 연결하는 항로가 표시되어 있지 않다. 그 대신에 일본의 나가사키항-블라디보스토크항을 연결하는 항로가 표시되었다. 이 항로는 앞에서도 설명했듯이 개

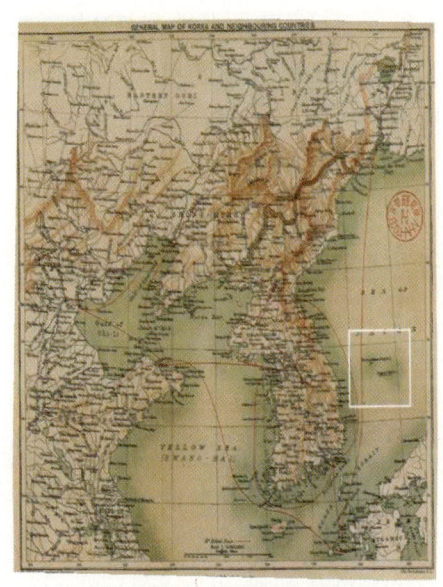

〈그림 5〉 「Gerneral map of Korea and neighbouring countries」

항 전부터 일본의 무역상들이 블라디보스토크를 드나든 뱃길이다. 이 뱃길을 통해 울릉도와 독도를 봤고, 원산과 블라디보스토크로 나아가는 거점 항으로 육성하려고 '松島 개척'에 관한 민원을 일본 정부에 냈다. 하지만 개항기 한국과 일본의 지도의 경우 울릉도·독도·원산항을 잇는 지도가 전혀 발견되지 않고 있다. 그것은 그 항로가 정기적으로 운영되었던 뱃길이 아니기 때문이다.

Ⅵ. 맺음말

원산에 대한 전론적인 글이 없다. 한반도를 둘러싼 러·일의 각축을 다룬 책에서 일부 원산에 대한 언급이 있을 뿐이고, 왜 일본이 원산항을 개항장으로 지목하고, 그 전후에 울릉도·독도에 주목하는가를 드러내주지 않았다. 이 논문의 목적은 거기에 있다.

이 글을 통해 환동해문화권의 거점 항인 원산, 영흥만을 둘러싼 러시아와 일본의 각축을 살펴보았다. 원산은 동만주와 한반도를 이어주는 육

로의 중간지점인 동시에 원산항을 통해 바다 건너 러시아의 블라디보스토크와 일본을 직접 연결한다는 점에서 근대에 접어들어 환동해문화권의 거점 항으로 활약하였다고 볼 수 있다. 그것을 주목한 일본은 원산을 개항장으로 확보하여 러시아의 남하를 막고, 원산을 육로(철도)와 해로를 통해 만주와 러시아의 블라디보스토크로 진출하기 위한 진출의 거점 도시로 육성하였다고 할 수 있다.

일본은 1876년 강화도조약을 맺어 조선을 개국시켰다. 왜 개항장을 원산으로 지목하였는가? 일본이 함경도, 특히 원산을 개항지로 선택한 것은 첫째, 일본의 경제적 이익, 둘째, 러시아가 조선을 노리는 상황, 특히 원산만, 즉 영흥만에 관심이 있다는 것을 알고 러시아의 동향을 자세히 정탐하려는 목적, 셋째, 조선의 북쪽을 교두보로 삼아 만주 진출을 위한 사전 포석의 차원에서 이루어졌다고 할 수 있다. 넷째, 함경도와 만주로 진출하기 위해 원산-울릉도의 뱃길을 열겠다는 복안을 갖고 있음을 알 수 있다. 결국 조선에 대한 일본과 러시아의 노골적인 침략의 기운이 첨예하게 되면서 양국은 원산을 둘러싼 각축을 벌일 수밖에 없었다. 그렇기 때문에 원산이 개항장으로 지목되면서 환동해문화권의 거점 항이 되었다고 할 수 있다.

개항기 전후 원산을 둘러싼 러시아와 일본이 각축을 벌이는 상황에서 동해의 외딴 섬, 울릉도와 독도에도 러시아와 일본이 관심을 갖게 되었다. 개항 직전에 러시아 블라디보스토크를 드나들던 일본의 무역상들은 그 항로 곁에 있는 울릉도와 독도를 발견하고 개척원이 일본 정부에 쇄도했다. "시모노세키에서 이와미, 이바나, 호키, 오키를 지나 저 중요한 원산항으로 가는 뱃길에 있다."거나 "우리나라 산인지방에서 조선 함경도 영흥부, 즉 원산항까지 가는 항로에 있다."고 하면서 울릉도·독도를 개척하여 원산-울릉도·독도-일본으로 가는 항로를 개척하여야 한다고 하였다.

그렇지만 부산-원산—블라디보스토크항을 연결하는 뱃길이 열리면서 끝내 원산-울릉도 뱃길은 열리지 않았다. 그것은 울릉도의 경우 뱃길이 험하고, 항구의 조건을 구비한 좋은 항구가 없었기 때문이고, 개항장이 아니기 때문에 불법적으로 일본인들이 들어오면서 1883년 울릉도 개척령과 '대한제국 칙령 제41호'가 선포됨으로써 일본인의 퇴거를 요구하였기 때문이다. 그런 마당에 원산-울릉도 뱃길이 열린다는 것은 엄두를 낼 수밖에 없었다.

고지도를 통해보면 개항 전까지는 대마도·부산항 하나의 항로가 있었지만 개항장이 원산으로 지정되면서 일본 나가사키-부산항-원산항-러시아 블리디보스토항을 연결하는 뱃길이 표시되었다. 그것을 통해 원산항은 환동해문화권의 거점 항이었음을 알 수 있다. 그렇지만 개항 전후에 울릉도·독도를 개척하여 일본-독도·울릉도-원산의 뱃길을 열자는 주장이 있었지만 고지도상의 자료에는 그 항로가 표시되어 있지 않았다.

【참고문헌】

김영수, 「해제 : 곤차로프의 세계항해」『전함 팔라다』이반 알렉산드로비치 곤차로프 지음 ; 문준일 옮김, 동북아역사재단, 2014
김호동, 「독도와 울릉도를 둘러싼 러·일의 각축과 조선의 대응」『독도연구』 10, 영남대학교 독도연구소, 2011
달레 ; 최석우 역, 『한국천주교회사』하, 한국천주교회사연구소, 1979
박병섭, 『한말 울릉도·독도 어업』한국해양수산개발원, 2009
최덕규, 『제정러시아의 한반도 정책, 1891~1907』경인문화사
최문형, 『러시아의 남하와 일본의 한국침략』지식산업사, 2001
최문형, 『한국을 둘러싼 제국주의 열강의 각축』지식산업사, 2001
최문형, 『러시아의 남하와 일본의 한국 침략』지식산업사, 2007
I.A. 곤차로프 외 2인 ; 심지은 편역, 『러시아인, 조선을 거닐다』한국학술정보, 2006

제3장

일제의 한국침략에 따른 '일본해' 명칭의 의미 변화
-일본 고지도를 중심으로-

Ⅰ. 머리말

　동북아역사재단은 2007년 이후 '한·중·일 역사인식조사'를 해오고 있다. 그 조사에는 유라시아 대륙의 한국, 북한, 러시아, 그리고 일본 열도로 둘러싸인 해역 명칭, 즉 동해 표기와 독도 명칭을 어떻게 할 것인가가 포함되어 있다. '2009 한·중·일 역사인식조사 결과보고서'(한국갤럽)를 보면, '동해/일본해 표기' 문제에 관한 설문에서 한국인의 90.1%가 '동해로 표기', 일본인의 72.0%가 '일본해로 표기해야 한다.'고 응답하였다. 반면 '동해/일본해 병기'로 표현해야 한다는 주장은 한국의 경우 7.6%이고, 일본의 경우 19.1%에 불과하다.
　동북아역사재단의 '한·중·일 역사인식조사'의 설문결과와 '동해'와 '일본해'를 연구하는 한일 양국의 연구 성과, 그리고 그것을 집약적으로 요약한 일본 외무성의 '일본해' 사이트, 그리고 한국 측의 국립해양조사원의 홈페이지에 게시된 '동해 바로 알기' 사이트, 동북아역사재단 홈페이지의 역사쟁점 '동해표기'에 게시된 내용의 문제점을 지적하면 다음과 같다. 첫째, 국제사회와 일본이 '동해'를 '일본해'로 표기하여 왔지만 그 문제점을 별반 인식하지 않는다는 점이다. 지난 2010년 3월 30일, 일본 문부과학성이 '독도'를 일본의 영토라고 하고, 울릉도와 독도 사이에 일본의 국경선을 넣은 초등학교 사회교과서만을 검정에 통과시켰을 때 '독도'에 관한 많은 비판을 제기하였지만 한국과 일본 사이의 바다를 '일본해'로 표기한 것에 대해 전혀 이의를 제기하지 않았다는 것은 그 한 예일 것이다. 둘째, 위 설문에서 보다시피 한국인의 경우 7.6% 만이 '동해/일본해 병기'를 지지하고 있지만 아이러니하게도 현재 일본은 물론 국제사회에서 '동해'를 '일본해'로 압도적으로 표기하고 있는 현실에서 한국 정부가 '동해/일본해 병기' 표기를 관철하려고 주력하고 있다는 점을 인지하지 못하고 있다는 점이다. 한국의 경우 1992년 제6회 유엔 지명표준화 회의에서 '일본해(Sea of Japan)'의 표기를 '동해(East Sea)'로 단독 표기하거나, 혹은 '일본해'와 '동해'를 병기해야 한다고 주장한 이래 현실적으로 '동해/일본해 병기'에 노력하고 있는 실정임에도 불구하고 위 설문 조사의 결과는 '동해' 단독 표기를 염원하고 있다는 점이다. 한국정부가 '동해/일본해 병기'에 대한 국민적 공감대를 갖기 위한 홍보를 그동안 별반 하지 못하였음을 지적하지 않을 수 없다. 셋째, 한일 양국 국민은 물론 '동해/일본해' 연구자들마저도 유라시아 대륙의 한국, 북한, 러시아, 그리고 일본 열도로 둘러싸인 해역의 명칭이 역사적으로 전근대사회에서 '영토'의 개념을 갖고 부쳐진 것이 아니라는 것을 무시하고, 애써 '우리 바다', '영해'의 개념으로 확대하고 있다는 점이다. 넷째, 근대 제국주의 출현으로 인해 '바다는 교류와 교역의 장'으로 기능하기 보다는 '제국의 바다, 식민의 바다'로 바뀌었다. 근대 제국주의의 출현과 함께 확립된 국제 법을 받아들인 일본은 '해상주권'의 확립이란 관점에서 바다를 인식하면서 '영해'와 '공해'의 개념을 갖고 바다의 경계를 확정하고자 하였다. 그런 의도에서 바다의 이름을 '일본해'라고 명명하기 시작하였다. 다섯째, 일본은 '해상주권'의 확립, 즉 '영해'의 의미로서 '일본해'란 명칭을 사용하였음에도 불구하고, 동해 병기와 관련하여 유엔 지명표준화회의 결의 I(II/20) 및 IHO 기술결의(A.4.2.6)는 만이나 해협 등 2개 이상의 국가의 주권 하에 있는 지형을 대상으로 한 것이며, 일본해와 같은 公海에는 적용되지 않는다고 하여 '일본해'를 '공해'의 명칭으로 호도하고 있다는 점이다. 여섯째, 한일 양국은 '동해'의 호칭 문제가 한·일 양국의 문제라는 관점에서 이

해역의 명칭을 양국이 어떻게 불렀는가에 초점을 두고 접근해가는 것이 아니라 서양의 고지도에서 이 해역의 명칭을 어떻게 불렀는가의 통계상의 수치 공방에 주력하고 있는 잘못을 저지르고 있다는 점이다. 일곱째, 동북아역사재단의 '한·중·일 역사인식조사'의 경우 설문 항목에 "독도/다케시마를 '독도'로 표기하자는 쪽에 가깝습니까? 아니면 '다케시마'로 표기하자는 쪽에 가깝습니까? 혹은 '독도/다케시마'로 두 개를 함께 표기하자는 쪽에 가깝습니까?" 라는 질문에 이어 "동해/일본해를 '동해'로 표기하자는 쪽에 가깝습니까? 아니면, '일본해'로 표기하는 쪽에 가깝습니까? 혹은 '동해/일본해'로 두 개를 함께 표기하자는 쪽에 가깝습니까?" 라는 질문이 있다. '독도' 문제는 한일 양국 사이에서 '영토 주권'의 문제임에도 불구하고 바다의 명칭을 둘러싼 '동해/일본해' 문제와 같은 선상에 두고 명칭의 문제로 질문하는 잘못을 범하고 있다. 이 설문에 임한 일본인들이 '동해/일본해 병기'를 받아들이는 대신에 한국에 '독도/다케시마 병기'를 하자고 한다면 어떤 결과를 낳을 것인가? 그에 근거하여 독도를 공동 소유로 하자고 한다면 응할 것인가? 1905년의 일본의 독도 강탈, 그리고 '일본해' 명칭을 확장시킨 것은 일제의 한국침략, 영토팽창의 의도에서 나온 것이지만 독도 문제는 '영토주권'의 문제이고, 동해 명칭의 문제는 '공해'의 명칭의 문제라는 차이를 정확하게 인식할 필요가 있다.

본고는 「일제의 한국침략에 따른 '일본해' 명칭의 의미 변화」란 주제를 통해 위에서 '동해/일본해'에 관해 제기한 문제를 해명하고자 한다. 그리고 본 연구가 '동북아역사재단 독도연구소'의 연구 용역이므로 동북아역사재단에 대한 정책제안의 차원에서 집필하고자 하는 의도에서 우선 동북아역사재단 홈페이지에 게시한 역사쟁점 '동해표기'에 게시된 내용을 중심으로 '일본해' 명칭에 대한 일본의 주장과 한국 대응의 문제점을 지적하고자 한다. 그 바탕 위에 일제의 한국침략에 따른 '일본해' 호칭의 의미 변화를 살펴봄으로써 '일본해' 명칭이 영토팽창의 과정에서 일본의 바다, '영해'로 자리잡아갔음을 부각하고자 한다.

본 연구를 위해 일본에서 제작된 에도시대~메이지시대 고지도를 분석하였는데, 고지도를 추출한 주된 자료는 『한국의 옛지도』(영남대학교 박물관 편, 1998), 『잊혀진 "조선해"와 "조선해협"』(이종학, 독도박물관 연구자료총서 2, 2002), 『사료가 증명하는 독도는 한국땅』(이상태, 경세원, 2007)을 비롯하여 동북아역사재단 자료실에 공개된 지도와 구글의 일본해 사이트(http://sites.google.com/site/japanseamerdujapon/Home/japanese-map-describes-chousen-umi-corean-sea)에 소개된 일본의 고지도를 주된 대상으로 하였고, 그 가운데 주 분석 대상으로 한 지도는 '조선해'와 '일본해'가 표기된 지도이다. 본 연구는 한정된 연구기간에 의해 개괄적 분석에 그쳤다는 한계를 갖고 있으므로 추후 새로운 자료의 추출과 각각의 지도에 대한 구체적 분석을 장기적인 별도의 연구계획에 의해 수행하고자 한다.

Ⅱ. '동해' 명칭에 대한 일본의 주장과 한국 대응의 문제점

동해 표기의 정당성을 주장하는 한국정부의 입장을 대변한 것이 국립해양조사원의 '대한민국 동해 홈페이지(http://eastsea.khoa.go.kr)'와 동북아역사재단 홈페이지이다. 동북아역사재단 홈페이지에 게시된 역사쟁점 '동해표기'의 내용은 1. 동해 표기의 문제, 2. 동해 표기의 정당성, 3. 한국의 입장, 4. 일본의 입장, 5. 왜 동해 지명인가로 구성되어 있다. 제목에 나타나듯이 '일본해' 명칭의 부당성을 논하면서 '동해'의 명칭으로 사용해야 한다는 점을 부각시키고 있다. 그 구체적 내용을 살펴보면서 국제적 관점에 서서 문제점을 적출해보기로 한다.[1]

1. 동해 표기 문제

유라시아 대륙의 한국, 북한, 러시아, 그리고 일본 열도로 둘러싸인

---

[1] 필자는 「「日露淸韓明細新圖」에 표기된 '日本海' 명칭의 역사적 의미」(『韓國地圖學會誌』 제10권 1호, 2010. 6. 29~30쪽)에서 국립해양조사원의 홈페이지 '동해 바로알기' 사이트(http://eastsea.khoa.go.kr)의 '동해/일본해' 주장을 중심으로 '동해/일본해' 명칭의 병기에 대한 한국과 일본 양국의 시각차를 논한 바가 있다. 따라서 본고에서는 동북아역사재단 홈페이지의 동해 표기에 관한 내용에 국한하여 검토하기로 한다.

해역 명칭을 한국에서는 '동해(East Sea)'로 부르지만, 일본과 국제사회에서는 '일본해(Sea of Japan)'로 통용되고 있다. 이는 세계적으로 지명표준화 작업이 진행된 20세기 초에 우리나라가 주권을 상실하여 제대로 의사결정에 참여할 수 없었으며, 당시 일본의 신장된 국제적 지위가 서양의 지도제작자들의 인식에 영향을 미쳤기 때문이다.

해방 후 1965년 한·일 어업협정에서 한·일 양국은 당해 해역 지명에 합의하지 못해 '동해'와 '일본해'를 자국어판 협정문에 각각 별도로 사용하기로 결정하였다. 그리고 1970년대 일간 신문에는 우리가 사용하고 있는 동해 지명이 국제사회에서 일본해로 통용되고 있다는 사실과 이에 대한 시정을 요구하는 기사가 게재되었다. 이러한 가운데 한국과 북한은 1991년 유엔 가입 이후 1992년 유엔지명표준화 회의에서 동해 지명 문제를 공식적으로 제기하였다.

동북아역사재단의 경우 현재 국제적으로 '일본해'로 통용되고 있는 호칭을 '동해'로 표기하여야 한다는 일관된 입장을 견지하면서 국제사회에서 '일본해'로 자리 잡게 된 것은 한국이 일본의 식민지가 됨으로써 의사결정에 참여할 수 없었다는 점과, 해방 후 1965년의 한·일 어업 협정 등에서 당해 해역 지명에 합의하지 못함을 부각하고 있다. 이것은 일본 외무성의 '일본해' 홍보 사이트의 경우 "한국 등이 일본해의 호칭 문제에 처음으로 이의를 제기하기 시작한 것은 1992년 제6회 유엔 지명표준화 회의입니다. 그때까지 양국 간은 물론 국제회의에서도 일본해의 명칭에 대해 이의가 제기된 적은 없었다."고 한 것의 부당성을 잘 드러내주고 있다. 다음으로 동북아역사재단의 동해 표기의 정당성 주장을 살펴보기로 한다.

2. 동해 표기의 정당성

지역마다 사용되고 있는 다양한 지명에는 그 지역의 역사와 문화, 정체성이 담겨 있고, 우리들이 불러온 동해라는 바다 지명 또한 한국인의 오랜 삶속에서 한민족의 역사와 함께 해 왔다. 동해라는 지명은 『삼국사기』의 동명왕편(기원전 59년)에 처음 등장하는데, 이는 일본해 지명의 근원이라 할 수 있는 일본이라는 국호의 등장보다 700년이나 앞서 사용된 명칭이다. 그 후 동해 지명은 고구려의 '광개토대왕릉비'(414년), 『신증동국여지승람』의 「팔도총도」(1531년), 여지도의 「아국총도」(18세기 후반) 등 한국의 많은 사료와 고지도에 기록되어 있다.

일본해 지명이 최초로 사용된 고지도는 중국에서 이탈리아 신부 마테오 리치가 제작한 「곤여만국전도」(1602년)이다. 이 지도는 유럽과 일본에 전해졌지만, 일본해 지명은 유럽이나 일본에서 확산되지 않았다. 일본의 문헌에서 일본해가 사용되었다는 기록은 18세기 말까지 발견되지 않는다. 오히려 일본에서는 이 바다를 '일본해'가 아닌 '조선해'로 인식하여 고지도에 표기하였다. 이와 같이 일본에서 '일본해' 지명의 역사는 2천년 동안 사용한 '동해' 지명에 비해 매우 짧다.

유럽인이 작성한 서양 고지도에는 당해 해역이 다양한 지명으로 표기되어 있다. 한국과 일본은 각각 세계의 주요 도서관에 소장된 서양고지도에 당해 해역이 어떻게 표기되었는지 조사하였다. 그 결과는 다르지만, 두 가지 공통점이 있다. 하나는 19세기 이전에 만들어진 지도 가운데 절반 이상이 당해 해역에 아무런 명칭도 표기하고 있지 않다는 점이다. 이는 당시 국제사회가 이 바다의 지명에 대한 동일한 인식과 이해를 공유하지 않았다는 것이다. 다른 하나는 18세기까지 한국 관련 지명(Sea of Korea, Eastern Sea, Oriental Sea)이 우세하게 표기되었으나, 19세기 중반 이후 '일본해(Sea of Japan)' 사용의 빈도가 높다는 점이다. 이러한 경향은 서양인들이 이 바다를 한국과 연관 지어 인식했다는 것을 의미하며, 이것은 일본세력의 확장에 따라 점차 일본해로 대체되어 간 것이다. 이러한 사실에서 이 바다의 명칭은 19세기까지 실로 다양하게 사용되고 '일본해' 지명 표기가 증가했지만, 그것이 국제적으로 정착된 것은 아니다.

제3장_ 일제의 한국침략에 따른 '일본해' 명칭의 의미 변화

서양 고지도에 나타난 동해 지명의 표기

	한국의 조사결과					일본의 조사결과				
	16C	17C	18C	19C	계	16C	17C	18C	19C	계
Sea of Korea(Corea) East(Eastern) Sea Oriental Sea	-	39	341	60	440	5	29	165	107	306
Sea of Japan	-	17	36	69	122	1	16	70	1,312	1,399
기타	29	69	90	12	200	5	56	39	67	167
계	29	125	467	141	762	11	101	274	1,486	1,872

　동북아역사재단은 "동해라는 바다 지명은 2000년 전부터 사용되어온 명칭으로서, 한국인의 오랜 삶속에서 한민족의 역사와 함께 해 온" 반면 "일본의 문헌에서 일본해가 사용되었다는 기록은 18세기 말까지 발견되지 않는다."고 하여 '일본에서 일본해 지명의 역사는 2천년 동안 사용한 동해 지명에 비해 매우 짧다.'고 한 점을 내세우고 있다. 이러한 주장이 "동해는 어디까지나 한국 국내의 명칭일 뿐"이란 일본의 논리를 극복하였다고 할 수 있을지 의문이다. "일본해는 국제적으로 확립된 유일한 호칭"이며, "해당 해역에 대해 국제적으로 널리 그리고 오랫동안 사용되어 온 것은 일본해라는 호칭뿐"이라는 일본의 논리는 위 주장에 의해 불식시킬 수 있을 것이다. 그렇지만 일본은 서양지도에서 "한국 측이 실시한 고지도의 조사 결과(2004년 ; 동해협회)에 따르면 '동양해(Oriental Sea)', '조선해(Korea Sea, Sea of Korea)'를 '동해(East Sea)'와 동일시하고 있으며, 이러한 호칭이 사용된 지도의 총수와 일본해가 사용된 지도의 총수를 비교하고 있습니다."라고 한 비판을 동북아역사재단의 위 '서양 고지도에 나타난 동해 지명의 표기'의 통계도 비켜가기 힘들다는 점이다. 일본은 "'조선해'와 '동해'가 다르다는 사실은 말할 것도 없으며 '동양해(Oriental Sea)'는 '서양에서 본 동양의 바다'를 의미하는 것임에 반해 '동해(East Sea)'는 '한반도의 동쪽에 있는 바다'를 의미하는 것이므로 '동양해'와 '동해' 모두 기원과 의미에 있어서 전혀 다른 명칭입니다. 또한, 한국 측의 조사결과를

자세히 보면, '동해'는 다른 명칭에 비교하여 극히 소수임을 알 수 있습니다."라고 한다. 기실 일본의 이러한 지적은 일리 있음을 부인할 수 없다. 동북아역사재단의 경우도 아래의 '5. 왜 동해 지명인가?'에서 "최근 한국에서는 동해가 아닌 일본해와 뚜렷하게 대응되는 '한국해'로 해야 한다는 주장이 있다. 우리는 지난 2천년의 세월 동안 동해 지명을 사용해 왔지만, '한국해'라는 지명을 부른 적은 없다. 서양 고지도와 일본 고지도에는 각각 '한국해'와 '조선해'가 다수 기재되어 있다."고 한 지적을 감안한다면 위 통계표에서 '조선해', '한국해' 등을 뭉뚱그러 통계수치로 제시하는 것은 설득력이 없을 것 같다. 다음 장에서 구체적으로 언급하겠지만 동해의 대안으로서 거론된 '조선해', 그리고 '고려해' 등은 '동해'의 명칭만을 지칭하는 것은 결코 아니다. 다음으로 '동해' 지명에 대한 한국의 입장과 일본의 입장, 그리고 그에 대한 동북아역사재단의 비판을 살펴보기로 한다.

3. 한국의 입장

'일본해'라는 지명이 국제적으로 채택된 시기는 한국이 일본의 식민지 지배를 받고 있던 시기였다. 국제사회는 해양의 경계, 해양 지명의 표준화, 항해의 안전에 필요한 국제적 규범 등을 마련하기 위해 1919년에 '국제수로회의(International Hydrographic Organization, IHO)'를 개최하고, 1921년에는 '국제수로국(IHB)'을 창설하였다. 이 회의에 일본은 대표를 파견했지만, 식민지하에 있던 한국은 참석이 불가능했다. 회원국들은 이 회의에서의 내용을 공감하고 다년간의 논의를 거쳐 1929년에 『해양과 바다의 경계』라는 책자를 발행하였다. 이 책자에서 동해 해역은 '일본해(Sea of Japan)'라는 지명이 공식적으로 채택되어 세계 각국의 지도에서 '일본해' 지명이 확산되는 결정적 계기가 되었다. 그 후 1937년과 1953년에 제2판과 제3판이 각각 발간되었고, 동해 해역은 계속 '일본해'로 표기되었다. 이 시기에 한국은 일본의 식민지, 한국전쟁(1950~1953) 등으로 우리의 정당한 의견을 제시할 수 없는 상황이었다. 따라서 현재 국제사회에서 통용되고 있는 '일본해' 지명은 일본 식민주의의 산물이라 할 수 있다.

동해는 한국, 북한, 러시아, 일본 등 4개국이 인접한 해역으로 영해,

배타적 경제수역(EEZ) 등 지리적, 경제적, 정치적으로 밀접한 관련이 있다. 이와 같이 다수 국가의 주권이 미치는 해역을 특정 국가의 명칭으로 단독 표기하는 것은 바람직하지 않다. 국제수로기구와 유엔지명표준화회의 등 국제기구들은 두 개 이상의 국가가 공유하고 있는 지형물에 대하여 각각 다른 지명을 사용할 경우 혼란을 최소화하기 위해 단일 명칭으로 통일할 것을 권고하고 있다. 그렇지 못할 경우 관련국들의 합의가 이루어질 때까지 각 명칭을 병기하도록 하고 있다. 현재 한국과 일본은 '동해'와 '일본해' 지명의 표기와 관련하여 주장이 다르며, 합의가 이루어질 때까지는 두 지명을 병기해야 한다. 세계의 주요 지도에서는 '동해'와 '일본해'의 병기 비율이 2000년에 1.8%, 2005년 18.1%, 그리고 2007년에는 23.8%로 증가하고 있다. 이는 국제사회가 종래 '일본해' 단독 표기가 바람직하지 않다는 것을 인정한 것으로 '동해' 표기의 타당성이 점차 확산되는 경향에 있다는 것이다.

4. 일본의 입장

세계 주요 도서관이 소장하고 있는 16세기 이래 출판된 서양고지도를 조사한 결과, 19세기 초반 이후 일본해 지명의 사용 빈도가 압도적으로 많이 나타난다. 이것은 이 시기 이후 '일본해'라는 지명이 세계적으로 확립되었으며, 이 지명이 일본의 제국주의, 식민주의와는 아무 상관이 없다는 것을 의미한다. 따라서 '일본해' 이외의 어떠한 다른 명칭도 적절하지 않다.

당해 해역은 역사적으로 많은 지명이 사용되었지만 확립된 것은 아무 것도 없다. 고지도에서 이 바다는 '동해', '동양해', '한국해', '일본해' 등 다양하게 불러졌으며, 상당수의 서양고지도는 아무 표기도 하고 있지 않다.

대양으로부터 분리된 해역에 이름을 붙이는 가장 빈번한 방법은 그 해역을 대양으로부터 분리하고 있는 열도나 반도의 이름을 사용하는 것이기 때문에 태평양이 일본열도에 의해 분리된 바다를 일본해라 부르는 것은 타당하다. 캘리포니아만(Gulf of California), 안다만해(Andaman Sea), 아이리쉬해(Irish Sea) 등이 이 원칙을 따르고 있다. 바다 지명을 붙이는 것은 방위를 나타내는 방법, 인접한 대륙이나 국가, 또는 도시의 지명을 붙이는 방법, 탐험가나 발견자의 이름을 붙이는 방법 등 여러 가지 방법이 있으며, 대양으로부터 분리된 해역에 열도나 반도의 지명을 사용하지 않은 예가 많이 있다.

유엔사무국은 2004년 3월 일본 정부에 답신한 서한에서 "유엔사무국은 일본해 단독 표기 사용 관행을 준수한다는 입장을 명백히 하며, (동해/일본해의) 두 지명을 지정하는 것이 유엔에서 사용하는 관행에 위배되고 유엔의 중립성을 침해 한다."는 입장을 밝혔다. 이것은 유엔이 '일본해'를 이 해역의 유일한 공식 명칭으로 인정한 것이다. '일본해' 단독표기 원칙은 국제수로기구나 세계지도 및 교과서에서 지속적으로 채택되어 왔다.

국제기구에서 내부 관행에 따라 어떤 명칭을 사용한다는 것이 그 명칭에 대한 한쪽의 입장을 지지하거나 공인한다는 것은 아니다. 세계 주요 지도에서 '동해'를 병기하는 비율은 점차 증가하고 있다.

위 지적처럼 현재 국제사회에서 통용되고 있는 일본해 지명은 일본 식민주의의 산물임이 분명하다. 문제는 일본 외무성의 '일본해' 홍보의 경우 "일본해의 호칭은 일본의 팽창주의 혹은 식민지 지배의 결과로 알려진 것이다."라는 한국 측의 주장을 거론하면서 "일본 정부가 고지도를 조사한 결과 이미 19세기 초에는 일본해의 호칭이 다른 호칭보다 압도적으로 널리 사용되고 있었다는 사실을 확인하였습니다. 이 시기의 일본은 아직 쇄국정책을 실시하고 있었으며, 이러한 일본해의 호칭을 확립하기 위해 어떠한 형태로든 영향력을 행사한 일은 없었습니다. 따라서 19세기 후반의 '일본의 팽창주의 또는 식민지 지배'의 결과로 '일본해'의 호칭이 널리 알려지게 되었다는 한국 측의 주장에는 전혀 타당성이 없습니다." 라고 한데 대해 동북아역사재단은 "당해 해역은 역사적으로 많은 지명이 사용되었지만 확립된 것은 아무것도 없다. 고지도에서 이 바다는 '동해', '동양해', '한국해', '일본해' 등 다양하게 불려 졌으며, 상당수의 서양 고지도는 아무 표기도 하고 있지 않다."라고 하여 식민지가 되기 전 일본의 팽창주의 산물로서 '일본해'가 사용되었다는 견해에 대해서는 의견을 제시하지 않고 있다. 19세기 초에 '일본해'의 호칭이 압도적으로 사용되었다면서 일본의 팽창주의의 결과로 일본해의 호칭이 널리 알려지게 되었다는 한국 측의 주장을 전혀 타당성이 없다고 한 일본의 주장에 수긍한 것인지 애매모호하다. 본고는 다음 장에서 '일본해'의 사용이 일본의 침략정책의 산물임을 분명히 하고자 한다.

5. 왜 '동해' 지명인가?

최근 한국에서는 '동해'가 아닌 '일본해'와 뚜렷하게 대응되는 한국해로 해야 한다는 주장이 있다. 우리는 지난 2천년의 세월 동안 동해 지명을 사용해 왔지만, '한국해'라는 지명을 부른 적은 없다. 서양 고지도와 일본 고지도에는 각각 '한국해'와 '조선해'가 다수 기재되어 있다. 그러므로 '동해'는 토착지명(Endonym)이고, '한국해'는 외래지명(Exonym)에 해당된다. 국제기구의 원칙에 따르면, 지명 선정은 해당 지역의 주민이 사용하는 것을 우선하므로 서양인이 사용하기 시작한 '일본해' 지명보다 역사적 정당성이 있는 '동해' 지명을 사용하는 것이 바람직하다.

동해는 4개국이 인접한 해역으로 일본해라는 특정 국가의 명칭만으로 단독 표기하는 것은 적절하지 않다. 즉 공유하고 있는 바다에 일본이라는 특정 국명을 사용하는 것이 바람직하지 않다고 하면서 그 대안으로 한국해를 주장하는 것은 모순이다. 과거 프랑스, 영국, 독일, 덴마크로 둘러싸인 바다를 영국해, 독일해, 덴마크해로 각각 불려왔으나, 국제수로기구 설립 이후 유럽대륙의 북쪽에 있다고 해서 북해(North Sea)로 표준화되었다. 당해 해역도 유라시아 대륙의 동쪽에 있으므로 '동해(East Sea)'로 표기하는 것이 바람직하다.

앞에서 이미 지적한 바와 같이 동해를 '한국해', '조선해' 등으로 호칭하자는 것의 문제점을 지적한 것과 4개국이 인접한 해역인 '동해'를 '일본해'라는 특정 국가의 명칭만으로 단독 표기하는 것은 적절하지 않다는 주장 역시 마땅하다. 그렇다고 그것을 '동해'라고 표기하는 것이 바람직하다고 하였는데 이 주장에 과연 일본이 동의할 것인가? 그것이 설득력을 지니려면 일본의 자료에서 '동해'라고 지칭한 자료를 발굴하여야 한다. 그 자료의 발굴은 사실상 거의 불가능할 것 같다. 한국인이 2,000여 년간 불렀던 이름이기 때문이다. 그런 점을 생각한다면 '동해/일본해 병기'가 최선의 선택이며, 현 한국정부가 우선적으로 '동해/일본해 병기'를 쟁취한 후 후일 '동해' 표기를 관철한다는 속내를 갖고 있는 것은 일본과 국제사회를 설득할 가능성이 별반 없을 것이다. 국내에서 옛날부터 '동해'라고 불러온 것처럼 '동해'를 사용하면 되고, 그것을 국제사회와 일본에 요구하기에는 무리가 따른다.

위 '한국의 입장'을 보면 "동해는 한국, 북한, 러시아, 일본 등 4개국이 인접한 해역으로 영해, 배타적 경제수역(EEZ) 등 지리적, 경제적, 정치적으로 밀접한 관련이 있다. 이와 같이 다수 국가의 주권이 미치는 해역을 특정 국가의 명칭으로 단독 표기하는 것은 바람직하지 않다."고 하였는데, '동해'는 4개국의 주권이 미치는 해역인 '영해'와 '배타적 경제수역(EEZ)' 뿐만이 아니라 '공해'가 포함된 것이라는 것을 지적하지 않고 있다. 4개국이 인접한 해역인 '영해'만이라면 자국의 영해를 한국은 '동해', 일본은 '일본해'라고 부르면 되고, 세계지도에도 그것을 그렇게 구분하여 표현하면 별 문제가 없다. 한국이 '일본해'와 '동해'의 병기를 권고하는 유엔 및 IHO의 결의가 있다고 주장하는데 대해 일본은 "유엔 지명표준화회의 결의 III/20 및 IHO 기술 결의A.4.2.6은 만이나 해협 등 2개 이상의 국가의 주권 하에 있는 지형을 대상으로 한 것이며, 일본해와 같은 공해에는 적용되지 않습니다."라고 한 바와 같이 동해는 '공해'를 기본으로 하면서 다수 국가의 주권이 미치는 해역인 '영해', 그리고 '배타적 경제수역(EEZ)'이 포함된 바다임을 분명히 하면서 공해의 명칭을 '일본해'라고 한다는 것이 어불성설임을 드러내주어야 한다. 그 방법은 '일본해'의 명칭이 '영해'의 명칭으로 불렸으며, 일본의 영토 확장으로 인해 그것이 확대되어 갔음을 분명히 증명하는 것이다. 본고의 경우 이 점을 주목하고자 한다.

Ⅲ. 일본의 '동해' 명칭의 변화에 나타난 영토팽창 의지

1. 에도시대 '동해'에 관한 일본의 명칭

일본 외무성의 홈페이지에 실린 '일본해' 홍보 사이트는 "19세기 후반의 '일본의 팽창주의 또는 식민지 지배'의 결과로 일본해의 호칭이 널리 알려지게 되었다."는 한국 측의 주장이 전혀 타당성이 없다고 한다. 일본 정부가 서양의 고지도를 조사한 결과, 이미 19세기 초에는 '일본해'라는 명칭이 다른 명칭을 압도할 정도로 많이 사용된 사실이 확인되므로 '일본해' 호칭은 19세기 초에 구미 인에 의해 확립된 것으로 여겨진다고 하였다. 이 시기 일본은 에도시대였으며 쇄국정책을 취하고 있었기 때문에, 이러한 '일본해'라는 명칭확립에 있어 어떠한 영향력을 행사한 적은 없었다고 한다.[2] 그런 확신을 가진 외무성이 막상 통계수치로 제시한 서양

---

2) 紿野義夫는 『日本海の謎』(築地書館, 1975, 2~3쪽)에서 "일본해란 호칭이 세계지도상에 정착한 것은 1815년 이후의 일이다."라고 하였다. 그는 유럽에서 이름을 떨친 러시아제독 크루젠 슈테른이 1815년에 간행한 세계의 해도에 기입한 '일본해'라는 호칭이 그 후 널리 통용되게 되었다고 하면서 크루젠 슈테른을 일본해라는 이름을 붙인 원조라고 하였다. 그리고 가와이(川合 英夫)의 경우도 「日本海という名妥當性と地圖における慣用定着の時期」(『海の硏究』 Vol. 10, No. 4, 日本海洋學會, pp.341~349)에서 일본해와 조선해 명칭을 표기한 서양 고지도의 출현 회수를 비교하면서 서양 제작이던 일본 제작이던 모든 지도에서는 1800년부터 일본해 명칭이 관용되어 명치유신 무렵 정착하기 시작하였다고 하면서 일본에 의한 한반도의 식민지 지배의 죄과는 무겁고 크지만, 일본해라는 명칭이 지도에서 관용, 정착된 것은 식민지지배의 과거사와는 무관한 일이라고 하였다. 그와는 달리 아유자와(鮎澤信太郞)의 경우 일본의 태평양 쪽을 대일본해, 혹은 일본해, 일본동해 등으로 쓰고, 지금의 일본해를 조선해로 표기한 지도가 명치에 이르기까지 유행하였다는 점을 사료를 들어 강조하면서 "태평양이라는 이름은 명치 초년에 이르기까지 확실하게 결정되어 있지는 않은 듯하며, 지금의 일본해 또한 명치에는 조선해라고 불렀다"하였다. 그리고 "태평양 쪽을 일본해라고 한 것도 일본보다는 서양에서 먼저 그렇게 불렀다."고 하면서, 그 예를 1752년 프랑스에서 만든 일본지도를 들고 있는데, 이 지도는 태평양 연안 쪽을 일본해(Mer du Japon)로, 그 반대쪽을 조선해(Mer de Coree)로 표기하고 있다. 아유자와는 태평양 쪽을 '대일본해'로 표기한 지도 15점을 제시하였는데 1792년~1871년 지도 14점과 연대미상의 지도 1 점이다.(鮎澤信太郞, 『大日本海·日本地理學史の硏究』京城社出版社, 1943 ; 이종학, 「해제 ; 동해는 방위개념, 조선해가 고유명칭」 『잊혀진 "조선해"와 "조선해협"』 독도박물관 연구자료총서 2, 2002, 15쪽). 일본에 있어서의 일본해 지명에 관한 연구동향은 심정보, 「일본에서 일본해 지명에 관한 연구동향」(『한국지도학회지』 제7권 2호, 2007, 15~24쪽)이 있다. 그 외 이상태,

고지도는 19세기 초반과 후반의 구분 없이 일괄적으로 통계수치를 제시하고 있다. 그걸 통해 19세기 초부터 일본해라는 명칭이 다른 명칭에 비해 압도적으로 많이 사용하였는지 확인할 수 없다. 그들의 주장이 설득력을 지니려면 에도시대와 메이지지대를 구분하여 통계수치를 내고, 그에 대한 분석이 뒤따라야 한다.3)

보다 더 중요한 것은 '일본해'의 명칭이 일본의 확장주의에 의해 사용된 것이 아니라는 것을 입증하기 위해서는 일본은 서양의 지도를 제시해서는 안 되고, 일본에서 제작된 일본 지도에 표시된 '일본해'의 명칭이 어떤 의미를 갖고 있는가를 제시해야 한다. 한국의 경우 2,000년 전부터 이 해역을 '동해'로 불러 왔다고 한 것에 상응하여 일본에서 이 해역을 어떻게 불렀고, '일본해'의 사용이 언제, 어떤 의미로 사용되었는가를 논하는 게 선결 과제이다. '일본해'의 호칭이 제일 처음 사용된 것은 17세기 초의 이탈리아인 선교사 마테오리치가 작성한 「坤輿萬國全圖」(1602, 〈지도 1〉)이다. 흔히들 마테오리치가 '동해'를 '일본해'라고 했다고 하지만 「坤輿萬國全圖」를 자세히 살펴보면, '일본해'라는 명칭이 일본 쪽에 치우쳐 있다. 마테오리치는 '동해'의 한국 쪽 바다가 위치한 곳에 그 당시 잘 알려지지 않은 조선국이 어떤 나라인지 자세한 설명을 기록하고 있다. 이 기록 때문에 거기에 바다의 이름을 기록할 자리가 없었기 때문에 바다의 이름을 적지 않았다는 해석이 있다.4) 어쨌든 이 지도는 어느 나라보다 일본에 많은 영향을 미쳤지만 일본이 그에 근거하여 '일본해' 명칭을 사용한 흔적은 없다.

당시 구미의 지도 역시 일본도 지적한 것처럼 18세기까지 '일본해' 이외에 '조선해(Sea of Korea)', '동양해(Oriental Sea)', '중국해(Sea of China)'

「독도 명칭의 역사적 고찰」(『한국지도학회지』 제8권 1호, 2008), 주성재, 「동해 명칭 복원을 위한 최근 논의의 진전과 향후 연구과제」(『한국지도학회지』 제7권 1호, 2007, 15~24쪽) 등의 논문도 '동해' 논의에 참고가 된다.
3) 김호동, 「메이지시대 일본의 동해와 두 섬(독도, 울릉도) 명칭 변경의도에 관한 검토」『민족문화논총』 43, 2009, 538~539쪽.
4) 서정철·김인화, 『지도 위의 전쟁』 동아일보사, 2010. 327쪽. 1602년의 「坤輿萬國全圖」가 발간된 지 20년 뒤인 "1623년 선교사 알레니가 만든 지도에는 동해라고 표기되었다."(327쪽)라고 한다.

제3장_ 일제의 한국침략에 따른 '일본해' 명칭의 의미 변화   79

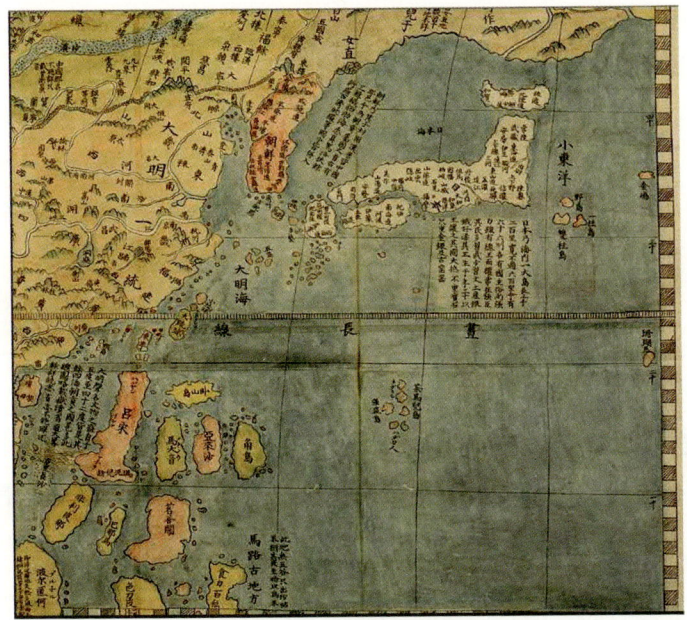

<지도 1> 「坤輿萬國全圖」(마테오 리치, 1602)

등 여러 명칭을 사용하고 있는 실정이었다.

　19세기가 끝날 무렵까지 일본에서 제작된 조선지도는 문자에 의한 지지 기록과 지도가 짝을 이루는 경우가 많았는데, 대개 지도는 삽도로 볼 수 있는 경우가 많다. 또 한일합방 이전에 간행된 조선 안내서에도 대체로 문장과 지도를 함께 싣고 있어서 지도를 설명하기 위한 문장인지 문장을 이해시키기 위한 지도인지 구별하기 어려운 경우가 많았지만 시대가 내려올수록 문장 위주의 안내서와 지도 위주의 안내서로 분화되는 경향을 보인다.5) 그런 경향 아래에서 지도상에 오랫동안 바다의 명칭이 표기된 경우가 없었다. '동해' 역시 별다른 명칭을 표기하지 않고 '바다'라고만 지칭하다가 18세기 후반부터 '일본해'라는 명칭을 사용하기 시작했다.6)

---

5) 영남대학교 박물관 편, 『한국의 옛지도』(자료편), 1998, 150~151쪽.
6) 서정철·김인화, 『지도 위의 전쟁』 동아일보사, 2010, 326쪽. 서정철의 경우 이 책에서 "최근 일본을 지배하던 에도막부는 동해를 조선해라고 칭했으며, 현재까지 밝혀진 19세기 지도 중 14건이 조선해로 표기되었고, 일본해와 조선해를 병기한 지도는

쇄국체제 아래에서 유일하게 조선과는 통신사 파견을 통한 국교가 유지되었기 때문에 중국과 조선의 문화에 대한 관심이 깊었고, 인접국의 문화에 대해 호의적이고 이를 존중하는 전통을 보였다. 그러나 1700년 무렵에 일기 시작한 일본 고전에 대한 관심으로부터 국학의 전통이 생겨나면서 일본 중심의 세계 인식, 특히 인접 민족을 폄하하는 일본 민족중심주의로 발전해갔다. 국학자들에게는 조선이 태고 적에 일본의 신들이나 천황이 다스리던 곳이며, 일본의 신이 그곳에 가서 그곳의 신이나 왕이 된, 그런 곳에 지나지 않았다. 국학자들은 일본 건국의 기원으로 거슬러 올라가 일본의 조선 지배를 당위로 생각했다. 일제의 인섭시역 연구와 식민정책에 큰 영향을 끼친 것은 이 국학의 전통이었다. 막부 말기 사이고 다카모리(西鄕隆盛)의 정한론은 물론이고 가나자와 쇼지부로(金澤庄三郞)의 한일 양국의 동계론도 국학전통의 반영이라고 할 수 있고, 19세기 말까지 작성된 대부분의 조선지도도 이러한 역사인식을 반영하고 있다. 이때의 지도에는 역대 왕조의 계보, 역사상의 각 국가의 수도와 강계, 그리고 임진왜란시의 고전장과 전투를 지휘했던 장수들의 이름 따위가 적혀 있고, 예외 없이 고대 일본의 조선정벌과 일본중심주의적 시각에서 굴절된 한일 간의 외교관계가 투영되어 있다.7) 막부 말기의 난학, 양학이 더해지면서 양학의 측량술과 제도술에 바탕 하여 지도 제작이 한 단계 업그레이드되었다.

제국주의시대 일본 문화 일반과 일본인의 세계관 형성에 크게 작용하게 된 전통은 양학의 전통이었으며, 일본의 제국주의 자체의 형성도 이러한 양학의 전통 없이 생각하기 어렵다. 지리상의 발견시대에 들어와 16세기 이후 유럽의 문화에 직접 접하게 된 일본은 쇄국체제 아래에서도 이른바 '난학(蘭學)', 즉 네덜란드(和蘭)를 중심으로 한 유럽의 문화 학

4건이 발견되었다. 또 19세기 말경의 공식문서에서도 조선해라는 명칭이 10여 차례 사용되었다고 한다."라고 하였지만 그 근거를 전혀 밝히지 않았기 때문에 그것을 액면 그대로 받아들이기에는 문제가 있다. 어쨌든 일본의 경우, 외국인들이 '동해'를 '일본해'라고 하였기 때문에 자신들도 '일본해'라고 부르게 되었다고 하는 것 자체가 '동해'에 대한 명칭이 없었다는 것을 반증한다.
7) 박현수, 「일본의 조선지도와 식민주의」 『한국의 옛지도』(자료편), 영남대학교 박물관 편, 1998, 149~150쪽.

습을 하나의 전통으로 키워 왔다. 네덜란드는 일본과 정식 국교관계를 이루지 못했지만 1641년 이래 나가사키에 상관을 유지하였다. 이곳을 통하여 일본의 지식계급은 유럽의 사정을 헤아릴 수 있는 정보를 얻었다. 이러한 전통은 막부 말기에 제국주의화 된 유럽세력이 접근해옴에 따라서 영향력을 강화시켰다. 난학 또는 양학은 각종 기술, 예컨대 포술·의술·항해술·역법 등과 기독교 신앙을 기본 요소로 하고 있었다. 막부시대 양학자들의 당면과제는 우선 유럽의 군사기술 등 막부와 각 번(藩)이 요구하는 실용적 문화를 수용하는 일이었다. 양학의 측량술과 제도술도 즉각적으로 동원될 수 있는 부분이었다. 하지만 더욱 중요한 것은 세계의 역사와 지리에 대한 인식의 지평을 확대하였다.

이방문화 이해에 기본이 되는 것은 언어와 지리와 역사에 대한 지식이었다. 결국 양학적 전통을 바탕으로 하여 세계를 보는 시야가 확대되어가는 상황에서 러시아가 일본의 프런티어라고 할 수 있는 북해도(蝦夷)로 접근해오자 구도 헤이스케(工藤平助)의 『赤蝦夷風說考』같은 저서가 나왔으며, 혼다 도시야키(本多利明)의 『西域物語』가 나왔다. 하야시 시헤이(林子平)는 북방에 대한 방어와 진출을 주장하여 『三國通覽圖說』(1786)을 쓰고 『海國兵談』(1786)을 완성하였다. 러시아를 비롯한 유럽 열강의 힘이 일본인들에게 구체적 위기감으로 다가오고 있었으므로 이른바 해방론이 제기되고 이러한 논의에 바탕 하여 일본 영토 주변에 대한 지리적 이해가 요구되었다. 하야시 시헤이 등의 지도 제작은 해방론에 입각한 군사적이며 기초적인 수단이기도 하다. 『三國通覽圖說』에는 최초로 간행된 북해도 지도라는 「蝦夷國全圖」 외에 「琉球圖」, 「無人島圖」 등과 함께 「朝鮮圖」도 실려 있다. 삼국이라 함은 일본을 에워싼 조선·류큐(오키나와)를 말한다. 무인도는 오가사하라 제도(小笠原 諸島)를 가리킨다. 북해도(蝦夷)와 오가사하라 제도는 명치유신 초기에 일본의 영토로 확정하고 류큐(琉球)를 일개 현으로 만들었다. 흔히들 『三國通覽圖說』에 울릉도와 독도가 조선의 땅이라고 표시되었다고 주목하지만, 뒷날 많은 조선지도가 이를 바탕으로 작성되었다는 점을 감안하면 이 지도를 보면서 일본은 조선마저 식민지로 만들어야 하겠다는 생각을 갖지 않았을까?『三國通覽圖說』에는 한국과 일본의 사이의 바다의 명칭이 기록되지 않았다.

　일본에 있어서 측량술에 바탕 한 일본 전국도 작성은 이노 다다타카(伊能忠敬)에 의해 작성된「日本沿海輿地全圖」(1821)이다. 그의 지도는「伊能圖」라 불리며 명치시대까지도 기본적인 육도(陸圖)와 해도(海圖) 역할을 하였다. 이 지도는 외국에도 알려져 이용되었다. 영국 해군은 일본 연안에 내항하여 측량한 결과로써 작성한 해도를 바탕으로「日本沿海圖」(1855)를 간행하였지만 일본의 형태가 불완전하였기 때문에「伊能圖」를 바탕으로 하여「日本 및 朝鮮附近沿海圖」(1863)를 발간하였다. 이 지도는 다시 일본으로 역수입되어 번각되어 널리 이용되었다. 여기에 그려진 한반도의 모습은 일본의 조선지도 작성에 큰 영향을 주었다. 이노 다다타카(伊能忠敬)는 어디까지나 일본의 국도를 지도하는 데에 전념하였기 때문에 영국 판 지도의 한반도 부분은 그와 무관한 것으로 영국의 해도에서 유래한 것으로 볼 수 있다. 일본의 지도 제작자들은 간접적으로 영국 해도의 영향을 받는 한편으로 하야시 시헤이(林子平)의 조선지도를 모사하였다.

　"일본해란 호칭이 세계지도상에 정착한 것은 1815년 이후의 일이다. … 유럽에서 이름을 떨친 러시아제독 크루젠 슈테른은 일본해라는 이름을 붙인 원조이다. … 1815년 그가 간행한 세계의 해도에 기입한 일본해라는 호칭이 그 후 널리 통용하게 되었다."[8]고 한 바와 같이 일본은 '일본해'란 호칭이 사용된 것은 19세기 초 서양인에 의해 시작되었음을 부각하고자 한다. 그에 한 걸음 더 나아가 카와이 히데오(川合英夫)는 일본해나 조선해 명칭을 표기한 서양제작 고지도의 출현 회수를 비교한 논문에서 서양제작이든 일본 제작이든 모든 지도에서는 '일본해' 명칭이 1800년부터 관용되어 명치유신 무렵 정착하기에 이르렀다고 하면서, 일본에 의한 한반도의 식민지지배의 죄과는 무겁고 크지만 일본해라는 명칭이 지도에서 관용, 정착된 것은 그러한 식민지지배의 과거사와는 무관한 일이라고 하였다. 결국 외무성 홈페이지의 '일본해' 사이트는 이런 논

---

8) 粕野義夫,『日本海の謎』築地書館, 2~3쪽.

리를 받아들여 19세기 초에 일본해의 호칭이 압도적으로 사용되었다면서 일본의 팽창주의의 결과로 일본해의 호칭이 널리 알려지게 되었다는 한국 측의 주장이 전혀 타당성이 없다고 하였다고 볼 수 있다. 이상의 논의를 반박하기 위해 일본에서 '일본해' 명칭이 언제부터 사용되었는가를 검토하기로 한다.

현재까지 일본의 지도 가운데 한국과 일본 사이의 바다를 '일본해'라고 표기한 지도로서 가장 시기적으로 빠른 것은 『華夷一覧図』(木村蒹葭堂, 1790)이다.

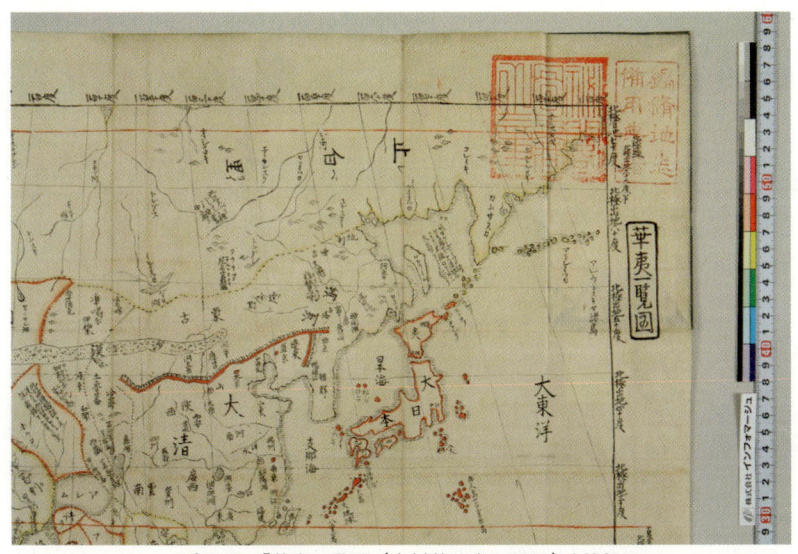

<지도 2> 『華夷一覧図』(木村蒹葭堂, 1790) 부분도

청나라를 중심으로 주변 국가들을 그린 『華夷一覧図』의 부분도 <지도 2>를 살펴보면 태평양을 '대동양(大東洋)'이라고 표기하였고, 한국과 일본 사이의 바다에 죽도(울릉도)와 송도(독도)를 표시하고, 송도와 일본 사이에 '일본해'라고 표기하였고, 청의 동쪽 바다에 '지나해'를 표기하였다. 이 지도에는 북해도(遐夷)와 무인도, 즉 '오가사하라 섬(小笠原島)'와 '류큐'는 물론 '죽도'(울릉도)와 '송도'(독도)까지도 일본과 같은 붉은 색으로 채색되어 있다. 오가사하라 섬의 영토편입이 1876년에 이루어지고, 류큐(1879)의 귀속이 1879년에 이루어진 점, 그리고 독도는 차치하고라도

울릉도의 경우 일본의 영토가 된 적이 한 번도 없었음을 감안할 때 이 지도는 하야시 시헤이의 해방론을 딛고 한 걸음 더 나아가 영토침략의 야욕을 드러낸 것이라고 볼 수 있다. 그런 점에서 죽도와 송도와 일본 사이에 '일본해'라고 표기한 것은 침략의 의지를 표현한 것이라고 볼 수 있다. 이 지도에 나타난 '일본해'와 '죽도', '송도'의 명칭을 두고 독도가 일본의 영토였다느니 일본해가 공해의 명칭이었다느니 하는 주장은 잘못된 것이다.

흔히들 1792년에 시바 고우칸(司馬江漢)이 제작한 「地球全圖」「지도 2」에서 "동해를 일본해라 하고, 태평양의 일본 쪽 해역을 일본해, 태평양 중앙을 대동양이라고 부르고 있다."9)고 하여 한국과 일본의 바다를 '일본해'라고 호칭한 것으로 말하지만 「지구전도」를 살펴보면 한국과 일본 사이의 바다가 실제 크기보다 훨씬 크게 묘사되어 있고, 일본 쪽에 치우쳐져 '일본내해'라고 표기되어 있고, 일본 동안의 바다를 '일본동해'라고 표현하고 있다.

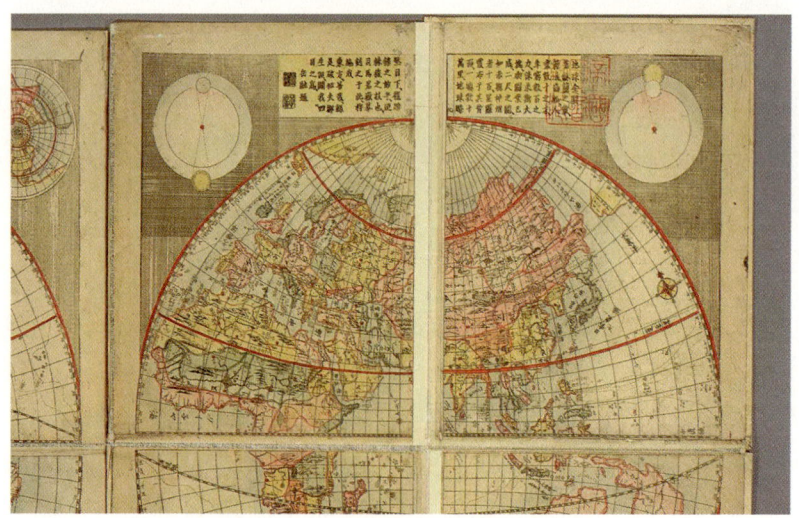

<지도 3> 「地球全圖」(司馬江漢, 1792)

---

9) 서정철·김인화, 『지도 위의 전쟁』 동아일보사, 2010, 273~274쪽. 서정철은 이 책에서는 1792년의 시바 고우칸(司馬江漢)의 「지구도」는 일본에서 처음으로 동판 인쇄된 지도로 네덜란드 의사의 도움으로 프랑스 드릴의 영향을 받았다는 평가를 하고 있다.

1843년의 『大日本接壤圖集成』(小泉[ユキ]計編)에 실린 「第三 地球全図」는 설명문에 의하면 시바 고우칸(司馬江漢)의 「지구전도」이지만[10] 이것을 일본 사이트에서는 다시 '일본해'의 통계수치에 한 번 더 카운트하고 있는 잘못을 범하고 있다. 「(地球)輿地全圖(元題簽)」(詠歸齋主人校修 ; 江都 彫工 江川八左衛門, 1810)의 경우도 「지구도」와 마찬가지로 한국과 일본 사이의 바다가 실제 크기보다 훨씬 크게 묘사되어 있다. 이 지도는 「지구도」와 달리 '일본해'라고 표기되어 있지만 일본 서해안에 치우쳐져 있는 점은 마찬가지이다. 그런 점에서 여기의 '일본해', '일본내해', '일본동해'는 '영해'의 의미를 갖고 있다고 보아야 한다. 그것을 갖고 18세기 말 동해를 '일본해'로 불렀다는 지적은 무리이다. 그런 점에서 1790년대 초에 일본이 자국의 바다(영해)의 명칭을 이때 '일본해' 등으로 명명하기 시작했지만 조선의 동쪽 바다는 자국의 바다가 아니기 때문에 여전히 '조선해'라고 부르거나 이름을 붙이지 않았다고 보아야 한다.

　1840년대 중반~1860년대에 오면 '일본해'의 명칭이 많이 나타난다. 일본의 경우 이것을 'Sea of Japan'이 서양지도나 일본 지도에서 일반화된다고 하지만 이때의 '일본해'는 지금의 한국과 일본의 바다를 일본이 'Sea of Japan'이라고 하는 것과 큰 차이가 있음에도 불구하고 이를 호도하고 있다. 이때의 '일본해'는 주로 일본의 서쪽 바다에 치우쳐져 있고, 그와 함께 일본의 동쪽 바다를 칭하는 것이 보다 더 많이 사용되고 있음을 지적하지 않고 있다. 「萬國輿地方圖」(永井則補訂, 1846 〈지도 4〉)의 경우 한반도 동안을 '조선해', 일본 서안을 '일본해'라 표기하였다.

---

10) http://sites.google.com/site/japanseamerdujapon/Home/japanese-map-describes-chousen- umi—corean-sea에 나오는 「第三 地球全圖」(1816)의 경우 '일본내해', '일본외해'라고 표기되었다고 나오지만 이 지도의 경우 필자는 아직 보지 못하였기에 주기할 뿐이다.

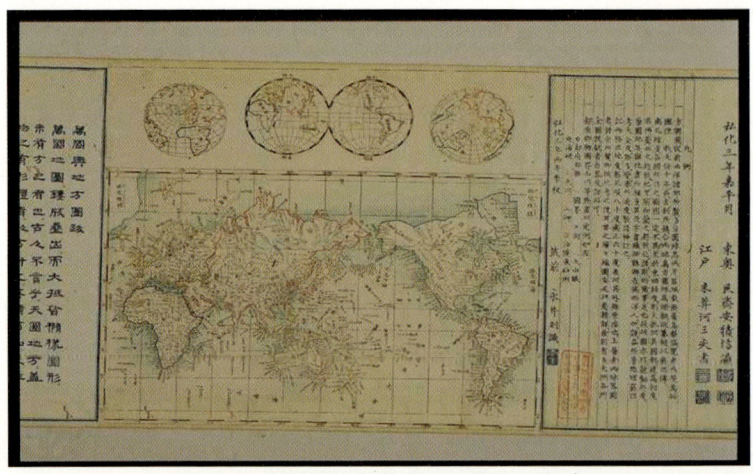

<지도 4> 「萬國輿地方圖」(永井則補訂, 1846)

그 외 「新訂 坤輿略全圖」(新發田耘編 嘉永五年高木耕藏(彩色本, 1852) 의 경우 일본 서쪽 바다에 치우쳐 '일본해'를, 일본 동안에 '소동양'이라고 표기하였다.

『訂正增訳采覽異言』(1856)에 실려 있는 「亜細亜洲東方日本支那韃靼諸国図」에는 일본과 대륙 사이의 바다를 '일본해'라고 표기되어 있지만 한반도의 모습이 거의 그려져 있지 않으므로 뭐라고 말하기 어렵다. 「(幕命)重訂萬國全圖」(山路諧孝, 1855)의 경우 중국해를 '동해'로 표기하고 일본의 서쪽 바다를 '일본해', 동쪽 바다를 '일본해'라고 하였고, 「輿航海圖」(杉田玄端閱, 1858) 역시 일본의 서쪽 바다를 '일본해'라고 하고 '朝鮮峽'을 표기하고 동쪽 바다의 경우도 '일본해'라 하면서 '북태평해', '남태평해'를 표기하였다. 비슷한 시기에 만들어진 「(官許)新刊輿地全圖」(佐藤政養, 1857)를 보면 중국해를 '동해'라 하고 '朝鮮峽'을 표기하면서 한국과 일본 사이의 바다에 일본 쪽에 부쳐 '대일본해'라고 하였고, 「万国航海図」(1862)의 경우 '대일본해'를 '일본해'라고 한 것 외에는 차이가 없는 것으로 보아 이때의 '일본해' 명칭이 한국과 일본 사이의 바다라고 보기에는 어렵다. 『地学初歩』(Cornell, s. s ; ユル子ル 著, 1866)의 「Asia」지도와 그 일역인 『地学初歩和解』(固兒涅爾原 撰 ; 宇田川榕精 訳, 1867)에 실린 「亞細亞州図」의 경우 한국과 일본의 바다 중간에 'Sea of Japan'이라고 한 것이 지금의 일본이 주장하는 'Sea of Japan'에 해당한다고 할 수 있을 정도이다.

에도시기의 일본지도에는 일본의 동쪽 바다를 '일본해'라고 흔히들 명명하였다. 일본의 아유사와 신타로(鮎澤信太郎)가 조사한 일본의 동해, 즉 태평양 쪽을 '일본해', '대일본해', '일본동해'라고 표기한 지도(〈표 1〉)를 주목해보기로 한다.

<표 1> 태평양을 일본해로 표기한 지도[11]

연도	지도명(제작자)	표기(비고)
1792 전	地球楕圓圖(司馬江漢)	일본동해
1792	地球圖(司馬江漢)	일본동해
1810	新訂萬國全圖(高橋景保)	대일본해(최초의 지도)
1838	萬國全圖(阿部喜任)	대일본해
1844	新製輿地全圖(箕作省吾)	대일본해
1850	新訂萬國全圖(白井通氣)	대일본해
1850	地學正宗圖(杉田玄端)	일본해
1853	地球萬國方圖(미상)	대일본해
1854	沿海要强之圖(工藤東平)	대일본해
1855	萬國輿地分圖(橋本玉蘭鍊)	일본해
1856	地球萬國全圖(松田綠山)	대일본동해
1858	萬國輿地略圖(岡田春燈)	대일본해
1870	明治改正萬國輿地分圖(미상)	일본해
1871	大日本四神圖(橋本玉蘭齋)	대일본동해
미상	銅鐫大日國細圖(玄玄堂綠山)	대일본동해

위 〈표 1〉에서 보다시피 일본의 '동해', 태평양 쪽을 처음 '일본해'로 표기한 지도가 1810년에 다카하시 가게야스(高橋景保)의 「新訂萬國全圖」이다. 일본의 천문관이었던 다카하시 가게야스는 막부의 명을 받아 정확한 세계지도를 그리라는 명을 받고 1909년에 「日本邊界略圖」를 제작하였

---

[11] 아유자와(鮎澤信太郎), 『大日本海-日本地理學史の硏究』 京城社出版社, 1943 ; 이종학, 「해제 ; 동해는 방위개념, 조선해가 고유명칭」 『잇혀진 "조선해"와 "조선해협"』 독도박물관 연구자료총서 2, 2002, 16쪽.

는데, 이 지도에서 '동해'를 '일본해'가 아닌 '조선해'로 표기하였지만 일본의 바다에 이름을 붙이지 않았다. 이듬 해 완성한「新訂萬國全圖」의 경우 동해를 '조선해'라 표기하고, 일본 동안을 '대일본해'로 표기하고, 태평양을 '태평양'이라고 하였다. 그의 지도는 막부의 해외진출에 대한 야심을 드러낸 것이라는 평가를 받고 있는데[12] 그 당시 해외진출의 대상은 조선으로의 진출이 아니라 '대일본해' 쪽의 태평양 방면이었다고 할 수 있다. 다카하시의 제자 야스다 라이슈(安田雷州)가 1850년에 제작한「本邦西北邊境水陸略圖」의 경우 동해의 한국 쪽 해역을 '조선해'라고 적고 태평양의 일본 쪽 해역을 '대일본해', 태평양을 '대동양'이라고 하였다. 대부분의 지도들은 동해를 일본에서 '조선해'로 표기하거나 바다 이름을 밝히지 않았거나 예외적으로 위에서 언급한 지도만이 일본 서해안 쪽에 '일본해'라고 하였다고 볼 수 있다. 1794년~1865년 동안 일본에서 제작된 지도 가운데 「皇朝輿地全圖」(桂川國端, 1794), 「亞細亞全圖」(桂川國端, 1794),「北槎聞略 附 亞細亞全圖」(1794),「閻浮提圖附日宮圖」(1808),「日本邊界略圖」(高橋景保 ; 永田善吉鑴, 1809),「新訂萬國全圖」(高橋景保, 1810)[13],「嘉永校訂東西地球萬國全圖」(丁子屋平兵衛, 1835)[14],「地全圖」(1838),「新製輿地全圖」(箕作省吾, 1844)[15],「兩半球圖」(1851),「本邦西北邊境水陸略圖」(安田茂平, 1852),「萬國輿地全圖」(1853),「大日本沿海要境全圖」(工藤東平, 1854)[16],「大輿地球儀」(1855),「地球儀」(1855),「銅鐫大日本國細圖」(1865) 등의 경우 한국 동쪽 해안에 치우쳐 '조선해'를 표기하고

---

12) 서정철·김인화,『지도 위의 전쟁』동아일보사, 2010, 274쪽.
13)「新訂萬國全圖」는 한국의 동쪽 해역에 치우쳐 '조선해'를 표기하고, 일본의 서쪽 해역의 경우 아무런 이름을 표기하지 않은 반면에 일본 동쪽 해역을 '대일본해'로 태평양을 '대동양'이라고 하였다.
14) 丁子屋平兵衛의「嘉永校訂東西地球萬國全圖」(1835)는 한국 동안을 '조선해'라 하였고, 일본 서안이나 일본 동안에는 바다의 이름을 표기하지 않았지만 丁子屋平兵衛의「萬國全圖」의 경우 한국의 동안에 '조선해'를 표기한 반면에 일본의 서쪽 해역에는 아무런 이름을 붙이지 않았다. 대신 일본 동안을 '대일본해'로, 태평양을 '대동양'이라고 하였다.
15)「新製輿地全圖」의 경우 한국 동쪽 해역을 '조선해'라 이름 하였고, 일본 서안 쪽에는 이름을 붙이지 않았고, 일본 동안을 '대일본해', 태평양을 '대동양'이라고 하였다.
16)「大日本沿海要境全圖」의 경우 한국 동쪽 해역을 '조선해'라 이름 하였고, 일본 서안 쪽에는 이름을 붙이지 않았고, 일본의 동쪽 바다를 '일본해'라고 표기하고 있다.

있다. 위 지도에는 동해의 일본 쪽 해역에는 아무런 이름이 붙어 있지 않다. 그런 점에서 일본의 경우 에도막부시절 일본의 서쪽 바다를 '조선해'라고 하였고, 일반적으로 '일본해'는 일본의 동해를 지칭하였다고 볼 수 있다. 일본에서 '일본해'의 명칭이 이런 의미로 사용되었지만 그것에 대한 일언반구 없이 일본 외무성의 홈페이지처럼 '일본해'의 명칭이 한국과 일본 사이의 바다를 가리키는 용어로 서양인에 의해 19세기 초에 세계지도상에 정착하였다거나 서양제작이든 일본 제작이든 모든 지도에서는 '일본해' 명칭이 1800년부터 관용되어 명치유신 무렵 정착하기에 이르렀다는 논리를 폄으로써 당시의 '일본해' 명칭이 일본의 동쪽 바다의 명칭으로 주로 사용되었다는 것을 말하지 않는 것은 어불성설이다. 여기에서 또 한 가지 지적할 사항은 한국의 경우 한국과 일본 사이의 바다를 '동해',

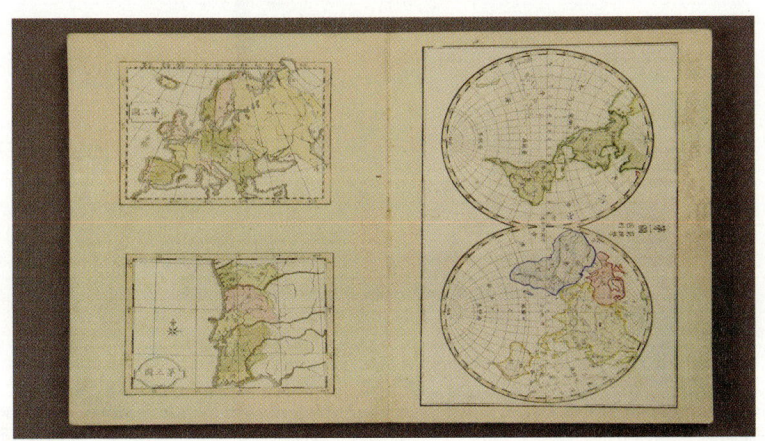

<지도 5> 「地学正宗図」「初, [2]篇」(プリンセン 著 ; 杉田玄端 訳, 1850-1851).

'조선해'라고 불렀다고 하지만 일본에서 에도시대에 만들어진 지도들의 대부분의 경우 한국과 일본 사이의 바다를 '동해'라고 한 예는 없고, '조선해'라고 부른 경우는 「地学正宗図」「初, [2]篇」(プリンセン 著 ; 杉田玄端 訳, 1850-1851, <지도 5>)와 「新訂 地球萬國方圖」(1853 <지도 6>), 「大輿地(よち)球儀」(沼尻墨僊, 1855, <지도 7>), 「環海航路新図」(江戸須原屋茂兵衛 等, 1862, <지도 8>) 정도이다.

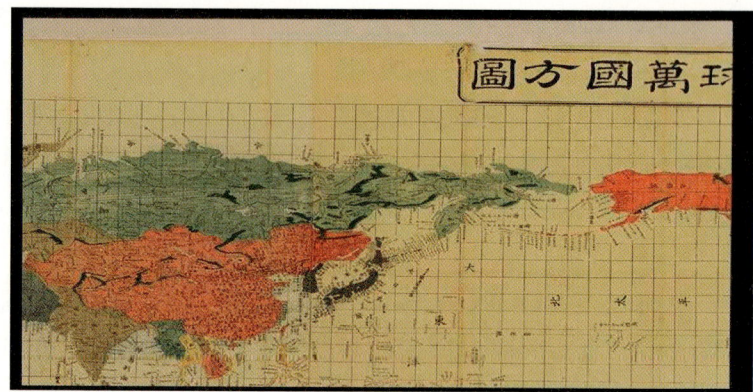

<지도 6> 「新訂 地球萬國方圖」(1853)

<지도 7> 「大輿地(よち)球儀」(沼尻墨僊, 1855)

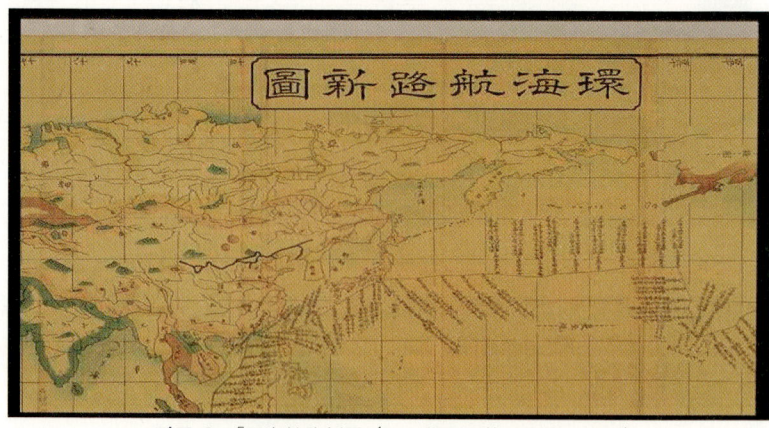

<지도 8> 「環海航路新図」(江戸須原屋茂兵衛等, 1862)

지도에서 보다시피「地学正宗図」는 일본 동쪽의 바다를 '일본해'라고 하였고,「新訂 地球萬國方圖」는 '대일본해'라고 하였다. 나머지 지도에서 '조선해'라고 한 대부분의 지도들은 '일본해'가 일본 서안에 치우쳐져 있듯이 '조선해' 역시 한반도 동안에 치우쳐져 있음을 인지하여야만 한다. 다만「環海航路新図」의 경우 현재 '일본해'라고 하는 데에 '조선해'라고 표기되었다. 이 시기 대부분의 '일본해'의 표기의 경우 일본 서해안 쪽보다 일본의 동쪽 바다를 지칭한다. 그 예는 〈표 1〉의 지도 외에 위에서 검토한 바와 같이 더 많은 사례가 발견된다. 그럼에도 불구하고 일본의 경우 이를 드러내지 않는다. 그런 점에서 한국과 일본 사이의 바다는 자국이 부르는 이름을 병기하여 'East Sea/Sea of Japan'라고 칭하는 것이 바람직스럽다.

2. 메이지시대 동해에 대한 일본의 명칭 변경과 그 의미

일본 제국주의의 역사는 조선에 대한 집요한 공략의 역사였다. 1905년 러일전쟁의 승리로 조선에 대한 배타적 주권을 장악하기까지 일본의 침략은 사회와 문화에 대한 조사·연구에 반영되어 침략을 위한 군부의 준비, 내륙 침투를 위한 상인들의 시장조사, 민간단체들의 지역연구 단계를 밟게 되었다. 그 이론적 기초는 국학과 양학자들에 의해 뒷받침되었다. 특히 일본의 개국과 명치유신에 의해 양학의 전통은 강화되고, 이제까지 기술 분야에 갇혀 있던 양학자들의 관심은 이웃나라와 세계의 지리와 역사, 사상으로 향하게 되었다. 일본의 계몽주의 시대는 바로 조선침략의 시대였다. 조선침략에 대한 국민적 합의는 한학·국학·양학의 전통을 수렴시켜 나가면서 침략의 도구 기능을 하였다. 지리정보는 식민지 침략과 이를 위한 조사의 토대가 되는 한편으로 그러한 조사와 연구의 결과로서 완성된다. 그러나 제국주의 침략기의 지도와 지지는 각종 조사에 앞서 작성되는 경향을 보였다. 모든 조사에 선행한 것이 지리정보여서 정한론이 일어나던 무렵에 간행된 조선 관계 자료들은 여기에 집중되어 있었다.[17] 지도에 나타나는 '일본해' 사용 역시 그러한 침략의 기운을

---

17) 박현수,「일본의 조선지도와 식민주의」『한국의 옛지도』(자료편) 영남대학교 박물관 편,

담아내고 있다.

정한론이 처음 표면화되는 것은 1868년 9월 명치천황정권이 반대파의 무력 저항을 진압한지 3개월 뒤인 12월이었다. 명치정부의 기도 다카요시(木戶孝允)는 정한을 '당면한 2대급무'라고 하였다. 그는 정한을 내세워 각 번(藩)의 군사를 외정(外征)에 내몰아 그 구세력을 약화시키고 천황정권의 권위를 강화하려고 하였다. 정한계획은 1871년 폐번치현(廢藩置縣)으로 본격화되지만 1873년 구미사절이 귀국함에 따라 위축되었다. 그렇지만 정한론은 사그라지지 않았고, 조선에 대한 관심의 고조는 여전하여 에도막부가 붕괴되고 메이지 정부가 출범하면서 동해를 '조선해'와 '일본해(대일본해, 혹은 일본서해 포함)'로 구분한 지도가 두드러지게 증가한다. 이것은 메이지 정부가 들어서면서 영토의 경계, 나아가 바다의 경계에 대한 의식이 생겨났음을 뜻한다. 독도박물관 소장 「地球萬國方圖」(湯津香木金, 1871)의 경우 동해의 한국 쪽 해역을 '조선해', 일본 쪽 해역을 '대일본해'로 표기하였고,18) 「大日本朝鮮八道支那三國全圖」(1882 〈지도 9〉)의 경우 역시 한국 쪽 해역을 '조선해', 일본 쪽 해역을 '일본서해'로 표기하고 있다. 이러한 변화는 1868년의 에도막부의 붕괴에 따른 메이지 정부의 수립, 그리고 '정한론'의 대두 때문이다.

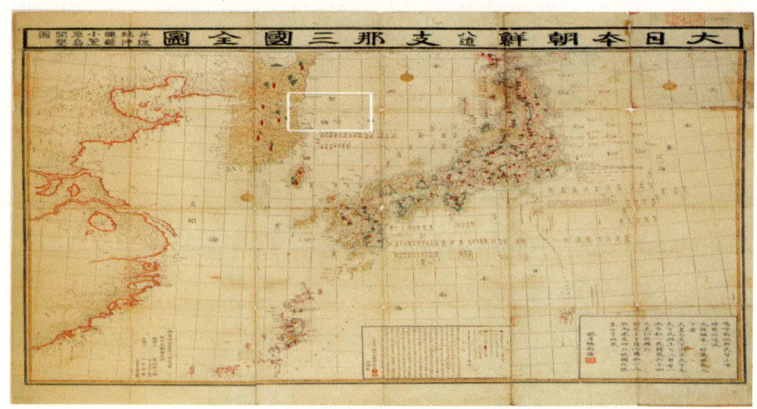

〈지도 9〉 「大日本朝鮮八道支那三國全圖」

1998.
18) 이종학, 「해제 ; 동해는 방위개념, 조선해가 고유명칭」 『잊혀진 "조선해"와 "조선해협"』 독도박물관 연구자료총서 2, 2002, 14쪽.

그렇지만 1875년 강화도 포격으로 유발 된 병자수호조규의 체결로 인해 일본의 조선침략이 구체화된다. 무력에 의한 침략을 위해서는 조선에 관한 정확한 정보가 필요하였지만 침략을 위한 기초적 조건은 마련되지 못한 상태였다. 명치 초기의 대외적 침략주의는 대내적 문명개화 동시에 진행되었으며, 양자는 모두 외국 사정의 이해와 조사를 요구했다. 특히 정한론이 비등해지면서 조선에 대한 관심을 확대시켜 조선의 지도에 대한 수

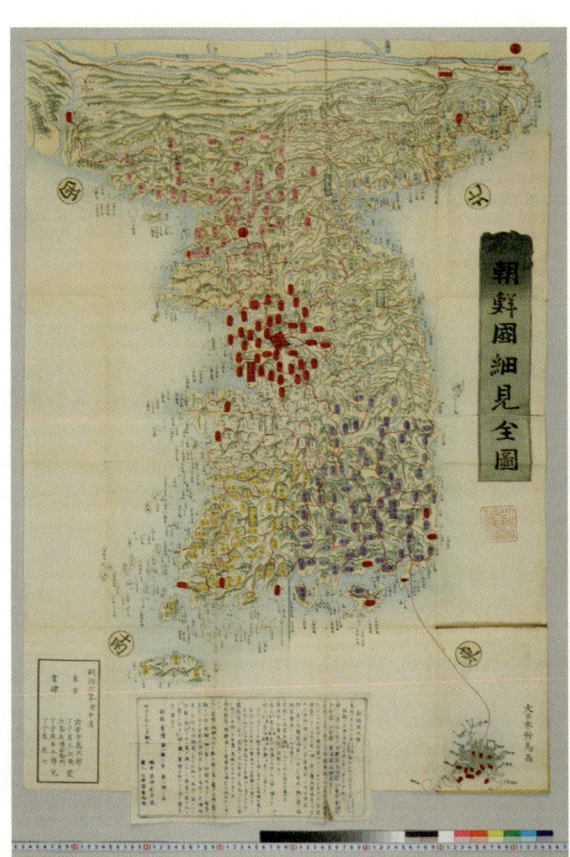

<지도 10> 「朝鮮國細見全圖」(染崎延房·石塚寧齋, 1873)

요가 폭발적으로 생겨났다. 그러나 서양으로부터 갓 배운 측량술을 이용해 근대적 지도를 작성하기 어려운 조건 아래에서 수요를 충족시키는 손쉬운 방법은 일본에 전래되어온 조선의 고지도를 복제하는 방법이었다. 조선에 관한 정보를 임진왜란 이전에 조선에서 작성한 지도를 직접 모사한 『朝鮮國細見全圖』(染崎延房·石塚寧齋, 1873, <지도 9>) 등과 하야시시헤이(林子平)의 지도를 통하여 간접적으로 모사한 「改訂新鐫朝鮮全圖」(佐田白茅, 1875, <지도 10>) 등에 의존하고, 한편으로 대마도에서 구한 단

편적 자료에 바탕한 엉성한 소책자를 이용할 수밖에 없었다.

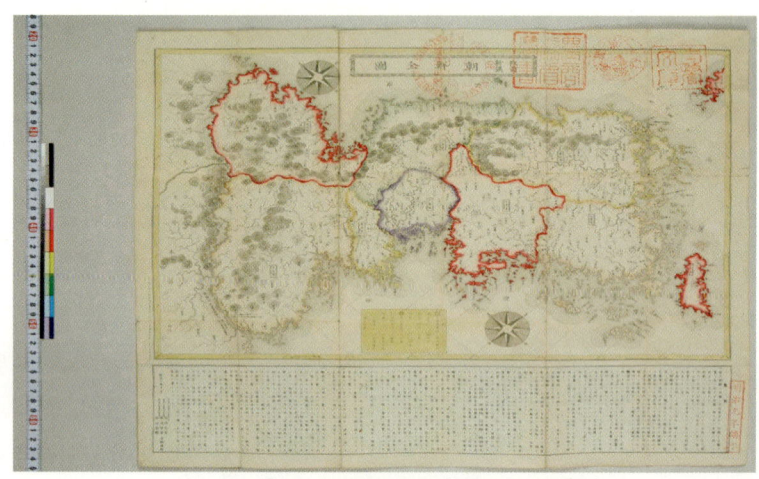

<지도 11> 「改訂新鐫朝鮮全圖」(佐田白茅, 1875)

정보의 부재 상태를 타결하기 위하여 「伊能圖」를 역수입하여 사용한 것도 마찬가지 사정을 반영한 것이었다. 자체의 정보 축적이 부족하다보니 서양인들의 조사 자료를 이용하게 된 것이지만 한편으로는 양학의 제패와 만연한 탈아입구론(脫亞入歐論)도 이러한 결과를 낳았다고 볼 수 있다. 1870년대 전반기에는 이러한 사정을 반영한 수많은 판본의 조선지도가 목판본, 또는 동판본으로 보급되었다. 이 무렵 지도의 다양성은 이웃 나라에 대한 지식의 부족뿐만 아니라 정보의 혼란상을 보여주며 과도기적 세계관의 난맥상을 나타낸다. 특수한 제국주의화 과정 때문에 과거와 현재, 서양과 동양의 세계 인식이 뒤섞여 있었다.[19] 그러한 사정이 개재되었다보니 현재 일본에서 '일본해'의 명칭이 19세기 초 서양인들에 의해 먼저 사용되었다고 하는 것도 그 음영이 드리워진 것일 것이다.

명치유신을 통해 중앙집권적 근대 국가를 수립한 일본은 북해도(北海島)·오가사하라제도(小笠原諸島)·류큐(琉球) 등을 영토에 편입시키는 데에 힘쓰는 한편으로 조선이나 대만을 넘보기 위해 정대론(征臺論)이

---

[19] 박현수, 「일본의 조선지도와 식민주의」, 『한국의 옛지도』(자료편) 영남대학교 박물관 편, 1998, 150~155쪽.

나 정한론(征韓論)을 일으킴으로써 침략주의를 국민적 합의로 몰아갔다. 구체적으로 침략을 실현하자면 당연히 이웃나라에 대한 정보 확보가 필요하였다. 그 역할을 담당한 것이 외무성과 참모본부였다. 침략을 위한 군사적 전략·전술을 수립하는데 있어서 기초가 되는 것은 정확한 지리정보였으며, 지리적 정보는 지도로 표현되므로 인접국가의 지리와 군사를 중심으로 한 실태를 파악하는 데 힘썼던 것은 육군 참모본부였다.

조선에 대한 참모본부의 공작은 「朝鮮全圖」(1876) 작성과 『朝鮮地誌略』(1888) 편찬으로 대표되지만 참모본부의 활동은 조선 뿐 아니라 청국·캄차카·사할린·만주·중국 연해·태평양제도에까지 미치고 있었다. 일본에 있어서 참모조직은 1871년 병부성에서 설치된 육군참모국에서 비롯한다. "기무밀모(機務密謀)에 참획(參劃)하고, 지도정지(地圖政誌)를 편집하며, 아울러 간첩통보(間諜通報) 등의 일을 관장 한다."는 것을 임무로 한 참모국은 1873년 병무성이 육군성과 해군성으로 분리됨에 따라 육군성의 제6국으로 재편되었다가 1874년에는 다시 참모국으로 확대 개편되었다. 육군성의 참모국은 1878년 12월 다시 참모본부로 개편된다. 참모조직이 처음 제작한 지도는 1875년의 「亞細亞東部輿地圖」(〈지도 12〉)이다. 이 지도는 한반도의 서남해안이 심각하게 왜곡되었는데 조선의 지도보다 서양의 해도를 믿고 작성되었기 때문으로 여겨진다.

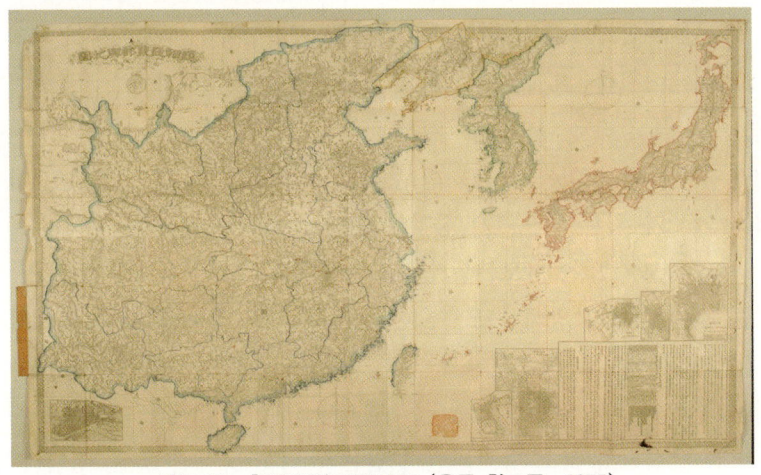

〈지도 12〉 「亞細亞東部輿地圖」(육군 참모국, 1875)

「亞細亞東部輿地圖」는 일본 서쪽 바다를 '일본해'로 표기하였지만 조선쪽의 바다 이름은 적어놓지 않고 있고, '황해'를 표기하고 있고, 대마도와 부산 앞바다 사이에 '고려해협'이라고 표기하고 있다. 그리고 동지나해를 '동해'라고 적고 있다.

조선에서 제작된 지도와 서양인들이 작성한 조선 안내서에 의존하여 침략을 시작한 일본 군부는 이러한 자료들의 한계를 간파하고 스스로의 근대적 기술을 동원

<지도 13> 「朝鮮全圖」(육군참모국, 1876)

하여 독자적인 자료들을 축적하게 되었다. 1875년 연말에 작성되어 이듬해 초에 간행된 「朝鮮全圖」(<지도 13>)는 운양호의 해안측량과 일본군 밀정들의 조사 결과를 반영하고 있다.

육군참모국은 1878년 참모본부로 확대 개편되어 일본 참모조직이 본격적으로 확립되어 조선에 대한 일본군의 정탐활동이 1880년부터 본격적으로 이루어졌다. 그 결과가 『병요 조선사정』(1885)의 간행과 『조선지지략』(1888)의 정리로 나타났다. 일본 군부의 조선 조사는 사실상 청일전쟁 이전에 일단락을 이룬다. 그러한 추세와 짝하여 이 시기 조선 등의 이웃 나라 지도가 일본에서 크게 증가할 수밖에 없었다.

육군참모국 또는 참모본부가 추진한 지도제작 사업은 그 자체로서 그치는 것이 아니라 방대하고 집요한 군사용 지리 정보수집, 즉 병요지지(兵要地誌) 작성의 주춧돌이자 상부 구조물이었다. 조선의 자연과 문화에 대한 조사에서 앞장선 것은 군부였지만 군부와 상인과 학계의 조사·연구가 단절되지 않고 유착되면서 일본의 이웃 나라인 조선, 청나라 등

의 지도가 제작되었다.[20] 육군 참모조직이 조선의 지도 작성에 앞장섰다는 특징과 함께 명치시기 이후의 조선에 관한 지도의 경우 크게 다음과 같은 3가지의 흐름으로 대별할 수 있다.

첫째, '지피지기면 백전백승'이라는 말에서 보다시피 정한론을 실현하기 위한 의도에서 조선의 사정을 담은 지도를 발간하였다. 특히 1876년 개항 직전에서부터 개항을 전후한 시기까지 조선지도가 집중적으로 만들어진다. 1873년의 「增補改正 朝鮮國全圖」(田嶋象次郞)·「朝鮮國細見全圖」(染崎延房·石塚寧齋),「朝鮮全圖」(海軍水路寮), 1874년의 「五畿八道 朝鮮國細見全圖」(川口常吉·石田旭山), 1875년의 「改訂新鐫朝鮮全圖」(佐田白茅)·「朝鮮輿地全圖」(關口備正), 1876년의 「朝鮮全圖」(陸軍 參謀局)·「朝鮮八道圖」(樫原義長 縮圖),「朝鮮國之全圖」(平田榘 〈지도 14〉) 계통의 지도가 제작된다.

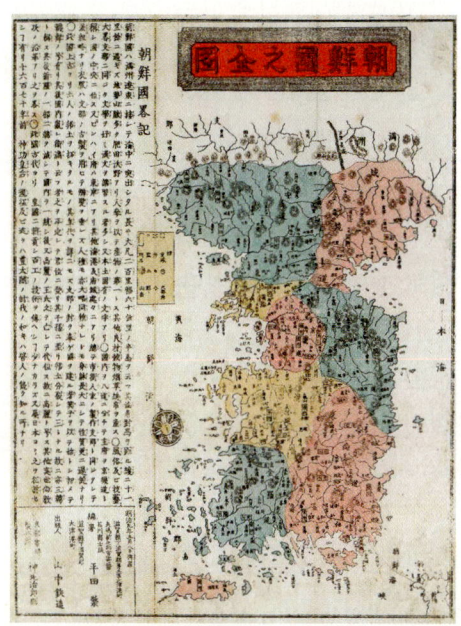

<지도 14> 「朝鮮國之全圖」(石川縣 士族 平田榘, 1876)

위 「朝鮮國之全圖」의 경우 '조선국약기(朝鮮國略記)'라고 하여 조선의 대강을 말하고, 대마도와 한국 사이의 바다에 '조선해협'을 표기하고 대마도에서 부산의 왜관까지 항로 표지를 그려놓았으며 한반도의 동쪽 바다를 '일본해'로 표기하고, 조선의 서해 바다를 '황해'라고 기록하고 있다. 이 계통의 지도들은 주로 조선의 사정을 알기 위해 조선의 지도를 그린 것이다. 이들 지도의 경우 일본의 조선 통로였던

---

20) 박현수,「일본의 조선지도와 식민주의」『한국의 옛지도』(자료편), 영남대학교 박물관 편, 1998, 155~162쪽.

대마도를 예외 없이 그려 놓았고, 대마도에서 부산까지의 항로가 표시된 경우가 대부분이다. 이러한 계통의 지도는 일본의 조선 침략 기운에 편승한 지도로서, 일본이 조선을 식민지로 만들기까지, 그리고 식민지 조선을 지배하기 위한 방편에서 계속 제작되었다. 특히 1882년~1884년과 1894년을 전후한 시기에 다음과 같은 지도가 제작되었다. 1882년의 「銅版朝鮮國全圖」((木村文造)・「朝鮮全圖」(大村恒七)・「朝鮮國細圖」(福城駒多郞), 1884년의 「朝鮮輿地圖」(淸水光憲), 1894년의 「朝鮮內亂地圖」・「朝鮮全圖」(陸軍 參謀局, 초판 1876년 발간)・「實測朝鮮全圖」(宗孟寬) 등의 지도가 만들어졌다. 이 시기는 임오군란과 갑신정변, 그리고 갑오 동학 농민전쟁기에 해당하는 격동의 시기에 해당한다. 특히 1894년의 경우 동학농민군과 일본군이 전쟁에 돌입하기 때문에 육군참모국에 이르기까지 여러 지도들이 발간된다는 점이 주목된다. 이때 만들어진 「實測朝鮮全圖」(宗孟寬)의 경우, 이전의 지도에서 대마도와 부산 사이의 항로가 표시된 것에서 벗어나 일본 본토에서 부산, 원산, 인천, 그리고 원산에서 러시아의 블라디보스토크, 인천에서 청과의 항로 등이 표시되고 있다. 1876년의 개항으로 인해 일본에게 부산・원산・인천이 개항되어 그곳을 거점으로 하여 일본의 청, 러시아와의 교류가 활발하게 나타난 현상의 반영인 동시에 1894년은 동학농민전쟁 뿐만이 아니라 청일전쟁이 발생하는 등 조선을 둘러싼 청, 일, 러시아의 각축이 전개되는 상황이기 때문에 「實測朝鮮全圖」(宗孟寬)와 같은 지도가 나올 수 있었다.

둘째, 일본전도에 조선의 지도가 그려진 지도, 즉 「大日本全圖」(1875) 속의 「朝鮮國之全圖」・「掌中日本全圖」(樫原義長, 1876) 속의 조선 중남부지도,「大日本海陸全圖」(森琴石, 1877) 속의 「朝鮮國全圖」 계통의 지도가 제작된다. 「大日本分見新圖」(1878, 〈지도 15〉)의 경우 일본도 좌측 상단에 '조선도'를 그려 넣었는데, 한일 양국의 바다를 '일본해'로 표기하고 있다. 이 계통의 지도는 그만큼 조선을 식민지로 만들기 위한 속내를 드러낸 지도라고 할 수 있을 것이다.

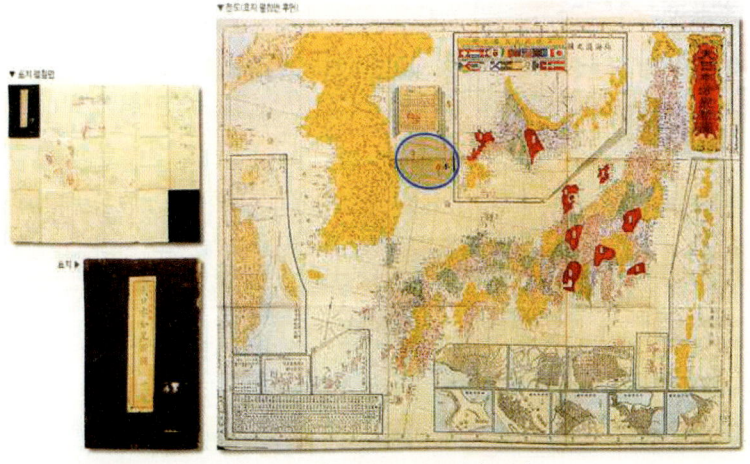

<지도 15> 「大日本分見新圖」(1878)

셋째, 일본이 조선을 침략하기 위해서는 조선을 둘러싼 일본과 청나라, 그리고 러시아 등의 동아시아의 지도가 요구되었다. 그것은 또한 조선을 발판으로 해서 대륙으로 진출하기 위한 목적을 달성하기 위한 필요 때문이기도 하다. 그런 의도에서 만들어진 지도들은 「大日本朝鮮支那三國全圖」(武田勝次郎, 1882)・「日淸韓三國輿地圖」(木村信鄕, 1883)・「日淸韓新地圖」(開花新聞附錄, 1894)・「滿洲及北淸地圖」(靑木恒三郞, 1894)・「淸國新地圖」(1894)・「日露淸韓明細新圖」(帝國陸海測量部, 1903・1904)들이다. 「淸十八省輿地全圖」(津田靜一, 1874)・「淸國輿地全圖」(高田義甫, 1880)・「支那新地圖」(靑木恒三郞, 1894) 등으로 이 계열에 포함시킬 수 있는 지도들이다.

이상 3 계통의 지도들은 에도시대의 세계지도, 조선지도와는 달리 조선침략의 기운에 편승하여 제작된 지도이다. 그렇기 때문에 에도시대의 지도에서 동해를 '조선해'로 표기한 것과는 달리 메이지 정권이 수립된 후 정한론의 분위기기가 팽배한 시기, 그리고 개항을 전후한 시기에 만들어진 지도의 경우 동해를 '일본해'로 표현하여 그 침략성을 노골적으로 드러낸 지도들과, 일본과 조선의 바다를 조선 쪽 해역에 '조선해'로 표기하고, 일본 쪽 해역에 '일본해(대일본해, 혹은 일본서해 포함)'로 표기한 지도가 나타난다는 점이 주목된다. 후자의 지도들은 메이지 정부가 들어서면서 영토의 경계, 나아가 바다의 경계에 대한 의식이 생겨나서 자국의 바다와 남의 나라의 바다를 구분하는 관념이 생겨난 것을 반영한다. 그 사이의 바다 이름은 공해로 생각하거나 조선의 바다라고 여겨 바다 이름을 표기하지 않았다고 보아야 한다.

　전자에 해당하는 예, 즉 동해를 '일본해'로 표현한 지도들은 메이지 정권의 수립 후 정한론~개항 전후 때에 집중적으로 만들어진다. 1872년에 기무라 분조(木村文造)에 의해 만들어진「銅版朝鮮國全圖」는 한국과 일본 사이의 바다를 '日本海'로 표기하고 있다. 1874년에 쓰다 세이치(津田靜一)에 의해 제작된「淸十八省輿地全圖」의 경우에도 동해를 '일본해'로 표기하고 있다. 1875년에 사다 하쿠보(佐田白茅)가 편찬한「改訂新鐫 朝鮮全圖」의 경우, 동해를 '고려해'로 표기하였다고 한 연구도 있지만21) 실상 '일본해'로 표기하였고, '고려해'는 남해에 표기되어 있다. 같은 해, 일본 육군참모국에서 만든『조선전도』역시 동해를 '일본해'로 표기하였다. 1877년에 모리 긴세키(森琴石)가 제작한「大日本海陸全圖」도 동해를 '일본해'로 표기하고 있다. 이들이 만든 지도는 '정한론'의 기운에 편승하여 이런 지도를 남겼다고 보아도 무리가 없을 것이다. 이상의 지도, 즉 1872년 이후에 동해를 '일본해'로 표현한 지도는 거의 대부분 '황해'가 빠짐없이 기록되고 있는데, 이때의 '황해'는 그야말로 '공해'의 명칭으로 표기하였다고 볼 수 있다. 그렇다면 이들이 동해를 '일본해'로 표기한 것은 그만큼 조선으로의 진출을 염원하는 마음을 지도에 담았다고 할 수 있다. 이 시기에 제작된「掌中日本全圖」(樫原義長, 1876)의 경우 바다의 명칭이 없는 지도이기 때문에 논외로 하고, 위 경향과는 다른 지도가 1875년에 세키구치 비쇼(關口備正)에 의해 제작된「朝鮮輿地全圖」이다. 이 지도의 경우 한반도와 대마도 사이의 바다를 '고려해협'으로, 대마도와 일본 본토 사이의 바다에 '日本海'라고 표기하고 있다. 이러한 지도는 1882년에 본격적으로 만들어진다는 점에서 주목할 필요가 있다.

---

21) 이상태,「일본해가 밀어낸 동해 명칭」『한국사연구』107, 1999, 143쪽. 그 후 이상태의 경우,『사료가 증명하는 독도는 한국땅』(경세원, 2007)에서 "동해를 일본해로 표시하고 남해 쪽에 고려해라고 표시하였다."(113쪽)고 수정하였다.

일본과 조선 사이의 바다에 조선 쪽 해역을 '조선해'로 표기하고, 일본 쪽 해역을 '일본해(대일본해, 혹은 일본서해 포함)'로 표기한 지도가 임오군란(1882)과 갑신정변(1884) 등이 일어나는 시기에 다시 나타나기 시작한다. 이때는 조선을 둘러싸고 일본과 청이 주도권을 쥐기 위해 첨예한 대립을 벌이는 시기이다. 그런 시기에 제작된 지도는 '정한론'의 기운에 편승하여 조선의 침략을 부르짖고, 운요호 사건을 통해 조선의 개국을 강제한 전후의 분위기에 편승하여 동해를 '일본해'로 표현하는 지도와는 달리 조선의 바다, 일본의 바다로 영해를 구분하고, 그 사이의 바다인 '공해'를 표현하는 보다 정밀한 지도가 그려지게 된다. 그것은 임오군란과 갑신정변 등을 통해 조선에서 일본이 그 침략의 야욕이 일시 좌절되면서 정한론을 일방적으로 부추기던 상황에서 벗어나 국제정세를 차분히 관망하는 분위기 속에서 지도의 제작도 그런 추세를 반영한 것이라고 볼 수 있다. 조선과 조선을 둘러싼 청, 러 등의 열강의 역학 관계를 보다 예의 주시하면서 지도 역시 동해를 일방적으로 '일본해'로 명명하던 것에서 벗어나 국가 간의 역학 관계를 고려하여 보다 세밀하게 작성하게 되었다고 해석할 수 있다.

「大日本朝鮮支那三國全圖」(武田勝次郞, 1882)는 동해를 '조선해'와 '대일본서해'로 표기하고 있다. 「대일본조선지나삼국전도」의 경우 '일본서해'와 '대일본동해', '일본남해'로 표기를 한 점에서 일본해가 동해를 대신할 수 있는 호칭이 아님을 확인할 수 있다. 「朝鮮全圖」(大村恒七, 1882)의 경우 '일본해'가 일본의 서안 가까이에 그려져 있고, 대마도와 부산 앞바다 사이에 '고려해협'이 기록되어 있다. 「新撰朝鮮輿地全圖」(若林篤三郞, 1882)의 경우도 일본서해안을 '일본해'라고 표기하고 있다. 이 지도는 '황해'의 전라해안지역을 '다도해'로 표기한 점이 특이하다. 1883년 7월 25일에 조선과 일본이 맺은 「在朝鮮國日本人民通商章程」 제41관을 보면,

① … 조선국 어선은 일본국의 肥前·筑前·長門(對朝鮮海面處)·石見·出雲·對馬의 해변에 왕래 捕魚하는 것을 허가한다.

라고 하여, 일본국의 히젠(肥前)·지쿠젠(筑前)·나가도(長門)를 '조선에 면한 곳(對朝鮮海面處)'이라고 하였다. 흔히들 이 자료를 갖고 동해를 '조선해'라고 불렀다고 하지만 '일본해'와 '조선해'로 구분하여 '조선해에 면한 곳'으로 볼 것인지, 조선과 일본 사이의 바다를 '조선해'로 표현한 것인지는 모호하다. 외교문서의 경우 각기 자국의 입장에서 해석할 여지를 남겨주는 차원에서 작성되는 경우가 왕왕 있고, 그것이 후일의 양국 사이에 많은 문제점을 불러일으키기도 한다. 대체로 한국의 연구자들은 위 주문의 해석을 조선과 일본은 양국의 조약에서 '조선해'란 명칭을 공식적으로 사용하였다고 본다.22)

1883년의 「조일통상장정」으로 인해 일본은 '조선해'에서 합법적으로 어로활동에 나서게 되었고, 1889년의 「朝日通漁章程」의 체결로 인해 '조선해'는 일본에 의해 서서히 강점되어 갔다. 1892년 대일본 수산회 간사인 세키자와 아키오(關澤明清)는 일본의 조선해 어업 시찰보고를 하면서 「在朝鮮國日本人民通商章程」 제41관에서 나가도(長門)를 '조선해'에 면해 있다고 조약에 명기된 것을 일본해에 면한 곳이라고 바꾸어 말하고 있다. 그런 그가 이듬해 다음과 같이 주장한 것에서 '일본해' 명칭의 사용이 일본의 대외팽창과 무관한 것이라고 할 수 없을 것이다.

> 이미 일본해란 공칭을 가진 이상 그 해상주권은 우리가 점유한 게 아니겠는가? 국권 상 결코 겸연쩍어할 필요가 없으며 그 해상주권은 먼저 습관상 현재 어로를 하고 있는지 유무에 따라 실적을 표명해야할 것이다. 오늘날 일본의 어선을 이 해상에서 종횡 무진케 하고 어업에 힘써 이익을 챙기는 것을 습관화하고 그 실적을 天下公衆에 인식시켜야 한다. 만약 그렇지 않으면 훗날 이 해상의 주권과 관련해 다른 나라와 논쟁을 벌였을 때 실적을 표명하는 논거가 약해지므로 국권 상 불리하게 되는 경우도 예상할 수 있다. 이를 또한 깊이 우려하지 않으면 안 된다.23)

'일본해'란 공칭을 가진 이상 그 해상주권이 일본에게 있다고 한 것은

---

22) 이종학, 앞의 글 ; 김호동, 「메이지시대 일본의 동해와 두 섬(독도, 울릉도) 명칭 변경의도에 관한 검토」 『민족문화논총』 2009. 12.
23) 關澤明清, 「日本海ノ漁業ハ如何」 『日本水産雜誌』 1893, 11~12쪽.

일본해의 사용이 일본의 대외팽창을 상징하는 것임을 알 수 있다. 이것을 통해 일본의 대외팽창과 일본해의 사용이 결코 무관한 것이 아님을 알 수 있다. 이것을 염두에 둔다면 19세기초 구미인들이 '일본해'라고 하였기 때문에 일본이 이를 따랐다고 한다는 것은 논리적 모순을 범하는 것이다. 1894년에 다나카 조쇼(田中紹祥)가 만든 「新撰朝鮮國全圖」에서 동해를 '大日本海'로 표기한 것에서 일본이 동해를 '일본해'로 칭하고자 하는 의지를 다시 확인할 수 있다. 같은 해에 제작된 「朝鮮內亂地圖」·「滿洲及北淸地圖」(靑木恒三郞, 1894) ·「朝鮮全圖」(陸軍 參謀局, 초판 1876년 발간) 역시 동해를 '일본해'로 표기하였다. 다만 이때 제작된 「日淸韓新地圖」(開花新聞附錄, 1894)의 경우 바다의 명칭을 밝혀놓지 않았다.

1895년 일본이 청일전쟁에서 승리를 거두자 대륙으로의 진출은 물론 '일본해'의 확장으로 여기고 있었음을 당시의 신문은 보여주고 있다.

> 대만 및 팽호 열도가 일본의 판도로 편입되자 세계 지도상 일대 변화가 일어났다. 이제까지는 유구만이 일본해의 끝이었으나 다시 지나해를 빼앗아 그 영역을 넓혀 무려 1,000方里에 이르는 팽호 열도 주변까지 모두 일본해라 칭할 수 있게 되었다.24)

이제까지는 유구만이 일본해의 끝이었으나 이제 팽호 열도 주변까지 모두 일본해로 칭할 수 있게 되었다고 하였다. 이미 1894년을 전후한 시기 일본은 동해를 스스럼없이 '일본해'로 표현하였고, 그러한 영향 하에 친일 영국인 모리스(J. Morris)는 1894년에 『청일전쟁』을 저술하면서, 책 첫머리에 '한·일·청 지도'를 첨부하였는데, 동해를 '일본해(Sea of Japan)' 라고 표기하였다고 볼 수 있다.25)

청일전쟁기를 전후한 시기부터 1904년의 러일전쟁 직전까지의 기간에 일본은 원양어업법의 장려제정(1897), 조선해통어조합연합회의 결성(1900) 등을 통하여 어민의 조선해 통어를 적극적으로 보호·장려하였다. 이에 힘입어 일본 어민들의 조선해 통어가 청일전쟁 후 급격히 증가하였

---

24) 「山陰新聞」1895년 4월 3일자, '日本海と支那海'.
25) 김덕주, 「동해표기의 국제적 논의에 대한 고찰」『서울국제법연구』6권 2호, 1999, 19쪽.

다. 1898년도에 1,223척, 1899년도에 1,157척, 1900년도에 1,654척, 1901년도에 1,411척, 1902년도에 1,394척, 1903년도에 1,589척의 배가 조업에 나서 전기에 비해 약 2배의 증가를 보이고 있다. 통어 어민의 급격한 증가로 조선어민과의 사이에 분쟁이 많이 발생하자 일본정부나 각 부와 현에서는 통어민 보호와 분쟁방지를 위해 조선해 어업조사를 실시하였다.26) 그래서 일본은 "조선의 남쪽 경상도 전라도 연안에는 일본으로부터 많은 어선이 다니고 있어, 조선해가 아니라 마치 일본해와 같이 우리 일본인이 독점하고 있다."27)고 한 정도였다. 그런데 여기서 말한 '조선해'는 동해뿐만이 아니라 남해까지 포함한다. 이마저도 '일본해'와 같다고 한 것을 통해 일본의 독점적 어로활동의 확대에 짝하여 '일본해'의 명칭을 확장하면서 '일본의 영해'라는 의미마저 담아내고자 하였음을 알 수 있다. 그러나 이것은 어디까지나 일본 정부의 공식적 견해는 아니었다.

일본 정부가 공식적으로 '일본해' 명칭을 사용하기 시작한 것은 러일전쟁에서의 승리를 계기로 동해를 '일본해'로 공식 표기하면서부터이다. 일본은 러시아 해전에서의 승리 직후 5월 30일 '관보'에서 5월 27일부터 28일까지 오키노섬(沖之島) 부근부터 울릉도 부근까지의 해전을 "일본해의 해전이라 호칭함"이라고 공포함으로써 동해를 '일본해'로 공식 표기하였다. 이렇게 볼 때 '일본해'의 사용이 일본의 확장정책 때문이 아니라 구미인들이 일본해란 명칭을 사용한 것에 영향을 받아 '일본해'라고 부르게 되었다고 말할 수 있겠는가?

'일본해'라는 명칭이 국제적으로 공식 인정된 것은 '일로강화조약(포츠머스조약)'에서였다고 한다. 일로강화조약 제11조에 '일본해'란 명칭이 적시되어 있는데, 이로써 일본은 '일본해'라는 공식 호칭을 국제적으로 공인받게 되었으며 세계지도에는 '일본해'라는 바다 이름이 정착하게 되었다고 한다.28) 그러나 이 조약에 현재 '일본해'라고 부른 것에 이의를 제기하는 한국과는 상관없는 일본과 러시아 사이의 조약이기 때문에 이것

---

26) 여박동,『일제의 조선어업지배와 이주어촌 형성』보고사, 2002.
27)『大日本水産會報』第230號,「朝鮮明太魚漁業」1901, 4쪽.
28) 김덕주,「동해표기의 국제적 논의에 대한 고찰」『서울국제법연구』6권 2호, 1999, 19쪽.

제3장_ 일제의 한국침략에 따른 '일본해' 명칭의 의미 변화

을 국제사회가 인정하는 공식 호칭이라고 할 수는 없다.

러일전쟁 직전까지 일본의 공식적 입장은 '일본해'가 일본의 '영해'였다. 그것을 증명하는 것이 「日露淸韓明細新圖」이다.29) 〈지도 16〉은 「일로청한명세신도」 전체 지도이고, 〈지도 17〉은 한국과 일본, 청나라아의 바다에 대한 경계선을 그어놓은 부분만의 부분 지도이다.

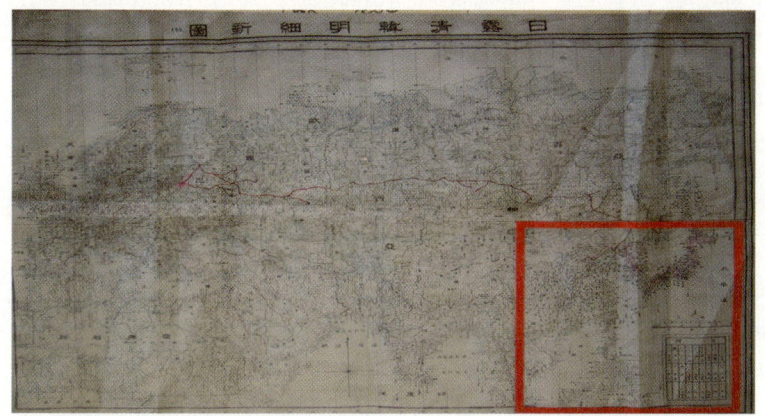

〈지도 16〉 「일로청한명세신도」(1903, 78.5×54.5, 제국육해측량부 편찬)

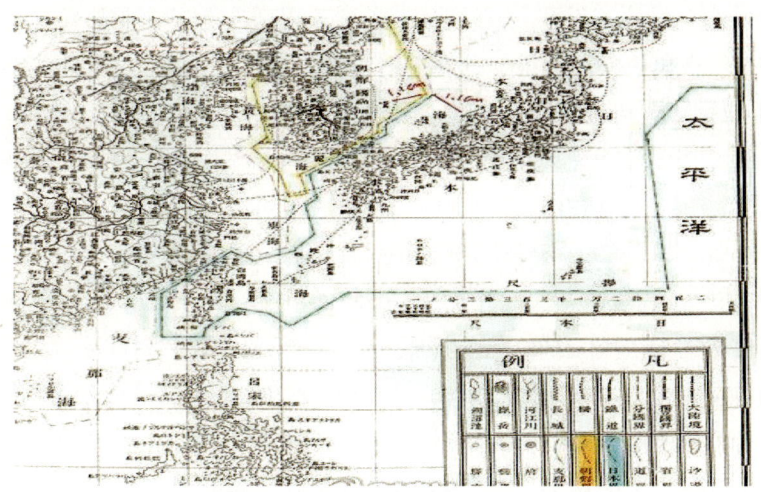

〈지도 17〉 「일로청한명세신도」의 부분도

---

29) 김호동, 「「일로청한명세신도」에 표기된 '일본해' 명칭의 역사적 의미」『한국지도학회지』제10권 1호, 2010. 이하의 「일로청한명세신도」의 설명은 이 글에 의하였기에 일일이 전거를 밝히지 않는다.

「일로청한명세신도」의 경우 이전의 일본 지도와 달리 바다에도 경계선, 즉 국경선을 명확하게 그려놓고 있다. 조선계의 경우 '一‧一', 일본계의 경우 '一‧‧一', 지나계의 경우 '一‧‧‧一'로 표시하였는데, 한국과 일본, 그리고 중국의 섬과 항구, 등대를 기점으로 하여 세밀하게 국경선을 긋고 있다. 동해의 경우 '송도(독도)'를 기점으로 조선의 경계를 그었고, 오키(隱岐)를 기점으로 일본계를 등거리에 그어 그 사이에 공해를 두었다. 이처럼 이 지도는 한국과 일본, 중국의 영해는 물론 공해까지 표시하였다. 특히 러일전쟁을 앞둔 시점에서 러시아와 바다에서 전쟁이 예상되므로, 그에 대한 상세한 경계선을 조사, 표시하였다고 볼 수 있다.

이 지도에서 공해의 명칭으로 볼 수 있는 것은 '황해' 뿐이다. 한국과 중국의 경계선 사이의 공해에 해당하는 지점에 '황해'의 명칭을 기록하였고, 나머지 공해에 해당하는 바다에는 전혀 명칭을 적어놓지 않았다. 황해를 제외하고 각 나라의 경계선 안에 바다의 명칭이 기록되어 있기 때문에 그 명칭은 영해의 명칭이다.

「일로청한명세신도」의 경우 '동해'를 '동지나해'에 표기하였다. 1894년에 일본에서 제작한 「日韓實測精圖」에도 동해가 동지나해에 표기되어 있다. 이에 주목하여 "1894년 일본이 청일전쟁에서 승리하여 대륙 진출의 교두보를 마련한 다음부터 그들의 영토 확장 정책에 따라 일본해가 본토 연안에서 동해로 진출하여 동해를 차지하고 그 대신 동해는 동지나해 쪽으로 밀어내기 시작하였다."고 한 주장이 있다(이상태, 1999, 143쪽). 얼핏 보면 그 주장을 뒷받침하는 지도라고 볼 수도 있을 것이다. 그렇지만 「日露淸韓明細新圖」의 '동해'와 그 아래의 '지나해(支那海)'는 중국의 경계선 안에 그려져 있기 때문에 중국의 영해를 가리키는 것이 분명하다. 일본의 지도상에 '동해'의 명칭이 동지나해에 그려진 것을 갖고 한국의 '동해'가 동지나해 쪽으로 밀려간 것이라고 할 때 국제사회에서 얼마만큼 설득력을 얻을 수 있을지 의문이다. 1880년에 만들어진 「淸國輿地全圖」, 1903년에 만든 「日淸露韓極東地圖」, 1904년의 「時事申報滿韓地圖」의 경우도 동지나해에 동해를 표기하였다. 동지나해를 동해라고 표기한 지도가 몇 개 있다는 것, 「일로청한명세신도」에서 '동해'가 중국의 경계선 안에 있는 것으로 보아 한국의 '동해'를 동지나해로 밀어냈다고 보기 보다는 중국 내에서는 '동지나해'를 중국어로 '동해'로 부르기 때문에 일본에서 '동지나해'를 '동해'라고 표기했을 가능성이 더 많은 게 아닌가 한다.

한국의 영해는 「일로청한명세신도」에서 '고려해'로 표기되어 있다. 동해를 '고려해'로 부르자는 일부 주장이 있기도 하지만 '고려해'를 동해로 보기는 어렵다. 「일로청한명세신도」를 살펴보면 한반도 동쪽 바다에 조선의 경계선이 그어져 있다. 그 경계선 안, 바다에 '조선국'을 표기하였고, 일본과 조선 사이의 대마도 왼쪽의 조선경계 안에서부터 남해에 걸쳐 '고려해'라고 표기하였다.

「일로청한명세신도」의 경우 '일본해'는 일본의 '영해'로 표시되어 있다. 이 지도를 통해 확인할 수 있는 것은 '일본해'의 명칭이 일본이 영해의 개념으로 주로 사용하였고, 일본의 대외팽창정책에 따라 일본해가 확장되었다는 점이다. 다시 말하면 제국주의 국가로 발돋움한 일본이 팽창정책을 추구하면서 영해로서의 '일본해'를 확장시켜 불러왔다는 점이다. 그것을 입증할 지도가 「일로청한명세신도」이다. 〈지도 16〉에서 보다시피 태평양쪽과 동해 양쪽에 걸쳐 일본 경계선을 긋고, 그 안에 각기 '일본해'라고 표기하였다. 그런 점에서 일본해는 외무성 사이트에서 말하듯이 공해상의 명칭도 아니고 동해만을 가리키는 것도 아니다. 일본은 1876년 태평양쪽의 오가사하라섬(小笠原島), 류큐(1879), 유황도(1891.9), 대만(1895), 팽호(1895) 등을 자국의 영토로 편입하였는데 「일로청한명세신도」에서 모두 일본의 영역으로 그려져 있다. 일본의 본토에 '大日本'이 적혀 있고, 대만에 '國'자를 아로새겨 놓은 것은 그 상징적 표현이다. 일본해는 당연히 대만과 그 주변해역까지를 포함하고 있다. 일본 동해안에서 대만 해역까지 영해로서의 '일본해'가 표기되어 있고, 일본 서해안 쪽에도 일본 영해 안에 '일본해'를 표기해놓고 있다. 이 지도상의 '일본해'는 결코 공해가 될 수 없다. 일본이 청일전쟁으로 인해 대만을 획득하자 "대만 및 팽호 열도가 일본의 판도로 편입되자 세계 지도상 일대 변화가 일어났다. 이제까지는 유구만이 일본해의 끝이었으나 다시 지나해를 빼앗아 그 영역을 넓혀 무려 1,000방리(方里, 사방 1리)에 이르는 팽호 열도 주변까지 모두 일본해라 칭할 수 있게 되었다."고 한 것을30)입증해주는 지도가 「일로청한명세신도」이다. 일본 외무성이 한국이 일본해와 동해의 병기를 권고하는 유엔 및 IHO의 결의가 있다는 주장에 대해 "이 결의는 만 또는 해협 등이 2개 이상의 국가주권 하에 있는 지형을 상정한 것으로, 일본해와 같은 공해에 적용된 사례는 없다."고 하는 주장은 이 지도로 인해 그 논거를 잃은 셈이다.

　이상의 논의에서 보다시피 일본인에 의해 사용된 '일본해'란 명칭은 구미인의 영향 때문이 아니라 일본이 명치유신을 통해 제국주의로 발돋움하면서 대외팽창에 적극 나서게 됨에 따라 일본의 영해라는 의미에서 '일본해'를 적극 사용하기 시작하였고, 시간이 지나면서 동해, '조선해'를 대신하고, 확대될 수 있는 가변적인 것으로 여겨졌다. 비록 후대의 자료이지만 1942년에 해군 보도부 과장 히라데(平出)가 "태평양과 인도양을 제압하여 '신일본해'로 하는 것도 가능하다."고 호언한 것은31) '일본해'란 명칭이 일본의 대외팽창에 따라 얼마든지 확장되고, 이곳저곳으로 옮겨갈 수 있음을 상징적으로 보여준다. 히라데 대좌가 일본 A-K 방송에서 한 이 연설은 일본이 태평양 전쟁을 일으킨 지 한 달 후에 맞이한 일본 천황을 받드는 기념일에 한 연설이라는 점에서 그 침략성이 확연히 드러난 것이라고 볼 수 있다. '신일본해'로 하자는 하라데의 발언에 대해 야유사와 신타로(鮎澤信太郎)는 에도시대부터 이미 '대일본해'로 불렀기 때문에 새삼 '신일본해'로 부를 필요가 없다고 하였다.

　이상에서 보다시피 '일본해' 명칭은 현재 일본이 부르는 '일본해', 즉 동해를 가리키는 유일한 명칭이 아니다. 일본은 동쪽 바다와 서쪽 바다를 '일본해'라고 부르기도 하였고, 한국의 경우 '조선해', '동해' 등등의 이름으로 불렀다. 일본 외무성 홈페이지에서 한국과 일본 사이에 있는 바다를 '일본해'라고 부르는 것이 '국제사회에서 오래 전부터 널리 사용되고 있는 유일한 명칭'이 아닌 이상 한·일 양국이 부르는 이름을 최소한 병

---

30) 「山陰新聞」 1895년 4월 3일자, '日本海と支那海'.
31) 「東京日日新聞」 1942년 1월 9일.

기함이 마땅하다. 더욱이 일본이 주장하는 것처럼 '일본해'라는 명칭은 '공해'의 의미가 아닌 '일본 영해'의 의미로 사용되었고, 일본의 확장주의와 식민지 지배의 결과로 널리 확산되었다. 바다가 한 개의 국가가 영유하는 것이 아닌 한 그 바다의 명칭을 한 국가의 명칭을 갖고 부르겠다는 것은 논리의 정당성을 확보할 수 없다.

Ⅳ. 맺음말

지금까지의 연구된 내용을 요약하면 다음과 같다.

첫째, 에도막부시절 현재 일본이 '일본해'라고 부르는 공해상을 '일본해'라고 한 표기는 거의 없다. 그 수치보다 '조선해'라고 한 경우가 보다 많다. 대부분의 지도의 경우 한국 동쪽 해역을 '조선해'라고 표기하고 있는 반면에 일본 서쪽 해역에 아무런 이름을 표기하지 않고 있다. 1840년대 중반~1860년대에 오면 '일본해'의 명칭이 나타난다. 일본의 경우 이것을 'Sea of Japan'이 서양지도나 일본 지도에서 일반화된다고 하지만 이때의 '일본해'는 지금의 한국과 일본의 바다(공해)를 일본이 'Sea of Japan'이라고 하는 것과 큰 차이가 있음에도 불구하고 이를 호도하고 있다. 이때의 '일본해'는 주로 일본의 서쪽 바다에 치우쳐져 있고, 그와 함께 일본의 동쪽 바다를 칭하는 것이 보다 일반적이었다.

둘째, 근대 제국주의가 출현하면서 바다가 교류와 교역의 장에서 제국의 바다, 식민의 바다로 바뀌어가자 후발 근대 제국주의로 발돋움한 일본은 바다에 대한 영유의식을 가지면서 영해로서의 의미를 가진 일본 서쪽의 연안을 '일본서해', 혹은 '일본해'로 부르기 시작하였다.

셋째, 근대 해양법에 대한 이해가 증대되면서 해상주권의 확보는 습관상 현재 어로를 하고 있는지 유무와 실적에 있다는 인식을 하면서 국가가 적극적 어업 장려책을 마련하여 일본 어부들의 동해에 대한 어로활동의 지원책을 마련하였다. 그것을 통해 일본 어부들의 어로활동이 미치는 범위를 해상주권의 확보로 간주하여 공해마저 '일본해'로 부르면서 '일본의 영해'로 간주하기 시작하였다. 나아가 대만 및 팽호 열도의 영토편입, 조선의 개항에서 식민지로의 병합에 따라 그 사이에 존재하는 바다를 '일본내해'의 의미를 가진 '일본해'라고 인식하였다. 그런 점에서 일본해의 명칭이 일본의 팽창주의 혹은 식민지 지배의 결과로 널리 알려지게 되었다고 볼 수 있다.

넷째, 일본 제국주의의 패망으로 인해 한국과 일본 사이에 있는 바다를 '일본영해', 혹은 '일본내해'의 의미를 갖는 '일본해'로 단독 표기한 1929년의 국제수로기구의 결정은 잘못 채택된 것임을 인정하여야 한다.

이상에서 보다시피 '일본해' 명칭은 현재 일본이 부르는 '일본해', 즉 동해를 가리키는 유일한 명칭이 아니다. 일본은 동쪽 바다와 서쪽 바다를 '일본해'라고 부르기도 하였고, 한국의 경우 '조선해', '동해' 등등의 이름으로 불렸다. 일본 외무성 홈페이지에서 한국과 일본 사이에 있는 바다를 '일본해'라고 부르는 것이 '국제사회에서 오래 전부터 널리 사용되고 있는 유일한 명칭'이 아닌 이상 한·일 양국이 부르는 이름을 최소한 병기함이 마땅하다. 더욱이 일본이 주장하는 것처럼 '일본해'라는 명칭은 '공해'의 의미가 아닌 '일본영해'의 의미로 사용되었고, 일본의 확장주의와 식민지 지배의 결과로 널리 확산되었다. 바다가 한 개의 국가가 영유하는 것이 아닌 한 그 바다의 명칭을 한 국가의 명칭을 갖고 부르겠다는 것은 논리의 정당성을 확보할 수 없다.

【참고문헌】

김기혁, 「우리나라 고지도의 연구 동향과 과제」 『한국역사지리학회』 13권 3호, 2007
김덕주, 「동해표기의 국제적 논의에 대한 고찰」 『서울국제법연구』 6권 2호, 1999
김 신, 「동해표기의 역사적 과정」 『경영사학』 16집 3호, 2001
김 신, 「일제하 동해와 지명개칭사례연구」 『경영사학』 18집 1호, 2003
김호동, 「메이지시대 일본의 동해와 두 섬(독도, 울릉도) 명칭 변경의도에 관한 검토」 『민족문화논총』 2009
김호동, 「「일로청한명세신도」에 표기된 '일본해' 명칭의 역사적 의미」 『한국지도학회지』 제10권 1호, 2010
남영우·이호상, 「일제 참모본부 장교의 측량 침략과 조선 목측도의 특징」 『한국지도학회지』 제10권 제1호, 2010
심정보, 「일본에서 일본해 지명에 관한 연구동향」 『한국지도학회지』 제7권 제2호, 2007
여박동, 『일제의 조선어업지배와 이주어촌 형성』 보고사, 2002
오일환, 「서양고지도의 '동해' 표기와 유형의 변화」 『국제지역연구』 8권2호, 2004
윤명철, 『한국해양사』 학연문화사, 2003
이기석, 「발견시대 전후 동해의 인식」 『지리학』 3호, 1992
이기석, 「동해 지리명칭의 역사와 국제적 표준화를 위한 방안」 『대한지리학회지』 33권 4호, 1998
이기석, 「지리학 연구와 국제기구-동해명칭의 국제표준화와 관련하여」 『대한지리학회지』 39권 1호, 2004
이상태, 『한국고지도 발달사』 혜안, 1999
이상태, 「일본해가 밀어낸 동해의 명칭」 『한국사연구』 107
이상태, 『사료가 증명하는 독도는 한국땅』 경세원, 2007
이종학, 「해제 ; 동해는 방위개념, 조선해가 고유명칭」 『잊혀진 "조선해"와 "조선해협"』 독도박물관 연구자료총서2, 2002
이 찬, 「한국의 고지도에서 본 동해」 『지리학』 27권 3호, 1992
이현호, 「일제시기 이주어촌 '방어진'과 지역사회의 동향」 『역사와 세계』 33, 2008

주성재,「바다 이름의 국제적 표준화 사례와 동해 표기 정당화에의 시사점」
　　『Journal of Korean Geographical Society』 Vol. 42, No. 5, 2007
하우봉 외,『해양사관으로 본 한국사의 재조명』청년정신, 2004
한상복,「해양학적 측면에서 본 동해의 고유명칭」『지리학』27권 3호, 1992
홍순권,『부산의 도시형성과 일본인들』동아대학교 석당학술원 지역문화총
　　서, 2008
北澤正誠,『竹島考證』 1883, 동북아의 평화를 위한 바른역사정립기획단,
　　『독도자료집』Ⅱ 2006
『大日本水産會報』第230號, 1901
鮎澤信太郎,『大日本海-日本地理學史の硏究』京城社出版社, 1943
川上健三,『竹島の歷史地理學的硏究』古今書院, 1966
森浩一 편,『고대 일본해 문화』소학관, 1983
森浩一 편,『동아시아와 일본해 문화』소학관, 1984
森浩一 편,『고대의 일본해 제 지역』1984
靑山宏夫,「日本海という呼稱の成立と展開」『環日本海地域比較史硏究』2,
　　1993
長岡正利,「「日本海」呼稱の變遷と最近の係爭問題」『古地圖硏究』311, 2003
大西俊輝,『日本海と竹島-日韓領土問題』東洋出版, 2003

제3장_ 일제의 한국침략에 따른 '일본해' 명칭의 의미 변화   113

<표 2> 구글 일본해 사이트

지도명칭	韓國 東岸쪽	East Sea/ Sea of Japan	日本 西岸쪽	日本 東岸쪽	비 고
華夷一覽図 (木村蒹葭堂, 1790)			일본해*		
地球全圖 (司馬江漢, 1792)			일본내해*	일본동해	
地球儀用紙片 (桂川甫周作, 1792)			일본해*		일본 북안
亞細亞全圖 (桂川國端, 1794)	조선해				
日本邊海略図 (高橋景保, 1809)	조선해				
[地球]輿地全圖 (詠歸齋主人, 1810)			일본해*		
新訂萬國全圖 (高橋景保, 1810)	조선해				
極中心世界地図 (小佐井道豪, 1834)		ヤツホン 海・ 日本海?			
嘉永校定東西地球萬國全圖 (丁子屋平兵衛, 1835)	조선해				
萬國全圖 (栗原信晁校, 江戸丁子屋平兵衛, 연대불명)	조선해			대일본해	
新改正 萬國地球全圖 (栗原信晁校, 丁子屋平兵衛, 1838)	조선해			대일본해	
大日本接壤圖集成 (小泉[ユキ]計編, 1843) 第三 地球全図(1796)			일본내해	일본동해	
新製 輿地全圖 (箕作省吾, 1844)	조선해			대일본해	
銅版 万国方図 (永井則補訂, 1846)	조선해		일본해*		

지도명칭	韓國 東岸쪽	East Sea/ Sea of Japan	日本 西岸쪽	日本 東岸쪽	비고
本邦西北辺境水陸畧図 (安田雷州, 1850)	조선해				
地学正宗図 (初,[2]篇/[プリンセン] [著] ; [杉田玄端] [訳], 1850~1851)		조선해		대일본해	
新訂 坤輿略全圖 (新發田耘編, 1852)			일본해*		
本邦 西北邊境水陸畧圖 (安田茂平, 1852)	조선해				
新訂 地球萬國方圖 (1853)		조선해		대일본해	
萬國輿地分圖 (橋本玉蘭, 1854)				일본해	
大日本沿海要境全図 (工藤 東平, 1854)	조선해			일본해	
重訂萬國全圖 (天文方山路諧孝, 1855)		일본해			
大輿地(よち)球儀 (沼尻墨僊, 1855)		조선해			
訂正增訳采覽異言 (山村才助, 1856) 亜細亜洲東方日本支 那韃靼諸国図		일본해			
輿航海圖 (杉田玄端閲, 1858)			일본해*	일본해(?)	
(官許) 新刊輿地全図 (佐藤政養, 1861)			대일본해*		
萬國航海圖 (新鐫,スネル(和蘭): 校閱, 医師: 武田簡吾: 訳, 1862)	조선협		일본해*		
環海航路新図 (江戸須原屋茂兵衛等, 1862)	조선해				

제3장_ 일제의 한국침략에 따른 '일본해' 명칭의 의미 변화   115

지도명칭	韓國 東岸쪽	East Sea/ Sea of Japan	日本 西岸쪽	日本 東岸쪽	비 고
銅鐫大日本国細図 (銅鐫 菊亭, 1865)	조선해				
地学初歩和解 (固児涅爾原撰, 1867) 亞細亞州図		일본해			
峨羅斯及亞西亞ノ圖 (前田又四郎圖 1867, 陸軍所)			日本ノ海*		
世界国盡 (Sekai-Kunizukushi, 1869)	Mer de Coree		Mer du Japan*		
官版輿地誌略 (内田正雄, 1870)		일본해			
亜細亜露西亜新図 (兵要地理局, 1871)		일본해			
重訂萬國全圖 (大學南校, 1871)		일본해			1855原版
大日本全国之図」 (瓜生三寅, 1872)			일본해*		
大日本大学区全図(1872)			일본해*		
地理初歩 (文部省編纂, 1873) 日本全圖			일본해*		러,일 바다
與地新図(1872, Hermann,Berghaus, 村田文夫訳, 工部省測量正, 1874)		일본해			
萬国地誌略 (藤井楊岳編集, 二書堂, 1874)		일본해?			
亜細亜東部輿地図 (陸軍局 木村信卿, 1874)			일본해*	대동양	동해=동지나해
改訂新鐫朝鮮全図 (佐田白茅, 1875)		일본해			고려해=남해
朝鮮国全図 (澤井満輝, 1875)		일본해			고려해=남해

지도명칭	韓國 東岸쪽	East Sea/ Sea of Japan	日本 西岸쪽	日本 東岸쪽	비 고
朝鮮與地全圖 (関口備正, 1875)	고려해		대일본해*		대마도를 사이에 두고 '고려해', '대일본해' 표기
増訂與地航海圖 (Oka Shu saikou, 1875)		일본해?			
世界航海図 (英国ヘルマン・ベル コース氏 著述, 石村貞一 訳述, 1875)		일본해?			
小学用地図 大日本全図 (1876)		일본해			
朝鮮全図 (陸軍参謀局, 1876)			일본해*		
朝鮮国之全図 (平田繁, 1876)		일본해			
亜細亜東部之図 (開拓使, 1876)(英語版)		일본해			동해=동지 나해
大日本詳細全圖(響仙 堂制, 1876)		일본해			
大日本全図 (陸軍参謀局 木村信卿, 1877)					고려해협- 대마도- 대마해협
日本地誌略附圖 日本 (益智館 中村春平, 1877)		일본해			
大日本分見新図 (山本清助, 1878)		일본해			
新雕日本帝国全図 (1881)			일본해*		
朝鮮国全図 (鈴木敬作, 1882)		대일본해			조선해협 표기
大日本朝鮮支那全図 (武田勝次郎, 1882)	조선해		일본서해*	일본동해	대일본남해 표기

제3장_ 일제의 한국침략에 따른 '일본해' 명칭의 의미 변화 117

지도명칭	韓國 東岸쪽	East Sea/ Sea of Japan	日本 西岸쪽	日本 東岸쪽	비 고
銅版朝鮮全図 (木村文造, 1882)		일본해			
新撰 朝鮮輿地全圖 (若林三郞, 1882)			일본해*		조선만
小学用地図 (万国之部長谷川玄竜編 大阪 : 梅原亀七, 明15)		일본해			
小学用地図 (万国之部長谷川玄竜編 大阪 : 梅原亀七, 明156, 1882)		일본해			고려해=남해
新撰地理小志 (山田行元編 卷2 日本 東京 : 香風館 明16-17, 1884)			일본해*		대마동해협 / 대마서해협
小學用地圖 (万国之部 上田貞治郞訳 大阪 : 靑木嵩山堂, 明18.11, 1885)		일본해			조선협
亞細亞東部略図 (陸軍, 1885)		일본해			고려해협, 동해=동지나해
新撰小学用地図 (塩田重雄編 大阪 : 三木書樓, 明187, 1885)		일본해			
新撰萬国全図 (酒井捨彦著, 1885)		일본해			
日本地誌訳図 (小学用地図三村房次郞編, 1885) 大日本帝國全圖			일본해*		
世界全図 (海軍水路部, 1887)	조선만	일본해			조선해협

지도명칭	韓國 東岸쪽	East Sea/ Sea of Japan	日本 西岸쪽	日本 東岸쪽	비 고
東半球與地全図 (1887)	조선해		일본해*		조선협
小學用地圖 (大阪: 青木嵩山堂, 明21.11, 1888) 大日本全圖		일본해			
大日本帝国圖 (矢部善蔵,1890)			일본해*		동해=동지 나해
海軍海図95号 日本本州九州及四国 附朝鮮(1891)	조선만		일본해*		西水道- 대마도- 東水道
日本名勝地誌 (第壹編,畿内部, 1893) 大日本國全図(野崎左 文相)			일본해*		동해=동지 나해
日清韓三國地圖 (鍾美堂 清水常太郎, 1894)			대일본해*		동해=동지 나해
日清韓三國新地圖 (鈴木政雄 田中太右ェ門, 1894)			대일본해*		조선해협
朝鮮全圖 (陸軍叅謀局, 1894)		일본해			
新撰 朝鮮国全図 (田中紹存 博文館, 1894)		일본해			동남해에 걸쳐 조선해협
朝鮮全図 (東京地学協会編纂, 1894)			일본해*		대마도와 일본본토 사이에 일본해
新選朝鮮地理誌付属 朝鮮地図 (博文館 大田才次郎, 1894)		일본해			
日清韓三国対照朝鮮 変乱詳細地図 (吉田東洋,1894)					고려해협 동해=동지 나해

제3장_ 일제의 한국침략에 따른 '일본해' 명칭의 의미 변화   119

지도명칭	韓國 東岸쪽	East Sea/ Sea of Japan	日本 西岸쪽	日本 東岸쪽	비 고
朝鮮志 (盆友社 足立栗園, 1894)		일본해			고려해협
新撰朝鮮国全圖図 (若林篤三郎, 1894)		일본해?			
大日本及朝鮮清国圖 (Nagaoka syunsuke, 1894)			대일본해*		
実測日清韓軍用精図 (吉倉清次郎, 1895)		일본해?			
新撰朝鮮国全圖図 (若林篤三郎, 1895)		일본해?			
高等小学地理新編附図 (後藤薫編　東京： 八尾書店，明28.3.2, 1895)		일본해?			
朝鮮水路誌 (1896)		일본해			조선만
朝鮮全岸 (水路部　肝付, 1896)		일본해			조선해협, 조선만
亜細亜東部輿地図 (河合利喜太郎著 博愛館, 1898)		일본해			조선해협, 대마해협, 동조선만
大日本帝国全図 (農務省地質調査所, 1898)		일본해			조선해협, 대마해협
極東地圖 (今泉秀太郎, 1898)		일본해			조선해협, 조선만, 동해=동지 나해
大日本明細地図 (田中太右衛門, 1899)		일본해			조선해협
亜細亜東部輿地図 (那珂通世, 1902)		일본해			동조선만

지도명칭	韓國 東岸쪽	East Sea/ Sea of Japan	日本 西岸쪽	日本 東岸쪽	비 고
新選 朝鮮全圖 (1902)		일본해			동조선만, 조선해협, 동수도, 서수도
KOREA B.Koto (小藤文次郎著, 1903) 朝鮮全図		Sea of Japan			
韓海通漁指針付図 韓海沿岸図 (1903)		일본해			조선해만
最新韓国実業指針付 属 韓国全図 (1904)		일본해			동조선만, 조선해협
日本海海戦戦場略図 (1904)					제목 일본해
清韓露新地図 日露交戦実地早見取 図 (田所 福松, 1904)			일본해*		조선해협
黒竜会 最新満韓新圖 (1904)		일본해			조선만
最新日露清韓圖 (Seizusha Ando Rikinosuke henshusha, 1904)		일본해			동조선만, 조선해협, 동수도, 서수도
小学地理附図 極東地圖 (1904)		일본해			조선해협, 대마해협
大日本帝国鉄道線路 案内地図 (Aso etsuzo, 1905)		일본해			동조선만, 동수도, 서수도
韓国新地理(田淵友彦) 付属 韓國全図 (1905)		일본해			동조선만, 조선해협, 동수도, 서수도

지도명칭	韓國 東岸쪽	East Sea/ Sea of Japan	日本 西岸쪽	日本 東岸쪽	비 고
新撰日本地図 (国定小学地理準拠 訂2版 野口保興案, 1906) 日本帝國全圖			일본해*		함경만, 조선해협
不明 坤輿全圖 附圖說 正木堂傳右衛門彫			일본해*		
不明 地球方圖 附各國舶旗圖譜		조선해		대일본해	
不明 萬國全圖 栗原信晁校 江戶丁子屋平兵衞	조선해			대일본해	
不明 掌中輿地萬國全圖 京都石田松雅堂			일본해*		

*구글 일본해 사이트
(http://sites.google.com/site/japanseamerdujapon/Home/japanese-map-describes-chousen-umi--corean-sea)
1) '일본해*'는 구글의 일본해 사이트의 경우 한국과 일본 사이의 바다, 즉 지금 일본이 주장하는 '일본해' 항목에 분류해 놓은 것이다.
2) '일본해?'는 구글 일본해 사이트에서 '일본해'에 분류해둔 것인데 아직 필자가 그 지도를 조사하지 못하였으므로 '?'로 표시해둔 경우이다.

제 2 편

'울릉도'와 '독도'

제4장 | 이사부, 우산국 복속의 역사적 의미
제5장 | 울릉도·독도 어로활동에서의 울산의 역할과 박어둔
제6장 | 『竹嶋紀事』에 나타난 안용복·박어둔 진술서 및 '우산도' 인식
제7장 | 메이지시대 일본의 울릉도·독도 정책
제8장 | 개항기 일본의 한국침략과 독도·울릉도
제9장 | 이규원 검찰사가 수행한 사람들과 울릉도에서 마주친 사람들
제10장 | 개항기 울도 군수의 행적
제11장 | 「鬱島郡節目」을 통해 본 1902년대의 울릉도 사회상
제12장 | '독도마을' 정책 강화 방안
제13장 | 역사·지리적 관점에서 본 독도

제4장

이사부, 우산국 복속의 역사적 의미

Ⅰ. 머리말

 이사부학회에서 학술지인 『이사부와 동해』(1~10호)의 경우 다음과 같이 '이사부'와 '우산국'에 대한 15개의 논문[1]이 있다.

---

1) 강봉룡, 「이사부 생애와 활동의 역사적 의미」 『이사부와 동해』 1, 2010
  김명기, 「국제법상 신라 이사부의 우산국 정복의 합법성에 관한 검토」 『이사부와 동해』 2, 2010
  윤명철, 「삼척지역의 해항도시적 성격과 김이사부 선단의 출항지 검토」 『이사부와 동해』 2, 2010
  이상수, 「유적을 통해서 본 이사부 출항지 검토」 『이사부와 동해』 2, 2010
  강봉룡, 「이사부와 장보고의 해양활동과 국가발전」 『이사부와 동해』 3, 2011
  김명기, 「국제법상 신라의 독도영유권의 역사적 권원 취득과 그 대체에 관한 연구」 『이사부와 동해』 4, 2012
  장동호, 「동해안 항 포구의 자연환경 및 GIS 분석을 통한 우산국 정복의 출항지 연구」 『이사부와 동해』 2, 2010
  이상태, 「고지도에 나타난 삼척과 우산국」 『이사부와 동해』 3, 2011
  이동원, 「신라의 우산국 취득에 대한 일본외무성 주장의 법적 검토」 『이사부와 동해』 4, 2012
  김희만, 「이사부의 신라 영토확장과 우산국」 『이사부와 동해』 5, 2013
  손승철, 「이사부, 동해의 해양영웅과 그 후예들」 『이사부와 동해』 7, 2014
  채미하, 「신라의 우산국 정벌과 통치」 『이사부와 동해』 8, 2014
  노혁진, 「울릉도의 고대 유적유물과 고고학적으로 본 우산국」 『이사부와 동해』 8, 2014
  유하영, 「현존 국제법상 우산국·실직국의 법적 지위 검토」 『이사부와 동해』 8,

필자가 「삼국시대 신라의 동해안 제해권 확보의 의미」(『대구사학』 65, 2001)의 '맺음말'에서 "신라의 영토 확장과 삼국 통일과정에 있어 우산국과 동해안 지역이 차지하는 위상은 매우 높았다고 할 수 있다. 신라는 동해안 지역의 경제력의 확보, 제해권의 확보를 통해 고구려에 대한 서해안과 동해안을 통한 양동작전을 전개할 수 있었고, 바로 여기에는 우산국의 협조가 커다란 힘이 되었다. 이에 따라 우산국은 궤멸된 것이 아니라 점차 신라의 제해권 확보에 따른 상대적 안정을 누리면서 발전을 할 수 있었을 것이다."(79쪽)라고 하였다. 그리고 「울릉도의 역사로서 '우산국' 재조명」(『독도연구』 7, 영남대학교 독도연구소, 2009)의 경우 "울릉도에서의 우산국 역사는 512년 이사부의 우산국 정벌로 인해 포말처럼 사라진 존재가 아닌 지금의 울릉도를 있게끔 한 끈질긴 자립의 역사로서 인식할 필요가 있다."고 하였다. 그것은 지금도 마찬가지이다.

Ⅱ. 이사부, 512년 우산국 복속의 역사적 의미

신라 지증왕 13년(512), 이사부의 우산국 정벌 이후 독도는 신라 땅이라고 하였다. 이용되는 자료는 『삼국사기』와 『삼국유사』의 다음의 기록이다.

① 우산국이 歸服하여 해마다 土宜를 바치기로 하였다. 우산국은 명주의 바로 동쪽 바다 가운데 있는 섬으로 혹은 울릉도라고도 한다. 地境의 면적은 사방 100리인데 지세가 험한 것을 믿고 항복하지 않다가 이찬 이사부가 하슬라주의 군주가 된 뒤, 우산인들은 어리석고 사나우므로 위력으로써 來服시키기는 어려울 것으로 생각하고 계략으로써 복종시키기로 하였다. 곧 나무로 사자를 많이 만들어서 戰船에 나누어 싣고 그 나라 해안에 이르러 거짓말로 "너희들이 만약 항복하지 않는다면 이 맹수를 풀어 모두 밟아 죽일 것이다."고 하였다. 그 나라 사람들이 무서워서 곧 항복하였다.[2]

2014
정진술, 「이사부 해양정신과 리더십」『이사부와 동해』 8, 2014
2) 『삼국사기』 권4, 신라본기, 지증왕 13년 6월.

② (智度路王) 13년 임진(512)에 이르러 (이사부는) 阿瑟羅州 軍主가 되어 于山國의 병합을 계획하였다. 그 나라 사람들은 어리석고 사나워 위엄으로 복종시켜 항복받기는 어렵고 계략으로써 복속시키는 것은 가능하다고 말하였다. 이에 나무로 만든 사자를 많이 만들어 戰船에 나누어 싣고 그 나라 해안에 다다랐다. 거짓으로 고하기를, "너희들이 만약 항복하지 않으면 이 맹수를 풀어서 밟아 죽이겠다."고 말하였다. 그 사람들이 두려워하여 곧 항복하였다.(『삼국사기』 권44, 열전, 이사부)

③ 阿瑟羅州【지금 명주】東海中에 順風 이틀거리(二日程)에 于陵島【지금은 羽陵이라고 쓴다】가 있으니 주위가 26,130보이다. 島夷가 그 海水의 깊음을 믿고 교만하여 조공하지 않거늘 왕이 伊湌 朴伊宗으로 하여금 군사를 거느리고 가서 치게 하였다. 이종이 나무로 사자를 만들어 큰 배에 싣고 위협해 말하되 "항복하지 않으면 이 짐승을 놓으리라" 하니, 島夷가 두려워서 항복하였다. 이종을 포상하여 그 州伯으로 삼았다.3)

우산국의 성립과 발전에 관한 기록은 문헌상 보이지 않고, 다만 우산국의 복속에 관한 기록만이 보일 뿐이다. 이름과 지명은 비록 다르지만 세 기록(사료 ①~③)은 512년 이사부의 우산국 정벌을 기록한 자료임은 분명하다. 사료 ①의 경우 '우산국이 귀복하여 해마다 토의를 바치기로 하였다.'는 기록으로 보아 우산국은 신라의 영토에 편입된 것이 아니다. 만약 신라의 땅이 되었다면『삼국사기』지리지에 신라의 땅으로 울릉도나 독도, 아니면 우산국의 기록이 나와야만 한다. 「지리지」에서 신라시대에 섬을 군현으로 설치한 경우는 남해군과 그 영현인 난포현, 평산현, 그리고 거제군 등을 예로 들 수 있는데 '바다 가운데 섬'이라고 밝혀두고 있다. 이것을 통해 섬이 신라시대 군현의 한 단위로 자리매김 되어 있었음을 알 수 있다. 그러나 「지리지」에는 탐라국이나 우산국이 기록되어 있지 않았다. 신라의 삼국통일로 인해 백제나 고구려의 영역으로서 신라의 영토가 된 지역 가운데 '곡도(鵠島, 지금의 백령도)'란 섬이 기록되어 있고, 심지어 '삼국의 지명중 이름만 있고 그 위치가 미상인 곳' 가운데 '비

---

3)『삼국유사』 권1, 기이1, 지철로왕.

지국(比只國)', '골화국(骨火國)'이나 '풍도(風島)', '부운도(浮雲島)' 등의 명칭 등이 보인다. 그렇지만 지금의 울릉도와 독도와 관련시킬 수 있는 섬이나 '우산국'의 명칭이 전혀 보이지 않는다. 이러한 것은 512년 이후 신라의 영역 안에 울릉도와 독도를 포함하는 우산국이 편재되었다고 볼 수는 없는 증거라고 하겠다. 이제 우산국이 신라에 항복하였다고 하여 512년부터 신라 땅이라고 주장하는 것은 설득력이 별로 없어 보인다. 도리어 울릉도가 역사적으로 우리나라 땅이 분명한 이상 우산국 성립부터 한국사의 영역 속에 포함시켜 설명하는 것이 훨씬 더 설득력을 갖고 있다. 그리고 서로 바라볼 수 있는 울릉도와 독도는 우산국 영토였다고 하는 것이 낫다. 이제 '삼국시대'라는 인식의 틀을 깰 필요가 있다. 탐라국·우산국·가야 등의 역사를 포괄하는 고대사를 그려내야 할 시점이다.[4]

울릉도민의 입장에서 이사부의 우산국 정복을 거론하면서 울릉도와 독도가 신라 땅이 되었다고 하는 것은 잘못되었다. 울릉도민의 입장에서 울릉도에서 사람이 살기 시작하였던 때는 언제부터이고, 그것을 바탕으로 국가, 즉 우산국의 성립이 언제부터 시작되었는가 하는 질문이 먼저 시작되어야하고, 여기에서 울릉도 역사의 시발을 찾아야만 한다.

울릉도의 경우 문헌기록상 이사부의 우산국의 정복에 관한 기록만이 유일하게 남아 전하기 때문에 이에 관해서는 잘 알 수 없고, 현재 고고학적 유물의 존재를 통해 추정해볼 수밖에 없다.[5]

울릉도에 사람들이 언제부터 살기 시작하였는지 현재 분명히 알 길은 없으나, 다음의 사료에 근거하여 늦어도 245년(고구려 동천왕 19)경부터는 살고 있었을 것이라고 추정한다.

> ④ 옥저의 耆老가 말하기를 "國人이 언젠가 배를 타고 고기잡이를 하다가 바람을 만나 수십일 동안 표류하다가 동쪽의 섬에 표착하였는데 그 섬에 사람이 살고 있었으나 언어가 통하지 않았고 그들은 해마다 칠월이

---

4) 김호동, 「울릉도의 역사로서 '우산국' 재조명」『독도연구』7, 영남대학교 독도연구소, 2009, 53~54쪽.
5) 정영화·이청규, 「울릉도의 고고학적 연구」『울릉도 독도의 종합적 연구』영남대학교 민족문화연구소 편, 1998 ; 영남대학교 출판부 재영인, 2005.

되면 소녀를 가려 뽑아서 바다에 빠뜨린다."고 하였다.6)

　사료 ④의 기록은 『삼국지』 위지 동이전의 옥저와 관련된 기록이다. 북옥저와 관련된 내용 속에 포함되어 있다. 옥저는 지금의 함경남도 해안지대에서 두만강유역 일대에 걸쳐 존재했던 종족집단으로 함흥 일대를 중심으로 거주하던 종족을 '동옥저'라고 하고 두만강 유역의 집단을 '북옥저'라고 하였다. 사료 ④는 245년에 이어 246년 유주자사 관구검이 고구려를 침공하여 국내성을 점령하고, 이어 현도태수 왕기가 동천왕을 추격하면서 동옥저 지역, 두만강 유역 북옥저 지역을 석권한 뒤 두만강 유역 북옥저의 해안지역에 이른 뒤, 옥저 지역의 기로들에게 얻은 정보를 기술한 것이다.7) ④에서 '동쪽의 섬'에 주목하여 일찍부터 "우산국에 틀림없을 것 같다."8)거나 "울릉도에 관한 최고의 문헌기록으로 보인다."9)고 한 견해 등이 있다. 『삼국지』 위지 동이전의 옥저 관련 기록은 3세기 중엽으로 생각되기 때문에 옥저의 바다 동쪽에 있었다는 섬이 울릉도라고 한다면 당시에 이미 울릉도에 나름의 사회적 질서와 문화가 존재하였을 알 수 있는 것이다.10) 이와는 달리 "3세기로 올라갈 유적・유물이 울릉도에는 보이지 않아 이 『三國志』 기사는 일단 고려 밖으로 보류해 둘 수밖에 없다."11)는 견해가 있다. 사료 ③에서 '순풍 이틀거리(二日程)'에 울릉도가 있다고 하였다. 북옥저는 두만강 유역을 가리킨다. 동해안 연안항로를 통해 삼척, 울진, 영해 등지에서 울릉도를 간다. 사료 ③의 경우 '순풍 이틀거리(二日程)'에 울릉도가 있다고 하였고, 사료 ④의 경우 '바람을 만나 수십일 동안 표류하다가 동쪽의 섬에 표착하다.'라는 기록을 보니 '울릉도'가 아닐 것 같다.

---

6) 『三國志』 권30, 魏志 東夷傳 沃沮.
7) 채미하, 「신라의 우산국 정벌과 통치」 『이사부와 동해』 8, 한국이사부학회, 2014, 149쪽.
8) 이병도, 「탐라와 우산국」 『한국사』 고대편, 진단학회, 1959, 459쪽.
9) 이케우치 히로시(池內宏), 「刀伊の賊」 『滿鮮史研究』 中世 第一冊, 1933, 316쪽.
10) 이경섭, 「고대 동해안 지역의 정치적 동향과 우산국」 『신라문화』 39, 동국대학교 신라문화연구소, 2012, 36쪽.
11) 한국근대사자료연구협의회간, 「울릉도・독도영유의 역사적 배경」 『독도연구』 1985, 82쪽, 「김원룡의 고고학적 관찰」 참조.

그렇지만 울릉도의 경우 북면 현포리와 울릉읍 저동 내수전에서 지석묘가 발견되었고, 특히 서면 남서리 고분군에서 성혈이 새겨진 지석묘 개석과 유사한 큰 바위가 발견되었다. 또 현포리에서 무문토기와 유사한 토기가 발견되었는데, 이 무문토기의 기원은 본토의 철기시대 전기 말경, 아무리 늦어도 서력기원 전후의 전형적인 무문토기로 추정된다고 한다. 이로써 울릉도에 주민이 들어온 최초의 시기를 서력기원 전후까지 올라갈 가능성이 제시되기도 하였다.12) 현재 서력기원을 전후한 시기 및 4세기의 유물이 발견되고 있기 때문에 울릉도에 3세기경에 이미 사람들이 살고 있었다는 것을 본토에서도 인식하였고, 그곳에 표류하여 정착하거나 그곳을 찾아 이주한 사람들도 있었을 것이다. 이들을 중심으로 울릉도에는 '우산국'이란 국가가 성립되었다고 추정할 수 있다.

한국 고대의 역사에서 초기의 문헌기록상 확인되는 동해안 일대지역의 세력집단은 위로부터 옥저와 동예, 진한 등이 알려지고 있다. 이를 지역적으로 세분화해보면 두만강 유역일대에서 함경남도 해안지대까지의 옥저, 지금의 원산·안변 일대에서부터 경상북도 영덕에 이르는 동해안 지역의 동예, 그 아래의 일부 진한(이후 신라)세력으로 구성되었음이 확인된다.13)

고구려는 일찍부터 동쪽 방면의 정복활동을 활발히 전개하여 2세기 후반까지 함경도 산간지의 행인국(荇人國)·개마국(蓋馬國)·구다국(句茶國)과 두만강 하류의 북옥저, 동해안 방면의 동옥저와 동예 등을 복속시켰다. 특히 동해안 지역으로의 진출은 중국세력과의 대립과정에서 든든한 후방기지를 확보함과 함께 소금으로 대표되는 해안지역의 생산물을 안정적으로 공급받을 수 있는 지역의 확보라는 의미를 지니는 것이었다. 이후 옥저와 동예지역을 발판으로 북쪽의 부여나 남쪽의 진한 방면으로 진출하는 수 있는 계기로 확보하였던 것으로 보인다.14)

『삼국사기』 신라본기에 따르면 2세기 초에서 5세기 초까지는 신라가

---

12) 서울대학교 박물관, 『울릉도 문화유적 지표조사 보고서』 1, 서울대학교 박물관 학술총서 6, 1997.
13) 이경섭, 앞의 글, 2012, 38쪽.
14) 이경섭, 앞의 글, 2012, 44쪽.

동해안으로 깊숙이 진출하여 지금의 삼척지방에까지 이르게 되고, 그곳의 동예세력에 타격을 주었다. 고구려에 예속되어 어염을 바쳤던 동예가 위협을 받자 고구려는 어염 등의 해산물의 확보라는 측면의 문제 못지않게 동해 제해권의 안정적 확보의 필요성을 느끼게 되었다. 신라 눌지왕대 이후 고구려 장수왕과 문자왕의 통치 시기가 되면서 고구려의 동해안 진출이 본격화되어 울진, 영해, 영덕, 청하지역까지 그 세력을 확장하고 있었던 것은 바로 여기에 연유하는 것이다. 이를 통해 동해안 지역은 5세기 초에서 말까지 고구려의 영향력 아래 놓여 있다. 이러한 상황은 6세기대에 접어들어 신라가 급속하게 자라나 커다란 변화를 겪게 된다. 6세기에 즉위한 지증왕은 국호와 왕호를 확정하고, 우경 장려, 순장금지법, 상복법 시행 등 왕실의 위상과 경제적 기반을 확대하였다. 이와 함께 변방의 중요 지역 12개소에 축성하고, 동해안 지역 회복하여 삼척에 실직주, 강릉에 아슬라주 설치, 아시촌에 소경을 설치하고 이사부로 하여금 우산국을 정벌함으로써 동해의 제해권과 동해안 지역을 확보하였다.15)

우산국은 사료 ①에서 '험함을 믿고 귀복하지 않았다.'고 하였으며, 사료 ③에서 '도이(島夷)가 그 해수(海水)의 깊음을 믿고 교만하여 조공하지 않고 있다.'고 하였다. 이로 볼 때 우산국은 동해상에서 해상세력으로 상당한 위력을 가지고 있었다고 할 수 있다. 사료 ①~③에 의하면 우산국은 면적이 사방 100리에 불과하지만 지세가 험난하고 사람들은 용맹하여 신라 군주의 위력으로서도 쉽게 항복시키지 못했다고 할 정도로 군사적 강국이고, 또 수준 높은 해양문화의 보유국이었다.

사료 ③의 문맥을 따지면 512년 이전에는 우산국이 신라에 조공하였다. 왜인이 울릉도를 점거하면 강릉과 삼척 지방이 반드시 큰 해를 받을 것이라는 조선시대의 사료를 통해서도16) 우산국이 강성해지자 신라에 조공을 바치는 대신 우산국이 아슬라주와 실직주 등을 침범함으로써 신

---

15) 김호동, 「삼국시대 신라의 동해안 제해권 확보의 의미」 『대구사학』 65, 2001, 56~57쪽.
16) 『숙종실록』 권26, 숙종 20년 2월 신묘, "申汝哲이 아뢰기를, '신이 寧海의 어민에게 물으니 섬 가운데 큰 물고기가 많이 있고, 또 큰 나무와 큰 대나무가 기둥과 같은 것이 있고, 토질도 비옥하다고 하였는데, 왜인이 만약 점거하여 차지한다면 이웃에 있는 강릉과 삼척 지방이 반드시 큰 해를 받을 것입니다.'라고 하였다."

라지역이 큰 피해를 입음으로써 512년 이사부의 우산국 정벌이 시작되었다고 볼 수 있다. 신라의 지증왕으로서는 동해안 제해권을 확보하지 않는 한 삼척, 강릉 등의 지역을 안정적으로 유지할 수 없다고 판단하였을 것이며, 이로 인해 결국 우산국의 정벌에 나서게 되었을 것이다.

또 해상진출에 위기를 느낀 신라는 이사부로 하여금 우산국 정벌에 나섰고, 그것이 사료 ①~③의 기록으로 남아 전하게 되었을 것이다. 사료 ①의 '우산국이 귀복하여 해마다 토산물을 바치기로 하였다'는 기록으로 보아 우산국은 이때 멸망한 것이 아니라 신라에 귀복하여 신라와 연합 동맹을 구축하면서 공물을 바치는 복속국가로 존재하였다고 볼 수 있다. 고대 사회에서 공물의 진상은 곧 복속을 의미했고, 이를 거부하는 것은 적대하겠다는 의사표시로, 신라가 우산국을 정벌한 것은 신라 영토로서의 영역이라기 보다는 복속관계를 관철하기 위한 것이다.17) 사료 ③의 경우 '이종을 포상하여 그 州伯으로 삼았다.'는 기록이 있다. 그것은 잘못된 것이다.

이사부의 우산국 정벌로 인해 512년 이후 우산국이 복속하면서 공물을 바쳤다. 아마도 신라가 삼국통일을 한 이후에도 지속되었을 것이다. 울릉도에서 발견되는 고분이 6세기 중엽 이후 축조되기 시작한 것이라는 고고학적 견해는18) 신라에 의해 포말처럼 사라진 우산국의 모습이 아닐 것이다. 실제 우산국은 512년에 멸망한 것이 아니라 우산국이 해마다 토산물을 바치기로 하였다는데서 보다시피 양 자가 타협한 것으로 보인다. 아마 이사부 아슬라 군주가 우산국을 공격한 것도 상대국을 완전 궤멸케 하려는데 목적보다 앞으로 고구려와 백제의 공격을 방어하고 신라의 영토를 확장해 나가기 위해서 우호적 동맹세력으로 삼으려는 목적이 있었을 것이다.19) 신라가 동해안 지역을 계속 확보하고 고구려를 더욱 압박 구축하기 위해서는 우산국의 해상세력의 연합 동맹이 대단히 긴요하였

---

17) 강봉룡, 「이사부 생애와 활동의 역사적 의미」『고대 해양활동과 이사부 그리고 사자 이야기』『강원도민일보』 2009, 25쪽.
18) 서울대학교 박물관, 『울릉도 문화유적 지표조사 보고서』 1, 서울대학교 박물관 학술총서 6, 1997.
19) 김윤곤, 「우산국과 신라·고려의 관계」『울릉도·독도의 종합적연구』 영남대학교 민족문화연구소, 1998, 26~32쪽.

을 것이다. 실제 현재 울릉도에 남아 있는 고분군은 이사부의 우산국 정벌(512년) 이전에 축조된 것이 아니라 6세기 중엽 이후 축조된 것이다.
　지금까지 울릉도에 발견된 모든 고분은 신라고분이며, 고분과 산포지에서 출토된 토기도 모두 신라 토기에 해당한다.[20] 고분의 존속시기를 6세기 중반에서 10세기까지로 대체로 추정하였다. 울릉도에 수습된 유물은 동관 파편과 금동판이 있다. 우산국의 유물 가운데에는 아래의 도판에서 보다시피 동관 파편(〈사진 1〉)과 금동제 장식판(〈사진 2〉), 유리옥 목걸이(〈사진 3〉), 칼슘-카보네이트가 부착된 유리옥(〈사진 4〉) 등이 출토되었다.

〈사진 1〉 울릉도 동관 파편

〈사진 2〉 금동제 장식판

〈사진 3〉 천부리 1호분 출토 유리옥 목걸이

〈사진 4〉 칼슘-카보네이트가 부착된 유리옥

---

20) 노혁진, 「울릉도의 고대 유적유물과 고고학적으로 본 우산국」 『이사부와 동해』 8, 2014, 24쪽.

금동관이나 동관의 착용자는 소의 수장이나 제사장, 신라의 중앙으로부터 외위(外位)를 받은 촌주 등으로 보는데, 울릉도의 동관도 경주에서 제작하여 우산국의 수장에게 사여하여 간접 지배한 것으로 볼 수 있다.21) 우산국은 지증왕 이후 이 땅에 사라진 것이 아니라 도리어 신라에 귀복함으로써 신라의 인적·물적 지원 하에 더욱더 강력한 해상력을 확보하여 동해의 해상권을 장악하였을 것이다. 신라의 입장에서 우산국을 정벌하고 그곳에 군현을 설치하여 지배하기 위해 인적·물적 자원을 지속적으로 조달해주기가 쉽지 않았다. 따라서 종래의 우산국 체제를 유지하여 동맹관계를 맺음으로써 삼국 쟁패전에 전념하는 한편 우산국으로 하여금 왜의 침략을 막는 전위 역할을 맡기고자 하였을 것이다. 특히 왜의 침략을 막는 전초기지로서의 역할은 신라가 삼국을 통일한 이후에도 필요하였다.22)

신라 지증왕 때의 동해안 진출, 울진, 삼척, 강릉까지의 진출은 육상교통로를 통한 진출만이 아니라 암각화에서부터 석탈해 이래 유지되어 온 해양세력에 의한 연안항로의 양동작전이었을 것이며, 이 지역을 확보한 신라가 강릉, 울진, 삼척지역의 선단을 발진시켜 우산국 정벌에 나섰다. 이를 통해 신라가 동해안 제해권을 장악함으로써 이후 법흥왕대의 사벌주 군주 파견, 금관국 복속, 진흥왕대의 한강유역, 낙동강유역의 확보, 안변에 비열홀주 설치, 가야의 정벌, 북한산비·황초령비·마운령비 등 진흥왕의 순수비의 설치와 같은 비약적인 발전을 이룩할 수 있었을 것이다. 바로 여기에는 우산국의 협조가 커다란 힘이 되었고, 이에 따라 우산국은 멸망한 것이 아니라 점차 신라의 인적, 물적 지원을 받아 상대적 안정을 누리면서 발전하였을 것이다. 동해안 지역에 있어서 지증왕대의 우산국 정벌은 이후 법흥왕과 진흥왕대에 이르러 함경도지역까지 진출하는 교두보의 확보라는 면에서 남다른 의미를 지니는 것으로 파악된다. 이를 통해 동해안 지역의 경제력 확보, 제해권의 확보를 통해 고구려

---

21) 김세기, 「고고학으로 바라본 울릉도·독도」 대구한의대학교 안용복연구소 콜로키움, 2015년 11월 18일 발표 자료집, 5쪽.
22) 김호동, 앞의 글, 2009, 58쪽.

에 대한 서해안과 동해안의 양동작전을 가능하게 하였다는 점을 주목하지 않을 수 없다.[23]

Ⅲ. 우산국 멸망시기

신라에 귀복하여 신라와 연합 동맹을 구축하면서 공물을 바치는 복속국가로 존재하면서 보다 높은 신라의 문화를 받아들인 우산국체제는 후삼국을 거쳐서 고려시대까지 이어졌다고 본다. 그것을 보여주는 것이 다음의 사료들이다.

⑤ 芋陵島에서 白吉과 土豆를 보내 방물을 바쳤다. 백길에게 正位, 토두에게 正朝 품계를 각각 주었다.[24]

⑥ 우산국이 동북 여진의 침략을 받아 농사를 짓지 못하였으므로 李元龜를 그곳에 파견하여 농기구를 주었다.[25]

⑦ 우산국 백성들로서 일찍이 여진의 침략을 받고 망명하여 왔던 자들을 모두 고향으로 돌아가게 하였다.[26]

⑧ 도병마사가 여진에게서 약탈을 당하고 도망하여 온 우산국 백성들을 禮州(경북 영해)에 배치하고 관가에서 그들에게 식량을 주어 영구히 그 지방에 編戶로 할 것을 청하니 왕이 이 제의를 좇았다.[27]

사료 ⑤의 경우 512년, 이사부의 우산국 정복에 관한 기록 이후 418년이 지난 930년에야 와서 우산국, 즉 우릉도에 관한 기록이 다시 등장하였다. 비록 '우릉도'라고 나오지만 고려에 '방물을 바쳤다.'는 기록으로 보아 '우산국'으로 존재하였다고 볼 수 있다. 이 해 정월 고려 태조 왕건은 고창(경북 안동)의 병산전투에서 후백제 견훤을 물리침으로써 후삼국의 주

---

23) 김호동, 앞의 글, 2001, 35~36쪽.
24) 『고려사』 권1, 세가, 태조 13년 8월 병오일.
25) 『고려사』 권4, 세가, 현종 9년 11월 병인일.
26) 『고려사』 권4, 세가, 현종 10년 7월 기묘일.
27) 『고려사』 권4, 세가, 현종 13년 7월 병자일.

도권이 고려로 넘어가게 된다. 이 전투 직후 신라의 동쪽 연해 주군과 부락들이 다 와서 항복하여 명주(溟州, 강릉)로부터 흥례부(興禮府, 울산)에 이르기까지 항복한 성이 총 1백 10여 성이었다는 기록28)과 연관시켜볼 때, 이 시기 우산국은 독자세력을 유지하면서 후삼국의 쟁패전에 대한 나름대로의 정보를 수집하여 그 향배를 결정하였을 것이다. 한반도의 주도권이 급격히 고려로 기울면서 고려의 후삼국통일이 목전에 위치한 상황 하에서 우산국이 하나의 '국가'로 자처하기 보다는 '우릉도'로 자칭하면서 방물을 보냈기 때문에 '우릉도'란 명칭이 사료에 남게 된 것이라고 볼 수 있다. 이에 대해 고려는 무산계의 향직인 정위, 정조를 주어 정치적으로 복속관계를 맺었다. 무산계는 향리나 탐라의 왕족·여진의 추장에게 수여되었다.29) 고려 국초에 동해 먼 바다에 위치한 울릉도에 대해 고려가 지배권을 사실상 확보하기가 어려운 현실에서, 울릉도는 여전히 '우산국'을 칭하면서 그에 상부한 독립국가로서의 면모를 갖고 있었다고 보아야 한다.30)

사료 ⑥~⑧의 '우산국' 명칭은 시기적으로 현종 9년(1018)에서 현종 13년에 걸친 시기의 것이다. 현종 9년은 특히 고려 지방관제의 구조가 완성되는 시점이다. 고려의 지방제도는 성종 조의 12목의 설치를 시작으로 하여 목종을 거쳐 현종 대에 대대적인 정비가 이루어진다. 현종 3년에 5도호 75도 안무사제를 거쳐 현종 9년에 4도호, 8목, 56지군사, 28진장, 20현령이 설치된다. 현종 9년 이후 고려의 외관제는 다소의 출입이 있으나 기본체제가 큰 변함이 없었다.31) 고려의 군현제가 완성되는 현종 9년을 전후한 시기에서 현종 13년(1022)에 걸쳐 '우산국'이란 국명이 등장하는 것은 무엇을 뜻하는가? 그것은 고려의 군현체제 속에 우산국이 포함되지 않은 채 독자성을 확보하고 있다고 보아야 할 것이다.

아래의 『고려사』 지리지를 보면 울진현의 속도에 '울릉도'가 기록되어 있다.

---

28) 『고려사』 권1, 세가, 태조 13년 2월 을미일.
29) 박용운, 『고려시대사』 (수정·증보판) 일지사, 1985, 122쪽.
30) 김호동, 앞의 글, 2009, 60쪽.
31) 김윤곤, 『한국 중세의 역사상』 영남대학교 민족문화연구소, 영남대학교 출판부, 2001.

⑨ 蔚珍縣 : 원래 고구려의 于珍也縣[고우이군이라고도 한다.]이다. 신라 경덕왕이 지금 명칭으로 고쳐서 군으로 만들었다. 고려에 와서 현으로 낮추고 현령을 두었다. 여기에는 鬱陵島가 있다[이 현의 정동 쪽 바다 가운데 있다. 신라 때에는 于山國, 武陵 또는 羽陵이라고 불렀는데 이 섬의 주위는 100 리이며 지증왕 12년에 항복하여 왔다. 태조 13년에 이 섬 주민들이 白吉·土豆를 보내 방물을 바쳤다. 의종 11년에 왕이 울릉도는 면적이 넓고 땅이 비옥하며 옛날에는 주현을 설치한 일도 있으므로 능히 백성들이 살 수 있다는 말을 듣고 溟州道監倉인 金柔立을 파견하여 시찰하게 하였다. 유립이 돌아 와서 보고하기를 "섬에는 큰 산이 있으며 이 산마루로부터 바다까지의 거리는 동쪽으로는 1만여 보이며 서쪽으로는 1만 3천여 보, 남쪽으로는 1만 5천여 보, 북쪽으로는 8천여 보인데 마을이 있던 옛 터가 7개소 있고 돌부처, 철로 만든 종, 돌탑 등이 있었으며 柴胡·藁本, 石南草 등이 많이 자라고 있었습니다. 그러나 바위와 돌들이 많아서 사람이 살 곳이 못됩니다."라고 하였으므로 이 섬을 개척하여 백성들을 이주시키자는 여론은 중지되었다. 혹자는 말하기를 于山과 武陵 원래 두 섬인데 서로 거리가 멀지 않아서 바람 부는 날 날씨가 맑으면 가히 바라다 볼 수 있다고도 한다.]32)

이 자료에는 고려 태조 때 섬 주민들이 방물을 바쳤다는 기록 외에 고려의 군현제도가 정비되는 현종 조까지 울릉도에 관한 기록이 일체 없다. 그것은 사료 ⑥~⑧에서 보다시피 별도의 국가인 '우산국'으로 존재하였기 때문이다. 『고려사』 지리지의 고려 군현제의 획기적 정비 시기인 현종 조에 우산국에 관한 기사가 없는 것은 바로 이 때문이다.

우산국의 멸망은 언제, 어떻게 이루어졌는가? 그것은 사료 ⑥~⑧에서 보다시피 여진족, 동여진의 침입을 받아 멸망하였다고 볼 수 있다. 그것은 이후의 사료들에서 '우산국'의 명칭이 나오지 않은 것에서도 확인된다. 이때 고려의 연해안과 일본에 출몰한 동여진은 고려 초에서 12세기 전반기까지 지속적으로 동해안으로 남진하여 현종 조 무렵 일본의 쓰시마와 큐슈지역까지 침범하였다.

동여진의 첫 고려 침입은 1005년(목종 8)에 등주에 침입하였다.33) 등

---

32) 『고려사』 권58, 지리3, 동계 울진현.

주는 동북쪽 국경지대의 약간 아래쪽, 해안 가까이에 위치하고 있었기 때문에 이들이 해상으로 들어왔을 가능성도 있다. 목종 8년 정월의 동여진 침공 후 동해안 지역에 방어 거점인 성을 본격적으로 축조하였다. 목종 8년 이후에 쌓은 동계 지역 7개의 성(영풍진·진명현·금양현·용진진·익령현·등주·울진)의 위치는 모두 동해안에 접하고 있으나 매우 가까우며 상당수가 동북 방면에 치우쳐져 있다. 목종 8년부터 11년까지 매년 동계 지역에 해안에 성을 쌓은 기사가 나오는 것으로 미루어 이중에 동계, 그 가운데에서 매우 넓은 범위의 해안 지역이 군사적 위협에 노출되었고, 이를 방어할 필요성이 커져가고 있었음을 짐작할 수 있다.[34]

1009년(현종 즉위년) 3월 '동북의 해적'을 막게 하였고,[35] 1011년(현종 2년) 8월에 동여진의 배 100여척이 경주를 노략하였다.[36] 11세기 초반의 동여진 해적들이 동해안을 통해 고려를 침공하기 시작하였다. 고려가 동여진 해적의 내침을 막는 것이 심각한 현안으로 인식하고, 이를 막기 위한 군사 정책을 수립하며 동해안 방면 축성과 수군, 함대 배치하는 데 주력하였다.[37] 그렇기 때문에 현종 3년 이후 고려 침공에 어려움을 겪은 동여진 해적들은 이후 공격 목표를 우산국(사료 ⑥~⑧), 일본으로 돌려 많은 피해를 입힌다. 일본에서는 '도이적(刀伊賊)'으로 부르기까지 하였다. 1019년(현종 10) 4월에 여진 해적 50척이 쓰시마 섬, 이키 섬, 하카다 등지에 침입하여 큰 피해를 입힌다. 이에 관해서는 도이(刀伊)에게 잡혔다가 고려에 의해 구출된 후 일본으로 송환된 우치쿠라노 우마즈메(內藏石女)의 진술서와 조사서가 전해지고 있다.[38] '도이적'은 일본에게 큰 문제여서 이를 해결하기 위해 일본 조정은 여러 차례 사원에서 제사를 지내 공

---

33) 『고려사』 권3, 세가, 목종 8년 정월, "(목종) 8년(1005) 봄 정월에 동여진이 등주를 노략질하여 주진과 촌락 30여 곳을 불사르고 가니 장수를 보내어 막았다."
34) 이창섭, 「11세기 초 동여진 해적에 대한 고려의 대응」 『한국사학보』 고려사학회, 2008, 87쪽.
35) 『고려사절요』 권3, 현종 즉위년 3월, "… 戈船 75艘를 만들어 鎭溟口에 정박시켜 東北의 해적을 막게 하였다."
36) 『고려사』 권4, 세가, 현종 2년 8월, "동여진의 배 100餘艘가 경주를 노략질하였다."
37) 이창섭, 앞의 글 90~91쪽.
38) 『小右記』(增補史料大成 所收) 後一條天皇 寬仁 3년 8월 10일 : 이창섭, 앞의 글 95쪽 재인용.

덕을 빌어 물리치고자 하거나 태재부(太宰府, 지금의 큐슈일대를 관장하는 통치기구)에서 이들을 막도록 하는 조처를 내리고 있다. 결국 도이로 나타나는 여진 해적은 고려의 동해안뿐만 아니라 더 멀리 일본 열도까지 진출하여 노략질을 함으로 많은 문제를 일으켰음을 알 수 있다.[39]

현종 때 여진족의 피해는 우산국뿐만 아니라 동해안 일대의 19읍에 걸칠 만큼 광범하였다. 이 때 해당군현의 주민들의 조세 감면 등의 조처가 단행되었지만[40] 우산국의 경우 조세감면의 조처는 없다. 이것은 우산국이 고려의 군현체계 속에 포함되어 조세와 역역을 부담하는 군현민이 아니었음을 뜻한다. 그러나 여진족의 침략으로 인해 우산국은 더 이상 자립할 수 없는 상황에 이르렀고, 그 주민의 대다수가 고려에 망명하여 고려 군현에 편적될 정도였고, 농기구의 지원이 명목이지만 고려의 관리를 받아들이지 않을 수 없는 상황이었다. 그 과정에서 '우산국'이란 명칭은 역사의 무대에서 사라지고 더 이상 등장하지 않았다.

현종 때를 마지막으로 하여 우산국의 명칭은 보이지 않고 '우릉성', 혹은 '우릉도' 내지 '울릉도'의 명칭이 보일 뿐이다. 그리고 울릉도에는 감창사, 안무사, 혹은 작목사 등의 고려의 관리가 수시로 파견되고 있다.[41] 그것은 고려의 군현체계상 목, 도호부—영군·현—속군·현의 정연한 조직체계는 아니지만 고려의 군현조직의 하나인 주—속읍체제의 한 형태로 운영되고 있음을 말해준다. 수령이 파견되지 않은 속읍 및 향소부곡 등에는 그 지방의 향리들이 다스리면서 주읍의 수령 및 계수관의 관원과 안찰사 등이 수시로 순행하여 통치의 실을 기하고 있다. 특히 동계·북계 등의 양계는 성을 중심으로 한 독립된 전투단위부대를 형성하고 있었

---

39) 이창섭, 앞의 글 95~96쪽.
40) 『고려사』 권94, 열전7, 李周佐, "顯宗 때에는 起居舍人으로 올라갔다가 東北面兵馬使로 나갔다. 당시 朔方道의 登州와 溟州 관내의 三陟, 霜陰, 鶴浦, 波川, 連谷, 羽溪 등 19 縣이 외적들의 침해를 받고 주민들의 생활이 대단히 곤란하였으므로 조정에 구제 대책을 청원하여 주민들의 租稅를 감면하라는 명령을 받고 그들의 부담을 경감하여 주었다."
41) 고려 말년에 이르러서는 울릉도가 유배지로도 이용되기도 하였으며(『고려사』 권91, 열전4, 영흥군 환 ; 『고려사절요』 신창 원년 9월). 왜의 침략이 있기도 하였다 (『고려사』 권134, 열전47, 신우 5년 7월).

다.[42)]

　『고려사』지리지 동계 울진현조에 '울릉도'가 실린 것은 고려의 영토로서, 그 소관 읍이 울진현이었음을 의미하는 것이고, 울진현과 울릉도 양자의 관계는 군현과 향소부곡과 같은 관계였다고 볼 수 있다.[43)]
　고려시대의 사료 가운데 독도에 관한 사료는 '사료 ⑨'가 유일하다. 『고려사』는 고려시대의 실록 등 고려시대의 사료를 바탕으로 하여 작성하였다. 위에서 살펴본 바와 같이 사료 ⑨의 지리지 기록을 제외한 고려시대의 사료에는 우산국, 울릉도 등에 관한 사료가 나온다. 『고려사』가 편찬된 시기는 독도에 관한 최초의 기록을 담고 있는 『世宗實錄』「지리지」가 만들어진지 약 20년이 지난 1451년(문종 1)이다. 조선시대의 『고려사』지리지의 찬자는 울릉도의 기록 말미에 "혹자는 말하기를 우산과 무릉은 원래 두 섬인데 서로 거리가 멀지 않아서 날씨가 맑으면 가히 바라볼 수 있다고도 한다."라고 하여 독도를 언급하였다.

Ⅳ. 맺음말

　「우산국 복속의 역사적 의미」는 필자의 「삼국시대 신라의 동해안 제해권 확보의 의미」(『대구사학』 65, 대구사학회, 2001)와 『독도・울릉도의 역사』(경인문화사, 2007), 「울릉도의 역사로서 '우산국' 재조명」(『독도연구』 7, 영남대학교 독도연구소, 2009)을 정리, 수정하고 다른 필자 논문의 연구 성과를 담았다.
　우산국의 성립과 발전에 관한 기록은 문헌상 보이지 않고, 다만 우산국의 복속에 관한 기록만이 보일 뿐이다
　흔히 512년 이후에 울릉도와 독도는 신라의 영토가 되었다고 한다. '우산국이 귀복하여 해마다 토산물을 바치기로 하였다.'는 기록으로 보아 우산국은 신라의 영토에 편입된 것이 아니다. 만약 신라의 땅이 되었다

---

42) 이기백, 「고려 양계의 주진군」 『고려병제사연구』 일조각, 1968, 245쪽・267쪽 참조.
43) 영남대학교 민족문화연구소, 『독도를 보는 한 눈금 차이』 선출판사, 2006, 52~53쪽.

면 『삼국사기』 지리지에 신라의 땅으로 울릉도나 독도, 아니면 우산국의 기록이 나와야만 한다. 도리어 울릉도가 역사적으로 우리나라 땅이 분명한 이상 우산국 성립부터 한국사의 영역 속에 포함시켜 설명하는 것이 훨씬 더 설득력을 갖고 있다. 탐라국, 우산국, 가야 등의 역사를 포괄하는 고대사를 그려내야 할 시점이다.

우산국이 강성해지자 신라에 조공을 바치는 대신 우산국이 아슬라주와 실직주 등이 침범함으로써 신라지역이 큰 피해를 입음으로써 512년 이사부의 우산국 정벌이 시작되었다고 볼 수 있다. 신라의 지증왕으로서는 동해안 제해권을 확보하지 않는 한 삼척, 강릉 등의 지역을 안정적으로 유지할 수 없다고 판단하였을 것이며, 이로 인해 결국 우산국의 정벌에 나서게 되었을 것이다.

이사부의 우산국 정벌로 인해 512년 이후 우산국이 복속하면서 공물을 바쳤다. 아마도 신라가 삼국통일을 한 이후에도 지속되었을 것이다. 울릉도에서 발견되는 고분이 6세기 중엽 이후 축조되기 시작한 것이라는 고고학적 견해는 신라에 의해 포말처럼 사라진 우산국의 모습은 아닐 것이다. 실제 우산국은 512년에 멸망한 것이 아니라 우산국이 해마다 토산물을 바치기로 하였다는데서 보다시피 양 자가 타협한 것으로 보인다. 아마 이사부 아슬라 군주가 우산국을 공격한 것도 상대국을 완전 궤멸케 하려는 목적보다 앞으로 고구려와 백제의 공격을 방어하고 신라의 영토를 확장해 나가기 위해서 우호적 동맹세력으로 삼으려는 목적이 있었을 것이다. 신라가 동해안 지역을 계속 확보하고 고구려를 더욱 압박 구축하기 위해서는 우산국의 해상세력 연합 동맹이 대단히 긴요하였을 것이다.

신라의 동해안 제해권의 확보에 있어서 중요한 사건은 지증왕대의 이사부에 의한 우산국 정벌 사건이다. 지금까지 이 문제는 독도의 영유권을 밝히는 문제에 집착하여 독도가 역사적으로 512년 신라의 영토로서, 나아가 우리의 영토로서의 유구성을 입증하는 자료로서만 이용되었다. 그러나 이것은 신라의 동해 제해권 확보라는 측면에서 주목해볼 필요가 있다.

지증왕대의 우산국 정벌은 이후 법흥왕과 진흥왕대에 이르러 함경도 지역까지 진출하는 교두보의 확보라는 면에서 남다른 의미를 지니는 것으로 파악된다. 이를 통해 동해안 지역의 경제력 확보, 제해권의 확보를 통해 고구려에 대한 서해안과 동해안의 양동작전을 가능하게 하였다.

신라에 귀복하여 신라와 연합 동맹을 구축하면서 공물을 바치는 복속국가로 존재하면서 보다 높은 신라의 문화를 받아들인 우산국체제는 후삼국을 거쳐서 고려시대까지 이어졌다고 본다.

11세기 초반의 동여진 해적들이 동해안을 통해 고려를 침공하기 시작하였다. 고려는 동여진 해적의 내침을 막는 것을 심각한 현안으로 인식하고, 이를 막기 위한 군사 정책을 수립하며 동해안 방면 축성과 수군, 함대 배치하는 데 주력하였다. 그렇기 때문에 현종 3년 이후 고려 침공에 어려움을 겪은 동여진 해적들은 이후 공격 목표를 현종 9년~13년까지 우산국, 일본으로 돌려 많은 피해를 입힌다. 고려 현종 때 여진족의 피해는 우산국뿐만 아니라 동해안 일대의 19읍에 걸칠 만큼 광범하였다. 이 때 해당군현의 주민들의 조세 감면 등의 조처가 단행되었지만 우산국의 경우 조세감면의 조처가 없다. 이것은 우산국이 고려의 군현체계 속에 포함되어 조세와 역역을 부담하는 군현민이 아니었음을 뜻한다. 그러나 여진족의 침략으로 인해 우산국은 더 이상 자립할 수 없는 상황에 이르렀고 그 주민의 대다수가 고려에 망명하여 고려 군현에 편적될 정도였고, 농기구의 지원이 명목이지만 고려의 관리를 받아들이지 않을 수 없는 상황이었다. 그 과정에서 '우산국'이란 명칭은 역사의 무대에서 사라지고 더 이상 등장하지 않았다.

【참고문헌】

강봉룡, 「이사부 생애와 활동의 역사적 의미」『고대 해양활동과 이사부 그리고 사자 이야기』「강원도민일보」, 2009
김세기, 「'고고학으로 바라본 울릉도·독도' 발표자료집」 대구한의대학교 안용복연구소 콜로키움, 2015
김윤곤, 「우산국과 신라·고려의 관계」『울릉도·독도의 종합적연구』영남대학교 민족문화연구소, 1998
김윤곤, 『한국 중세의 역사상』영남대학교 민족문화연구소, 영남대학교 출판부, 2001
김호동, 「삼국시대 신라의 동해안 제해권 확보의 의미」『대구사학』 65, 2001
김호동, 『독도·울릉도의 역사』경인문화사, 2007
김호동, 「울릉도의 역사로서 '우산국' 재조명」『독도연구』 7, 영남대학교 독도연구소, 2009
노혁진, 「울릉도의 고대 유적유물과 고고학적으로 본 우산국」『이사부와 동해』 8, 한국이사부학회, 2014
박용운, 『고려시대사』(수정·증보판) 일지사, 1985
서울대학교 박물관, 『울릉도 문화유적 지표조사 보고서』 1, 서울대학교 박물관 학술총서 6, 1997
영남대학교 민족문화연구소, 『독도를 보는 한 눈금 차이』 선출판사, 2006
이경섭, 「고대 동해안 지역의 정치적 동향과 우산국」『신라문화』 39, 동국대학교 신라문화연구소, 2012
이기백, 「고려 양계의 주진군」『고려병제사연구』일조각, 1968
이병도, 「탐라와 우산국」『한국사』고대편, 진단학회, 1959
이창섭, 「11세기 초 동여진 해적에 대한 고려의 대응」『한국사학보』고려사학회, 2008
정영화·이청규, 「울릉도의 고고학적 연구」『울릉도 독도의 종합적 연구』 영남대학교 민족문화연구소편, 1998
채미하, 「신라의 우산국 정벌과 통치」『이사부와 동해』 8, 한국이사부학회, 2014
한국근대사자료연구협의회간, 「울릉도·독도영유의 역사적 배경」『독도연구』 1985
池內宏, 「刀伊の賊」『滿鮮史硏究』中世 第一冊, 1933

제5장

울릉도·독도 어로활동에서의 울산의 역할과 박어둔
-조선 숙종 조 안용복·박어둔 납치사건의 재조명-

Ⅰ. 머리말

숙종 대는 동해 바다에서 울릉도와 독도를 둘러싸고 조선과 일본 사이에 '울릉도쟁계가 발생하였고, 북방에서 조선과 청나라 사이에 '범월'을 둘러싼 분쟁이 끊어지지 않았다. 동해 바다에서의 조선과 일본의 다툼은 숙종 19년(1693)에 발생하였다. 조선 측 자료에 의하면 울산 어채인 40여 명이 울릉도에 고기잡이 나갔다가 박어둔과 안용복이 일본 어부들에 의해 일본으로 납치되었을 때 '울릉도와 독도는 일본 땅이 아니기 때문에 일본 어민들의 출어를 금지시키겠다.'는 에도 막부의 서계를 받았다고 한다. 그때 대마도주는 안용복으로부터 서계를 빼앗고, 50일을 억류하다가 부산포의 왜관으로 이송하였다. 안용복은 부산포의 왜관에서도 40일이나 더 구금한 뒤에야 동래부로 넘겼다. 동래부에서 안용복은 서계 강탈 사건에 대하여 소상하게 보고했지만 동래부사에 의해 '월경죄인'으로 몰려 감금되었다. 상황이 유리하게 돌아간다고 판단한 대마도주는 다치바나 마사시게(橘眞重)을 사신으로 파견하여 울릉도가 일본의 '죽도'라고 주장하면서 조선어민들의 출어를 금지하여 달라는 요구를 함으로써 '울릉도쟁계(竹島一件)'가 발생하였다.

한일 양국 사이에 '울릉도쟁계'가 벌어지는 와중인 숙종 22년, 안용복은 재차 울릉도, 독도를 거쳐 일본에 들어가 울릉도와 독도가 조선의 영토임을 주장하였음을『숙종실록』과『승정원일기』등이 전한다. 그러나 숙종 19년과 22년의 안용복의 진술이 적혀 있는『숙종실록』등의 조선 측 사료와, 이에 근거한 한국의 연구 성과를 일본 측에서는 신빙성이 없는 것으로 치부하고 있다.

한국에서 안용복을 영웅화한 시기는 1960년대부터라고 한다.[1] 안용복을 장군으로 부르기 시작한 것은 1954년부터이지만[2] 그를 영웅으로 간주하기 시작한 것은 안용복과 같은 시대를 살았던 성호 이익에서 비롯된다.

> 나는 생각건대, 안용복은 곧 영웅호걸인 것이다. 미천한 일개 군졸로서 만 번 죽음을 무릅쓰고 국가를 위하여 강적과 겨루어 간사한 마음을 꺾어버리고 여러 대를 끌어온 분쟁을 그치게 했으며, 한 고을의 토지를 회복했으니 傅介子와 陳湯에 비하여 그 일이 더욱 어려운 것이니 영특한 자가 아니면 할 수 없는 일이다. 그런데 조정에서는 상을 주지 않을 뿐만 아니라, 전에는 형벌을 내리고 뒤에는 귀양을 보내어 꺾어버리기에 주저하지 않았으니, 참으로 애통한 일이다. 울릉도가 비록 척박하다고 하나, 대마도 또한 한 조각의 농토가 없는 곳으로서 왜인의 소굴이 되어 역대로 내려오면서 우환거리가 되고 있는데, 울릉도를 한 번 빼앗긴다면 이는 또 하나의 대마도가 불어나게 되는 것이니 앞으로 오는 앙화를 어찌 이루 말하겠는가?
>
> 이로써 논하건대, 용복은 한 세대의 공적을 세운 것뿐이 아니었다. 고금에 張循王의 花園老卒을 호걸이라고 칭송하나, 그가 이룩한 일은 大商巨富에 지나지 않았으며, 국가의 큰 계책에는 도움이 없었던 것이다. 용복과 같은 자는 국가의 위급한 때를 당하여 항오에서 발탁하여 장수 급으로 등용하고 그 뜻을 행하게 했다면, 그 이룩한 바가 어찌 이에 그쳤겠는가?[3]

---

1) 池内敏,「安龍福英雄伝説の形成・ノート」『史學』55, 名古屋大學研究論集, 2009.2.
2) 1954년 부산의 애국단체인 大東文敎會에서 '독전왕 안용복 장군'으로 추존식을 거행한 것이 안용복을 장군으로 칭하게 된 계기이다. 그 후 1957년 안용복장군 기념회가 발족하였고, 1966년 사단법인 안용복장군기념사업회가 만들어지게 되었다. 동 기념사업회는 1960년 3월『안용복 장군 약전』(500부),『安龍福將軍-附鬱陵島·獨島의 來歷』(김의환 편집, 안용복장군기념사업회간)를 발간하였고, 1967년 부산 수영공원 내에 '안용복장군 충혼탑'을 건립하였고, 1971년에 울릉도에 '안용복장군충혼비'를 건립하였다. 동 기념사업회는 수영공원에 안용복 장군의 사당인 守疆祠를 건립하고, 충혼탑을 이건 건립함과 동시에 '安龍福將軍像'을 세웠다.

숙종 조부터 안용복은 영토를 지킨 영웅으로 간주되었고, 이후 18세기 실학자들은 안용복을 영토를 지킨 영웅으로 묘사하였다.

최근 숙종 19년과 22년의 안용복의 울릉도·독도 수호활동에 대해 일각에서 "울산 청량 출신의 박어둔이 안용복 일행을 지휘해 울릉도까지 직접 배를 타고 나가 일본인들에게 울릉도가 조선의 영토임을 인정받았다는 사실이 확인되면서 그동안 안용복의 그늘에 가려 빛을 보지 못했던 박어둔의 업적이 새로이 재조명되고 있다."는 일부 언론의 보도가 나오면서 안용복과 함께 울릉도에 갔다가 일본에 같이 붙잡혀간 박어둔에 관한 관심이 일어났다. "특히 박어둔의 역할이 실록에서 배제된 이유가 당시 양인 박어둔이 안용복과 함께 국법인 공도정책을 어기면서까지 울릉도와 일본을 다녀온 뒤, 노비출신의 안용복은 귀양 가는 것으로 처벌이 마무리된 반면 재력가이자 양인인 박어둔은 처벌대상에서 제외되는 배려를 받았기 때문이라는 주장이 제기되어 주목을 받고 있다."고 하였다.[4] 한국에서 안용복을 독도를 수호한 영웅으로 간주하여 장군으로 호칭한 것이나 일본에서 안용복을 거짓말쟁이로 모는 것이나 박어둔을 부각시키려는 이와 같은 보도 기사 등은 역사의 담당주체를 개인, 영웅에만 너무 초점을 두고 보려는 역사인식의 태도에서 비롯된 것이다.

이제 영웅주의 시각을 불식하고, 어떻게 하여 안용복과 박어둔 같은 일반 민들이 고향을 떠나 먼 바다에 위치한 울릉도와 독도를 찾아 항해를 하게 되었는가를 살펴봄으로써 역사 속에 안용복과 박어둔, 그리고 울산 지역사람들의 활동을 재조명해보고자 한다. 이를 통해 조선 후기 울릉도와 독도는 공도정책에 의해 버려진 섬이 아니라 울산 지역을 위시한 경상도와 전라도 등지에서 어로활동을 위해 어채인들이 수시로 드나들었다는 점을 사료를 통해 확인하고, 이들의 활동이 1693년 박어둔·안용복 납치사건으로 인해 일본이 '울릉도쟁계(죽도일건)'라는 영유권 분쟁을 일으켰을 때 조선의 땅임을 입증하는 증거가 되었음을 드러내고자 한다.

---

3) 李瀷, 『星湖僿說』 卷3, 「天地門」.
4) 「경상일보」 2009년 3월 4일, '조국 수호 한 몸 바친 소금 굽던 어부'.

Ⅱ. 숙종 조 울릉도·독도 어로활동 거점으로서의 울산지역

1693년(숙종 19)에서부터 1696년(숙종 22) 사이에 한일 양국 사이에서 발생한 다툼의 시작을 알 수 있는 '울릉도쟁계(竹島一件)'를 기록한 조선에서의 최초 사료는 1693년 9월의 『변례집요』에 나온다.

① (1693년) 9월 竹島에서 붙잡힌 두 사람을 데려오는 일로 奉行差使가 배를 타고 바람을 기다린다는 일을 알리는 先文頭倭가 나온 일을 장계하였다. 回啓하기를 "일전에 경상감사의 장계 중에 울산의 뱃사람 두 명이 울릉도에 떠내려가 왜인에게 붙잡혔다고 하는 것으로 그 섬은 우리나라의 땅으로 간혹 뱃사람의 왕래가 있었는데 원래 일본이 금할 수 있는 것이 아닙니다. 봉행차왜는 결코 접대해서는 안된다는 뜻으로 館守倭에게 엄한 말로 꾸짖어 타일러야합니다." 하였다.[5]

봉행차사가 죽도에서 붙잡힌 두 사람을 데리고 올 것이라는 것을 전하기 위해 선문두왜가 왜관에 왔다는 문정 보고를 전하는 사료 ①에 의하면 이전에 울산의 뱃사람 두 명이 울릉도에 떠내려가 왜인에게 붙잡혔다는 경상감사의 장계가 있었고, 그 장계는 박어둔, 안용복과 함께 울릉도에 어로 활동을 갔던 울산사람들이 귀환하여 그 사실을 호소하였기 때문에 알게 된 것일 것이다. 이러한 사실을 접한 조선조정에서는 위 사료 ①과 아래의 사료 ②에서 보다시피 안용복, 박어둔의 납치 경위와 경상도 연해 어민들이 울릉도로 가게 된 까닭을 조사하여 그 대책을 논의하였음을 알 수 있다.

② 이번 11월 13일 대신과 비국 당상을 인견하여 입시하였을 때에 좌의정 睦來善이 아뢰기를 "방금 동래부사의 장계를 보니 사명을 봉행하는 差倭의 말씨가 꽤 온순하여 별로 난처한 사단은 없을 것이라고 하였습니다. 경상도 연해의 어민들은 비록 풍파 때문에 武陵島에 표류하였다고 칭하고 있으나 일찍이 연해의 수령을 지낸 사람의 말을 들어보니 바닷

---

5) 『邊例集要』 권1, 「別差倭」.

가 어민들이 자주 무릉도와 다른 섬에 왕래하면서 대나무도 베어오고 전복도 따오고 있다 하였습니다. 비록 표류가 아니라 하더라도 더러 이익을 취하려 왕래하면서 漁採로 생업을 삼는 백성을 일체 금단하기는 어렵다고 하겠으나 저들이 기왕 엄히 조항을 작성하여 금단하라고 하니 우리 도리로는 금령을 발하여 신칙하는 거조가 없을 수 없겠습니다." 하고, 우의정 閔黯은 아뢰기를 "接慰官이 돌아와 봐야 자세히 알 수 있겠으나 우리나라 해변의 주민들은 어채로 업을 삼고 있으니 아무리 엄금하려 해도 어쩌지 못하는 형편입니다. 오직 적발되는 대로 금단할 수밖에 없습니다." 하니, 임금이 이르기를 "바닷가 어민들은 날마다 이익을 따라 배를 타고 바다로 들어가야 하니 일체 금단하여 살아갈 길을 끊을 수는 없는 형편이나 이 뒤로는 특별히 신칙하여 경솔하게 나가지 못하게 하고 접위관도 이런 뜻으로 措辭하여 대답하는 것이 좋겠다." 하였다.[6]

봉행차사 다치바나 마사시게(橘眞重)가 죽도에서 붙잡힌 어민을 데리고 예조참판 및 예조참의, 동래부사와 부산첨사에게 보내는 서계를 지참하고 부산에 도착한 것은 1693년 11월 1일이었고[7] 안용복이 동래부 왜관에서 40일을 구금하였다가 동래부로 보냈다고 한 기록[8]과 연결시켜볼 때 사료 ①의 경상감사의 장계와 사료 ②의 목래선의 언급은 봉행차사가 갖고 온 서계나 동래부에서의 안용복, 박어둔의 취조에서 밝혀진 사실이 아닐 것이다. 그런 점에서 9월에 봉행차사가 죽도에서 붙잡힌 두 사람을 데리고 올 것이라는 것을 전하기 위해 선문두왜가 왜관에 왔다는 문정 보고를 접하고 '죽도'는 조선의 울릉도이고, 뱃사람들이 자주 무릉도, 즉 울릉도와 다른 섬에 왕래하면서 대나무도 베어 오고 전복도 따오고 한다는 것을 파악하고 있었다. 그렇기 때문에 우리나라 땅인 울릉도에 뱃사람이 왕래하는 것을 일본이 금할 수 있는 것이 아니므로 봉행차사를 결코 접대할 수 없다는 입장을 개진할 수 있었을 것이다. 죽도, 즉 울릉도에서 붙잡힌 울산의 뱃사람 2명이 누구였고, 그들의 일행이 몇 사

---

6) 『備邊司謄錄』 숙종 19년(1693) 11월 14일.
7) 『邊例集要』 권1, 「別差倭」.
8) 『星湖僿說』 「울릉도」.

람이었는지, 그리고 울산에서 울릉도로 표류하였다는 사실을 듣고, 죽도가 울릉도임일 알게 되었던 과정에 대해 다음의 사료들을 통해서 알 수 있다.

③ 대체로 울산의 고기잡이 하는 사람(漁人)이 해변에서 표류하여 울릉도에 이르렀는데, 섬 위에는 세 봉우리가, 하늘에 닿아 있고 섬 가운데는 수십 호되는 인가의 허물어진 터가 있었으며, 초목으로는 대나무와 갈대가 많았고 날짐승과 길짐승으로는 까마귀·소리개·고양이·너구리·살쾡이가 많았는데, 왜인들이 잡아가는 바가 되었으며, 그 섬으로부터 伯耆洲 까지는 7주야가 걸린다. 이때 왜가 국경을 침범한 죄로 고기 잡는 사람을 처벌하기를 청하였다. 태종 조의 宰臣 申叔舟가 배를 타고 울릉도에 들어가 살펴보고 그곳의 形止를 기록하여 왔었는데, 지금 고기잡이 하는 사람이 말한 바가 그 기록에서 말하는 것과 서로 부합이 되므로 의논하는 자들이 모두 이것은 분명 울릉도라고 여겼지만, 廟堂에서는 버려둔 땅과 같이 여기고 분변하여 다투려고 하지 않았으니, 그 계책이 잘못되었다.9)

④ 계유년 봄에 울산의 고기잡이 40여 명이 울릉도에 배를 대었는데, 왜인의 배가 마침 이르러, 朴於屯·安龍福 2인을 꾀어내 잡아서 가버렸다. 그 해 겨울에 대마도에서 正官 橘眞重으로 하여금 박어둔 등을 거느려 보내게 하고는, 이내 우리나라 사람이 竹島에 고기 잡는 것을 금하기를 청하였다 ….(『숙종실록』 권26, 숙종 20일 2월 23일〈신묘〉)

⑤ 비변사에서 안용복 등을 문초하였다. 안용복이 말하기를, "저는 본디 東萊에 사는데, 어미를 보러 蔚山에 갔다가 마침 중[僧] 雷憲 등을 만나서 근년에 울릉도에 왕래한 일을 자세히 말하고, 또 그 섬에 해물이 많다는 것을 말하였더니, 뇌헌 등이 이롭게 여겼습니다. 드디어 같이 배를 타고 寧海 사는 뱃사공 劉日夫 등과 함께 떠나 그 섬에 이르렀는데, 主山인 三峯은 三角山보다 높았고, 남에서 북까지는 이틀길이고 동에서 서까지도 그러하였습니다. 산에는 잡목·매[鷹]·까마귀·고양이가 많았고, 倭船도 많이 와서 정박하여 있으므로 뱃사람들이 다 두려워하였습니다. 제가 앞장서서 말하기를, '울릉도는 본디 우리 지경인데,

---

9) 『숙종실록』 권25, 숙종 19년 11월 18일(정사).

왜인이 어찌하여 감히 지경을 넘어 침범하였는가? 너희들을 모두 포박하여야 하겠다.' 하고, 이어서 뱃머리에 나아가 큰소리로 꾸짖었더니, 왜인이 말하기를, '우리들은 본디 松島에 사는데 우연히 고기잡이 하러 나왔다. 이제 本所로 돌아갈 것이다.' 하므로, '松島는 子山島로서, 그것도 우리나라 땅인데 너희들이 감히 거기에 사는가?' 하였습니다. 드디어 이튿날 새벽에 배를 몰아 자산도에 갔는데, 왜인들이 막 가마솥을 벌여 놓고 고기 기름을 다리고 있었습니다. 제가 막대기로 쳐서 깨뜨리고 큰 소리로 꾸짖었더니, 왜인들이 거두어 배에 싣고서 돛을 올리고 돌아가므로, 제가 곧 배를 타고 뒤쫓았습니다. 그런데 갑자기 광풍을 만나 표류하여 玉岐島에 이르렀는데, 島主가 들어온 까닭을 물으므로, 제가 말하기를, '근년에 내가 이곳에 들어와서 울릉도·자산도 등을 조선의 지경으로 정하고, 關白의 書契까지 있는데, 이 나라에서는 定式이 없어서 이제 또 우리 지경을 침범하였으니, 이것이 무슨 도리인가?' 하자, 마땅히 伯耆州에 轉報하겠다고 하였으나, 오랫동안 소식이 없었습니다. 제가 憤惋을 금하지 못하여 배를 타고 곧장 백기주로 가서 鬱陵子山兩島監稅라 가칭하고 장차 사람을 시켜 본도에 통고하려 하는데, 그 섬에서 사람과 말을 보내어 맞이하므로, 저는 푸른 철릭[帖裏]를 입고 검은 布笠을 쓰고 가죽신을 신고 轎子를 타고 다른 사람들도 모두 말을 타고서 그 고을로 갔습니다. 저는 도주와 廳 위에 마주 앉고 다른 사람들은 모두 中階에 앉았는데, 도주가 묻기를, '어찌하여 들어 왔는가?' 하므로, 답하기를 '전일 두 섬의 일로 서계를 받아낸 것이 명백할 뿐만이 아닌데, 對馬島主가 서계를 빼앗고는 중간에서 위조하여 두세 번 差倭를 보내 법을 어겨 함부로 침범하였으니, 내가 장차 관백에게 상소하여 죄상을 두루 말하려 한다.' 하였더니, 도주가 허락하였습니다. 드디어 李仁成으로 하여금 疏를 지어 바치게 하자, 도주의 아비가 백기주에 간청하여 오기를, '이 소를 올리면 내 아들이 반드시 중한 죄를 얻어 죽게 될 것이니 바치지 말기 바란다.' 하였으므로, 관백에게 稟定하지는 못하였으나, 전일 지경을 침범한 왜인 15인을 적발하여 처벌하였습니다. 이어서 저에게 말하기를, '두 섬은 이미 너희 나라에 속하였으니, 뒤에 혹 다시 침범하여 넘어가는 자가 있거나 도주가 혹 함부로 침범하거든, 모두 國書를 만들어 譯官을 정하여 들여보내면 엄중히 처벌할 것이다.' 하고, 이어서 양식을 주고 차왜를 정하여 호송하려 하였으나, 제가 데려가는 것은 폐단이 있다고 사양하였습니다." 하였고, 뇌헌 등 여러 사람의 供辭도 대략 같았다. 비변사에서 아뢰기를, "우선

뒷날 登對할 때를 기다려 稟處하겠습니다." 하니, 윤허하였다.10)

위 사료 ①~⑤에서 지금까지 간과된 것은 지역적으로 울산과 관련된다는 점이다. 숙종 19년의 안용복의 울릉도행의 경우 사료 ①~④에서 보다시피 안용복 개인에 초점이 두어진 사료가 아니고, 울산, 혹은 경상도 연해지방의 뱃사람들이 자주 무릉도에 추정되는 또 다른 섬에 전복 등을 캐러 어로활동을 간다는 점이 거론되고 있다. 그 가운데 사료 ①은 박어둔과 안용복 납치와 관련된 조선 측 최초의 기록인데, 여기에 안용복이나 박어둔 등의 이름이 거론된 것이 아니고, 사료 ③에도 '울산 漁人'들만 거론되고 있다. 그리고 사료 ④에서 보다시피 1694년 2월에 가서야 '울산의 漁採人 40여 명'이 울릉도에 간 것으로 파악하고, 그 가운데 일본에 피랍된 사람이 박어둔, 안용복 2인이었음을 파악하였다. 비변사에서 박어둔과 안용복을 문초한 기록을 담은 『邊例集要』에서도 "죽도에서 붙잡힌, 울산에 사는 박어둔, 안용복에게 문목(問目)을 만들어 문초하였다."고 하여 안용복도 울산사람으로 표현되고 있다.11) 사료 ⑤에서 보다시피 안용복은 동래인이고, 그의 어머니가 울산에 살고 있었다. 그런 점에서 울산 사람으로 간주될 수도 있을 것이고, 이때 안용복은 동래에 거주하고 있음을 처음에는 속여 답했다고 볼 수도 있을 것이다. 그에 상관없이 숙종 19년의 울릉도행을 감행한 어부 40여 명은 울산인으로 간주되고 있었다. 그리고 사료 ⑤에서 보다시피 안용복이 울산에서 전라도 승려 뇌헌 등에게 울릉도행을 권유하였던 장소도 울산이다. 그런 점에서 숙종 조 울릉도에 어로활동을 주로 나가는 거점지역의 하나가 울산이었다고 할 수 있을 것이다.

『邊例集要』에 의하면 숙종 20년(1694) 8월에 경상감영이 올린 장계를 보면 "박어둔·안용복·김가을동(金加乙洞)·김자신(金自信)·서화립(徐化立)·이환(李還)·양담사리(梁淡沙里)·김득생(金得生) 등이 표류하다가 무릉도에 닿았고, 그 중에 안용복과 박어둔 두 사람이 왜인에게 붙잡혔

---

10) 『숙종실록』 권30, 숙종 22년 9월 25일(무인).
11) 『邊例集要』 권17, 「鬱陵島」 1694년 1월.

으며, 그 나머지 각각의 사람들은 도망쳐 돌아왔다"고 한다. 이들을 문초하니 자기들은 표류하다가 무릉도에 닿았는데, 김득생 등 여섯 사람은 뭍에 내려 숨었으며, 박어둔 등 두 사람은 미처 배에서 내리기 전에 왜인 8명이 배를 타고 갑자기 이르러 칼과 조총으로 두 사람을 위협하여 잡아 갔다고 하였다. 이들은 안용복을 제외하고 울산사람일 것이다. 그것은 다음의 자료를 통해 알 수 있다.

⑥ 一. 조선국 경상도 동래군 부산포의 안요쿠호키와 울산의 박도라히라는 자입니다. 우리들은 울산이라는 곳에서 竹島라는 곳으로 전복이나 미역을 따러 3월 11일에 출범해 25일에 寧海라는 곳에 도착했습니다. 영해를 27일 아침 辰時에 출발해 酉時에 竹島에 도착했습니다. 전복이나 미역을 따려고 머물고 있었는데, 일본인이 4월 17일에 우리들이 있는 곳에 와서 옷과 보따리를 가지고 우리 둘을 그들의 배에 태우고 즉각 午時에 출범하여, 돗토리에는 5월 1일 未時에 도착했습니다. 항상 竹島에는 전복이나 미역이 많이 있다고 들었습니다. 한 배에 열 명이 타고 영해까지 왔는데 열 명 중의 한 사람이 병들었으므로 영해에 내려두고 아홉 명이 타고 竹島로 왔습니다. 열 명 중 아홉 명은 울산사람, 한 명은 부산포 사람입니다.
一. 우리들이 탄 배와 類船은 세 척이고, 그 중 한 척은 전라도의 배라고 들었습니다. 인원은 17명이 타고 있다고 했습니다. 다른 한 척은 15명이 탔고 경상도의 加德이란 곳의 사람들이라고 들었습니다. 우리는 일본 배에 잡혀 왔으므로, 그들이 즉각 조선에 돌아갔는지 전후의 일은 모릅니다.
一. 이번에 우리가 전복을 따러 온 섬은 조선국에서는 무루구세무라 합니다. 일본 땅 竹島라고 불린다는 것은 이번에 알았습니다.
一. 이번에 여기까지 올 때 경호하는 사람들에게 접대를 잘 받고 왔습니다. 옷감이나 목면, 의류 등도 받았습니다. 상세한 것은 이나바에서 구상서에 말한 그대로입니다.
一. 우리들은 언제나 좋은 운수를 빕니다.
一. 박도라히는 34세, 안요쿠호키는 40세입니다. 그런데 이나바에서 43세라고 말한 것으로 되어 있지만, 이것은 말이 잘 통하지 않아 틀리지 않았나 생각됩니다.[12]

사료 ⑥에 의하면, 숙종 19년에 박어둔과 안용복이 울릉도를 향할 때 울산에서 출발했으며, 10명 중 9명은 울산사람, 1명은 부산포 사람이라고 하였다. 이것을 통해 『변례집요』에 나오는 김가을동 등은 울산사람이었음을 알 수 있다. 그때 울릉도에 간 배는 3척이었는데 1척은 17명이 탄 전라도 배였고, 경상도 가덕에서 온 배에는 15명이 타고 왔다고 한다. 이들 3척의 배에 탄 사람들을 합치면 도합 42명이다.13) 42명 가운데 울릉도에 온 울산 어채인은 실상 9명으로, 전체의 1/4이 못 된다. 이들도 울산에서 울릉도로 직행한 것이 아니고 영해를 경유해서 갔다고 하여 울산이 중간기착지에 불과하다고 볼 수도 있다. 그렇지만 당시 전라도이던 경상도 지역이던 울릉도를 가는 길은 전라도나 울산 등지에서 직행하는 게 아니라 연안을 끼고 따라 울진이나 영해지역까지 올라와 해류를 타고 울릉도행을 감행하는 것이기 때문에 울산에서 직항하지 않았다고 해서 울산이 거점이 되지 않는다고는 할 수 없을 것이다. 그리고 42명 가운데 울산 어채인이 10명에 불과하다고 하지만 『숙종실록』 ①~④와 『변례집요』에서 '울산인'으로 표현된 것으로 보아 숙종 19년의 울릉도행은 가덕도 배이든 전라도 배이든 울산에서 집결하여 함께 출발하였음이 분명하다. 그런 점에서 울산을 울릉도행의 거점이라고 하더라도 무리가 없다. 다음의 자료도 그것을 뒷받침한다.

⑦ 이 섬(울릉도)으로부터 북쪽에 섬이 있는데 3년에 한번 國主의 용도로 전복 채취를 갑니다. … 우리들이 저 섬에 건너간 것은 별도로 숨겨서 말씀드릴 것도 아닙니다. 작년에도 울산 사람이 20명 정도 건너갔고, 또한 公儀로부터 이를 지시받았다고 할 수도 없고 자기들 마음대로 건너간 것입니다.14)

사료 ⑦에 의하면 작년, 즉 숙종 18년(1692)에도 울산에서 울릉도

---

12) 『竹嶋紀事』 元綠 6年 6月.
13) 『因府歷年大雜集』의 취조 기록에도 42명이 배를 타고 왔다고 진술하고 있다(『鳥取藩史』 제6권, 469쪽).
14) 『竹嶋紀事』 元祿 6年 9月 4日.

북쪽의 섬에 20명 정도 건너갔고, 3년에 한번 국주(國主)의 용도로 전복 채취를 하였다고 하였다. 사료 ②와 결부시켜 볼 때 울산지역이 울릉도행, 혹은 그 북쪽의 섬, 아마도 독도행의 거점으로의 역할을 담당하였음을 알 수 있다.

사료 ⑤의 숙종 22년(1696)의 경우 전라도 승려 뇌헌이나 영해의 유일부 등을 포함한 일본에 간 11명 가운데 울산 사람이 전혀 없다는 점을 지적하여 울산이 거점이 아니었음을 지적할 수 있다.「元祿九丙子年朝鮮舟着岸一卷之覺書」를 살펴보면, 한 배에 9인, 10인, 11인, 12~3인, 15인 정도씩 13척의 배에 타고 울릉도에 왔었다. 이때 안용복이 울산에서 전라도의 승려 뇌헌 등에게 울릉도로 가자고 한 것으로 보아 그 출발지가 울산이었고, 그러므로 배 13척에 탄 최소 135~140명 가운데에는 울산 지역의 어채인들이 상당수 포함되었다고 보아야 한다.

그 한 예로 숙종 22년의 안용복의 울릉도행에는 박어둔이 포함되었음을 일본 측 자료를 통해 확인할 수 있다. 한국의 자료에 의하면 박어둔이 숙종 22년에 울릉도행에 참여한 기록이 보이지 않는다. 그래서 지금까지 박어둔이 숙종 22년의 울릉도행에 참여하지 않았다고 여겼다. 그런데「元祿九丙子年朝鮮舟着岸一卷之覺書」에 다음 기록에 의하면 박어둔이 안용복과 함께 울릉도로 간 것이 확인된다.

> ⑧ 安龍福과 도라베(とらべ) 두 사람은 4년 전 닭의 해 여름에 竹島에서 하쿠슈의 배에 끌려, 당지에 왔었다. 그 도라베는 이번에는 같이 오지 않고 그대로 竹島에 남겨두었다 한다.

숙종 19년(원록 6년 ; 1693)에 안용복과 함께 납치된 '도라베(とらべ)'는 '박어둔'이 분명하다.『竹嶋渡海由來記拔書控』을 살펴보면 원록 6년에 '납치한 조선인의 이름은 아히챤(アヒチャン), 도라에이(トラエイ)'라고 되어 있고, 야다타카마사의『長生竹島記』에는 안용복을 '아벤테후(あべんてふ)', 박어둔을 '도라헤히(虎へひ)' 라고 기록한 것을 통해 보더라도[15]

---

15) 權五曄・大西俊輝 역주,『獨島의 原初記錄 元祿覺書』제이앤씨, 2009, 101쪽.

박어둔은 1696년에 울릉도에 와서 어채활동에 종사하였음을 알 수 있다. 따라서 13척의 배에 박어둔 등의 울산 사람들이 상당수 포함되었을 가능성이 크다.

그런데 야다타카마사의 『長生竹島記』의 경우 1696년에 안용복과 함께 박어둔이 일본에 건너간 것을 나타내주는 다음의 기록이 보인다.

⑨ 오키의 도고 후쿠우라에서 2리쯤 떨어진 옆 동네 니시무라라는 항에 이국선이 도착했다. 마을 사람들이 해변에 나갔다. 이국선의 조선인은 2리 정도 틀려서 알지 못하는 항에 들어온 것에 당황하고 있었다. 그리고 이곳은 어디입니까? 후쿠우라는 어느 쪽에 있습니까. 라고 물어 왔다. 후쿠우라에서 지난 해(원록 6년) 오랫동안 머물렀던 인물이었다. 그때 니시무라의 사람들도 구경하러 나갔기 때문에 이 아벤투후 그리고 도라헤히라는 인물을 알고 있는 자가 많았다. 그런 연유로 이웃사람처럼 이야기하며, 방각은 오미(서남)에 해당하고 36정을 1리로 해서 그 거리를 말하자면 거의 2리의 거리에 있다는 것을 알려주었다. 다시 배를 저어 후쿠우라항을 향하여 타고 갔다.

『長生竹島記』의 기록대로 박어둔이 일본행에 동행하였다면 박어둔 역시 울릉도에서 독도를 거쳐 일본에 갔다고 할 수 있다. 문제는 사료 ⑨의 『長生竹島記』와 「元祿九丙子年朝鮮舟着岸一卷之覺書」의 기록의 상충을 어떻게 보아야 할 것인가 하는 점이다. 후자의 경우 안용복을 직접 심문한 기록에 근거한 것이고, 사료 ⑨의 『長生竹島記』는 니시무라 사람들이 숙종 19년에 후쿠우라에 가서 안용복, 박어둔을 구경한 사람들이 3년 뒤인 숙종 22년에 그것을 기억하여 말한 것이기 때문에 박어둔을 잘못 알아볼 가능성이 크다. 더욱이 박어둔의 경우 일본어를 전혀 모르기 때문에 니시무라 사람들과의 의사소통이 없었을 것이어서 다른 사람을 박어둔으로 착각하였을 가능성이 크다. 그런 점에서 박어둔이 숙종 22년에는 울릉도에서 어로활동에 종사하였다고 보는 것이 타당할 것 같다.

위 사료 ①~⑦을 통해 강조하고 싶은 것은 숙종 19년(1693)과 숙종 22년(1696)의 안용복과 박어둔의 울릉도·독도 행은 박어둔을 위시한 울산지역의 어채인들을 인적 자원으로 하고, 울산에서 출발하였음을 알 수 있다는 것이다. 숙종 19년 박어둔과 안용복이 울릉도에 갔을 때 배 3척 가운데 한 척은 전라도 배였고, 한 척은 경상도 가덕도 사람들이 탄 배였다. 울산은 전라도의 연해민과 경상도 지역의 남해안 연해민들이 울릉도로 향하는 길목에 위치하면서 항구로서의 조건을 구비하고 있었기 때문에 울릉도로 향하는 배들의 집결지였다고 볼 수 있다. 19세기 중엽 이규경이 쓴『오주연문장전산고』에서 "가난한 전라도 해민이 역시 들어와 소나무를 잘라 배를 만들고 미역과 전복을 따고 대나무 칡과 덩굴을 베어 가득히 싣고 온다."는 기록이 나온다. 그리고 1882년 이규원 검찰사가 울릉도에 갔을 때 만난 조선 사람 141명 가운데 전라도 사람들이 115명에 달한 것으로 보아 조선후기 전라도 사람들이 울릉도로 많이 찾아 들었음을 알 수 있다. 과거 흥양 삼도와 초도로 불렸던 여수시 삼산면 거문도와 초도에는 울릉도와 관련된 흔적을 어렵지 않게 찾을 수 있다. 망망대해를 지나 울릉도로 가는 전라도 사람들은 장기곶만 지나면 어려운 해로는 없다고 증언한다.16) 장기곶을 넘기 전에 울산에 정박하여 마지막 보급품을 조달하고 숨고르기를 하였다고 볼 수 있다.

숙종 조 1693년의 배 3척, 그리고 1696년의 배 13척은 울산에 집결하여 선단을 구성하여 울릉도행을 결행하였다고 볼 수 있다. 그 중심에 안용복이 있었다. 동래에서 왜관과의 무역에 종사하였을 안용복은 울산에 살고 있는 어머니를 만나러 울산에 자주 드나들었고, 그러한 왕래 속에서 박어둔 등의 울산지역의 어채인과 전라도에서 울산에 정박했던 배들과 선단을 구성하여 울릉도를 가게 되자 일본의 오야가문과 무라카와 두 가문의 어부들과 충돌하게 되었다고 볼 수 있다.17) 이렇게 볼 때 조선후기 울산지역은 울릉도·독도 해역으로 출어하는 어민들의 거점이었다고 볼 수 있다. 울릉도행에 관한 조선시대의 자료들을 보면 태종~세종 연간에 보이는 자료들은 주로 강원도 동해안 쪽의 연해민들이 울릉도로 부세수탈과 군역을 피하기 위해 가는 것이 주된 특징이라면 숙종 조를 전후하

---

16) 울릉군 독도박물관「2009 특별전 근대 울릉도·독도를 조명하다」2009. 6. 22.~8. 22 ; 경상북도,『독도를 지켜온 사람들』2009, 186~194쪽.
17) 김호동,「조선 숙종 조 영토분쟁의 배경과 대응에 관한 검토」『대구사학』94, 2009.

여 안용복·박어둔 등이 울산을 거점으로 하여 울릉도행을 감행한 시기에 오면 경상도 지역에서 많이 출어하고 있다는 점이 두드러진다. 또, 전라도 거제도를 중심으로 한 연해지역에서 나선을 타고 울진, 영해 등지에서 울릉도행을 감행하고 있다는 점이 특징이다. 앞에서 언급한 바와 같이 그들은 장기곶을 넘기 전에 울산항에 정박하여 숨길을 고르면서 보급품 등을 보충하여 울릉도로 가기 위해 울진행을 감행하였다고 보아야 한다.

박어둔 등의 울산 사람들은 독도를 인식하였고, 독도까지 어로활동을 나갔을까? 안용복의 경우 사료 ⑤에 의하면 안용복은 일본인이 말하는 송도, 즉 자산도에 가서 왜인들이 가마솥을 벌여 놓고 고기 기름을 달이고 있는 것을 보고 막대기로 쳐서 깨뜨리고 큰 소리로 꾸짖자 왜인들이 거두어 배에 싣고서 돛을 올리고 돌아가므로 배를 타고 뒤쫓다가 갑자기 광풍을 만나 표류하여 오기도(玉岐島)에 이르렀다고 한다. 일본 측 연구자들의 경우 사료 ⑤의 비변사에서의 안용복의 진술을 믿을 바 못되는 것으로 치부해버린다. 이케우찌 사토시의 경우 "안용복은 마쓰시마(다케시마=독도)의 역사적 귀속 문제에 있어서 아무런 의미도 없고", "안용복이 평가되고 있는 점은 항상 '울릉도를 지켰다'는 사실이다."고 한다.[18] 그러나 「元祿九丙子年朝鮮舟着岸一卷之覺書」에 의하면 안용복은 강원도에 속해있는 울릉도가 일본에서 말하는 '다케시마'라고 설명하면서 소지하고 있던 '조선팔도지도'를 꺼내 울릉도가 표시돼 있음을 보여주고, 또 松島(독도)도 '子山'이라고 불리는 섬으로 강원도에 속해 있다면서 지도에 표시되어 있다고 설명하였다. 특히 이 기록에서 안용복은 "죽도와 조선은 30리, 죽도와 송도는 50리"라고 하였다. 이 문서의 끝부분에는 경기도 등 '조선지팔도'가 적혀있고 강원도에는 주석으로 "이 도에는 죽도와 송도가 속한다(此道中竹嶋松嶋有之]."고 기록되어 있다. 이 기록에 의하면 자산도가 독도이며, 이것을 일본 측에서 '송도'로 부르며, 그것을 조선영토로 인식하고 있음을 보여주고 있다. 이것이 일본 측 문헌에 기록되었다는 것은 조선에서 안용복이 진술한 내용, 『숙종실록』의 기록이 전

---

18) 池內敏, 「일본 에도시대(江戶時代)의 다케시마(竹島)-마쓰시마(松島) 인식」 『독도연구』 6, 영남대학교 독도연구소, 2009.

혀 믿을 바 못 된다는 일본 측 주장은 재고의 여지가 있다.

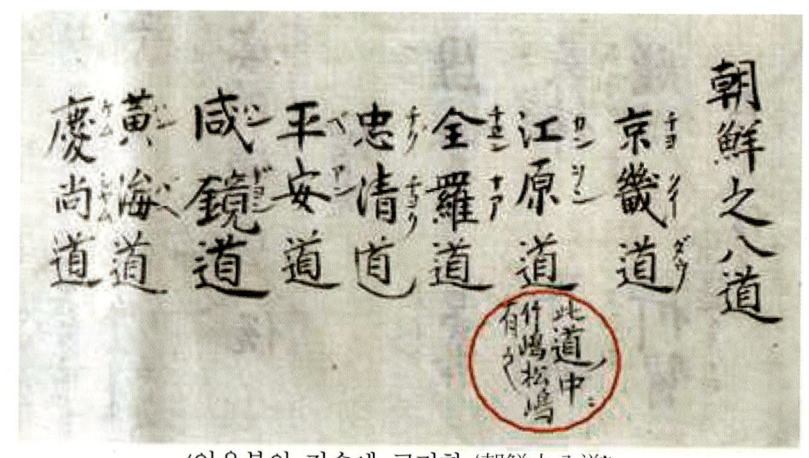

〈안용복의 진술에 근거한 '朝鮮之八道'〉
(「元祿九丙子年朝鮮舟着岸一卷之覺書」)

또 사료 ⑤에서 "배를 타고 곧장 백기주로 가서 '울릉자산양도감세'라고 가칭하였다고 하였는데, 오카지마 마사요시(岡嶋正義)의 『竹島考』를 보면 안용복이 탄 배에 그려진 깃발을 묘사한 그림이 있는데 '조선안동지승주(朝鮮安同知乘舟)', 혹은 '조울양도감세장 신 안동지(朝鬱兩島監稅將臣 安同知)'란 글이 쓰진 것으로 되어 있다. 이것을 「元祿九丙子年朝鮮舟着岸一卷之覺書」의 '조선지팔도'의 강원도의 주석, "이 도에는 죽도와 송도가 속한다[此道中 竹嶋松嶋有之]."고 한 기록으로 미루어 보면 '양도'는 울릉도와 독도라고 할 수 있다. 그런 점에서 이케우찌 사토시의 주장처럼 "안용복은 송도의 역사적 귀속 문제에 있어서 아무런 의미도 없다."는 주장은 잘못된 것이다. 일본의 경우 안용복을 거짓말쟁이로 몰기 때문에 안용복 자료만을 갖고 일본의 논리를 반박한다는 자체는 무의미할지도 모른다. 그런 점에서 안용복과 함께 숙종 19년 일본에 피랍되었고, 숙종 22년의 울릉도행에 함께 한 박어둔 등의 울산 어채인들을 통해 그들이 독도를 인식하였는가? 그리고 독도에까지 어로활동을 나갔는가를 살펴보기로 한다.

우선 한국 측에서도 숙종 19년 안용복은 일본에 피랍되었을 때 독도를 보았지만19) 박어둔은 독도를 보지 못했다는 주장이 있다.20) 일본에서 본국으로 돌아온 뒤 비변사에서 심문받았을 때 박어둔은 삼척으로 가다가 폭풍우를 만나 우연히 울릉도에 가게 되었다고 진술하고 있다. 이때 울릉도에서 일본 배에 연행되어 가게 되었는데 호키주까지는 4일이 걸렸고, 그 사이에 배 멀미를 하느라 누워 있었으므로 기억하는 것이 없었다고 한다.21) 이 기록대로라면 그는 울릉도에서 일본 호키로 가는 동안 독도를 보지 못했다. 그렇다고 해서 박어둔이 독도를 보지 않았다고 주장할 수는 없다. 그것을 증명하기 위해 안용복의 진술을 살펴보기로 한다.

> ⑩ 인질이 여기에 머물러 있을 당시 질문했을 때 대답한 것으로 "이번에 나간 섬의 이름은 모릅니다. 이번에 나간 섬의 동북에 큰 섬이 있었습니다. 그 섬에 머물던 중에 두 번 보았습니다. 그 섬을 아는 자가 말하기를 우산도라고 부른다고 들었습니다. 한 번도 가본 적은 없지만 대체로 하루 정도 걸리는 거리로 보였습니다."라고 말하고 있습니다.22)

안용복은 울릉도에서 동북방에 있는 섬인 우산도, 즉 독도를 두 번이나 보았다고 한다. 안용복과 함께 울릉도에 간 박어둔이 우산도, 즉 독도를 보지 못했을 리가 없다. 1693년 대마도에서조차 동래 왜관의 역관을

---

19) 안용복은 피랍되면서 독도를 보았음을 다음의 자료를 통해 알 수 있다.

안용복의 공초 안에, 산형과 초목 등에 관한 말은 박어둔의 말과 한결같은데, 끝에 "제가 잡혀 (백기주로) 들어올 때 하룻밤을 지나고 다음날 저녁을 먹고 난 뒤 섬 하나가 바다 가운데 있는 것을 보았는데, 竹島에 비해 자못 컸다."고 했습니다.(『邊例集要』 권17, 「鬱陵島」 1694년 1월)
안용복을 납치한 오야 가문의 배가 "새벽에 松島라는 곳에 도착했다."(『因府歷年大雜集』 元祿 5年(1692) 7月 24日. 元祿 5年은 元祿 6年의 오류임.)고 한 기록을 통해서도 안용복이 松島, 즉 독도를 보았음은 확실하다. 다만 독도에 들린 시점이 '저녁 식사 후'인가 '새벽'인가 하는 차이가 있지만 그것은 기억이 틀렸거나 필기를 잘못 했기 때문일 것이다(박병섭, 『안용복 사건에 대한 검증』 한국해양수산개발원, 2007.12, 29쪽).

20) 유미림, 「박어둔은 울릉도를 보았는가?」 『독도연구저널』 한국해양수산개발원 독도·해양영토연구센터, 2009. Autumn. vol 07. 아마도 이 글의 제목은 「박어둔은 독도를 보았는가?」일 것인데, 교정의 오류일 것이다.
21) 『변례집요』 권17, 「울릉도」.
22) 『竹嶋紀事』 元祿 6年 11月 1日.

통해 울릉도와 독도를 인지하고 있음을 다음의 자료를 통해 확인할 수 있다.

⑪ 올해도 그 섬에 벌이를 위해 부산포에서 장삿배가 3척 나갔다고 들었습니다. 한비치구라는 이국인을 덧붙여 섬의 형편이나 모든 것을 해로에 이르기까지 자세히 지켜보도록 분부했으므로 그 자들이 돌아오는 대로 추후에 아뢰겠으나 먼저 들은 바에 대해여 별지 문서에 적겠습니다.
'두렵게 생각하면서도 적은, 구상(口上)의 각서'

一. 부룬세미의 일은 다른 섬입니다. 듣자하니 우루친토라고 하는 섬입니다. 부룬세미는 우루친토보다 동북에 있어, 희미하게 보인다고 합니다.
一. 우루친토 섬의 크기는 하루 반 정도면 돌아볼 수 있는 크기라고 합니다. 높은 산이며 논밭이나 큰 나무가 있다고 듣고 있습니다.
一. 우루친토는 강원도 에구하이란 포구에서 남풍을 타고 출범한다고 듣고 있습니다.
一. 우루친토에 왕래하고 있는 건은 재작년부터임에 틀림없습니다.
一. 우루친토로 왕래하고 있는 일은 관아에서 모르고 있고, 자기들 생계를 위해 나가고 있습니다. 다른 것들은 한비차구가 돌아오는 대로 물어 다시 상세한 것을 아뢰겠습니다.23)

원록 6년(1693) 6월에 쓰시마 현지의 가로(家老)인 스기무라 우네메(杉村采女)는 부산의 왜관에 체재하고 있던 역관 나카야마 가헤에(中山加兵衛)에게 조선에서 부룬세미라고 부르는 섬이 죽도인지 아닌지? 그리고 죽도는 조선의 어느 방향에 있고, 어디에서 어느 방향의 바람을 타며, 해로는 어느 정도이며, 섬의 크기는 어느 정도인지 등을 친하게 아는 조선인에게 은밀히 물어보도록 하였다.24) 그에 대한 나카야마의 회

---

23) 『竹嶋紀事』元祿 6年 5月 13日.
24) 『竹嶋紀事』元祿 6年 5月 13日. "竹島는 조선에서 부룬세미라고 칭하고 있는 모양인데 부룬세미란 어떻게 쓰는가? 울릉도라는 섬이 있는데 이것을 백성들이 부룬세미라고 부르는 것이 아닌가? 일본에서는 竹島를 이소다케라고 말하고 있다. 울릉도와 부룬세미는 다른 섬인가? 부룬세미를 일본인들이 竹島라 하고 있는 것은 누구의 말이라고 들었는지? … 竹島는 조선의 어느 방향에 있고, 어디에서 어느 방향의 바람을 타며, 해로는 어느 정도이며, 섬의 크기는 얼마인가?"

답이 사료 ⑪이다. 위 사료가 작성되는 배경을 살펴보면 5월 13일 에도 막부는 안용복 피랍사건에 대처하기 위해 조선과의 외교교섭을 담당하는 쓰시마번에 대해 안용복 등을 조선에 송환할 것, 차후에 조선인이 죽도(울릉도)로 오지 않도록 조선에 요구할 것을 명했다.25) 이에 쓰시마번이 은밀히 부산에 있는 역관 나카야마 가헤에게 조사 보고하도록 하여 사료 ⑪이 작성되었다.

나카야마의 구상서에 의하면 울릉도는 '우루친토'라 하고, '부룬세미는 우루친토보다 동북에 있어, 희미하게 보인다.'고 한 것으로 보아 안용복이 울릉도에서 바라다본 우산도, 즉 독도라고 할 수 있다. 위 사료는 울릉도에서 독도가 동북쪽에 있다는 표현이 아니다. 부산에서 바라볼 때 독도는 울릉도를 지나 더 먼 곳으로 항해해야만 갈 수 있는 곳, 더 먼 동북방에 있는 섬이다. 조선시대의 지리지들은 방향표시와 거리를 표시할 할 때 '본읍'에서부터의 방향과 거리를 표시한다는 점을 염두에 두어야 한다.26) 부산에서 살던 사람들이 부산에서 바라다 본 좌표이다. 부산 동래에 살았던 안용복은 동래에서 울릉도보다 더 먼 곳, 동북방에 있다는 말을 들었고, 울릉도에서 독도를 희미하게 보았을 때 '동북방'에 있다고 표시하였다. 이와 같이 사료 ⑩와 ⑪을 관련시켜 볼 때 안용복은 부산에서 '울릉도의 동북방에 우산도가 있다.'는 인지를 하고 있었음이 분명하다. 그렇다고 할 때 그와 동행한 박어둔이 울릉도에서 호키주로 가는 동안에 독도를 보지 못했다고 해서 독도를 인지하지 못하였다고 하는 것은 설득력이 없다.

그렇다면 사료 ⑦에 의하면 숙종 18년(1692)에도 울산에서 울릉도 북쪽의 섬에 20명 정도 건너갔고, 3년에 한번 국왕의 용도로 전복 채취를 하였다는 북쪽의 섬은 울산에서 보았을 때 울릉도보다 더 먼 북쪽에 있는 섬, 즉 우산도(독도)가 아닐까? 박어둔 등의 울산사람들의 어로 활동이 독도에까지 미쳤다면 울릉도쟁계의 타결 안에 독도까지 포함된다고 보아야 할 것이다. '울릉도쟁계'는 안용복이 숙종 22년 일본에 간 활동에

---

25) 『竹嶋紀事』 元祿 6年 5月 13日.
26) 김호동, 『독도·울릉도의 역사』 경인문화사, 2007.

의해 타결이 되는 것이 아니라 숙종 18년~19년의 울산의 어채인 울릉도, 독도 어로활동과, 박어둔·안용복의 일본에 피랍이 발단이 되어 일어난 것이다. 그런 점에서 '울릉도쟁계'의 해결에는 울산 사람들의 울릉도, 독도 어로활동이 큰 영향을 끼쳤다고 할 수 있다. 그런 점에서 박어둔과 울산사람들의 어로활동은 울릉도·독도 수호활동이었다고 규정할 수 있을 것이다.

Ⅲ. '박어둔'을 비롯한 울산 사람들이 울릉도·독도로 간 까닭

왜 울산지역의 어민들과 동남해 어민들이 조선후기 수토정책에도 불구하고 울릉도와 독도 해역으로 출어하였는가? 그리고 그것은 숙종 19년 전후에 시작되었는가? 이 문제를 해결하기 위한 단서로서 주목하는 것은 이 시기 영토분쟁이 울릉도와 독도를 둘러싸고 조선과 일본 사이에 일어났을 뿐만 아니라 북방의 청나라와 국경분쟁이 있었다는 사실이다.

1712년(숙종 38)에 백두산정계비가 세워졌기 때문에 울릉도 쟁계와 시간적 차이가 있는 것 같지만 이보다 앞서 압록강·두만강을 사이에 두고 조선과 청나라 두 나라 사이에 '범월'을 둘러싼 국경 분쟁 사건이 자주 일어났다. 왜 숙종 때 그간 폐한지(廢閑地)로 버려졌던 북방과 동해 바다의 절해고도인 울릉도와 독도로 사람들이 위험을 무릅쓰고 들어갔는가? 안용복의 활동과 백두산정계비에 관한 연구는 지금까지 많지만 이에 대한 연구는 없다. 이에 대한 연구를 통해 박어둔 등의 울산 어채인들이 울릉도와 독도 해역으로 출어하게 된 배경을 유추할 수 있을 것이다. 이런 시각을 갖고 주목할 수 있는 것은 숙종 조에 한해 굶주려 죽는 자가 수만 명에 달하는가 하면 구월산 도적떼, 장길산 등이 횡행하는 등 토지로부터 이탈한 민들이 격증한 것과 관련시켜 볼 수 있을 것이다.

숙종 조는 소빙기에 해당한다. 소빙기는 대체로 1500년에서부터 1750년으로 간주된다. 소빙기의 기온 강하는 전반적으로 농경조건을 어렵게 만들었다. 천변재이로 인한 격심한 한발은 폐농, 기근, 전염병으로 이어져 인구 감소와 도시의 황폐화를 수반하였다. 기민구제를 위해 정부 보유의 관곡, 군자곡을 동원하는 것으로 대처하였지만 자연재해가 장기화 됨에 따라 납속공명첩의 발급을 통해 사유곡(私有穀)을 동원하지 않을 수 없는 상황이 되었다. 1677년(숙종 3)에 진휼을 위한 공명첩 발매는 그 한 예이다.

소빙기의 자연재해로 인해 민의 삶을 영위하는 조건이 파괴된 상황에서 국가의 조세와 군역 부담을 피해 북방의 청과의 국경지대와 바다의 섬으로 진출하는 사람들이 증가하였을 것이다. 숙종 조 백두산정계 및 울릉도 쟁계 문제가 역사의 전면에 떠오르는 이유를 알 수 있다. 양 지역으로의 민의 유입은 조선으로부터만 있었던 것이 아니라 북방의 경우 청나라, 울릉도의 경우 일본으로부터도 있었기 때문에 그곳에서 상호 대립, 갈등이 일어날 수밖에 없었다.

소빙기로 인한 자연재해 현상은 농업 및 어업등의 생업 활동에 심대한 타격을 주었기 때문에 토지로부터 이탈한 농민들이 증가하여 산간이나 섬으로 도망가는 사람들이 증가하였을 것이다. 그런 현상에 짝하여 부익부 빈익빈 현상으로 인한 사회의 양극화가 진행됨으로써 부자들은 토지를 집적하였다. 부자들에게는 흉년이야말로 없는 사람들의 논을 헐값으로 사들여서 재산을 늘릴 수 있는 절호의 기회였다. 경주 최부자집의 가훈에 "흉년에 논 사지 말라."라고 한 조항이 주목받는 것은 실제 그와는 반대되는 일이 비일비재하였음을 말한다. 그래서 '죽 한 그릇 논밭'이란 말이 생겨날 정도이다.

특히 울산지역의 경우 소빙기 때 자연재해의 피해가 많았음을 『실록』의 자료를 통해 확인할 수 있다. 인조 조에서 숙종 조에 이르기까지의 울산의 자연재해 현상이 기록에 많이 나온다. 박어둔의 윗대가 통정대부(조)·가선대부(증조)를 지낸 것은 납속공명첩에 의한 것일 것이다. 그에 반해 박어둔은 거주지를 옮기고, 해척으로서 병영 염간이란 역명을 띠고 있으면서 양천교혼을 하였다. 그것은 선대에 비해 그의 당대의 가산이 영락하였음을 말한다. 그래서 생활고를 타개하기 위해 먼 울릉도행을 감행하게 되었다고 보아야 할 것이다.

소빙기로 인한 자연재해 현상은 농업만이 아니라 어업에도 심각한 피해를 낳았다. "바닷가 고기 잡는 백성은 거의 남은 자가 없는데, 대개 이들은 고기를 잡아 살아가고 있는데 흉년에는 팔리지 않기 때문에 죽은 자가 더욱 많다."27)고 한 기록을 통해 울산 등의 바닷가 어민들의 삶의 조건이 더욱 어려워졌음을 알 수 있다. 이러한 어려움을 타개하기 위해 조세수취가 부과되지 않은 울릉도로의 모험을 충분히 상정할 수 있다.

자연재해로 인한 농업과 어업이 어려워졌지만 진상품의 경우 수요는 결코 감해지는 경우가 거의 없었기 때문에 그 조달이 쉽지 않았을 것이다. 울산의 경우 소빙기에 따른 자연재해에도 불구하고 궁가(宮家) 등이 미역, 전복 등의 해산물품에 대한 수요를 충당하기 위한 침탈과 진상품에 대한 요구로 인해 어려움에 봉착하였음을 다음의 사료 ⑫~⑰를 통해 알 수 있다.

⑫ 간원이 아뢰기를, "울산의 해변 가 1개 면을 모두 宮家에서 불법으로 점유한 결과 그곳에 거주하는 수백 명의 백성들이 생업을 잃고 원통함을 호소하고 있습니다. 이렇듯 전에 없던 기근을 만나 백성이 목숨을 부지할 수 없는 때를 당하여 못살도록 마구 침해하는 폐단을 통렬히 금하지 않을 수 없으니, 本道로 하여금 분명히 조사해 계문케 함으로써 엄금할 수 있는 기반을 마련하도록 하소서."하니, 따랐다.28)

⑬ 蔚山의 藿田을 龍洞宮29)에 그대로 붙여두라고 명하였다. 이 궁은 禁中의 私帑이며, 울산의 곽전은 본디 閑地가 아니라 進供하는 데 쓰이는 것을 오로지 여기에서 가져가는데, 이따금 용동궁에서 떼어 받았다. 慶尙監司 徐文重이 馳啓하여 本府에 도로 붙이기를 청하고, 該曹에서도 그리해야 한다고 覆議하였으나, 임금이 겨우 받았다가 곧 그만두는 것도 매우 전도되는 것이라 하여 특별히 명하여 本宮에 붙였다.30)

---

27) 『현종실록』 권20, 현종 12년 11월 21일(무진).
28) 『현종실록』 권4, 현종 2년 6월 8일(을유).
29) 울산 남구 문화원 향토사연구소 박채은 소장은 당사동에 있는 작은 섬인 방덤, 용동굴은 용난태라고도 하는데, 웅굴이 있어 房이라 하며, 이 방덤에서 용이 승천했다는 전설이 있다고 한다. 이곳에서 용이 살았다 하여 용동굴(용동궁)이라 한다고 하였다.
30) 『숙종실록』 권15, 숙종 10년 3월 17일(계미).

⑭ 蔚山 軍令浦31)의 藿田을 도로 本府에 소속시키도록 명하였다. 임금이 울산 땅의 司僕牧場 안의 여섯 군데 곽전 중의 한 구역을 본부에 옮겨 주어 군령포에서 떼어 받은 龍洞宮을 대신으로 충당하게 하였는데, 承旨 權是經이 覆奏하기를, "宮家의 藿田은 피차가 다를 것이 없습니다. 군령포는 이미 進上하는 것을 캐는 곳으로서, 臺啓의 간쟁이 실로 뜻이 있는 바가 있으니, 사복 목장의 곽전을 궁가로 옮겨 주고, 군령포의 것은 여전히 본부에 속하게 하는 것이 마땅합니다."하니, 임금이 고쳐 명하여서 권시경의 말대로 하였다.32)

⑮ 贊善 宋時烈이 사직하였는데 그 상소에 "신은 듣건대, 주자가 말하기를 '옛날 聖王은 음식과 酒醬 그 어느 것도 冢宰에게 관장시키지 않은 것이 없었기 때문에 안과 밖이나 은미한 곳과 드러난 곳에 이르기까지 精粹하고 純白하여 후세의 본보기가 될 만하였다.' 했습니다. 그런데 신이 듣건대 금년 봄에 영남의 한 장수가 울산의 전복을 매우 급히 내라고 독촉하면서 말하기를 '상께서 勳戚大臣을 통해 요구하셨다.'고 하였답니다. 과연 그런 일이 있었습니까? 혹시 훈척이 사복을 채우려고 성상의 분부라고 빙자한 것이 아닙니까? 맹자가 말하기를 '음식을 탐하는 사람을 천하게 여긴다.'고 했습니다. 보통 사람도 이와 같은데 하물며 제왕의 존귀한 신분으로 그런 일이 있었다면 아래에 끼친 수모거리가 얼마나 크겠습니까. 신은 몹시 놀라고 괴이하게 여깁니다. 삼가 바라건대, 전하께서는 자신을 돌아보아 그런 일이 있으면 고치고 없으면 더욱 노력하소서. 그 일이 있었는지 없었는지 신이 감히 알 수 없습니다만 항간에서 이루 말할 수 없이 수군거리고 있는데 영남의 해변 쪽이 더욱 심합니다. 성덕에 끼친 누가 적지 않기에 죽음을 무릅쓰고 감히 말씀드리는 바입니다."라고 하였다.(『효종실록』 권19, 효종 8(1657)년 8월 16일〈병술〉)

⑯ 원춘도 관찰사 金載瓚이 장계하기를, "울산에 사는 海尺 등 14명이 몰래 鬱陵島에 들어가 魚鰒·香竹을 채취하였는데, 三陟의 포구에서 잡혔습니다. 그 섬은 防禁이 지극히 엄한데도 울산 백성이 번번이 兵營의 採鰒公文을 가지고 해마다 방금을 범하니, 그 兵使와 府使를

---
31) 울산 남구 문화원 향토사연구소 박채은 소장은 군령포는 서생·신암리로서 군경포라고 한다고 하였다.
32) 『숙종실록』 권15, 숙종 10년 6월 18일(임자).

勘罪해야 하겠습니다." 하였다. 비변사에서 복주하여, 경상좌도 병마절도사 姜五成과 울산 부사 沈公藝를 먼저 파직시키고 나서 잡아다 추국하기를 청하니, 윤허하였다.33)

⑰ 경상도 관찰사 鄭大容이 치계하기를 (중략) "진상하는 마른 전복은 울산의 것이 잘다 하여 매번 泗川·巨濟 등지에서 사들이는데, 이는 바로 제주에서 생산된 것으로 여러 곳을 거쳐서 입수된 것입니다. 그리하여 높은 값과 거래 때에 드는 잡비를 바다 백성들이 으레 담당하고 있습니다. 진상의 일은 사체가 지극히 중하므로 감히 경솔하게 의논드릴 수는 없으나, 그 지방 산물에 따라 봉진하는 것이 본시 공물을 바치는 제도이고 또 관동과 호남에 근거할 만한 전례도 있으니, 의당 변통하는 방도가 있어야 할 것입니다." 하였다.(『정조실록』 정조 17년 5월 27일 〈무오〉)

사료 ⑫~⑰를 통해 울산의 경우 진상을 위한 미역밭이 존재하였고, 봉진품에 전복도 포함되어 있었다. 방어진은 조선 숙종 시대 이후 완내(灣內)에 삿자리를 둘러 왕에게 진상하는 전복의 보호장이었다 한다.34) 미역과 전복 등의 봉진품에 대한 궁가의 침탈이 현종~숙종 연간에 행해짐으로써 울산지역은 이중의 부담을 지게 됨으로써 어려움에 봉착하게 되었다. 특히 울산의 봉진품인 전복의 경우 울산의 것이 품질이 떨어짐으로써 사료 ⑰에서 보다시피 울산의 해척들이 병영(兵營)의 채복공문(採鰒公文)을 갖고 몰래 울릉도에 들어가 전복 등을 채취하였고, 그것이 문제가 되어 경상좌도 병마절도사 강오성과 울산 부사 심공예가 파직되기에 이를 정도였다. '병영(兵營)의 채복공문(採鰒公文)'이 존재한다는 것은 울산에서 공공연히 울릉도를 드나들었음을 반영한다.
'병영의 채복공문'과 관련하여 주목되는 사료가 다음의 사료들이다.

㉮ ⓐ 이 섬(울릉도 ; 필자)으로부터 북쪽에 섬이 있는데 3년에 한번 國主

---

33) 『정조실록』 권24, 정조 11(1787)년 7월 25일(경인).
34) 이현호, 「일제시기 이주어촌 '방어진'과 지역사회 동향」 『역사와 세계』 33, 효원사학회, 2008, 50쪽.

의 용도로 전복 채취를 갑니다. … ⓑ우리들이 저 섬에 건너간 것은 별도로 숨겨서 말씀드릴 것도 아닙니다. 작년에도 울산 사람이 20명 정도 건너갔고, 또한 公儀로부터 이를 지시받았다고 할 수도 없고 자기들 마음대로 건너간 것입니다.35)

㉯ 호키주(伯州)에서 용무를 마치고 다케시마로 돌아가 12척의 배에 물건을 고쳐 싣고, 6~7월 경에 귀국하여 궁궐(殿)에 運上할 예정입니다.36)

사료 ㉮는 울산 사람에 대한 사정청취를 기록한 것이니 박어둔에게서 들은 이야기이다. ㉮-ⓐ에 의하면 3년에 한번 울릉도의 북쪽에 있는 섬37)에서 울산인들이 '국주지용(國主之用)'으로 전복 채취를 하였다고 한 것으로 보아 이것이 한 두 해 사이에 일어난 것이 아니라 관행적으로 행해졌음을 뜻하는 표현이다. 그래서 사료 ㉮-ⓑ에서 별도로 숨겨서 말씀드릴 것도 아니라고 하였을 것이다. 사료 ㉯에서는 물건을 싣고 궁궐(殿)에 운상(運上)할 예정이라고 하였다. ㉮-ⓑ에 의하면 작년에도 울산인 20명 정도가 건너갔고, 그것이 '공의(公儀)'가 아닌 '자분지농(自分之持)', 즉 자기들 마음대로 갔다고 하였지만 실상은 '채복공문'을 빙자하여 갔음을 숨기기 위한 것이 아닌가 한다. 울산의 미역밭이 용동궁(龍洞宮)에 속하였고, 봉진품에 전복이 포함되었기 때문에 '나랏님'에 드리고자 하는 명분을 내세워 울산 병영에서 '공의'라고 하면서 '채복공문'을 발행하고 무시로 울릉도 도항을 감행하였다고 보아야 한다.38) 박어둔, 안

---

35) 『竹嶋紀事』元祿 6(1693)年 9月 4日.
36) 『元祿九丙子年朝鮮舟着岸一卷之覺書』.
37) 아마 동래의 안용복이나 울산의 박어둔 등은 자기 고향에서 독도가 울릉도 북쪽, 혹은 동북방에 있었기 때문에 습관적으로 울릉도에서도 '북쪽', '동북방'으로 말하였다고 볼 수 있기 때문에 독도를 가리키는 것일 것이다. 이에 관해서는 김호동, 「조선 숙종조 영토분쟁의 배경과 대응에 관한 검토-안용복 활동의 새로운 검토를 위해-」『대구사학』(대구사학회, 2009)를 참고하기 바란다.
38) 이케우치 사토시(池內敏)가 "이들 '國主', '殿', '公儀'라는 것은 도대체 누구를 가리키는 것일까? 울릉도는 15세기 이래 국가차원의 도항금지의 섬으로 되어왔기 때문에 조선국왕일 리가 없다."(「安龍福英雄伝説の形成・ノート」『史學』55, 名古屋大學硏究論集, 2009.2,) 하였지만 이 자료상의 '國主', '殿', '公儀'가 뜻하는 바는 울산 병영이 '나랏님' 을 위한 '公儀로 포장한 것으로 보아야 한다. 일본의 경우 에도시대에 '國'이 '지방정부'를 뜻하지만 한국의 경우 '國'이란 용어는 '나라'이다.

용복의 납치와 관련된 사료 ①의 경상감사의 장계 속에 "간혹 뱃사람의 왕래가 있었고", 사료 ②의 "일찍이 연해의 수령의 지낸 사람의 말을 들어보니 바닷가 어민들이 자주 무릉도와 다른 섬에 왕래하면서 대나무도 베어오고 전복도 따오고 있다."고 한 목래선의 말을 미루어 볼 때 박어둔과 안용복 일행은 '공의(公儀)'를 빙자하여 울산병영의 '채복공문'을 받아 상업적 이익을 쫓는 무리라고 규정할 수 있고, 사료 ②의 '무릉도와 다른 섬'의 '다른 섬'은 독도였음을 알 수 있다.

병영의 채복공문이 문제가 된 6년 뒤의 기록, 사료 ⑰에서 보다시피 울산이 제주에서 생산된 전복을 사들여 진상하게 된 것은 정조 11년의 채복공문이 발각됨으로써 울릉도로 전복을 캐러가지 못한 상황에서 나타난 현상이지만 그것을 빙자하여 울릉도로의 출어는 기회를 엿보아 이루어졌을 것이고, 대신 울릉도 전복이 제주산의 형태로 포장되었을 가능성이 있다.

일본의 오야 가문과 무라카와 가문의 경우도 울릉도 출어에서 전복을 많이 채취하였다. 『長生竹島記』에 '전복, 해삼을 잡았는데 돌산에서 돌을 줍는 것처럼 많았다.'는 기록이 나오고, 『村川氏舊記』에 의하면, 도해 시 필요한 경비를 돗토리번에서 빌려 귀향 시 전복으로 정산했다고 하였고, 전복과 은의 환산비가 기록되어 있다. 또 현지에서 '말린 전복(丸干鮑)', '장에 절인 전복(腸漬鮑)', '소금에 절인 전복(鮑腸鹽辛)' 등을 만들어 가지고 돌아왔다고 기록되어 있다.[39]

울산의 경우 봉진품에는 미역과 전복이 주종이었다. 전복의 경우 울산의 상품은 작아서 상품을 조달하기 위해 울산지역에서 공공연히 울릉도로 드나들었다고 보아야 한다. 「元祿九丙子年朝鮮舟着岸一卷之覺書」에서 안용복이 '배 13척 중에 12척은 竹島에서 미역과 전복을 따고 대나무를 벌채하였다'고 하였고, '올해는 전복이 많지 않았다.'고 한 진술에서 울산지역민들이 왜 울릉도로 출어하였는가를 알 수 있다.

울산의 경우 궁가의 곽전이 있었고, 봉진품에 전복이 포함되었기 때

---

39) 스기하라 다카시, 「오야가, 무라카와 관계 문서 재고」 『竹島問題に關する調査研究 最終報告書』 竹島問題研究會, 2007.

문에 그것을 빙자해 울릉도행에 나섰을 때 그 항로 도중에 마주치는 관가의 검문, 검색을 쉽게 통과할 수 있었다. 바로 부산이나 전라도 쪽에서 상업적 목적을 갖고 울릉도행을 감행하려고 하는 자들은 울산을 경유하여 울산의 어채인과 함께 울릉도행을 감행하는 이유는 '채복공문'과 같은 것을 발급받아 봉진품을 조달하기 위해 어로활동을 나선 배라는 것을 드러낼 필요 때문이었다고 보아야 할 것이다. 그게 문제가 되어 관가 등에서 문초를 받게 되었을 때 '사사로이 들어갔다거나', '풍랑을 만나 어쩔 수 없이 울릉도에 정박하게 되었다.'고 하였을 것이다.

박어둔은 비변사에서 문초받을 때 울릉도에 가게 된 것에 대해 다음과 같이 진술하고 있다.

⑱ 갑술(1694년, 숙종 20) 정월, 竹島에서 붙잡힌, 蔚山에 사는 朴於屯, 安龍福에게 問目을 만들어 문초하니, 박어둔이 문초에 진술한 내용 중에, "계유년(1693) 3월에 벼 25석과 銀子 9냥 3전 등의 물건을 배에 싣고 생선과 바꾸고자 蔚珍에서 三陟으로 향할 때 바람 때문에 표류하여 이른바 '竹島'에 배를 정박하게 되었습니다. 그리고 竹島에서 伯耆州까지의 거리는 제가 이 섬에 머문 지 3일째 되는 날 倭人 7~8명이 갑자기 배를 타고 와서 저를 붙잡았으며, 이어서 그 섬에서 배가 떠나 사흘 낮과 나흘 밤이 지난 뒤에 비로소 백기주에 닿게 되었사오며, 竹島의 크기와 둘레는 그 크기가 부산 앞바다의 絶影島에 견주면 두 배가 조금 넘사옵고, 둘레는 자세히 알 수는 없으나, 제가 보기엔 매우 광활하였사오며, 산의 형세는 산에 세 봉우리가 있는데, 높이가 매우 높아 하늘에 닿은 듯하였사옵고, 그 나머지는 대체로 평평하고 넓은 땅이었습니다. 그리고 시냇물은 바다로 흘러들어갔사오며, 나무, 芦竹, 새와 짐승은 柯重木, 柄子木, 香木이 있으며, 또 동백나무가 있사옵고, 큰 대나무가 있는데 그 마디가 몹시 길며, 그 둘레가 아주 커서 곧게 솟아올라 하늘에 닿을 듯 하였사옵고, 또 箭竹이 있사오며, 섬 안 인가에 사람이 거주하는 일은 지금은 비록 사람이 거주하는 인가가 없으나, (그 집들의) 주춧돌이 남아 서로 이어져 있고, 빈 터엔 달래가 자라는 곳이 많이 있사오며, 이 섬에서 백기주까지 水路로 몇 리인지는 제가 붙잡혀 들어갈 때 水疾에 걸려 배 안에 누워 있어서 사흘 낮과 나흘 밤이 지난 뒤에 백기주에 닿았다는 것만 기억할 뿐, 물길로 몇 리인지는

자세히 알지 못하오며, 이 섬의 앞뒤로 다시 다른 섬이 없었습니다."라고 하였습니다. 안용복을 문초하여 진술한 내용 중에, 산의 형세와 초목 등의 말은 (박어둔과) 꼭 같았고, 끝부분에 "제가 붙잡힌 사람으로 들어갔을 때, 하룻밤을 지내고 다음날 늦게 식사를 한 뒤에 바다 가운데 하나의 섬이 있음을 보았고, 竹島에 견주어 자못 크다고 생각했습니다."라고 하였습니다. 이런 까닭으로 급히 아룁니다.[40]

위 사료에 의하면 박어둔은 1693년 3월에 벼 25석과 은자 9냥 3전 등의 물건을 싣고 생선과 바꾸고자 울진에서 삼척으로 향할 때 바람 때문에 표류하여 울릉도에 이르게 되었다고 한다. 사료 ⑪에서 "우루친토로 왕래하고 있는 일은 관아에서 모르고 있고, 자기들 생계를 위해 나가고 있다."고 한 것으로 보아 박어둔이 폭풍으로 인해 울릉도에 가게 되었다고 한 진술은 죄를 감해보려는 의도에서 나온 것이라고 할 수 있다. 사료 ②에서 "경상도 연해의 어민들이 비록 풍파 때문에 무릉도에 표류했다고 하고 있으나 일찍이 연해의 수령을 지낸 사람의 말을 들어보니, 바닷가 어민들이 자주 무릉도와 다른 섬에 왕래하면서 대나무도 베어오고 전복도 따오고 있다 했습니다."라고 한 진술을 통해 박어둔 등이 풍파로 인해 무릉도, 즉 울릉도에 표류했다고 생각하지 않음을 알 수 있다. 그리고 경상도 연해 어민들의 어로활동의 범위는 무릉도와 다른 섬에 왕래하였다는 기록을 통해 울릉도와 독도까지 어로활동의 범위에 포함되고 있음을 알 수 있다. 박어둔을 비롯한 울산의 어부들은 소빙기의 내습에 따른 염간으로서의 소금 만드는 일, 해척으로서의 진상품 조달을 위한 미역과 전복 채취의 어려움이 가중되자 그에 대한 돌파구의 마련을 위해 울릉도·독도로의 출어에 나서게 되었지만 그 과정에서 상업적 활동을 영위하는 무리들이 생겨났음을 사료 ②의 "더러 이익을 취하려 왕래하면서 魚採로 생업을 삼는 백성"이란 구절을 통해 알 수 있다. 박어둔이 "벼 25석과 銀子 9냥 3전 등의 물건을 배에 싣고 생선과 바꾸고자 울진에서 삼척으로 향하였다."고 한 진술에서도 상품의 교환을 목적으로 울산에서 출발했음을 은연중 드러내어 말하고 있다. 그것은 사료 ⑪에서도 "올해도 그 섬에

---

40) 『邊例集要』 권17, 「鬱陵島」 1694년 1월.

벌이를 위해 부산포에서 장삿배가 3척 나갔다."고 한 기록에서 안용복과 박어둔 일행이 상업적 목적을 갖고 울릉도로 출어하였음을 알 수 있다.41) 다음의 자료를 보면 일본은 울릉도가 밀무역의 거점이 될 것인가를 우려하고 있음을 알 수 있다.

> ⑲ 또한 두 나라 사람들이 (그곳에서) 섞이면 潛通과 私市 등의 폐단이 반드시 있을 것입니다. 따라서 곧 명령을 내려 사람들이 가서 漁採하는 것을 불허했습니다. 무릇 틈이 벌어지는 것은 細微한 곳에서 생기고 禍患은 하찮은 것에서 일어나는 것이 고금의 通病이니, 미리 못하도록 막는 것이 오히려 낫다고 생각됩니다. 이로써 100년의 우호를 더욱 돈독히 하고자 하니 하나의 섬에 불과한 작은 일을 곧바로 다투지 않는 것이 두 나라의 아름다운 일일 것입니다. 유념하시기 바랍니다. 南宮이 응해 정성스럽게 수서해서 본주로 하여금 (조선 측의) 큰 감사를 대신 에도(江戶)에 전하게 할 것이며, 譯使가 귀국하는 날을 기다려 (이 뜻을) 아뢰어 빠뜨리지 않도록 당부합니다.42)

울릉도쟁계를 마무리하면서 일본 측에서 울릉도가 潛通과 私市 등의 폐단이 있을까하여 어채를 금지하였다고 한 것이나 광해군 12년(1620)에 쓰시마번이 에도막부의 명을 받아 조선국에 속한 섬 다케시마에서 밀무역을 하고 있던 사기사카 야자에몬(鷺坂彌左衛門)·니우에몬(仁右衛門) 부자를 잠상의 죄로 잡은 것에서 보다시피 울릉도에는 일본인들도 불법적으로 들어와 어로활동과 잠상행위를 하고 있었다는 자료는 그 한 예라고 할 수 있다.43)

박어둔은 울산 해변의 어부로서 최하층 빈민이고, 그가 울릉도(독도)로 간 것은 생계를 위한 어업행위라 하더라도 1693년 일본에 피랍되고, 또 1696년에도 안용복과 울릉도에 동행한 것으로 보아 그 과정에서 독도

---

41) 안용복이 상업적 목적을 갖고 울릉도행을 감행하였다는 주장은 김호동, 「조선 숙종 조 영토분쟁의 배경과 대응에 관한 검토-안용복 활동의 새로운 검토를 위해-」 (『대구사학』, 대구사학회, 2009.)에서 구체적으로 언급되고 있다.
42) 『竹嶋紀事』 元祿 9年(1696) 1月 28日.
43) 『通航一覽』 卷129, 「朝鮮國部」百五.

에 대한 정확한 인식을 하고, 울릉도(독도)행이 삶을 타개하기 위한 최선의 방책이라 생각하였고, 그것을 통해 우리 땅이라는 인식을 하였다고 볼 수 있다. 따라서 박어둔 등의 삶을 위한 투쟁이 울릉도와 독도를 지키는 데 일정한 역할을 하였다고 볼 수 있다. 그러나 그의 활동은 안용복과 함께 한 것이지 염전을 소유한 재력가로서 안용복을 지휘한 인물로 부각하는 것은 지나친 억측이다. 신량역천(身良役賤)의 인물인 박어둔의 재조명을 통해 영토수호는 지배층, 영웅에만 국한된다는 기존 인식을 불식하고 어려운 삶의 질곡을 위한 투쟁이 곧 영토를 지키는데 기여하였음을 드러내줄 필요가 있다.

울산 지역을 위시한 동남해안의 어민들의 어로활동은 일본 외무성 홈페이지 '죽도-죽도 문제에 관한 10가지 포인트' 팸플릿에서 언급한 것처럼 1692년에 처음 시작된 것일까? 사료 ②에서 "일찍이 연해의 수령을 지낸 사람의 말을 들어보니, 바닷가 어민들이 자주 무릉도와 다른 섬에 왕래하면서 대나무도 베어오고 전복도 따오고 있다했습니다."라고 한 기록에서 1693년 이전에 울릉도로의 출어가 경상도 연해지역에서 이루어졌음을 알 수 있다. 이맹휴의 춘관지에서도 "동해 바닷가는 토질이 모래와 자갈이 많아 경작할 수 없어 바닷가 백성들은 오직 고기잡이, 벌채로 생활해 나가고 있는데, 울릉도에는 큰 대와 전복이 나므로 연해 고기잡이 하는 사람들은 금함을 무릅쓰고 이익을 탐하여 무상으로 출입합니다."[44] 라고 하였다. 또 사료 ⑪에 의하면 "우루친토에 왕래하고 있는 건은 재작년부터임에 틀림없습니다."라고 한 것으로 보아 부산포에서의 울릉도에 왕래하는 것은 재작년, 즉 1691(숙종 17년)부터라고 밝히고 있다. 바로 안용복, 박어둔의 부산과 울산에서 상업적 목적을 갖고 울릉도로 가게 되면서 한 일 양국에서 어로 다툼이 발생하였고, 일본의 어부들에 의한 박어둔, 안용복의 납치사건으로 이어졌고, 곧 '울릉도쟁계'로 비화되었다고 보아야 한다.

박어둔과 안용복이 일본 어부에 납치된 과정에 대해서는 다음의 자료를 통해 알 수 있다.

---

44) 李盟休, 『春官志』「鬱陵島爭界」.

⑳ '조선인 진술서'
우리들이 그 섬(울릉도)에 있었을 때 조그마한 집을 만들고 그 집에 바쿠토라히라는 자를 남겼는데 4월 17일에 7,8명이 탄 일본 배 한척이 나타나 그 집에 와서 바쿠토라히를 잡아 작은 배에 태우고 조그마한 집에 둔 보따리를 가지고 가려고 하자, 안요구가 바쿠토라히를 육지로 데려오기 위해 작은 배에 탔습니다. 바로 배가 떴습니다. 두 명 모두 본선에 실리자 재빨리 출선했습니다. 오키국에 같은 달 22일에 도착했습니다. 그 사이에는 바다 위에 있었습니다.[45]

이 기록에 의하면, 울릉도에서 조그마한 집을 만들고 조업활동에 종사하던 중에 집에 남아 있던 바쿠토라이(박어둔)가 일본인에게 먼저 잡혔고, 안요구(안용복)는 일본인에게 잡힌 박어둔을 육지에 내리게 하게 위해 일본 배에 올라탔다가 그 길로 일본에 피랍되었음을 알 수 있다. 울릉도에서 그들을 연행한 오야 가문의 사공 구라베에(黑兵衛)와 히라베에(平兵衛)는 요나고에 도착한 후 다음의 내용을 담은 '오야 규우에몬사공각서(大屋九右衛門船頭口上覺)'를 돗토리번에 제출하였다.

A. (4월) 18일에는 小船에 水夫 다섯 명과 우리 두 명, 이상 일곱 명이 타고, 서쪽 포구에 가보았지만, 외국인이 보이지 않았기 때문에, 다시 북쪽 포구로 가보았더니, 외국 배 한 척이 정박해 있고, 임시로 작은 집을 만들고 있었고, 거기에는 외국인 한명이 있었습니다. 집 안을 보았더니, 전복과 미역을 많이 거두어 놓았기에, 그 외국인에게 사정을 물어보았으나 통역이 없어 말을 알아들을 수 없어, 그 외국인을 배에 태우고 오오텐구라는 곳을 찾아갔더니, 외국인 열 명 정도가 어렵을 하고 있었습니다. 그 중에 말이 통하는 한 사람이 있었기 때문에, 이쪽 배에 태우고 전에 북쪽 포구에서 태웠던 외국인을 배에서 내리고 그 외의 한사람, 모두 두 외국인을 태우고 그 사정을 물었더니 3월 3일 이 섬에 고기 잡으러 왔다고 했습니다. 배는 몇 척인가 물으니, 세 척에 42명이 타고 왔다고 했습니다.
다케시마는 거친 해변이기 때문에, 이쪽의 작은 배는 불안정합니다. 두 명의 외국인을 태우고 원래의 배(큰 배)로 돌아왔습니다. 앞의 외국

---
45) 『竹嶋紀事』 元祿 6년 9월 4일 朝鮮人口書.

인을 데리고 돌아 온 것입니다. 그 이유는 작년에도 이 섬에 외국인이 있어, 다시 이 섬으로 건너와 어렵을 하는 일은 절대 안 된다고 야단치고 협박하면서 여러 번 말했는데도, 또 금년에도 와서 어렵을 하고 있어서, 이 후에는 섬에서 어렵을 할 수 없습니다. 성가신 줄은 압니다만, 외국인이 오지 말도록 말해주어야 된다고 생각해, 그 외국인 두 사람을 데리고, 4월 18일에 竹島를 떠나 오키국의 후쿠우라에 20일에 도착했습니다.46)

위 기록에 의하면 안용복이 피랍된 날을 4월 17일로 기억하였지만 여기에서는 4월 18일이라고 하였다.47) 그리고 박어둔과 안용복을 납치한 이유에 대해 "작년에도 이 섬에 외국인이 있어, 다시 이 섬으로 건너와 어렵을 하는 일은 절대 안 된다고 야단치고 협박하면서 여러 번 말했는데도, 또 금년에도 와서 어렵을 하고 있어서" "외국인이 오지 말도록 말해주어야 된다."고 생각했기 때문이라고 한다. 그러나 앞에서 살펴본 바와 같이 울릉도에 어로활동을 한 것은 그 이전부터 행해졌었다. 다만 이렇게 말한 것은 1692년부터 상업적 목적을 갖고 부산과 울산, 그리고 영해 등지의 연해민들이 함께 무리를 지어 대규모로 울릉도에 입거하면서 양측의 충돌로 이어진 것이 1692년부터였기 때문이라는 것을 다음의 자료는 잘 보여준다.

B. 막부, 다케시마로의 도해를 금지한다.
오야·무라카와는 원록 5년(1692 ; 숙종 18)부터 조선인 때문에 본업을 방해받고 어찌할 바를 몰라 이를 자주 한탄하고 호소했다. 번의 지시를 받고 원록 7년(1694)과 8년(1695)에 배를 竹島로 보냈으나 조선인이 먼저 건너와 있었으며 해마다 그 수는 증가하여 후에는 이쪽에 30명, 저 쪽에 50명의 무리가 형성되어 방어를 엄중히 하고 있으니, 만약 이 쪽의 배를 억지로 착륙할 때에는 큰일을 피할 수 없을 듯싶어 어쩔 수

---

46) 『鳥取藩史』 제6권, 469쪽 ; 『因府歷年大雜集』.
47) 박병섭은 「안용복 사건에 대한 검증」(한국해양수산개발원, 2007.) 26~27쪽에서 안용복의 증언의 경우 연행된 시점에서 4개월 이상지나 행해진 것에 비해 사공의 증언은 불과 10일 후의 일이므로, 날짜에 관해서는 사공의 증언이 맞다고 생각한다고 하였다.

없이 후퇴하고 ….[48]

　1692년부터 조선인 때문에 본업을 방해받고 어찌할 바를 몰랐다고 한 것은 1692년부터 양측이 일촉즉발의 기세로 울릉도 조업에 대한 주도권을 두고 대결구도로 치달았다는 것을 말해주는 것이다. 다시 말하면 상업적 활동을 하는 안용복이 박어둔 등의 울산인들과 울릉도에서 조직적인 상행위 활동에 나서면서 오야(大谷)·무라카와(村川) 양 가와의 사이에 울릉도의 상행위를 주도하고자하는 다툼이 일어나게 되었고, 그 다툼이 안용복과 박어둔의 납치로 이어져 결국 '울릉도쟁계'가 양국 사이에 발생하였다고 보아야 할 것이다.
　일본의 자료인 『竹嶋紀事』 원록 7년(1694) 2월조에 의하면 박어둔의 가족이 울산의 군청에 "고기 잡으러 울릉도에 간 곳에서 일본인을 만나서 두 사람이 잡혀서 호키국에 끌려갔습니다."라고 호소한 기록이 보인다. 이를 접한 울산 병영과 경상감영에서는 조정에 이를 보고하였을 것이고, 조정은 안용복, 박어둔의 납치 경위와 경상도 연해의 어민들이 울릉도로 가게 된 까닭을 조사하여 그 대책을 논의하여 '울릉도쟁계' 해결에 임하였다.

Ⅳ. 맺음말

　지금까지 우리나라에서 안용복 개인의 영웅적 활동에 국한하여 독도 영유권을 언급하는 종래의 틀을 깨고, 박어둔과 울산지역 사람들의 지속적인 울릉도·독도 출어활동이 '울릉도쟁계'에서 일본이 울릉도와 독도를 조선의 땅임을 인정하는데 큰 역할을 하였다는 점을 부각시키고, 아울러 울산이 울릉도·독도 어로활동의 거점이었음을 드러내고자 하였다. 이를 통해 하찮고 별 볼일 없는 민초들의 삶의 투쟁이 영토수호의 밑바탕이 되었음을 드러내고자 하였다. 이를 요약하면 다음과 같다.

---

48) 오카지마 마사요시, 『竹島考』 1828 ; 박병섭, 앞의 글 74쪽에서 인용.

◉ 안용복의 활동은 박어둔 등의 울산인을 기반으로 해서 이루어졌다.
  ○ 1693년(숙종 19) 안용복과 함께 박어둔이 울릉도로 어로활동을 갔다가 일본 어부들로부터 피랍된 사건을 전하는 『숙종실록』의 사료를 보면 1693년과 1696년의 안용복과 박어둔의 울릉도·독도행은 박어둔을 위시한 울산지역의 어채인들을 인적자원으로 하였음을 알 수 있다.
  ○ 1693년의 박어둔과 안용복이 울릉도를 향할 때 울산에서 출발했으며, 열 명 중 아홉 명은 울산사람, 한 명은 부산포 사람이다.
  ○ 숙종 20년(1694) 8월에 경상감영이 올린 장계를 보면 "박어둔·안용복·김가을동·김자신·서화립·이환·양담사리·김득생 등이 표류하다가 무릉도에 닿았다고 한 기록에 나오는 사람들은 울산의 어채인일 것이다.
  ○ 박어둔의 가족이 울산의 군청에 "고기 잡으러 울릉도에 간 곳에서 일본인을 만나서 두 사람이 잡혀서 호키국에 끌려갔습니다."라고 호소한 기록에서 보다시피 1693년의 안용복 사건은 '울산인 피랍사건'으로 규정하여 일본의 불법성을 홍보할 필요가 있다.
  ○ 1696년에 전라도 지역의 흥왕사 승려 뇌헌 등과의 만남 역시 울산에서 이루어졌다. 울산에 안용복의 어머니가 있었기 때문에 동래에서 울산지역으로 부단한 왕래 속에서 박어둔 등의 어채인들과 안용복은 오랜 친교를 맺고 있었을 것이다. 이렇게 볼 때 조선후기 울산지역은 울릉도·독도 해역으로 출어하는 어민들의 거점이었다고 볼 수 있다.

◉ 박어둔은 독도를 인식하였다.
  ○ 울릉도에서 일본 호키로 가는 동안 독도를 보지 못했다. 그렇다고 해서 박어둔이 독도를 인식하지 않았다고 볼 수는 없다. 안용복은 울릉도에서 동북방에 있는 섬인 우산도, 즉 독도를 두 번이나 보았다고 한다. 안용복과 함께 울릉도에 간 박어둔이 우산도, 즉 독도를 보지 못했을 리가 없다.
  ○ 울산과 부산의 왜 역관과 대마도에서, 그리고 안용복 등은 '울릉도의 동북방에 우산도가 있다.'는 것을 인식하고 있었다. 따라서 안용복과 함께 한 박어둔은 독도에 대해 명확히 인식하고 있었다.
  ○ 박어둔은 울릉도 북쪽의 섬에서 3년에 한번 국주의 용도(國主之用)로 전복 채취를 하였다고 한 것으로 보아 독도를 정확히 알고 있었다.

◉ '박어둔' 등의 울산 사람들이 울릉도·독도 행을 감행한 이유는 무엇인가?
   ○ 숙종 조에 소빙기가 닥쳐 굶주려 죽는 자가 수만 명에 달하는가 하면 구월산 도적떼, 장길산 등이 횡행하는 등 토지로부터 이탈한 민들이 격증하였고, 그로 인해 바다로, 국경 밖으로 나가려는 사람들이 생겨 '울릉도쟁계'와 조선과 청나라 사이에 '범월' 문제가 불거졌다. 전국적으로 흉년, 전염병으로 기근과 사망자가 많았기 때문에 전라도, 경상도 등지에서 어려운 삶을 타개하기 위해 울릉도를 찾는 사람들이 대거 나타나게 되었다. 그 속에서 울산도 그 예외는 아니라고 본다.
   ○ 울산의 경우 궁가의 곽전(미역밭)이 존재하였고, 봉진품에 전복이 포함되었다. 자연재해에도 불구하고 숙종 조를 전후한 시기에 왕실과 관부의 침탈이 많아 울산민들은 더욱 어려움에 빠져들었다. 박어둔 등이 3년에 한번 '國主의 용도'로 전복 채취를 하였고, 작년(1692)에도 울산 사람이 20명 정도 건너갔으며, 별도로 숨겨서 말할 것이 아니라고 하였다. 이것으로 보아 공공연히 '채복공문', 혹은 '공의'를 빙자하여 울릉도, 독도를 드나들었다. 이 때문에 울산지역이 울릉도 항해의 거점이 될 수 있었다.
   ○ 박어둔이 "벼 25석과 은자 9냥 3전 등의 물건을 배에 싣고 생선과 바꾸고자 울진에서 삼척으로 향하다가 풍랑 때문에 울릉도에 왔다."고 한 진술에서 어려운 생활을 타개하기 위해 진상품 조달을 핑계로 상품의 교환을 목적으로 울산에서 출발했으나 문제가 되자 이렇게 둘러대었다고 보아야 한다.
   ○ "올해도 그 섬에 벌이를 위해 부산포에서 장삿배가 3척 나갔다."고 한 기록에서 안용복과 박어둔 일행이 상업적 목적을 갖고 울릉도로 출어하였음을 알 수 있다.
   ○ 상업적 활동을 하는 안용복이 박어둔 등의 울산인들과 울릉도에서 조직적인 상행위 활동에 나서면서 오야(大谷)·무라카와(村川) 양 家와의 사이에 울릉도의 상행위를 주도하고자하는 다툼이 일어나게 되었고, 그 다툼이 안용복과 박어둔의 납치로 이어져 결국 '울릉도쟁계'가 양국 사이에 발생하였다고 보아야 할 것이다.
   ○ 울릉도행에 관한 조선시대의 자료들을 보면 태종~세종 연간에 보이는 자료들은 주로 강원도 동해안 쪽의 연해민들이 울릉도로 부세수탈과 군역을 피하기 위해 가는 것이 주된 특징이라면 숙종 조를 전후한 안용복·박어둔 등이 울산을 거점으로 하여 울릉도행을 감행한 시기에 오면

경상도 지역에서 많이 출발하고 있다는 점이 두드러진다.
○ 또, 전라도 거제도를 중심으로 한 연해지역에서 나선을 타고 울산을 중간 기착지로 하여 울진, 영해 등지에서 울릉도행을 감행하고 있다는 점이 특징이며, 상업적 활동의 차원에서 이루어지고 있음이 또 하나의 특징이다.
○ 조선 후기 울릉도와 독도는 공도정책에 의해 버려진 섬이 아니라 울산지역을 위시한 경상도와 전라도 등지에서 어로활동을 위해 어채인들이 수시로 드나들었다는 점을 사료를 통해 확인하고, 이들의 활동이 1693년 박어둔·안용복 납치사건으로 인해 일본이 '울릉도쟁계(竹島一件)'라는 영유권 분쟁을 일으켰을 때 조선의 땅임을 입증하는 증거가 되었음을 확인하였다.
○ 그 과정에서 울산이 울릉도, 독도 어로활동의 진출의 거점이었음을 드러낼 수 있었다. 박어둔 등의 울산 어채인들의 어려운 삶을 극복하기 위한 노력이 결국 '울릉도쟁계'의 해결에 도움이 되었다. 그런 점에서 울릉도와 독도를 일본의 침탈에서 지켜내는데 박어둔과 울산사람들이 일익을 담당하였음을 확인할 수 있다.

【참고문헌】

경상북도,『독도를 지켜온 사람들』 2009
權五曄・大西俊輝 역주,『獨島의 原初記錄 元祿覺書』제이앤씨, 2009
김호동,『독도・울릉도의 역사』경인문화사, 2007
김호동,「조선 숙종 조 영토분쟁의 배경과 대응에 관한 검토」『대구사학』 94, 2009
박병섭,「안용복 사건에 대한 검증」한국해양수산개발원, 2007
울릉군 독도박물관「2009 특별전 근대 울릉도독도를 조명하다」 2009
유미림,「박어둔은 울릉도를 보았는가?」『독도연구저널』한국해양수산개발원 독도・해양영토연구센터, 2009. Autumn. vol 07
이현호,「일제시기 이주어촌 '방어진'과 지역사회 동향」『역사와 세계』 33, 효원사학회, 2008
池內敏,「安龍福英雄伝說の形成・ノート」『史學』 55, 名古屋大學硏究論集, 2009
池內敏,「일본 에도시대(江戶時代)의 다케시마(竹島)-마쓰시마(松島) 인식」『독도연구』 6, 영남대학교 독도연구소, 2009
스기하라 다카시,「오야가, 무라카와가 관계 문서 재고」『竹島問題に關する調査硏究最終報告書』竹島問題硏究會, 2007

제6장

『竹嶋紀事』에 나타난 안용복·박어둔 진술서 및 '우산도' 인식

I. 머리말

　한국에서 '안용복'을 독도를 지킨 인물로 부각시키는데 반해 일본에서 안용복을 부정적 인물로 묘사되고 있다. '죽도문제연구회'를 이끌어나가고 있는 시모죠 마사오는 『죽도문제에 관한 조사연구 최종보고서』 (2007.3)의 경우, 머리말에서 안용복을 모든 '악의 근원'으로 간주하면서, 안용복의 위증이 '개찬된 한국의 논거'가 되어 그 후의 한일관계를 크게 어긋나게 하는 원인이 되었다고 하였다. 일본 외무성 홈페이지의 「竹島-竹島 문제를 이해하기 위한 10개의 포인트」 홍보 팸플릿(2008.2)의 경우도 10개의 포인트 가운데 포인트 5를 통해 '5. 한국이 자국 주장의 근거로 인용하는 안용복의 진술 내용에는 많은 의문점이 있습니다.'라고 하여 안용복에 관한 한국 측 문헌의 기술에 의문을 제기하고 있다.[1] 이런 판국에서 한국 측 사료에 근거하여 '안용복 상(像)'을 그려낸다 하더라도 일본

---

[1] 일본 외무성의 홈페이지의 경우 2014년 3월에 발행된「竹島 죽도 문제에 관한 10개의 포인트」(PDF) 홍보 팸플릿이 있다. "Point 5 한국측은 안용복이라는 인물의 사실에 반대된 진술을 영주권의 근거의 하나로 인용하고 있습니다."라고 하였고, '竹島 문제의 의문을 해소하는 Q&A'의 경우 "Q3 '안용복'은 어떤 인물이었습니까? 답변은 17세기말 2번 일본에 왔던 조선인으로 한국은 그의 진술을 죽도 영유권의 근거로 삼고 있습니다, 그러나 그는 조선을 대표하는 인물이 아니며, 또한 그 진술은 사실에 위배되고 신빙성이 결여됩니다"라고 하였다.

을 설득시킬 수 없다. 이제 그들이 금과옥조로 신빙하는 일본 사료를 통해 새로운 '안용복상'을 그려낼 필요성이 있다. 그런 점에서 우선 『竹嶋紀事』에서 보이는 안용복과 박어둔 진술서를 살펴보겠다.

또, 이케우치 사토시(池內敏)는 "죽도(독도)에 실제로 도달한 조선인은 문헌 사료 상으로는 안용복뿐이다. 안용복은 조선국 지도에 그려온 우산도를 실재하는 송도(독도)와 연결하여 설명했음에도 불구하고 그것 자체는 안용복 사건의 당시에도 그 이후도 일절 논의가 되지 않았다. 산음지방(山陰地方) 사람들이 사용하고 있었던 섬 이름=송도(松島)의 명칭은 조선 측 사료 중에서는 안용복의 발언과 별개로 존재하는 것은 없고, 안용복이 평가되고 있는 점은 항상 '울릉도를 지켰다.'는 사실이다. 송도는 조선 왕조에 있어서도 영유 인식의 대상 외였다."고 하였다.[2] 이케우치 사토시의 견해에 대한 비판을 위해 『죽도기사』에 나타난 '우산도' 기록을 분석하고자 한다.

Ⅱ. 『竹嶋紀事』에 나오는 안용복·박어둔 구두진술

1. 나가사키에서 쓰시마번의 가신 留守居 하마다 겐베(濱田源兵衛)의 심문 때 안용복·박어둔 진술

1693년 4월 17일, 안용복과 박어둔은 울릉도에서 일본 오야 가문 어부들에 의해 납치되면서 같은 날 배에서 오야가문의 선원들이 안용복과 박어둔을 심문했다. 안용복과 박어둔을 납치해서 배에서 이번에 어떻게 도래하게 되었는지 따져 물으니 역자(譯者), 즉 안용복이 다음과 같이 대답하였다.

① …三界의 샤쿠한【지금 생각건대 三界라는 곳은 명확하지 않다. 어쩌면 釜山浦라고 말한 것을 三界를 잘못 들은 것이 아닐까. 또 샤쿠한은

---

2) 池內敏, 「安龍福英雄伝説 の形成・ノート」 『名古屋大学文学部研究論集』 史学 55 : 「일본 에도시대의 다케시마·마츠시마 인식」 『獨島研究』6, 영남대학교 독도연구소, 2009, 217쪽.

上官 또는 將軍일 것이다]으로부터 전복을 따 바치라는 지시가 있었는데, 그러면 어느 어느 섬에 가서 따라는 지시는 없었으나, 작년에 이 섬으로 표류한 자들이 엄청 많은 전복과 미역을 따왔기 때문에 우리들도 그 섬으로 가자고 생각하여 3월 27일 부산포를 출범하여 같은 날 밤 □ □ □에 도착하였다.3)

안용복은 울릉도에 간 목적을 삼계(三界)의 샤쿠완(상관, 혹은 장군)의 명령으로 전복이나 미역을 따기 위한 것이라고 진술하고, 3월 27일에 부산포에 출항하였다고 했다.

울산의 경우 진상을 위한 미역밭이 존재하였고, 봉진품에 전복도 포함되어 있었다. 방어진은 조선 숙종 시대 이후 완내에 삿자리를 둘러 왕에게 진상하는 전복의 보호장이었다 한다.4) 미역과 전복 등의 봉진품에 대한 궁가의 침탈이 현종~숙종 연간에 행해짐으로써 울산지역은 이중의 부담을 지게 됨으로써 어려움에 봉착하게 되었다. 특히 울산의 봉진품인 전복의 경우 울산의 것이 품질이 떨어짐으로써 울산의 해척들이 병영의 채복공문을 갖고 몰래 울릉도에 들어가 전복 등을 채취하였고, 그것이 문제가 되어 경상좌도 병마절도사 강오성과 울산 부사 심공예가 파직되기에 이를 정도였다.5) '병영의 채복공문'이 존재한다는 것은 울산에서 공공연히 울릉도를 드나들었음을 반영한다. 『죽도고』를 지은 오카지마 마사요시(岡嶋正義)가 3월 27일 부산포에서 출발하였다는 것을 보고 삼계(三界)는 부산포라고 추정하였다. 안용복 일행은 울산에서 출발하였으니 삼계의 샤쿠완((상관, 혹은 장군)의 경우 '병영의 채복공문'을 받고 울릉도에 출항하였을 것이다.

---

3) 『竹島考』下, 「오야의 선원들이 조선인들을 잡아오다」.
4) 이현호, 「일제시기 이주어촌 '방어진'과 지역사회 동향」 『역사와 세계』 33, 효원사학회, 2008.6, 50쪽.
5) 『정조실록』 권24, 정조 11(1787)년 7월 25일(경인), 「원춘도 관찰사 金載瓚이 장계하기를, "울산에 사는 海尺 등 14명이 몰래 鬱陵島에 들어가 魚鰒·香竹을 채취하였는데, 三陟의 포구에서 잡혔습니다. 그 섬은 防禁이 지극히 엄한데도 울산 백성이 번번이 兵營의 採鰒公文을 가지고 해마다 방금을 범하니, 그 兵使와 府使를 勘罪해야 하겠습니다." 하였다. 비변사에서 복주하여, 경상좌도 병마절도사 姜五成과 울산 부사 沈公藝를 먼저 파직시키고 나서 잡아다 추국하기를 청하니, 윤허하였다.」

4월 18일 울릉도를 떠나 20일 오키국(隱岐國) 도고(嶋後)의 후쿠우라(福浦)에 도착하였더니 운슈(雲州)의 관청에서 선장을 불러 조선인을 억지로 끌고 온 경위를 자세히 조사하고 일의 진상을 적어 내라는 지시가 있었으나 선장이 말하길, 조선인들이 마침 이 배에 타고 있느니 그들을 조사해달라고 하였다. 지방관의 입회하에 안용복·박어둔을 심문하고 심문서를 작성하였고, 오야의 선장들에게도 그 끝에 도장을 찍으라는 말이 있었으나 그것을 강경히 거절했다고 한다.6) 4월 23일에 후쿠우라를 출범하여 도젠(嶋前)에 도착하고 26일에 도젠을 떠나 운슈 나가하마(長浜)에 도착하였다. 긴급히 일의 진상을 급히 돗토리 성에 보고하였다. 그 일에 대해 영주가 자세히 보고하였는데 관동(關東, 에도막부 장군)의 지시를 받은 막부 노중으로부터 앞으로는 죽도에 도해하지 말라고 조선인에게 단단히 이른 후 히젠(肥前)국 나가사키로 보내라는 결정이 내려왔다.7)

『죽도기사』는 1693년 5월 13일부터 시작되었다. 5월 13일, 에도막부의 츠키방(月番) 노쥬(老中) 쓰치야 사가미노카미(土屋相模守)가 쓰시마 번의 루수이(留守居) 스즈키 한베(鈴木半兵衛)에게 "작년에 조선인이 죽도라고 하는 곳에 어로를 하기 위해 건너온 것을 마쓰다이라 호키노카미(松平伯耆守) 쪽에서 발견하고 다시는 건너오지 말라고 일러두었는데, 올해 또 조선인 약 40명 정도가 건너와서 어로를 하였으므로 그 중 두 사람을 붙잡아 와서 막부에 보고해왔다. 이에 즉시 나가사키 봉행소(長崎奉行所)로 보내어 쓰시마로 건네주도록 하라고 했다."고 하면서 "상세한 것은 나가사키 봉행소에서 전달하겠지만, 향후 건너오지 않도록 하라고 쓰시마에 전하라"고 지시하였다.8) 그 내용을 담은 에도에서 보낸 서신이 6월 3일에 도착하였으므로 6월 5일에 노중 쓰치야 사가미노카미와 아베 분코노카미에서 쓰시마에서 답서 2통을 제출하였다. 그 내용은 "조선인은 평소의 표류민들과는 달리 볼모와 같은 것이라고 들었으므로 그들을 인계

---

6) 『竹島考』下,「오야의 선원들이 조선인들을 잡아오다」.
7) 『竹島考』下,「오야의 선원들이 조선인들을 잡아오다」.
8) 『竹嶋紀事』1권, 元祿 6年(1693) 5월 13일.

받기 위해 나가사키에 사자를 보냈습니다. 조선에 송부한 서한의 답장이 도착하면 보고하도록 하겠습니다."라고 하면서 "나가사키 봉행소에 보낸 사람들을 받아 돌려보내면서 향후 다시 오지 못하도록 조선국에 말해두라고 하신 명령은 잘 받들겠습니다"라고 하였다.

에도막부의 명령을 접한 쓰시마번은 즉각 죽도에 관한 사실의 조사에 착수하였다. 그것은 안용복·박어둔 납치사건에 대한 많은 의문을 품고 있었기 때문이다. 쓰시마의 답서에 노중 쓰치야 사가미노카미 답신이 8월 22일에 작성하였고, 아베 분코노카미의 답신이 8월 23일에 작성하였다. 그 기록 뒤에 쓰시마번의 수석 가로인 스기무라 오네메는 竹嶋에 대한 조사를 위해 5월 5일, 부산 왜관에 있는 통역인 나카야마 가베에(中山加兵衛)게 서신을 보내 다음과 같이 질문하였다.

② 위의 서신이 도착한 것과 관련해서 竹島에 대한 내부 조사를 위해 5월 5일에 스기무라 우네메가 왜관에 근무중인 通詞 나카야마 가베(中山加兵衛)에게 아래와 같이 문의했다.

一. 竹嶋를 조선에서는 부룬세미라고 부른다고 전해왔습니다. 竹嶋라고 쓰고 조선말로 부룬세미라고 부르는 것입니까? 부룬세미라고는 어떻게 쓰는 것입니까?, 울릉도라고 하는 섬이 있습니다. 이것을 아랫것들의 말로 부룬세미라고 부르는 것은 아닙니까? 일본에서는 울릉도를 磯竹島라고 부릅니다. 울릉도와 부룬세미는 서로 다른 섬입니까? 부룬세미를 일본인이 竹嶋라고 부른다고 하는 것은 누구의 말을 전해들은 것입니까?
一. 竹嶋에는 재작년에 처음 건너간 것입니까? 이전부터 건너갔었지만 숨기고 있다가 재작년부터 건너갔다고 말하는 것입니까? 조선인들이 자신들의 돈벌이를 위해 몰래 건너간 것입니까? 또는 조정의 지시로 건너간 것입니까? 올해도 또 다시 건너간 것입니까?
一. 竹嶋로 일본에서 12~3端짜리 선박 2~3척씩 매년 건너갔으며, 그 섬에 거주할 작은 집(長小屋)을 서너 채나 지어두었다고 전해 들었습니다. 지금도 그대로 있습니까? 일본인은 어느 지역 사람입니까?
一. 竹嶋는 조선국의 어느 쪽에 있으며 어느 곳에서 어떤 바람을 타는 것인지, 해로는 어느 정도이며 크기는 어느 정도입니까? 뿐만 아니라 쓰시마로부터는 어느 쪽에 해당하며 대략적은 해로는 어느 정도입니까?
(a)물론 귀하로부터 받은 구술서(口上書)에 쓰여 있기는 하지만 좀 더 자세하게 알고 있어야 하기 때문입니다.

위의 건들에 대해 자세히 알고 싶어 하는 것 같은데 막부에도 보고 드린 일이므로, 부디 친밀한 조선인에게 몰래 물어보아 서신을 빨리 보내주도록 하십시오. 이 건에 대해서 말씀드리려고 이와 같이 적습니다.9)

위 사료가 작성되는 배경을 살펴보면 5월 13일, 에도막부의 노중 쓰치야 사가미노카미가 쓰시마 번의 루수이(留守居) 스즈키 한베에게 조선인 2명을 "나가사키봉행소로 보내어 쓰시마로 건네주도록 하라고 했다."고 하고, "상세한 것은 나가사키봉행소에서 전달하겠지만, 향후 건너오지 않도록 하라고 쓰시마에 전하라"고 하였다. 그 내용을 담은 에도에서 보낸 서신이 6월 3일에 도착하였고, 6월 5일에 쓰시마 번은 답장을 보냈으므로 쓰시마 번의 스기무라 오네메는 죽도에 대한 조사를 위해 부산 왜관에 있는 통역인 나카야마 가베에(中山加兵衛)에 보낸 서신은 '5월 5일'이 아니고 '6월 5일'이다. '5월 5일'은 오자이다.

돗토리번에서 본국의 죽도에 조선인을 못 오게 하라는 청원과 그에 대한 에도막부의 명령에 대해 쓰시마번이 그간 파악한 정보와는 다른 부분이 있었기 때문에 그것의 확인을 위해 왜관에 있는 통역인 나카야마 가베에(中山加兵衛)에게 질문하게 되었다고 볼 수 있다. 당시 쓰시마번은 '죽도'가 조선에서 '부룬세미'라고 부른다는 것을 들었고, 또 일본에서 '이소다케시마'라고 하는 것은 '울릉도'라고 생각하였기 때문에 죽도=울릉도=부룬세미인가를 확인하고자 하였다. 그것을 문의한 이유는 돗토리번의 오야, 무라카와 가문이 돗토리번을 통해 에도막부에 보낸 문건과 쓰시마번에 보낸 문건에서 죽도를 자신들의 영지라고 주장하여 논리를 편 것에 대해 그것이 조선의 울릉도가 아닌가 하는 의문을 갖고 있었기 때문이다. 그와 함께 쓰시마번은 돗토리번의 오야, 무라카와 가문이 작년, 즉

---

9) 『竹嶋紀事』 元禄 6년 8월 23일.

1692년에 죽도에 처음 건너온 것으로 주장했지만 재작년, 즉 1691년에 처음 도해하였다고 파악하고 있었기 때문에 그것의 확인, 그리고 그 이전부터 도해한 것을 숨기고 재작년에 도해하였다고 말하는가에 대한 확인을 하고 싶어 했다. 이 경우 몰래 도해한 것인가, 조정의 명령에 의한 것인가에 대하여 조사해주기를 바랬다. 그리고 조선에서 죽도까지의 방향과 거리, 해로 등에 대한 답변까지 요구하였다. 쓰시마번은 죽도가 조선의 울릉도라는 기본적 시각을 갖고 조선에서 울릉도로의 도해 시기, 상업적 목적인가? 아니면 국왕의 지시에 의한 것인지 관에 알리지 않고 몰래 간 것인지를 소상하게 파악하고자 하였다.[10]

6월 13일, 부산 왜관에 있는 통역인 나카야마 가베에가 다음과 같이 답변하였다.

> ③ 올해도 그 섬에 돈벌이를 위해 부산포에서 商賣船 3척이 竹嶋로 건너 갔다고 하는 말을 들었으므로 한비챠구라는 부산의 조선인을 껴서 섬의 양상 및 여러 가지 일과 도구를 확인하고 바닷길에 대한 것까지 유념하라고 일러서 함께 보냈으니 돌아오는 대로 자세한 것을 듣고 추후에 말씀드리겠습니다. 먼저 대략적으로 들은 것을 별지의 서신으로 보내드립니다.
>
> 「황공하게 구두로 보고 드린 것에 대한 각서」
>
> 一. 부룬세미는 다른 섬입니다. 자세하게 알아본 결과 우루친토라는 라고 부른 섬이 있는데 부룬세미는 우루친토보다 북동쪽으로 희미하게 보인다고 들었습니다.
> 一. 우루친토의 크기는 한 바퀴 도는데 하루 반 정도 걸린다고 합니다. 원래 높은 산으로서 전답과 큰 나무가 있다고 들었습니다.
> 一. 우루친토에는 강원도에 있는 에구하이(영해)라는 포구에서 남풍을 타고 간다고 들었습니다.
> 一. 우루친토로의 왕래는 재작년부터 라는 것에 틀림이 없습니다.
> 一. 우루친토로 건너간 것은 조정에게 알리지 않고 자신들의 돈벌이를 위

---

[10] 김호동, 『안용복과 울릉도·독도』 목포해양대학교 청소년바다문고1, 교우미디어, 2015.

해 몰래 건너간 것입니다.

그 외의 것에 대해서는 한비챠구가 돌아오는 대로 자세히 듣고 다시 자세한 것을 말씀드리겠습니다.[11]

동래 왜관의 나카야마 가베에가 쓰시마번에 올린 구상서에 의하면 '올해도 죽도에 돈벌이를 위해 부산포에서 장삿배(商賣船)가 3척 나갔다고 들었다'고 하였고, 죽도, 즉 울릉도는 부룬세미가 아니라 우루친토이고, 부룬세미는 북동쪽에 있는 아스라이 보이는 섬이라고 하였다. 또 죽도, 즉 우루친토에 왕래하는 것은 재작년, 즉 1691년부터이고, 자신들의 돈벌이를 위해 몰래 갔다고 한다. 『죽도고』에서 1692년부터 조선인이 처음 죽도, 울릉도에 갔다고 기록하였다.[12] 『죽도고』에서 1692년 조선인 중에 '통역자(譯者)'의 기록이 있다. '통역자'가 존재한다는 것은 이미 울릉도에서 일본인과 조우한 경험에서 비롯된 것이다. '통역자'의 존재를 통해서도 1692년에 조선인들이 처음으로 죽도에 도래했다는 것은 오야, 무라카와 가문이 거짓말한 것임을 알 수 있다.[13] 그것을 의식해서 나카야마 가베에가 "우루친토로의 왕래는 재작년부터 라는 것에 틀림이 없습니다"라고 하였다.

6월 5일, 쓰시마번의 스기무라 오네메가 나카야마 가베에게 질문하였고, 6월 13일 왜관의 나카야마 가베에가 답신을 보냈다. 사료 ②-(a) 밑줄 친 것으로 보면 6월 5일 이전에 나카야마 가베에가 쓰시마번에서 구상서를 보낸 적이 있다. 그 이후 부산의 장삿배 3척이 죽도를 갈 때 한비챠구라는 부산의 조선인을 밀정으로 보내 섬의 양상 및 여러 가지 일과 도구를 확인하고 바닷길에 대한 것까지 유념하라고 지시하였다. 나카야마 가베가 한비치구라는 부산의 조선인을 밀정으로 부쳤다는 것은 당시 쓰시마와 그와 연결된 동래 왜관의 일본 역관들이 울릉도에 조선인들

---

11) 『竹嶋紀事』元禄 6년 8월 23일.
12) 『竹島考』하권, 「조선인이 처음으로 竹島에 도래하다」.
13) 김호동, 「『竹島考』분석」 『인문연구』 63, 영남대학교 인문과학연구소, 2011, 235~238쪽.

의 출입이 빈번하자 첩보 수집 의도에서 행한 조치이다. 재외공관이란 예나 지금이나 그러한 역할을 해왔다. 그러한 첩보활동으로 미루어 보건대 안용복의 일행이 단순한 고기잡이를 위해 울릉도로 가지 않았을 것이다. 부산의 장사배 3척은 돈벌이를 하러 울릉도에 갔다는 것은 안용복이 울릉도에 돈벌이를 하러 간 것이다.

안용복과 박어둔은 5월 7일에 이나바(因幡)를 출발하여 6월 말일 나가사키에 도착하였다. 7월 1일 에도막부의 명을 받은 쓰시마 번에서 온 루수이(留守居) 하마다 겐베(濱田源兵衛)가 안용복과 박어둔을 심문했다. 나가사키봉행 가와구치 세쓰노카미(山田興左衛門)는 하마다 겐베에게 "조선인은 불러 전후 상황에 대한 심문을 하고, 바로 조선인의 구두진술을 구술서로 작성하여 제출하라."고 지시하였다. 즉시 초안을 작성하여 나가사키 봉행한테 보여드렸더니 "이나바에서 작성한 구술서와 다름이 없도록 하라"는 말과 함께 "약간 문구를 수정하고 정서한 후에 내일 제출하라."고 말하였다.

7월 1일 조선인 구술서는 완성된 형태로『죽도기사』1권에서 기록하였다. 완성된 안용복과 박어둔 진술은 다음과 같다.

④「朝鮮人 2人 申由」(조선인 두 사람의 구두진술)[14]

㉠一 "조선국 경상도에 있는 동래군 부산포의 안 요쿠호키, 울산의 박 도라히라는 자입니다. 우리는 울산이라는 곳에서 竹嶋라는 곳에서 전복과 미역을 따기 위해 3월 11일에 출선하였으며, 같은 달 寧海라는 곳에 도착하였습니다. 그곳을 같은 27일 辰時(7~9시)에 떠나 酉時(17~19시)에 竹嶋에 도착하였고, 위에서 진술한 것처럼 전복과 미역을 따기 위해 머물러 있던 차에, 일본인이 4월 17일에 우리가 있던 곳에서 나타나서 의류 등을 넣어 둔 보따리를 접수하고 우리 두 사람도 그들 배에 태운 후, 즉각 午時(11~13시)에 출선하였습니다. 돗토리에 5월 1일 未時(13~15시)에 도착하였습니다. 늘 竹嶋에 전복과 미역이 상당히 많다는 것을 들은 탓에 10명이 승선하여 영해라는 곳

---

14)『竹嶋紀事』元禄 6년 7월 1일.

까지 갔는데 위의 10명 중에 한 명이 몸져누워 영해에 남겨두고 9명이 배를 타고 위에서 진술한 竹嶋로 건너갔습니다. 10명 중 9명은 울산 사람이고 1명은 부산포 사람입니다."라고 했습니다.

ⓛ― "우리가 탄 배와 같이 간 배, 도합 세 척 중에 한 척은 전라도배라고 들었습니다. 그 배에는 17명이 타고 있었으며, 또 한 척에는 15명이 타고 있었는데 경상도에 있는 加德이라는 곳의 사람들이라고 들었습니다. 우리들은 일본인에게 잡혀 왔기 때문에 그들이 바로 조선으로 돌아갔는지, 어느 곳으로 갔는지에 대한 전후사정을 알지 못합니다." 라고 했습니다.

ⓒ― "이번에 우리들이 전복을 따러 간 섬은 늘 조선국에서는 무루구세무 라고 부릅니다. 일본에 있는 죽도라고 부르는 곳이라는 것은 이번에 들었습니다."라고 했습니다.

ⓔ― "이번에 나가사키까지 오는 도중에 경호하는 사람들로부터 융성한 대접을 받으면서 왔습니다. 포목으로 짠 옷 등도 하사해주셨습니다. 자세한 것은 이나바에서 구두로 진술한 것과 다름없었습니다."라고 했습니다.

ⓜ― "우리들은 항상 무사하게 돌아가게 기도하고 있습니다."라고 했습니다.

ⓗ― "박 도라히는 34세, 안 요코호키는 40세가 되었습니다."라고 합니다. 그런데 이나바에서는 나이를 43세라고 말씀드렸다고 합니다만, 이는 "역시 언어가 확실하게 통하지 않았기 때문에 잘못 알아들었을 수도 있을 것이라고 생각합니다."라고 했습니다.

위와 같이 竹嶋에 온 조선인이 구두 진술한 것을 기술하여 올립니다. 이상

	숙소 주인
元祿六年 癸酉 七月 朔日	스에지 시치로베(末次七郎兵衛) 印
	通詞 오우라 가구베(大浦格兵衛) 印
	가세 도고로(加勢藤五郞) 印
	소 쓰시마도주 가신(宋對馬守內)
	하마다 겐베(濱田源兵衛) 印

구술서 뒤에 각서(覺)에서 안용복과 박어둔에 지참한 도구를 기술하고 있다. ④-ⓗ에서 이나바의 안용복 진술은 43세라고 하였고, 7월 1일 하

마다 겐베가 안용복을 심문하였을 때 40세라고 진술했다. 초안은 안용복을 40세라고 하였더니, 나가사키 봉행한테 "이나바에서 작성한 구술서와 다름이 없도록 하라"는 지시를 받으면서 ④-ⓗ를 고쳤고, ④-ⓔ을 밑줄 친 부분, "자세한 것은 이나바에서 구두로 진술한 것과 다름없었습니다."라고 추가하였다.

④-㉠ 자료에서는 3월 11일 울산에서 10명이 배를 타고 출발하였고, 영해에서 한 명이 몸져누웠으므로 3월 27일 영해에서 9명이 출발하여 죽도, 즉 울릉도에 도착하였다고 하였다. 『죽도고』의 사료 ①은 "3월 27일 부산포를 출범하여 같은 날 밤 □□□에 도착하였다."고 하였다. 사료 ①은 오류이다. "3월 27일 영해를 출범하여 같은 날 밤 울릉도에 도착하였다."라고 고치면 좋겠다. 사료 ④-㉡은 도합 3척의 배 전라도 배에 17명이 타고 있고, 경상도의 가덕 배는 15명이 타고 있다고 진술했다. 사료 ④-㉢은 이번에 우리들이 전복을 따러 간 섬(울릉도)은 늘 조선국에서는 '무루구세무'라고 부르고, 일본에서 '죽도'라고 부르는 곳이라는 것은 이번에 처음 들었다고 진술했다. 아마 안용복은 '무루구세무'라고 진술하면서 하마다 겐베가 '죽도'라는 것을 바꾸었을 가능성이 있다. 사료 ④와 이나바에서 작성한 구술서와 다름없으므로 나가사키 봉행 가와구치 세쓰노카미에게 안용복과 박어둔을 쓰시마 번의 하마다 겐베에 맡긴다라고 하였다.

2. 쓰시마번에서의 안용복·박어둔 구두진술

안용복과 박어둔은 나가사키를 거쳐 9월 2일에 쓰시마에 도착하였다.15) 이틀 뒤인 9월 4일 오메츠케(大目付, 대감찰) 가도노 구로자에몬(門野九郎左衛門)은 쓰시마도주의 명령을 받아 안용복과 박어둔을 심문했다.16) 조선인 구두진술서는 다음과 같다.

---

15) 『竹嶋紀事』 1권, 元祿 6年 9월 5일 「쓰시마도주의 나가사키 봉행서에 보낸 서장」.
16) 『竹嶋紀事』 1권, 元祿 6年 9월 4일.

⑤ 「조선인 구두진술서」(朝鮮人口書)[17]

㉠ㅡ 우리 두 사람 중에 한 사람은 부산포 사람 안요구라고 합니다. 한 사람은 울산 사람 바쿠도라비라고 하는 사람입니다. 우리들은 1척에 10명이 승선하고 있었는데 그중의 1명이 몸져누운 탓에 영해라고 부르는 곳에 남겨두고 9명이 타고 죽도로 건너갔습니다.

　　　　　　　　선장
　　　　　　　　기무요치야키
　　　　　　　　긴바타이
　　　　　　　　긴덴토이
　　울산 사람　세고치
　　　　　　　　이하니
　　　　　　　　기무도구소이
　　　　　　　　쟈구챠춘

　　위의 1척에 승선하여 울산에서 출발하였으며, 3월 11일에 승선하여, 같은 달 15일에 울산을 떠났습니다. 같은 날 울산에 있는 부이가이라는 곳에 도착, 같은 달 25일에 부이가이를 출범하여 경상도에 있는 엔하이(영해)라는 곳에 도착, 같은 달 27일 진시에 엔하이를 출범하여 같은 유시에 죽도에 도착했습니다. 엔하이와 죽도 사이는 50리 정도가 될 것이라고 기억합니다. 조선의 강원도로부터 동쪽에 해당합니다. 섬의 크기는 조선의 牧之島(현재의 부산 영도)보다 약간 커 보였습니다, 산의 모양새는 험준하며 높았습니다.
㉡ㅡ그 섬에 서식하는 조류나 짐승이나 어류에 이르기까지 그다지 특이한 것은 없었습니다. 고양이가 많이 있었습니다.
㉢ㅡ그 섬에는 오래된 小屋과 떨어진 도구도 있습니다. 어쩌면 일본인이 살았던 흔적인 것처럼 생각됩니다.
㉣ㅡ그 섬의 이름은 조선에서는 무루구세무라고 부릅니다.
㉤ㅡ그 섬이 일본 땅인지도 조선 땅인지도 일절 알지 못합니다. 일본에 건너와서 일본 땅이라고 하는 것을 처음으로 전해 들었습니다.
㉥ㅡ같이 갔던 배는, 1척은 전라도에 있는 슈덴이라는 곳의 배로 총 인원

---

17) 『竹嶋紀事』 元禄 6년 9월 4일.

17명이 타고 있었으며, 또 같은 1척은 경상도에 있는 가토쿠(가덕)라고 하는 곳의 배로 총 인원 15명이 타고 있었으며, 2척 모두 4월 5일 그 섬에 왔습니다. 2척의 사람 수와 선장을 비롯하여 아는 사람은 한 사람도 없습니다.

(ㅅ)―우리들이 탄 배에 식사용으로 쌀 10표와 소금 3표를 싣고 왔습니다. 그 외의 화물은 없습니다. 물론 같이 간 배 2척의 상황도 우리들이 탄 배와 같았습니다.

(ㅇ)―우리들이 그 섬으로 건너간 이유는 전복과 미역이 많이 있다고 들어 돈벌이를 위해 건너간 것입니다. 같이 간 배도 그렇습니다. 달리 상거래를 하려는 마음은 절대로 없었습니다.

(ㅈ)―그 섬에서 일본인과 상거래는 절대로 하지 않았습니다. 같이 간 배는 어떤지 알지 못합니다.

(ㅊ)―우리들은 이번에 처음 그 섬에 건너갔습니다. 같이 타고 있던 사람 중에 긴바타이라는 사람이 작년에 그 섬에 한 차례 돈벌이를 위해 건너간 적이 있어, 상황을 알고 있는 사람이 있기 때문에 우리들도 건너갔습니다.

(ㅋ)―가토쿠(가덕)에서 온 배에 탄 두 사람이 예전에 한 번 그 섬에 건너간 적이 있다고 들었습니다.

(ㅌ)―우리들이 그 섬에 건너간 일은 달리 몰래 간 것은 절대로 아닙니다. 작년에도 울산 사람 20명 정도가 건너갔습니다. 물론 조정의 명령을 받은 것도 아닙니다. 자신들의 돈벌이를 위해 건너갔습니다.

(ㅍ)―그 섬에 조선국으로부터 건너간 것은 옛날부터 건너간 것인지, 근래부터 건너간 것인지, 그와 같은 상황은 전혀 알지 못합니다.

(ㅎ)―우리들이 그 섬에 머물러 있는 동안 小屋을 짓고, 소옥 당번으로 하쿠토라이라는 사람을 남겨 두었습니다. 그러던 중 4월 17일에 일본 배 한 척이 다가와 뗏목에 7~8인이 타고 위에 말한 소옥에 와서 하쿠토라이를 붙잡아 뗏목에 태웠으며, 뿐만 아니라 소옥에 둔 보따리 하나까지 싣고 출발하려고 하여 안요구가 그곳에 가서 말렸으며, 하쿠토라히를 육지로 올려 보내려고 뗏목에 올라탔습니다. 그러자 바로 배를 출발시켰으며 두 사람을 모두 본선에 태우고 즉시 출항하여 오키 지방에 같은 달 22일에 도착하였습니다. 그 사이는 바다 가운데에 있었습니다.

(ㄱ)―같은 달 28일에 오키 지방을 출항해 5월 1일에 돗토리에 도착하여, 34일 동안 체류했으며, 6월 4일에 돗토리를 출발하여 같은 달 말일에 나가사키에 도착했습니다.

㉔─돗토리를 출발하여 나가사키에 26일 만에 도착하였습니다. 그간 여기 저기서 대접을 받았습니다. 식사는 국 하나에 반찬 일곱~여덟 가지 정도씩 나왔습니다. 두 사람 모두 탈 것에 올라타고 나가사키까지 왔 습니다. 이상

9월 4일

나가사키 심문(사료④)보다 쓰시마번 심문은 상세하게 질문하였다. 안용복과 박어둔은 울산 배에 타고 9명이 3월 27일 울릉도에 도착하였다. 같이 갔던 배 2척은 전라도 슌덴(순천) 배 17명, 경상도 가덕 배 15명이 타고 울릉도에 4월 5일에 도착하였다고 진술했다. 울산 배 타는 9명 모두 성명을 밝혔다. "2척의 사람 수와 선장을 비롯하여 아는 사람은 한 사람 도 없습니다"라고 진술했지만(⑤-ⓗ) 첫째, '같은 배'라고 진술하였고(⑤-ⓗ), 둘째, 가덕에서 온 배에 탄 두 사람이 예전에 한 번 그 섬에 건너간 적이 있다고 들었고(⑤-㉠ⓗ), 셋째, 소옥을 짓고 당번으로 하쿠토라이를 남겼다(⑤-ⓗ)고 하는 점에서 울릉도에서 협업을 하였을 것이다. 울산 배 의 경우 9명 모두 성명을 진술하였지만 '하쿠토라이'는 보이지 않는다. '하쿠토라이'는 다른 2척의 배에 타고 있었을 것이다. 3월 15일 울산을 떠 나고 같은 날 울산에 부이가이라는 곳에 도착하여 3월 25일 부이가이를 출발하였다. 부이가이에 10일 간 머물렀다. 부이가이에서 전라도 순천 배와 경상도 가덕도 배를 기다린 것 같다. 아니면 사료 ①의 경우 "삼계 (三界)의 샤쿠한(上官 또는 將軍)으로부터 전복을 따 바치라는 지시가 있었다"고 하였는데, 안용복 일행이 '병영의 채복공문' 발급을 위해 기다 린 것일지도 모른다.

실상 안용복의 진술의 경우 배 3척은 울릉도에 전복과 미역 채취를 위해 돈벌이 간 것으로 진술했고, 달리 상거래를 할 마음이 절대 없고, 일본인과 상거래를 절대로 하지 않았다고 진술했다. 같이 간 2척의 배는 어떤지 알지 못한다고 진술했다. 사료 ③의 경우 장삿배(商賣船) 3척이 부산포에서 울릉도로 출발한다고 했으니 상업행위를 한 것 같다. 안용복 도 상업행위를 했을 것 같다.[18]

---

18) 김호동, 「조선 숙종조 영토분쟁의 배경과 대응에 관한 검토-안용복 활동의 새로운

그리고 우리들이 울릉도에 건너간 일은 달리 몰래 간 것도 아니고, 조정의 명령을 받은 것도 아니고 자신들의 돈벌이를 위해 건너갔다고 진술했다. 4월 17일 오야가의 어부들이 안용복과 박어둔을 납치하면서 뱃전에서 안용복을 심문하였다. 안용복은 울릉도에 간 목적을 삼계(三界)의 샤쿠완(상관, 혹은 장군)의 명령으로 전복을 따 바치라는 지시가 있었다고 진술했다(사료 ①). 쓰시마 번의 진술은 안용복이 미구에 조선으로 건너갈 것을 예상하여 말을 바꾸었다.

쓰시마 번에서 9월 4일 심문한 뒤 여러 번 심문한 것 같다. 1693년 11월 19일에 쓰시마도주에게 보낸 다다 요자에몬(多田與左衛門=橘眞重)에게 서장을 보낸 뒤 12월 5일 쓰시마도주는 다다 요자에몬에게 답신을 보냈다. 그 기록은 다음과 같다.

> ⑥ 인질은 여기에 머물러 있는 동안 이루어진 심문에서 "이번에 간 섬의 이름은 알지 못합니다…."라고 말하고 있습니다. 울릉도란 섬에 대해서는 아직껏 모른다고 말하고 있습니다. 그러나 인질의 주장은 허실을 가리기 어려우니 참고로 아룁니다. 그 쪽에서 잘 판단해 들으십시오.19)

9월 4일의 경우 안용복과 박어둔을 심문한 결과 "그 섬의 이름은 조선에서는 무루구세무라고 부릅니다."고 하였으나 사료 ⑥의 경우 "이번에 간 섬의 이름을 알지 못합니다."고 진술한 예를 들어 여러 번 심문했을 것이다.

1694년 정월, 안용복과 박어둔이 문초할 때 박어둔이 다음과 같이 진술했다.

> ⑦ 갑술(1694년, 숙종 20) 정월, 죽도에서 붙잡힌, 蔚山에 사는 朴於屯, 安龍福에게 問目을 만들어 문초하니, 박어둔이 문초에 진술한 내용 중에, "계유년(1693) 3월에 벼 25석과 銀子 9냥 3전 등의 물건을 배에 싣고 생선과 바꾸고자 蔚珍에서 三陟으로 향할 때 바람 때문에 표류하여

검토를 위해-」『대구사학』94, 2009, 82~84쪽.
19)『竹嶋紀事』1권, 元祿 6年 12월 5일, 「다다 요자에몬에 보낸 쓰시마도주의 답신」.

이른바 '죽도'에 배를 정박하게 되었습니다."라고 하였다.20)

아마 샤쿠한의 명령을 받으면서도 조정에서 심문할 때 "벼 25석과 은자 9냥 3전 등의 물건을 배에 싣고 생선과 바꾸고자 울진에서 삼척으로 향할 때 바람 때문에 표류하여 이른바 '죽도'에 배를 정박하게 되었습니다"라고 진술했다. 죽도에 표류했다고 한다.

사료 ④와 ⑤는 조선에서 울릉도를 '무루구세무'로 부른다고 하였고, 사료 ⑥의 경우 이름을 모른다고 진술했다. 사료 ⑦의 경우 '죽도'에 건너갔다고 진술했다. 안용복과 박어둔은 에도막부에서 "본국의 죽도에서 조선인들이 어로활동하지 말 것"을 들었기 때문에 진술을 바꾸어 사료 ⑥의 경우 '이름을 알지 못 한다.'고 하고, 사료 ⑦의 경우 '죽도에 갔다'고 하였다.

안용복과 박어둔의 진술에서 에도에 간 것을 언급한 적이 없다. 귀국해 심문할 때 안용복이 에도에 갔으며, 에도막부의 서계까지도 받았다고 진술한 것 같다. 1694년 8월 14일, 남구만이 에도로 끌고 간 안용복을 에도의 대군(장군)이 후하게 접대한 것을 감사하는 쓰시마번 앞으로 보낸 서간에 아래와 같은 내용이다.

⑧ 이번에 우리나라 해변의 어민들이 이 섬(울릉도)에 갔는데, 의외에도 귀국 사람들이 멋대로 침범해 와 서로 맞부딪치게 되자, 도리어 우리나라 사람들을 끌고서 에도(江戶)까지 잡아갔습니다. 다행하게도 귀국 大君이 분명하게 사정을 살펴보고서 넉넉하게 노자를 주어 보냈으니, 이는 交隣하는 인정이 보통이 아님을 알 수 있는 일입니다. 높은 의리에 탄복하였으니, 그 감격을 말할 수 없습니다.21)

쓰시마번은 남구만의 서한을 받은 직후 『죽도기사』기록에서 "인질 두 명은 에도로는 안 갔지만 (조선의) 서한에 이렇게 기재된 것은 두 명이 나가사키를 에도로 착각해 조선에서 돌아가서 에도에 보내졌다고 말했

---

20) 『邊例集要』 권17 「鬱陵島」 갑술 정월.
21) 『숙종실록』 권27, 숙종 20년 8월 14일(기유).

기 때문입니다."라고 하여 안용복 등이 나가사키를 에도로 착각했다고 생각했다.

 1696년 10월 13일, 남구만이 "안용복이 계유년에 울릉도에 갔다가 왜인에게 잡혀 호키주(伯耆州)에 들어갔더니, 본주에서 울릉도는 영구히 조선에 속한다는 공문을 만들어 주고 선물도 많았는데, 대마도를 거쳐서 나오는 길에 공문과 증물을 죄다 대마도 사람에게 빼앗겼다 하나, 그 말을 반드시 믿을 만하다고 여기지는 않았습니다마는, 이제 안용복이 다시 호키주에 가서 정문(呈文)한 것을 보면 전의 말이 사실인 듯합니다."고 하여22) 그는 이때 에도행을 언급하지 않고 있다. 1693~1694년의 심문 때 처음에는 안용복이 에도(江戸)행을 말하였다가 백기주에서 관백의 서계를 받은 것으로 고쳐서 답변하였다고 추정할 수 있다.

Ⅲ. 『竹嶋紀事』에 나오는 '우산도'

 『죽도기사』에서 '우산도'가 세 차례 등장한다. 1693년 11월 19일에 쓰시마도주에게 보낸 다다 요자에몬(多田與左衛門=橘眞重)에게 서장을 보낸 뒤 12월 5일 쓰시마도주는 다다 요자에몬에게 답신을 보냈다. 쓰시마도주의 답신의 경우 '우산도'가 세 차례 등장한다. 첫째, 쓰시마번의 안용복 진술에서 보면 울릉도에서 '우산도'를 두 번 보았다고 하였다. 둘째, 재판과정에서 다카세 하치에몬(高瀬八右衛門)이 탄 배가 사스나(佐須奈)에 도착했을 때 박동지가 '우산도'를 거론하였고, 셋째, 『여지승람』기록을 들어 우산도와 울릉도는 별도의 섬인 것처럼 보인다고 하였다.

 첫 번째 '우산도' 기록을 보면, 1693년 3월 27일부터 4월 18일까지 울릉도에 머물렀다. 다음과 같이 우산도를 두 번 보았다고 했다.

> ⑨ 인질은 여기에 머물러 있는 동안 이루어진 심문에서 "이번에 간 섬의 이름은 알지 못합니다. 이번에 간 섬에서 북동쪽에 큰 섬이 있었습니다. 그 섬에 머물던 중에 두 번 보았습니다. 그 섬을 아는 자가 말하기

---

22) 『숙종실록』 권30, 숙종 22년 10월 13일(병신).

를 우산도라고 부른다고 들었습니다. 한 번도 가본 적은 없지만 대체로 하루 정도 걸리는 거리로 보였습니다."라고 말하고 있습니다. 울릉도란 섬에 대해서는 아직껏 모른다고 말하고 있습니다. 그러나 인질의 주장은 허실을 가리기 어려우니 참고로 아룁니다. 그 쪽에서 잘 판단해 들으십시오.23)

독도는 울릉도로부터 동남방에 위치하고 있다. 그래서 시모죠 마사오는 '안용복이 본 섬은 동북방에 위치한 것으로 보아 울릉도의 바로 근처에 있는 죽도(죽서)'라고 주장하였다.24) 안용복은 3월 27일부터 4월 18일까지 울릉도에 머물렀다. 시모죠 마사오가 말하는 '죽도'는 폭풍우가 몰아치는 날에도 보인다. 따라서 울릉도에서 머물면서 두 번 보았다는 섬은 항상 볼 수 있는 현재의 '죽도'일 수가 없다. 또 안용복은 숙종 19년(1693)의 울릉도행 때 일본의 오키도로 피랍되면서 독도를 보았음을 동래부 취조에서 다음과 같이 진술하고 있다.

⑩ 안용복의 공초 안에, 산형과 초목 등에 관한 말은 박어둔의 말과 한결같은데, 끝에 "제가 잡혀 (백기주로) 들어올 때 하룻밤을 지나고 다음날 저녁을 먹고 난 뒤 섬 하나가 바다 가운데 있는 것을 보았는데, 竹島에 비해 자못 컸다."고 했습니다.25)

이 사료 ⑩에 대해 일찍이 시모죠 마사오는 '죽도에 비해 자못 큰 섬'에 주목하여 그러한 큰 섬은 오키도 밖에 없다는 이유로 안용복이 본 것은 독도가 아니고 오키도라는 설을 내놓았다.26) 박병섭은 이 사료에 대해 "안용복 등이 납치된 섬 이름이 죽도로 되어 있지만, 이것은 일본이 주장하는 섬 이름을 안용복이 그대로 말했을 뿐이며 사실은 울릉도를 가

---

23) 『竹嶋紀事』 元祿 6年 12월 5일, 「다다 요자에몬에 보낸 쓰시마도주의 답신」.
24) 시모죠 마사오의 주장에 대해 박병섭은 『안용복 사건에 대한 검증』(한국해양수산개발원, 2007.12.30쪽)에서 "가장 믿기 어려운 '방향'에 대해 기술한 것만 의거하고, 보다 신뢰성이 있는 증언인 '하루의 거리'를 무시했다. 이처럼 마음대로 자료를 취사선택한다면 어떠한 결론도 가능하다"고 하였다.
25) 『邊例集要』 권17, 「鬱陵島」 1694년 1월.
26) 下條正男, 「竹島問題考」 『現代コリア』 1996년 5月號, p.62.

리킨다고 하였다."27)

　박병섭이 지적한 것처럼 '죽도에 비해 자못 크다'는 표현은 독도에 들어맞지 않는다. 이것은 그 나름대로 과장된 표현이라고 생각할 수 있으나28) 안용복이 말한 '죽도'는 울릉도 바로 옆에 있는 지금의 '죽도(대섬)'이다. 당시 조선에서는 그렇게 불렀다. 일본이 울릉도를 '죽도'라고 한다고 해서 위 사료의 '죽도'마저 울릉도로 비정할 필요는 없다. 울릉도에서 하루 거리에 있는 바다 가운데 섬은 독도이며, 지금의 죽도(대섬)에 비해 자못 크다고 느낄 수밖에 없다. 『因府歷年大雜集』에 의하면 안용복을 납치한 오오야 가문의 배가 "새벽에 송도라는 곳에 도착했다."29)고 한 기록을 통해서도 안용복이 송도, 즉 독도를 본 것은 확실하다.

　위 사료 ⑨는 울릉도에서 우산도(독도)가 북동쪽에 있다는 표현이 아니다. 부산에서 바라볼 때 우산도(독도)는 울릉도를 지나 더 먼 곳으로 항해해야만 갈 수 있는 곳, 더 먼 북동 방에 있는 섬이다. 조선시대의 지리지들은 방향표시와 거리를 표시할 때 '본읍'에서부터의 방향과 거리를 표시한다는 점을 염두에 두어야 한다.30) 부산에서 살던 사람들이 부산에서 바라다본 좌표이다. 부산 동래에 살았던 안용복은 동래에서 울릉도보다 더 먼 곳, 북동 방에 있다는 말을 들었고, 울릉도에서 독도를 희미하게 보았을 때 '북동 방'에 있다고 표시하였다.31) 사료 ③의 경우 "부룬세미는 우루친토보다 북동쪽으로 희미하게 보인다고 들었습니다"라고 하였다. 부룬세미는 우산도, 즉 독도이다.

　두 번째 '우산도' 기록을 살펴보자. 다카세 하치에몬(高瀬八右衛門)이 탄 배가 사스나(佐須奈)에 도착했을 때 사스나에서 박동지가 '우산도'를 언급했다.

---

27) 박병섭, 『안용복 사건에 대한 검증』 한국해양수산개발원, 2007.12, 29쪽.
28) 박병섭, 위의 글, pp.29~30.
29) 『因府歷年大雜集』元祿 5年(1692) 7月 24日. 元祿 5年은 元祿 6年의 오류임.
30) 김호동, 『독도·울릉도의 역사』, 경인문화사, 2007.
31) 김호동, 「『죽도문제에 관한 조사연구 최종보고서』에 인용된 일본 에도(江戶)시대 독도문헌 연구」『인문연구』 55, 영남대학교 인문과학연구소, 2008, 13~16쪽.

⑪ 이번에 다카세 하치에몬(高瀨八右衛門)이 귀국해 그쪽의 대략적인 사정을 들었습니다. 하치에몬이 탄 배가 사스나(佐須奈)에 도착했을 때 사스나에서 박동지가 말하기를, "竹嶋 관련 교섭은 중요한 것이라고 생각합니다. 얼마 전 조정에 사역원 역관들이 불려가 질문 받은 것은 '일본에서 竹嶋라고 부르는 섬은 어느 방향에 있는 섬인가? 조선국에도 울릉도라는 섬이 있기 때문에 만약 이 섬이라면 분명히 조선 소속으로 『여지승람』에도 기재되어 있는 섬이다. 『여지승람』은 일본에도 전해져 있는 책인가?'라는 내용이었습니다. 그래서 확실하게 일본에게 전해진 것이라고 말씀드리자 '그렇다면 역시 일본도 잘 알고 있는 일일 것이므로 이번의 사자를 허락하기는 어렵다. 하지만 일본에서 竹嶋라고 부르는 것이 다른 섬인지? 다른 섬이라면 문제될 것이 없으므로 답변도 달라질 것이 없을 것'이라고 말씀하시기에 역관들이 상의하기를 '일본에서 竹嶋라고 불리는 섬은 필경 울릉도일 것이지만 그렇게 조정에 보고 드리면 매우 큰 일이 되어버리고 말 것'이라 생각했습니다. 따라서 ⓐ그쪽 방향에 섬이 셋 있으며, 하나는 울릉도, 하나는 우산도라고 하며 하나는 이름이 없으니, 이 중에서 어느 곳이든지 일본에서 竹嶋라고 부르는 것을 竹嶋로 정하고, 그 밖의 섬을 조선국의 울릉도로 삼는다면 조선 조정의 의도와 명분도 서고 일본에서도 좋은 결과로 해결된 것처럼 보일 것이라라 판단했습니다. 그래서 위와 같이 우리들이 몰래 회답하여 답변을 했습니다. 박동지도 이번의 건으로 돌아가 접대역으로 내려올 것이므로 '만약 조정에서 위의 이야기를 한다면 위와 같은 취지로 판단하여 답변하도록 하라'고 자세히 서장에 적어서 보냈습니다. 그러므로 분명히 좋은 결과로 해결될 것이니 걱정하지 마시라"고 말했습니다. 그리고 "ⓑ박동지가 접위관보다 먼저 부산에 내려오도록 되어 있으나 부산에 도착하면 붙잡아둔 조선인을 바로 박동지에게 건네주지 않겠습니까? 위와 같은 내용을 두 사람에 잘 말해두어 거듭해서 조정에서 질문을 받았을 때 답변에 틀림이 없도록 만들어 두고 싶습니다. 혹은 다례를 시행할 때 건네주어 그 자리에서 접위관이 상황을 물어봤을 때 울릉도에 건너갔다고 하는 말을 하게 되면 위의 내용과도 틀리게 되어 매우 큰일이 될 것이라고 하였다"고 들었습니다. 이 내용은 사스노에서 들은 것이기 때문에 거기에서 귀하에게 전달하지 않았다고 하치에몬이 말하였습니다. 따라서 거기서 잘 알아야 할 것은 위와 같은 속임수를 써서 좋은 결과를 얻을 수 있다면 조선국 입장에서는 좋은 결과가 될 것입니다. 또 일본에도 좋을 것이므로 일본에만 별일이 없다면 조선국

을 위해서도 좋도록 처리해주고 싶습니다. 하지만 이와 같이 몰래 섬의 이름을 바꾸더라도 울릉도가 조선국의 소속되는 것으로 결정된다면 울릉도에 오는 것은 문제가 되지 않는다고 생각하여 또 다시 조선인이 그 섬에 오게 될 것입니다. 그렇게 된다면 매우 큰 일이 되기 때문에 조선을 위한 일도 필시 안될 것입니다. 또 ⓒ우산도를 울릉도라고 해두더라도 우산도라고 불리는 섬이 조선국에 모자라게 된다면 울릉도를 일본에 뺏겼든 우산도를 빼앗겼든 자기 나라의 섬을 다른 나라에 빼앗겼던 사실은 어느 쪽이든 외국에 알려지기는 마찬가지 일 것입니다. 따라서 이 방법도 해결 방법이 아닐 것입니다.32)

박동지가 쓰시마번의 재판인 다카세 하치에몬(高瀨八右衛門)에게 말한 것인데, 울릉도, 우산도, 그 외의 하나의 섬을 언급하고 있다. 여기의 우산도를 현재의 죽도로 비정하는 견해도 있지만 우산도는 독도라고 할 수 있다. 이름을 밝히지 않은 섬은 사료 ⑩에서 안용복이 말한 죽도로서 울릉도가 아닌 현재의 죽도일 것이다. 바로 울릉도 곁에 있는 섬이기 때문에 이름을 말하지 않았을 수도 있고, 일본에서 울릉도를 죽도라고 하였기 때문에 자신이 아는 죽도와 일본인이 말하는 죽도에 대해 혼동이 생겨 그렇게 말했을 것이다. 아마 후자의 가능성이 높다. 그렇게 볼 때 박동지가 다카세 하치에몬에게 '세 섬 중의 어느 것을 일본에서 죽도라고 부르는 것을 죽도라고 정하고 다른 섬을 조선의 울릉도라고 한다면, 조정 쪽의 명분도 세울 수 있고, 일본 쪽에서도 잘 마무리될 것이다'라는 말이 이해될 수 있다(⑪-ⓐ). 박동지가 조선과 일본의 정세를 정확히 내다보고 쓰시마번에게 '울릉도 쟁계'에 대한 방안을 일러줄 수 있었을 것이다. '울릉도쟁계' 교섭에서 접대역관 박동지는 쓰시마에서 많은 도움을 받았기 때문에 쓰시마 번의 입장을 대변하고 있다.33)

---

32) 『竹嶋紀事』 元祿 6年 12月 5일, 「다다 요자에몬에 보낸 쓰시마도주의 답신」.
33) 『竹嶋紀事』 元祿 7년 2月 15일, 「박동지의 답변」, "저도 허심탄회하게 말씀드리겠습니다. 제가 조선 땅에서 출생했다고 조선인으로 생각하시겠죠. 전혀 그렇지 않습니다. 수년에 걸쳐 쓰시마의 두터운 은혜를 입어 아시는 바와 같이 저에게 쓰시마의 용무도 맡길 수 있겠다고 생각하신 듯 300貫目의 빚이 있었지만 선처해주셨습니다. 이러한 두터운 은혜를 입은 사람은 쓰시마에서도 없을 것입니다. 아무리 충절을 다해도 조선으로부터는 10관 밖에 받지 못합니다. 오로지 두터운 은혜를

그리고 "섬이 셋 있으며, 하나는 울릉도, 하나는 우산도라고 하며 하나는 이름이 없으니, 이 중에서 어느 곳이든지 일본에서 죽도라는 부르는 것을 죽도로 정하고, 그 밖의 섬을 조선국의 울릉도로 삼는다면 조선 조정의 의도와 명분도 서고 일본에서도 좋은 결과로 해결된 것처럼 보일 것"이라고 판단하였고(⑪-ⓐ), 박동지가 내려오면 안용복과 박어둔을 "위와 같은 내용을 두 사람에 잘 말해두어 거듭해서 조정에서 질문을 받았을 때 답변에 틀림이 없도록 만들어 두고 싶습니다. 혹은 다례를 시행할 때 건네주어 그 자리에서 접위관이 상황을 물어봤을 때 울릉도에 건너갔다고 하는 말을 하게 되면 위의 내용과도 틀리게 되어 매우 큰일이 될 것"이라고 하면서 일러두고 있었기 때문에(⑪-ⓑ) 1694년 정월, 안용복과 박어둔이 문초 받을 때 박어둔이 사료 ⑦과 같이 '죽도'에 배를 정박하게 되었다고 진술하게 되었다.

셋째, '우산도'에 대한 기록을 살펴보자.

⑫ 『여지승람』의 기술내용에 따르면 우산도와 울릉도는 별도의 섬인 것처럼 보입니다. 하지만 일설로는 본래 한 섬이라고 하므로 다른 섬인지 분명하지 않습니다. 『지봉유설』 등에는 시대에 따라 이름이 바뀌므로 필경 우산도와 울릉도가 한 섬인 것처럼 보입니다. 「朝鮮繪圖」에는 두 섬으로 그려져 있습니다. 바로 본떠서 보내드립니다.

쓰시마도주는 "『여지승람』의 기술내용에 따르면 우산도와 울릉도는 별도의 섬인 것처럼 보인다"라고 하였고, "「朝鮮繪圖」에는 두 섬으로 그려져 있다"고 하였고 바로 본떠서 보냈다고 하였다.

안용복이 울릉도와 우산도 두 섬을 인식하였음은 물론이고, 조선 조정과 접위관 홍중하, 박동지 및 쓰시마도주와 대차왜 다다 야자에몬과 재판인 다카세 하치에몬까지 울릉도와 우산도를 두 섬으로 인식하고 있었

입은 고마움에 도주님께 봉공이 되는 것이라면 어떠한 일이라도 하겠다는 일념으로 아침저녁으로 그것만을 염두에 두고 있습니다. 조선에 유리하게 일처리를 하겠다는 생각은 조금도 없습니다.…도주님에게 두터운 은혜를 입은 일본 한 사람을 조선에 둔 것과 마찬가지입니다."

다. '울릉도쟁계'가 진행하는 동안에 안용복은 물론이고, 조선 조정과 일본 에도막부와 쓰시마도주의 경우 '죽도'는 '울릉도'이고, '송도'는 '우산도'인 것을 알았다.

Ⅳ. 맺음말

조선 조정과 접위관 홍중하, 박동지까지 물론 쓰시마도주와 대차왜 다다 야자에몬과 재판인 다카세 하치에몬까지 '우산도'를 인식하고 있었다. 쓰시마도주의 보고로 에도막부까지 '우산도'를 인식하고 있었다.

1695년 일본의 도쿠가와 막부는 돗토리번(鳥取藩)에 죽도(울릉도)와 송도(독도)가 언제부터 속하게 되었는지를 물었다. 이에 돗토리번은 죽도와 송도는 '돗토리번에 속하지 않는다'고 답하였다. 결국 도쿠가와 막부는 1696년 1월 '죽도도해금지령'을 내렸다.

일본의 경우 '죽도도해금지령'에는 독도가 포함되지 않았다고 주장한다. 그렇지만 일본의 오야 가문(大谷家)의 사료에서 "죽도근변송도"(1659년), "죽도내송도"(1660년)라고 한 것처럼 죽도도해금지령에는 송도, 즉 독도가 포함되었다. 1722년 이와미노구니(石見國) 어민의 울릉도 밀항 사건이 발생하자 에도막부는 쓰시마 번에 대해 안용복 사건 때의 죽도도해금지령이 독도에도 적용되는지에 대해 조회했다. 쓰시마 번의 답변은 "(송도 또한) 죽도와 마찬가지로 일본인들이 건너가 고기잡이를 하는 것을 금지시켰다고 생각할 수 있습니다."고 하였다. 그 후 죽도도해금지령 해제 청원 과정에서 「大谷氏舊記」등에 의하면 1740년 오야 가쓰후사(大谷勝房)는 에도막부에 "竹島・松島 양도 도해가 금지된 이후에는 하쿠슈(伯州)의 요나고(米子) 성주가 가엽게 여겨주신 덕택에 생활하고 있다"고 진술하고 있다. '죽도도해금지령'에 독도가 포함되지 않았다는 일본의 주장은 성립하지 않는다.

【참고문헌】

김병우, 「『竹嶋紀事』와 『竹島考』의 안용복 인식」 『일본이 기억하는 조선의 안용복』 지성인, 2015
김호동, 『독도・울릉도의 역사』 경인문화사, 2007
김호동, 「『죽도문제에 관한 조사연구 최종보고서』에 인용된 일본 에도(江戶)시대 독도문헌 연구」 『인문연구』 55, 영남대학교 인문과학연구소, 2008
김호동, 「조선 숙종 조 영토분쟁의 배경과 대응에 관한 검토-안용복 활동의 새로운 검토를 위해-」 『대구사학』 94, 2009
김호동, 「『竹島考』분석」 『인문연구』 63, 영남대학교 인문과학연구소, 2011
김호동, 『안용복과 울릉도・독도』 목포해양대학교 청소년바다문고1, 교우미디어, 2015
박병섭, 『안용복 사건에 대한 검증』 한국해양수산개발원, 2007
박지영, 「『竹嶋紀事』를 통해 본 쓰시마의 안용복」 『일본이 기억하는 조선의 안용복』 지성인, 2015
이현호, 「일제시기 이주어촌 '방어진'과 지역사회 동향」 『역사와 세계』 33, 효원사학회, 2008
池內敏, 「安龍福英雄伝說 の形成・ノート」 『名古屋大学文学部研究論集』 史学55
池內敏, 「일본 에도시대의 다케시마・마츠시마 인식」 『獨島研究』 6, 영남대학교 독도연구소, 2009
下條正男, 「竹島問題考」 『現代コリア』 1996

제7장

메이지시대 일본의 울릉도·독도 정책

Ⅰ. 머리말

한국의 경우 1905년 '무주지선점론'에 의한 일본의 독도 영토 편입조치 기도는 메이지시대 일본의 영토팽창정책에 기인한 것이라고 본다. 최근 일본이 '무주지선점론' 대신에 '17세기 고유영토설'을 내세우고 있는 것도 '무주지선점론'이 일본의 대외영토 확장의 과정에서 조선침략의 제일보였다는 한국 측의 논리에 대한 대응에서 나온 것이라고 볼 수도 있다.

왜 일본은 독도를 '무주지선점론'에 의해 자국의 영토로 편입하였다고 하였을까? 지금까지 이에 관한 연구는 거의 없다. 또 에도시대부터 메이지시기에 걸쳐 동해 지역에 있어서 일본이 관심을 가졌던 섬은 '울릉도'였고, 이것을 자국의 영토로 편입시키고자 하는 집요한 의지를 갖고 있었다. 그럼에도 불구하고 한일 양국은 '독도' 문제에만 관심을 집중한 채 일본이 울릉도를 자국의 영토로 편입시키려는 의도를 갖고 있었음을 간과하고 있다. 한국은 독도 문제를 언급할 때 독도가 울릉도의 속도라는 점을 부각시키고 있다. 그것을 입증하기 위해 일본의 어로 활동이 독도에서 단독으로 이루어진 것이 아니라 울릉도를 거점으로 이루어진 것이라는 점을 부각시킨다면 17세기 말 울릉도 도항은 금지했지만 독도 도항은 금지하지 않았다는 일본 외무성 홈페이지의 '竹島-다케시마 문제를 이해하기 위한 10 포인트' 논리의 부당성도 드러내줄 수 있을 것이다.

기존 연구 성과에서 독도문제를 울릉도와 결부시켜 일본의 독도·울릉도 정책을 검토하기 보다는 일본의 '독도' 침탈을 러일전쟁과 결부시켜서 설명한다든지, 일본의 영토 경계 확정 과정을 통해 일본의 도서 편입 사례과정과 결부하여 독도 문제를 다룬다든지, 아니면 주로 1883년 개척령 이후의 일본인의 울릉도 도항의 실태를 다루면서 독도 영유권 문제를 언급하고 있다.1) 이들 연구들은 일본의 섬에 대한 영토편입이론이 1876년 오가사와라제도의 영토편입에 고무되어 '죽도도해청원서"와 '송도개척지의'를 논하는 과정에서 이론이 만들어졌다는 것을 주목하지 않고 있다. 아울러 시마네현이 죽도(울릉도)를 시마네현의 지적에 실어도 되는가의 질품서를 낸 것도 오가사와라제도의 영토편입에 힘입어 바라는 것을 주목하지 않았다. 본고는 이를 반성하면서 '공도제'와 '무주지선점론'이 이때 제기되어 이후의 미나미도리섬(南鳥島), 독도 절취에 적용되었음을 밝히고자 한다.

Ⅱ. 1876년 전후의 일본의 울릉도·독도정책의 변화

1. 1876년 이전의 일본의 영토팽창정책 개관

동아시아 삼국의 개국 시점은 중국의 경우 1840년대, 일본의 경우 1850년대, 한국의 경우 1870년대로 시차적 차이가 있지만 대체로 1840년대에서 1870년대에 이르기까지 3국의 내재적 발전의 수준은 별 차가 없었다. 다만 조선과 청국에서의 개국은 각각 서양과의 격렬한 무력충돌

---

1) 허영란, 「명치기 일본의 영토 경계 확정과 독도-도서 편입사례와 '竹島 편입'의 비교-」『서울국제법연구』 2003.
허영란, 「19세기 말~20세기 초 일본인의 울릉도 도항과 독도영유권 문제」『동북아역사논총』 13, 2006.
최문형, 「러일전쟁과 일본의 독도 점취」『역사학보』 188, 2005.
송병기, 『개정판 울릉도와 독도』 단국대학교 출판부, 2007.

(청국의 경우는 아편전쟁, 조선의 경우는 두 번에 걸친 양요 및 강화도 사건)에서 비롯되었고, 강제적, 피동적 색채가 강했던 것이었음에 반해, 일본의 경우에는 페리의 내항이라는 강한 압력 아래 행해진 것이기는 하나 무력충돌을 피하고 상대적으로 적극적으로 개국을 수행하였다. 이와 같이 일본의 개국은 구미열강의 외압에 대한 대응이라는 점에서는 한국-중국과 공통의 성격을 지니고 있었으면서도 적극적으로 구미의 제도와 문화를 수용하여 근대화를 이룩하여 초기의 불평등조약체제로부터 탈피해 나갔으며, 독립(국민국가)뿐만 아니라 제국주의의 길을 걷게 된 특징을 지니고 있다. 그것이 가능했던 것은 막부 하에서 상업 자본을 축적한 상인 계층의 대두와 난학을 통한 근대적 학문의 발전이 있었기 때문이다.

후진국이 보다 선진적인 나라의 외압에 직면하면서 근대국민국가를 수립하려고 할 때 정치적 변혁이 굉장히 중요하다. 동아시아 삼국이 세계자본주의체제에 편입되는 시기는 1840년대, 1850년대, 1870년대라는 시차의 차이는 있지만 내재적 발전의 정도에 있어서는 서로 비슷비슷한 수준에서 세계자본주의체제에 편입되었다. 그러나 편입된 상태 하에서 자기나라의 국민경제를 일으켜 나가려면 외압에 대하여 적절하게 대응해야 하고, 또 위로부터의 정치적 개혁에 의해 국민들의 힘을 한곳으로 모아 낡은 체제를 변혁하고, 근대적 체제를 수립해나가기 위해서는 정치적 변혁이 굉장히 중요하다. 삼국이 1894년을 계기로 서로 다른 역사적 행로를 걷게 된 중요한 원인 가운데 하나는 일본은 정치적 변혁(메이지유신)에 성공하였기 때문에 세계자본주의체제하에서 식민지가 되지 않고 민족적 주권을 유지하고 국민국가 수립에 성공할 수 있었고, 중국의 경우 정치변혁에 상당히 실패했기 때문에 반식민지의 길을 걷게 되었고, 한국의 경우 정치적 변혁이 좌절됨으로써 식민지의 길을 걷게 되었다.[2]

일본은 에도 막부의 쇄국정책에 의해 네덜란드·중국과의 창구인 나가사키(長崎), 조선과의 창구인 쓰시마, 류큐와의 창구인 사쓰마(薩摩), 그리고 아이누와의 창구인 마츠마에(松前)로 해외와의 접점이 제한되었었다. 그렇지만 메이지유신을 통해 근대국가로 발돋움한 일본은 제국주의

---

2) 정창렬, 「근대민족의 형성-서설」 『CD 한국사』 11, 한길사, 1994.

의 길을 걸으면서 해방론을 딛고, 바다를 건너 대륙으로의 진출을 꾀하게 된다. 대만 정벌(1874), 사할린(樺太)·쿠릴(千島) 교환협정의 체결(1875), 오가사와라(小笠原)제도의 편입(1876), 류큐(琉球)의 귀속(1879)을 통해 외곽도서의 소속이 불투명한 섬들을 자국의 영토로 편입하는 과정에서 막부말과 메이지시기를 경과하면서 축적한 일본의 정치적, 외교적, 군사적 경험과 힘, 그것을 정당화하는 서양 국제법 논리를 동원하였다.3)

북해도 및 사할린(樺太)지역이 처음으로 일본 정부의 통제 아래 놓이게 된 것은 16세기 말 막부가 에조지(蝦夷地)를 마츠마에번(松前藩)의 영지로 인정하면서부터였다. 그 후 마츠마에번(松前藩)은 북해도 동부와 사할린 남부에 대해 직접 실지조사를 하는 등 세력 확장을 꾀했지만 영토로 확정한 것은 아니었다. 그런 상태에서 17세기말 캄차카 반도를 점령한 러시아가 18세기에 접어들어 쿠릴(千島)로 남하하기 시작하자 일본정부는 위기의식을 갖고 사할린과 쿠릴열도에 대한 현지조사를 시작하였다. 19세기에 접어들어 러시아의 관심이 서쪽으로 돌려지면서 한때 소강상태를 보였지만 1840년대 이후 다시 사할린이 외교 현안으로 부상하였고, 결국 1855년 러시아와 일본의 화친조약에서 양국은 사할린 지역을 양 국민이 잡거하는 공유지로 남겼다. 그 후 1859년 9월에 러시아의 동시베리아 총독 무라비에프가 도쿄만으로 내항하여 사할린이 러시아령이라는 사실을 인정받으려고 하였지만 뜻을 이루지 못하였다. 이때의 협상과정에서 사할린의 귀속문제가 지금까지의 역사적 과정과는 상관없이 금후의 자유경쟁에 의해 결정이 되리라는 것을 인식한 일본 정부는 러시아의 남하에 대비하기 위해서 사할린 지역에 대한 식민정책에 주력하였다. 그렇지만 러시아 측도 유형 등의 방법을 통해 식민정책을 실행하였기 때문에 일본이 이민자 파견과 개척이라는 방법을 써서 러시아에 대한 압도적 우위를 점하기란 쉽지 않았다. 러일 양국 국민이 잡거하고 있는 상황 하에서 현지에서 양국 사이에 석탄 채굴권, 어업권 등을 둘러싼 분쟁이 빈발하였다. 결국 사할린 문제는 1875년 5월 7일 모스크바

---

3) 허영란, 「명치기 일본의 영토 경계 확정과 독도-도서 편입사례와 '竹島 편입'의 비교-」 『서울국제법연구』 2003, 5쪽.

에서 사할린·쿠릴 교환협정이 조인되었다. 일본이 사할린에 대한 영유권을 전부 넘겨주는 대신에 러시아는 쿠릴열도의 18개 도서를 일본으로 이양하는 것으로 결말이 났다. 그 협상과정에서 러시아 측은 사할린 대신 일본에 넘겨줄 몇 개의 도서를 제시하고, 만일 그것이 불충분하다면 섬의 수를 증가시키겠다고 하였다. 반면 일본의 소에지마(副島) 외무경은 정한론에 바탕 해서 일본이 조선에 대해 군사행동을 취하더라도 러시아가 간섭하지 않겠다는 밀약을 대가에 포함시키도록 요구할 예정이었다고 한다. 그것은 당시 일본에서 벌어지고 있던 정한 논쟁에 대해 미해결의 사할린 문제가 영향을 주고 있었기 때문이다.[4] 사할린·쿠릴협정에서 주목되는 것은 영토분쟁에 있어서 그 승패는 식민의 문제 뿐 만이 아니라 석탄 채굴권, 어업권의 확보가 관건이라는 것을 일본이 인식하였다는 사실이다.

일본의 독도침략은 선점론에 바탕하고 있다. 일본이 도서 선점에 의해 편입한 섬들, 즉 오가사와라섬(小笠原島, 1876.10), 이오섬(硫黃島, 1891.9), 센카쿠열도(久米赤島·久場島·魚釣島, 1895.1), 미나미도리 섬(南鳥島, 1898.7), 오키다이토섬(沖大東島, 1900.9), 오키노도리섬(中ノ鳥島, 1908.7) 가운데 미나미도리시마(南鳥島)의 영토편입과정이 독도 편입에 많은 영향을 끼쳤다는 점이 지금까지 주로 지적되고 있지만 그에 못지않게 오가사와라(小笠原)제도의 편입 사례가 영향을 끼친 바가 크다. 오가사와라제도의 편입과정을 논하면서 이것을 살펴보기로 한다.

일본은 1876년에 동경에서 동남쪽으로 약 1,000km 떨어져있는 오가사와라 제도를 편입하였는데, 오랜 기간 영국과 미국도 이곳에 관심을 갖고 있었기 때문에 그 의미는 컸다.

오가사와라란 이름은 1593년에 오가사와라 사다요리(小笠原貞賴) 민부대보(民部大輔)가 이 무인도를 발견한데서 유래하였지만 영주하지는 않았다. 19세기에 접어들면서 태평양에서 포경업이 발전함에 따라 유럽 각국 선박들이 오가사와라제도에 빈번하게 내항하기 시작하여

---

4) 鹿島守之助, 『日本外交史 3 -近隣諸國及び領土問題-』 鹿島研究所出版會, 1970, p.256 및 265~272쪽 ; 허영란, 앞의 논문 7쪽.

1817년경부터 외국인이 포경을 위해 거주하였다.5) 1830년 6월에는 세보리(Nathamiel Savory) 등 5명이 하와이 원주민 20여 명과 함께 무인도였던 이 섬에 이주하여 개척을 시작했다. 또, 서세동점의 기세 속에 청나라에 주재하던 영국 관리들은 본국 정부의 지령에 따라 중국 시장의 확대는 물론 일본을 포함한 인근 여러 나라에 대한 시장 개척을 꾀했다. 오가사와라(小笠原)제도에 눈독을 들인 영국은 1837년 조사를 명목으로 군함 로레이호를 파견했다. 한편 1853년에는 미국 동인도함대 사령관인 페리 제독이 입항하여 섬을 조사한 뒤 세보리에게 저탄용지(貯炭用地)를 구입하고 그에게 독립정부 수립을 권유하기까지 하였다. 미국의 국서를 전달하기 위해 일본으로 향하던 길에 류큐(琉球)에 들러 수호조약을 맺고 저탄소의 설치를 약속받은 페리는 귀로에 오가사와라 제도에 들러 일본과 만일의 사태가 발생할 것에 대비해 저탄소를 설정했고, 미국의 해군장군은 이 섬에 대한 적극적 점령방침을 수용하지는 않고 저탄용지의 설정만을 승인했다. 이에 이 섬의 주권 소재를 둘러싸고 미국과 영국 사이에 갈등이 발생했다. 그러나 1854년 3월에 미일화친조약이 체결됨에 따라 오가사와라 제도에 대한 미국의 적극적 관심이 일단 수그러들었다.6)

일본은 1675년경 오가사와라 제도를 순검한 이래 더 이상 개척하지 않고 방치했으며, 1830년 영국인과 하와이인으로 구성된 개척단이 이 섬에 거주하기 시작한 것에 대해서도 별다른 조치를 취하지 않고 있었다. 심지어 1846년 항로상의 요지인 이 섬에 외국인이 거주하도록 내버려둘 경우 훗날 재난을 초래할 것이라는 나가사키(長崎) 주재 네덜란드 상관장인 비크(Pieter A. Bik)의 충고 역시 막부는 귀 기울이지 않았다. 그러나 1853년 페리 내항 후 미국과 영국이 이 섬의 영유에 관심을 표하는 등 상황이 급변함에 따라 1860년 막부는 견미(遣美) 사절단이 태평양을 횡단하고 올 때 오가사와라 제도에 기항해서 실정을 시찰하라는 명령을

---

5) 한철호,「明治시기 일본의 도서선점 사례에 대한 역사적 분석과 그 의미」『서울국제법연구』제16권 2호, 2009, 107쪽.
6) 민두기,『일본의 역사』지식산업사, 1994 192~193쪽 ; 鹿島守之助, 앞의 책 346~347쪽 ; 허영란, 앞의 글 8쪽 참조.

내렸다. 비록 이 시도는 선박 사정 등으로 이루어지지는 못했지만 사절단은 영·미 양국이 오가사와라제도에 지대한 관심을 갖고 있다는 정보를 입수하여 귀국 후 막부에 보고하였다. 오가사와라제도를 방치해왔던 일본은 미국과 영국이 관심을 갖고 있다는 사실을 알게 됨에 따라 오가사와라제도를 조사·순검키로 결정하였다.7)

    1861년 12월 4일 외국봉행(外國奉行) 미즈노 다다노리(水野忠德) 등 총 107명의 일행이 오가사와라 제도로 출발하여 1862년 3월 27일 돌아왔다. 이 기간 동안 미즈노 등은 섬에 거주하는 외국인 등을 모아놓고 일본의 정령을 준수하도록 서약케 한 다음 지권(地券)을 나눠주고 '오가사와라섬 신간비(小笠原島新墾碑)'를 세웠으며, 출장소를 설치해 오바나 사쿠노스케(小花作之助)를 주재시키고, 오가사하라섬 통제 규칙(小笠原島取締規則)과 항칙(港則)을 정하는 등 일본의 속도로 삼는 조처를 취하였다. 한편 미즈노 일행이 출발하기 전인 11월 16일 막부는 노쥬(老中) 안도 노부마사(安藤信正 : 信睦·信行) 등의 명의로 영·미 공사에게 오가사하라 개척 재흥(再興) 사실을 통고하였다.8) 이에 대해 미국공사 해리스(T. Harris)는 별다른 이의를 제기하지 않은 반면 영국영사 올콕(R.Alcock)은 "일본인이 최초의 발견자라 하더라도, 그 후 관리를 게을리 했기 때문에 구미의 법률에 의하면 일본의 소유권은 이미 소멸하였다."면서 이 섬이 어느 한 나라의 소유라고 인정하기는 어렵다는 논리를 펼쳤다. 6월 11일부로 막부는 올콕의 주장을 반박함과 동시에 오가사와라제도의 회수가 완료되었다고 통보했지만 영국 측은 러시아의 남하정책을 경계하는데 역점을 두는 바람에 특별히 반론을 제기하지 않았다. 막부는 미즈노의 보고에 기초하여 관리와 이민 80 여명을 이 섬에 파견해서 통치했지만 강경한 양이론의 득세로 외국과의 충돌이 빈번하자 일본정부는 1863년 5월 9일 오가사와라제도에 대한 개척시도를 중지하고 이주시켰던 주민들도 철수시킴으로써 '공도' 정책을 펼쳤다. 이러한 막부

---

7) 한철호, 앞의 글 108쪽.
8) 한철호, 앞의 글 108~109쪽 ; 한철호의 견해는 田辺太一의 『幕末外交談』(平凡社, 1966)과 安岡昭男, 「小笠原島と江戸幕府の施策」(岩生成一編, 『近世の洋學と海外交涉』嚴南堂書店, 1979) 등을 근거로 하고 있다.

의 오가사와라제도에 대한 '공도'정책은 명치유신 후인 1875년 말까지 약 12년간 지속되었다.9) 마찬가지로 조선의 울릉도에 대한 정책을 '공도정책'이라고 하지만 일본의 오가사와라 제도에 대한 '공도정책'의 경우 일본의 관리 파견이 없었지만 조선의 경우 수토관이 항례적으로 파견되었다는 점에서 엄연히 다르다. 그리고 오가사와라 제도에 대한 '공도정책'이란 것도 문제가 있다. 이때의 일본의 오가사와라 제도에 대한 개척의 중지, 이주 주민의 철수는 일본이 갖고 있던 일체의 권리를 포기하는 조처, 즉 자기 주권의 포기를 의미하는 것이지, 그것을 공도정책이라고 볼 수는 없다. 오가사와라제도는 '공도'가 아니었다. 서양이주자들에 의해 여전히 개척이 진행되었다. 그런 점에서 '공도정책'이란 용어는 전면적 재검토가 필요하다. 영국공사 파크스(Harry S. Parkes)는 일본이 이 섬을 완전히 제외시킨 채 방기한 것으로 생각한다면서 일본의 소속 여부를 추궁하였던 것도10) 서양인들에 의해 개척이 시행되고 있었기 때문에 질의할 수 있는 사안이다. 1873년의 경우, 이 섬의 유력자인 벤자민 필스가 주일 미국공사를 방문해서 미국의 통치를 희망했지만 미국정부는 이를 받아들이지 않았다. 당시 주민은 미국인 25명, 영국인 17명, 프랑스인 4명이었다.

이러한 사태에 즈음하여 일본 외무성 일각에서 1869년에 오가사와라 제도에 대한 개척건의가 나오기 시작하여 1872~1873년에 접어들면서 일본은 외국선박의 빈번한 출몰과 이 섬에 거주하는 외국인에 대한 징세문제를 제기하면서 오가사와라제도에 대해 명확한 조치를 취해야 한다는 의견이 개진되었다. 이에 1874년에 해군성, 외무성, 내무성, 대장성 등 4개 관련 부처 간 협의가 진행되었다. 4성 합의안은 당시 오가사와라제도의 점거자인 미국인 피스(Benjamin Pease)가 일본 주재 미국공사를 통해 이 섬을 미국의 속도로 삼기위해 청원한 사실을 언급하면서 오가사와라 제도가 일본에 속한다는 사실을 강조하였다. 그렇지만 대만출병으로 인해 대책강구가 일시 중단되었다가 1875년 3월 18일 내무경은 4성 합의안

---

9) 한철호, 앞의 글 109쪽.
10) 『日本外交文書』 6, 397~398쪽, #181 ; 355~356쪽 # 151 부속서.

을 전달하고 조인을 청구했다. 이때 외국공사들에게 오가사와라제도의 대책의 시행을 통고해야 하는지 여부를 놓고 대장성과 외무성 사이에 의견이 갈렸다. 대장성은 관리를 파견하기 전에 공공연하게 외국공사에게 고지를 해야 신의를 잃지 않는다고 주장한 반면 외무성은 일본의 속도인 것이 명백하므로 통고가 불필요하다는 의견을 제출했지만 최종적으로 각국 공사에 한 방책을 재상신했고, 동년 11월 21일, 외무사등출사(外務四等出仕) 다나베 다이치(田邊太一)를 포함한 회수위원을 파견하였다. 회수위원이 조사를 마친 후 12월 16일에 귀경하여 오가사와라에 대한 보호방책의 강구를 건의하는 복명서를 작성했다. 이때 주민으로부터 복종의 선서를 받았다.

이에 앞서 11월 초 회수위원의 파견을 통보받은 영국 공사 파크스는 외무성에 영국도 요코하마(橫浜)주재 영사를 오가사와라 제도에 파견하겠다는 뜻을 전하면서 재차 일본이 이 섬을 '속지'로 상정하는 이유를 따져 물었다. 이에 데라지마가 "지금까지 수속도 있고, 또 가까운 섬이기 때문에 우리 관할로 정했다."고 답하자 파크스는 "가까운 섬이라는 이유로 속지로 정한다는 설은 적절하다고 할 수 없다. 만일 원근으로 속부(屬否)를 정한다면 이오지마는 중국의 속지라고 말해도 괜찮은가?"라고 반박하였다. 또 "종전부터 수속도 있고, 10년 전에는 우리 관리를 파견한 적이 있을 정도이다."라는 데라지마의 발언에 관해서도 그는 "관리를 파견한 것은 귀국뿐만 아니라 미·러, 그리고 우리나라도 파견하였다."고 응수함으로써 데라지마를 곤궁에 빠뜨렸다. 그렇지만 파크스가 열강 간의 상황을 고려하여 일본의 조치를 승인하는 의향을 비추자 1876년 10월에 일본 정부는 오가사와라제도에 시행할 신법령을 제정하여, 17일에 데라우치(寺內) 외무경 명의로 일본 주재 각국 공사에게 오가사와라제도에 관청을 설치하고 관리를 파견하며 규칙에 따라 단속하겠다는 내용을 통보했다.11) 오가사와라 제도에 대한 영토편입의 경험은 1876년 전후의 '송도개척' 논의의 처리 때 그 논리를 세우는데 귀중한 경험이 되었음을 다음의 절을 통해서 알 수 있다. 오가사와라 제도의 회수위원인 다나베

---

11) 허영란, 앞의 글 7~11쪽 ; 한철호, 앞의 글 107쪽 참조.

다이치(田邊太一)가 이때 외무성의 공신국장이었기 때문에 그 논리를 세우는데 큰 방향을 제시하는 역할을 하였다.

1869년 12월, 일본 외무성은 외무성출사(外務省出仕) 사다 하쿠보(佐田白茅), 모리야마 시게루(森山茂), 사이도 사카에(齋藤榮) 일행을 조선에 파견하였는데, 4월에 제출한 시찰보고서인「조선국교제시말내탐서-죽도·송도가 조선의 부속으로 된 시말(「朝鮮國交際始末內探書-竹島松島朝鮮附屬=相成候始末」)에 죽도(울릉도)와 송도(독도)가 조선에 속한 시말을 보고한 것으로 보아 일본 외무성이 적극적으로 영토 확장의 정책을 개진하기 위해 오가사와라 제도 개척 건의와 함께 죽도와 송도의 소속을 알기 위해 조선에 외무성 관리를 파견하였다고 보아야 한다. 일본은 오가사와라제도의 편입의 경험을 바탕으로 공도제, 무주지선점론, 근도(近島)이론을 동원하여 독도뿐만이 아니라 울릉도마저 강제 편입을 기도하였는데, 그것은 일본의 오가사와라제도 편입에 힘입은 바가 크다. 이것을 다음의 절을 통해 살펴보기로 한다.

2. 1876년 이후 일본의 울릉도·독도 정책의 추이

1876년의 오가사와라 제도의 영토편입과 일본에 의한 조선의 개국은 '죽도도해금지령'에 의해 울릉도 도해가 금지되었던 시마네현 사람들에게 죽도도해를 재개하는 호기로 여겨졌음을 '죽도도해청원서'를 통해 알 수 있다.

> 불초 제가 어렸을 때, 오키국에서 약70리 정도 떨어진 서북쪽의 바다에 황막한 불모의 孤島가 하나 있어 이를 竹島라고 부른다는 말을 들었습니다. 제가 조금 나이가 들어서 옛날부터 저희 집에서 모아두었던 책 중『竹島渡海記』라는 제목이 붙은 작은 책 한권을 발견했습니다. 그런데 당시에는 아직 생각이 깊지 않았을 때였기 때문에, 그것이 전혀 쓸모없는 것이며 광주리 안에 있던 먼지 쌓인 종이에 불과하다고 여겼었는데, 메이지 유신 이래 홋카이도의 여러 황무지를 개척하여 계속해서 좋은 성과가 있자, 竹島라는 것도 우리나라에 속한 작은 섬일 수 있을지도 모른다는 것에 조금 생각이 미쳐 깊은 애정을 가지게 되었으므로, 3, 4년간 그 섬에

관한 문헌 또는 설화를 얻고자 심혈을 기울여 찾아 헤맸으나, 그 섬은 도쿠카와(德川)가문이 집권할 당시에 특히 엄하게 도해를 금했던 섬이었기 때문에 그에 관한 문헌을 가지고 있는 자가 하나도 없었습니다. … 저는 竹島에 뜻을 두고 큰일을 한번 해 보고는 싶었으나 그때까지는 결정을 못 내리고 한동안 마음속에 접어두곤 감히 발설하지 않고 있었는데, 작년 오가사와라 섬에 鎭事官을 파견한다는 말을 듣자 매우 기뻐하며 축하했습니다. 정부가 개간사업에 매우 주의를 기울이고 있다는 것에 기뻤습니다. 그때 비록 대수롭지 않은 일이라 하더라도 국가의 이익이 되는 일을 나중으로 미루어서는 안 된다는 것을 깨달았습니다. 그래서 더욱 뜻을 굳건히 하여 '설령 먼 바다에 있는 불로의 작은 섬에 이르러 몸이 부서지는 한이 있더라도 공을 세울 정도의 마음가짐이 되어 있으면 또한 어찌 마다하겠는가. 그러므로 이번에 그 섬으로 건너가 그 땅에 대해 직접 살펴보고, 그 후에 그 공적을 대대적으로 드러내어 국가 경영의 一端을 마련하자'고 희망하고 있었습니다. 도해면허에 대해 허가해 주시기를 엎드려 바라는 바입니다.12)

1877년(명치 10) 1월 27일 시마네현 사족 도다 다카요시(戶田敬義)는 메이지 유신 이래 홋카이도의 여러 황무지를 개척하여 계속해서 좋은 성과가 있자, 죽도라는 것도 우리나라에 속한 작은 섬일 수 있을지도 모른다는 것에 조금 생각이 미쳐 깊은 애정을 가지게 되었다거나, 작년 오가사와라 섬에 진사관(鎭事官)을 파견한다는 말을 듣자 정부가 개간사업에 매우 주의를 기울이고 있다는 것에 기뻐하였다는 것을 통해 메이지 시대의 섬의 개척, 특히 오가사와라 섬의 영토편입에 고무되어 울릉도 도해를 청원하였다고 볼 수 있다. 도다 다카요시(戶田敬義)는 3월 13일에 재차 청원서를 올리면서 도해가 실현되면 황국의 토지가 크게 확장되고, 국가의 이익이 되며, 외국인과의 관계에서 불리한 일이 발생하지 않을 뿐더러, 또 국내의 무산자들을 만분의 일이라도 도울 수 있다는 것을 내세우면서 동경부청 단독으로 결정되는 사항이 아니라면 관계 부서에 신속히 어떤 조치라도 취해주기를 원하였다.13) 그러나 별다른 답변을

---

12) 北澤正誠, 『竹島考證』下, 別紙 제4호 「竹島渡海請願書」.
13) 北澤正誠, 『竹島考證』下, 別紙 제5호, "섬을 두고 한때의 개인적인 이익을 노리고자 하는 마음은 저에게 털끝만치도 없습니다. 이 일이 실현되면 皇國의 토지가 크게 확장되고, 국가의 이익이 되며, 외국인과의 관계에서 불리한 일이 발생하지 않

듣지 못한 도다 다카요시(戸田敬義)는 4월에, 도해시기를 놓쳤다면서 내년으로 미루겠다는 뜻을 밝혔다.14) 그런데 6월 8일, 동경부지사 구스모토(楠本正陵) 명의로 '죽도 도해 청원에 대한 건은 허가할 수 없음'이라는 공문이 발급되었다.15)

시마네현 사족 도다 다카요시(戸田敬義)가 죽도도해청원서를 내게 된 것은 오가사와라 섬의 영토편입에 고무되었다고 하였는데, 1877년 3월에 지적편찬과 관련하여 내무성과 태정관이 '일본해내 죽도외 일도(日本海內 竹島外一島)'가 일본과 무관하다고 천명한 사실과 관련시켜 논의를 전개해보기로 한다. 대개 태정관이 1877년 3월 29일 "문의한 취지의 죽도와 일도의 건은 우리나라와 관계없다는 것을 심득할 것"이라는 것에만 주의를 기울이지만 그 발단이 1876년 10월 5일에서 비롯되었음을 본고에서는 주목하고자 한다. 메이지 정부는 근대화 개혁을 시작하면서, 전국의 지적을 작성하도록 지방정부에 훈령하고, 이것을 지원하기 위해 지적을 작성하는 부서를 설립하고 각 지방을 순회하면서 측량을 실시하게 하였다. 이때 시마네현에 지적작성을 위해 파견된 직원이 시마네현의 지적편제계에 죽도(울릉도)를 지적에 포함시켜야 할지의 여부를 시마네현에서 오래된 기록이나 고지도 등을 조사해 내무성에 문의해 달라는 내용의 공문을 보냈다.16) 그것에 의해 시마네현이 조사를 통해 다음과 같은

을 뿐더러, 또 국내의 無産者들을 만분의 일이라도 도울 수 있다면, 이 한 몸이 그 섬의 귀신이 된다고 해도 마다하지 않는다는 마음으로 이번에 도해하기로 결심하였습니다. 올해의 도해시기를 놓치면 내년으로 미루게 되는데, 만일 1년 늦어져서 1년치의 이윤을 외국인에게 빼앗긴다면, 아무리 후회한다고 해도 소용없는 일이고 그 뿐만 아니라 국가 전체의 불행이 된다고 생각합니다. 위와 같은 것을 살피셔서 동경부청 단독으로 결정되는 사항이 아니라면 관계 부서에 신속히 어떤 조치라도 취해주시도록 말씀해 주십시오, 요즘 같은 때 수고를 끼쳐드려 번거로우시겠지만 그렇게 말씀해 주시기를 바라며 다시 청원서를 냅니다."

14) 北澤正誠, 『竹島考證』 下, 別紙 제6호.
15) 北澤正誠, 『竹島考證』 下, 別紙 제7호.
16) 『明治十年三月 公文錄 內務省之部』 「시마네현이 내무성으로 보낸 질품서에 첨부된 '별지 을 제28호'」.

귀 현 관할 오키국의 한 쪽으로, 종래, 竹島로 불리는 고도가 있다고 듣고 있습니다. 원래 구 돗토리번의 상선이 왕복한 선로도 있습니다. 문의서의 취지는, 구두로 조사 의뢰 및 협의를 했습니다. 더하여, 지적 편제에 관한 지방관 심득서 제5조

질품서를 내무성에 제출하였다.

　　貴 省(내무성)의 지리료 직원이 地籍 편찬 확인을 위해 본 현을 순회하였는데, 日本海內에 있는 竹島조사의 건으로 별지 乙 제28호와 같은 조회가 있었습니다. 이 섬은 에이로쿠 연간(1558-1569)에 발견되었다고 합니다만, 舊 돗토리번 때, 겐나 4년(1618)부터 겐로쿠 8년(1695)까지 대략 78년간, 같은 번 영내 오키국 米子의 상인 大谷甚吉과 村川市兵衛가 에도 막부의 허가를 얻고, 매년 항해하여, 섬의 동식물을 가지고 돌아가 내지에서 매각하고 있었습니다. 이것에 대해서는 확증이 있습니다. 현재까지 고서나 낡은 편지가 전하고 있기 때문에, 별지와 같이 유래의 개략이나 도면을 덧붙여 우선 말씀 드립니다. 이번, 섬 전체를 實檢 후, 상세를 덧붙여 기재해야 마땅하지만, 원래 본 현의 관할이 확정된 것도 아니고, 또, 북해 백 여리를 멀리해 線路도 확실하지 않고, 보통의 범선으로는 자주 왕복할 수 없기 때문에, 상기의 大谷, 村川家의 傳記 등 상세를 쫓아 말씀드립니다. 그러나 여럿을 추측하기에, 관내 오키국의 북서에 위치해 시마네 일대의 서부에 부속된다고 보여진다면 본 현의 國圖에 기재해 지적에 편찬하렵니다만, 이 건은 어떻게 해야 할지 지령을 바라겠습니다.

메이지 9년 10월 16일

시마네현 참사 境二郞

　　시마네현은 죽도(울릉도)의 발견 시점이 에이로쿠 연간(1558~1569)에 발견되었고, 1618년부터 1695년까지 대략 78년간 돗토리번의 오키국 요나고(米子)의 상인 오오야 진키치(大谷甚吉)와 무라카와 이치베(村川市兵衛)가 에도 막부의 허가를 얻고 매년 항해하여 상업 활동을 하였음을 오오야(大谷), 무라카와(村川) 가의 전기 등을 바탕으로 하여 죽도가 관내 오키국의 북서에 위치해 시마네 일대의 서부에 부속된다고 보여지므

의 취지도 있습니다만, 만약을 위해 협의를 드리는 것입니다. 이상의 건, 5조의 적용이 됩니다. 따라서 오래된 기록이나 고지도 등을 조사해 주어, 내무성 본성에 문의를 올려 주셨으면 하여, 여기에 조회하겠습니다.

명치9년 10월 5일
지리료 12번 출사 田尻賢信
지리대속 杉山榮藏
시마네현 지적편제계 御中

로 본 현의 국도(國圖)에 기재해 지적에 편찬하겠다는 뜻을 밝혔다. 시마네현은 연안어업에서 어장 과밀현상에 따른 어장 침탈과 분쟁이 일어나는 상황 속에서 오가사와라제도 영토편입이 결정되는 것을 보고 오오야, 무라카와 가의 전기에 바탕하여 '죽도도해'를 염원하는 시마네현 어부들의 바램을 지적편찬의 기회를 통해 이루어지도록 하기 위해 질품서(1876. 10.16)에 담았다고 볼 수 있다. 그런 움직임 속에 시마네현 출신으로서 동경에 거주하는 사족 도다 다카요시가 '죽도도해청원서'를 동경부에 제출할 수 있었고(1877.1.27), 그의 '죽도도해청원서' 제출은 시마네현과 연결되어 '죽도도해'를 받아내고, 시마네현 지적에 죽도를 넣겠다는 시마네현의 바람을 측면 지원하겠다는 의미까지 있을 것이다.

시마네현의 지적편찬에 관한 질품서를 받은 내무성은 '죽도가 우리나라와 관계가 없다.'는 요지의 뜻을 갖고 있었지만 '판도의 취사는 중대한 사건이므로' 조사문건을 첨부하여 태정관에게 '일본해내 죽도외 일도 지적 편찬 방사(日本海內竹島外一島地籍編纂方伺)'란 질품서를 올렸다 (1877.3.17). 이에 대해 태정관이 1877년 3월 29일 "문의한 취지의 죽도외 일도의 건은 우리나라와 관계없다는 것을 심득할 것"이라는 문서를 내무성을 통해 시마네현에 전달하였고,17) 또 동경부를 거쳐 '죽도 도해 청원에 대한 건은 허가할 수 없음'이라는 공문을 도다 다카요시에게 내렸다고 보아야 한다.

그런데 도다 다카요시가 동경부에 제출한 '죽도도해청원서'에 관해 그가 3월 13일 재차 청원을 하면서 "동경부청 단독으로 결정되는 사항이 아니라면 관계 부서에 신속히 어떤 조치라도 취해주기를 원한다."고 한 것처럼 동경부 단독으로 결정할 사항은 아니었다. 내무성의 지적 편찬에 관한 질품서와 함께 '죽도도해청원서'를 접한 일본 외무성은 자기 부처에 제출된 1876년(明治 9) 7월에 제출된 무토 헤이가쿠(武藤平學)의 '송도개척지의'의 '송도'가 송도인가 아닌가를 논란을 벌이면서 '송도개척원'을 둘러싸고 외무성 관료들 사이에 갑론을박의 논쟁이 일어났다.18) 이

---

17) 『明治十年三月 公文錄 內務省之部』.
18) 松島의 명칭과 개척에 관한 일본 외무성의 논의는 北澤正誠, 『竹島考證』 下, '別紙

의 이해를 위해 무토 헤이가쿠(武藤平學)의 '송도개척지의(松島開拓之議)'를 한번 살펴보기로 한다.

'松島開拓之議'19)

삼가 아룁니다. … 국가가 강성해지는 일에 도움이 되는 일이라는 것을 알면서도 침묵하고 있는 것 역시 본의가 아니므로 별수 없이 저의 忠心을 나타내 보이고자 하는데, 이는 우리나라 서북지방에 있는 '松島'라는 한 섬에 대한 일입니다. 제가 2, 3년 전부터 러시아령 블라디보스토크에 서너 차례 왕복하였는데 그때마다 매번 멀리서 보였습니다. 하나의 작은 섬이긴 하나, 장차 황국에 도움이 될 만한 섬으로서, 남쪽에 있는 오가사와라 섬 보다도 한층 더 주의해야 할 땅이라는 생각이 문득 들었습니다. 그런데 집 한 채 없고 한 필지의 경작지도 없습니다. 자연히 외국인이 차지하게 될지도 모른다는 생각에 유감스러워 견딜 수 없었습니다. 이미 외국인들이 마음대로 벌목하여 선박에 싣고 간일도 여러 차례 있었다고 들었으므로 다음에 그 개요를 적어 건의 하는 바 입니다.
우리나라 오키의 북쪽에 있는 松島는 대략 남북으로 5~6리, 동서로 2~3리 정도가 되는 하나의 孤島로서 해상에서 본 바 한 채의 인가도 없는 섬입니다. 이 松島와 竹島는 모두 일본과 조선 사이에 있는 섬들인데, 竹島는 조선에 가깝고 松島는 일본에 가깝습니다. 松島의 서북쪽 해안은 높은 암벽으로 되어 있어, 깎아지른 듯한 절벽이 즐비하므로 나는 새가 아니면 가까이 갈 수 없는 곳 입니다. 또 그 남쪽 해안은 산맥이 바다 쪽으로 향할수록 점차 낮아져서 평탄한 곳을 이루었으며 산꼭대기 조금 밑에서부터 폭이 수백間이 되는 폭포수가 떨어지므로 평지에 전답을 만들어 경작하기에 편합니다. 또 해변 여기저기에 작은 灣이 있으므로 배를 댈 수 있습니다. 이에 더하여 그 섬은 소나무가 울창하여 늘 검푸른 것을 볼 수 있습니다. 광산도 있다고 합니다.
예전부터 블라디보스토크에 머물고 있던 미국인 코펠은 "일본에 속한 섬 중에 '松島'라는 섬 하나가 있는데 아직 일본이 손을 대지 않았다고 들었습니다. 일본의 관할 하에 있는 섬을 다른 나라의 소유로 치부하면 일본의 보물을 다른 나라에 주는 것과 마찬가지 일이 됩니다. 원래 그 섬에는

8' 이하에 기록되어 있다.
19) 北澤正誠, 『竹島考證』 下, 別紙 제8호, '松島開拓之議'.

광산이 있고 거목이 있으며, 물고기를 잡아서 얻는 이익과 땔나무를 해서 얻는 이익 등도 또한 적지 않으므로 저에게 그 섬을 임대해 주시면 매년 큰 이익을 낼 수 있다고 말씀드릴 수 있습니다"라고 하였습니다. 제가 또 숙고해보았는데, 벌채와 어렵 이익도 많겠지만 단지 그뿐만이 아닙니다. 여차 직하면 그 고펠이라고 하는 자를 끌어들일 수 있습니다. … 단지 그 섬의 큰 나무를 벌목하여 좋은 재목을 지금 성대하게 개항된 블라디보스토크로 수출하거나 혹은 시모노세키로 보내 매각하여 그 이익을 얻게 되기를 희망할 뿐이며, 또 만일 광산이 있을 경우에는 광산도 역시 개발하고, 어민과 농민을 이주시켜 그들이 개척하는 땅을 계속하여 황국의 소유로 해 간다면 막대한 이익이 될 것 입니다.

이미 조선과 조약을 맺은 이상에는 함경도 부근도 개항되어 서로 왕복하게 될 터인데 그러면 松島는 필히 그 뱃길에 있어서 중요한 섬이 될 것입니다. 이에 더해, 저들과 우리의 선박이 항해 중 폭풍을 만나 여러 날 표류하게 되어 땔나무와 물이 부족하게 되었을 때에는 이 섬에 정박하면 되니 매우 편리한 섬입니다. 또 블라디보스토크항이 날이 갈수록 더욱 융성해질 터이고, 각 나라로부터 여러 가지 물건을 수출입하는 항해가도 폭풍을 만나거나 땔나무와 물이 부족해지면 이 섬에 정박하는 일이 있게 될 터이므로 항구를 하나 만들고 등대를 설치하여야 합니다. 그러면 단지 우리나라뿐만 아니라 각국 항해가가 안심하고 돌아가서 황국의 어진 마음을 우러러보고, 황국의 어진 정치에 감동할 것입니다. 이것이 소위 일거양득이라는 것이며 밖으로는 인을 베풀고 안으로는 이익을 얻는 일입니다. 또 일본과 조선 양국에서 매년 표류하는 자가 매우 많습니다. 이 사람들은 도와주는 것이 日朝 양국의 仁愛가 두터워지는 일이며 이에 더하여 각 나라 사람들도 더불어 혜택을 받는 일이 되니 이들이 황국을 존경하여 더욱 깊은 교제가 이루어 질것입니다. 바라옵기는 이 섬을 개척하여 농인과 어부를 이주시키고 이들로 하여금 생산에 힘쓰게 하십시오. 제가 2, 3년 동안 이 해상을 향해한 것이 이미 서너 차례에 이르는데 볼 때마다 이 섬을 개척하는 것에 대해 생각하지 않은 적이 없습니다. 특히 지난 明治 8년 11월에 블라디보스토크에 도해했을 때, 그 섬의 남쪽에서 폭풍을 만났고, 밤이 되자 배가 松島와 충돌할지도 모른다는 두려움에 배에 있던 사람들이 천신만고 하였는데, 어두운 밤이었고 또 비바람이 심하게 치고 많은 눈이 내리기도 하여 더더욱 그 섬이 보이지 않았으므로 어찌될지 몰라 배 안의 모든 사람들이 한마디 말도 없이 한숨만 크게 내 쉰 적도 있었으니, 우선 그 섬에 신속히 등대를 설치해 주시길 청원합니다.

明治 9년 7월 武藤平學

무토 헤이가쿠의 '송도개척지의'를 살펴보면 송도와 죽도는 모두 일본과 조선 사이에 있는 섬들인데, 죽도는 조선에 가깝고 송도는 일본에 가깝다고 하였지만 송도에 관한 언급을 보면 죽도, 즉 울릉도임이 분명하다. 그럼에도 '송도'라고 하여 외무성에 개척원을 낸 것은 러시아 블라디보스토크와 무역에 종사한 사람들이 죽도(울릉도)에 어로활동을 하였던 시마네현이나 돗토리현 지역의 사람들보다는 다른 지역 사람들이라는 점에서 나온 오인으로 볼 수 있다. 무토 헤이가쿠의 경우 지금의 아오모리현과 이와테현을 아우른 지역인 미치노쿠(陸奧)의 사족이었다.[20] 당시 항해에 참고한 지도 가운데 죽도와 송도의 지명이 잘못된 지도가 많았다. 그것은 서양지도에서 잘못 측량한 지도를 지볼트가 죽도와 송도로 잘못 비정하여 나타난 현상이라고들 한다.[21]

'송도개척지의'에서 주목할 사항은 하나의 작은 섬이긴 하나, 장차 황국에 도움이 될 만한 섬으로서, 남쪽에 있는 오가사와라 섬보다도 한층 더 주의해야 할 땅이라고 함으로써 오가사와라 영토편입에 즈음하여 송도 개척이 급선무임을 드러내주고 있다는 점이다. 그리고 죽도는 조선에 가깝고 송도는 일본에 가깝고, 일본에 속하는 섬이라는 점이 강조되고, 러시아의 블라디보스토크에 가는 길목, 그리고 조선의 개국에 즈음하여 함경도 부근에 개항장이 설치되면 그곳으로 가는 길목에 위치한 지정학적 중요성을 일깨우고 있다. 그에 근거하여 우선 등대를 설치하고, 항해의 안전을 돕고, 그 섬의 큰 나무를 벌목하여 블라디보스토크로 수출하거나 혹은 시모노세키로 보내 매각하여 그 이익을 얻게 되기를 희망하며, 또 광산도 개발하고, 어민과 농민을 이주시켜 개척하여 황국의 소유로

---

20) 北澤正誠의 『竹島考證』에는 '武藤平學', 혹은 '武藤一學'으로 혼동되어 기록되고 있다. 본 논문에서는 '武藤平學'으로 통일해 언급하였다.
21) 이에 관해서는 도명의 혼란에 관한 내용은 가와카미 겐조(川上健三)의 『竹島の歷史地理學的研究』(古今書院, 1966)에 정리되어 있고, 필자는 최근 「메이지시대 일본의 동해와 두 섬(독도, 울릉도) 명칭 변경의도에 관한 검토」(『민족문화논총』 50, 영남대학교 민족문화연구소, 2009.)란 글을 통해 이 문제를 비판적으로 언급하였기에 이 글에서는 생략한다.

해 간다면 막대한 이익이 될 것이라는 점을 강조하고 있다. 조선의 개국에 즈음하여 함경도 부근에 개항장이 설치되면 그곳으로 가는 길목에 위치한 지정학적 중요성을 일깨운 것에서 병자수호조약의 체결로 인해 일본은 조선의 근해에 자유롭게 진출하고 통상과 어업 및 측량활동을 할 수 있었기 때문에 '송도개척 건의'의 호기로 여겼던 것 같다.

송도개척안을 접수한 외무성은 이에 대한 논의를 하였다. 이때 혹자는 송도에 손을 대면 조선이 이의를 제기할 것이라는 주장에 대해 송도는 일본 땅에 가깝고 일본 지도에 일본 영역 안에 그려져 있는 일본 땅이라고 하고, 죽도는 도쿠가와씨(德川氏) 때 갈등이 생겨 조선에 넘겨주었으나 송도에 대한 논의는 없었으니 일본 땅이 분명하다고 하였다. 그리고 만약 조선이 문제를 제기하면 어느 쪽에서 더 가깝고 먼지에 대해 논하여 일본 땅임을 증명해야 한다는 방안을 결정하였다. 또 일조간의 왕래와 북쪽의 외국 땅과의 왕래에 있어 중요한 땅이므로 일본이든 조선이든 빨리 좋은 항구를 선택해 먼저 등대를 설치하는 것이 급하다는 결론을 내렸다.[22] 이때 일본 외무성은 송도 개척안의 송도가 죽도(울릉도)임을 대부분 알지 못한 상태였다.

이때 무토 헤이가쿠의 송도 개척안을 읽은 고다마 사다아키(兒玉貞陽)은 10개조의 의견서를 덧붙여 외무성에 제출하였는데 그것이 『竹島考證』下에 실려 있는 별지 제9호와 10호이다. 별지 제9호(명치 9년 7월 13일)에는 송도개척이 작금의 급무이고, 당시 영토편입을 진행하고 있는 오가사와라 섬 같은 것도 이미 착수할 시기를 놓쳤다고 하면서, 오가사와라 섬에 비해 松島는 한층 더 중요한 섬이라고 하면서 북방의 러시아 사람이 엿보게 되는 수도 있으니 빨리 개척에 나서도록 촉구하였다. 별지 제10호에는 송도 개척 착수 단계 예상 안까지 다음과 같이 제시하고 있다.

    '松島 개척 착수 단계 예상 안'
    제1 개척인이 작은 집을 짓고 거주함
    제2 벌목

---

[22] 北澤正誠, 『竹島考證』下, 別紙 제8호, 「松島開拓之議」附.

제3 항구를 만들 곳을 확정
제4 등대 건설
제5 좋은 목재, 기타의 물품을 수출
제6 토지를 개척
제7 장소를 정해 선박용 여러 물품을 보관
제8 민가를 지어 사람을 이주시킴
제9 漁獵할 준비를 함
제10 농사를 시작함
기타 산천구릉을 개발하여 사업을 일으킴

고다마 사다아키(兒玉貞陽)의 두 서신에 대해 외무성 기록국장인 와타나베 히로모토(渡邊洪基)의 의견을 적은 서신이 『竹島考證』(下) 별지 제11호와 제12호이다. 별지 제11호에서 "소위 '송도'라는 것이 죽도라면 저들에게 속하는 것이고, 만일 죽도 외에 송도라는 섬이 있는 것이라면 우리에게 속하지 않으면 안 된다."고 하면서도 "우리가 하는 말에도 역시 확실한 근거는 없습니다. 따라서 실로 그 땅의 형세를 살펴 어디에 소속되는지를 정하고 어느 곳에 책임을 지울 것인지를 양국 간에 정하지 않으면 안 됩니다. 따라서 먼저 시마네현에 조회하여 종래의 예를 조사하고 그와 함께 함선을 보내어 그 지세를 살피고 만약 저들이 이미 그 일에 착수했다고 하면 어떻게 하고 있는지 조사해 본 후에 그에 대한 방책을 정할 필요가 있습니다."라고 하였다. 별지 제11호와 제12호는 작성된 시기가 적혀 있지 않다. 그런데 별지 11호는 시마네현에 조회하자는 의견을 개진한 것으로 보아 시마네현의 지적편찬에 관한 질품서(명치 9년 10월 5일)를 접수한 내무성이 1877년 3월 17일 태정관에게 질품서를 내면서 외무성이 알게 된 이전의 시점에 작성된 것이라 할 수 있고, 별지 제12호는 도다 다카요시의 지도를 거론하고 있는 것으로 보아 1877년 1월 27일에 동경부에 제출한 '죽도도해청원서' 작성 뒤에 만들어진 것이다.[23]

---

23) 『竹島考證』下, 별지 제10호 아래에, 같은 해 11월 블라디보스토크항 무역사무관인 瀨脇壽人이 러시아에 가게 되었다는 기록과 별지 제13호에 실린 '松島 開拓請願書 및 建議書'가 '명치 9년 12월 19일에 제출된 것이라는 점에서 별지 제11호와 제12호가 1876년 11월 이전에 작성되었다.'고 오인하기 쉽다.

별지 제12호 작성 이전에 일본 외무성은 지적편찬에 관한 시마네현의 질품서와 도다 다카요시의 '죽도도해청원서'를 검토했지만 죽도에 관한 기록만이 주로 있었기 때문에 송도에 대해 여전히 혼란을 겪고 있었다.

그 사이 러시아 블라디보스토크 무역에 종사하던 상인 사이토 시치로헤이(齋藤七郎兵衛)가 '송도개척청원서 및 건의서'를 1876년 12월 19일 영사 세와키 히사토(瀨脇壽人)를 통해 제출하였다. 이 건에 대해 명치 10년(4월 25일) 일반서신 제1에 공신국장 다나베 다이치(田邊太一)가 보낸 편지에 "송도는 조선의 울릉도로 우리 영역에 속해 있지 않으니 사이토 아무게라는 자의 청원을 허락할 수 있는 권한이 없음을 알림"이라고 하여 당시 러시아 블라디보스토크 무역업에 종사하는 상인들, 즉 무토 헤이가쿠, 사이토 시치로헤이 등이 개척을 건의한 '송도'는 조선의 울릉도이고, 일본 영토가 아니었음을 분명히 하였다.

그럼에도 불구하고 세와키 히사토(瀨脇壽人) 무역사무관은 송도개척안을 제출한 무토 헤이가쿠를 겨울에 일등 서기 견습자로 발탁해서 '유수거(留守居)'라고 하여 블라디보스토크에 거류시키고 본인은 송도개척에 관한 허가가 떨어진다면 송도에 상륙하여 지형과 재목의 종류 및 크기, 어렵형태, 항구 상태를 보고 다음 해 봄에 도해할 준비를 하여 적당한 때 중국 상해로 가서 중국인과 계약을 맺고자 한다는 공신 3호를 1877년 6월에 외무성으로 보내고,24) 송도개간에 관한 재차의 건의를 하였다.25) 이에 대해 공신국장 다나베 다이치(田邊太一)는 다음과 같은 의견을 담은 첨지를 남기고 있다.

---

24) 北澤正誠, 『竹島考證』 下, 別紙 제17호
25) 北澤正誠, 『竹島考證』 下, 別紙 제18호, "지난 겨울부터 말씀드리고 있는 松島 개간 건에 대해 허락해주시기 바랍니다. 러시아 군함 7, 8척이 작년 겨울부터 미국에 갔다가 하나 둘 이곳으로 입항하고 있으므로 앞으로는 우리나라 배가 입항하지 않을 것이라는 말이 있습니다. 그 군함들은 한국 땅에서부터 松島 근처 바다까지 측량하면서 한국 땅을 정탐하려고 하고 있다는 말을 들었습니다. 그들이 먼저 松島 개척에 착수한 후에는 아무리 분하게 여겨도 소용없으니 앞서 건의한 대로 9월에 제가 일본으로 돌아갈 때 섬에 상륙하여 해안의 지형에서부터 산림과 산물 등에 대해 살펴두고 다음 해 봄에 개척에 착수하고자 하여 이 점에 대해 급히 여쭙는 바입니다. 명치 10년 7월 2일 블라디보스토크항 주재 무역사무관 瀨脇壽人."

松島는 조선의 울릉도로서 우리나라의 영역에 있는 섬이 아니다. 文化時代에 이미 그에 대한 서신을 조선정부와 주고받았다고 알고 있다. 우리나라가 개간에 착수하는 것은 근본적으로 안 되는 일이라고 대답하여야 한다. 또 돌아올 때 상륙하여 항구 등을 살펴본다고 하였는데 어떤 배를 고용하여 그렇게 한다는 것인가? 해군 선함을 고용하겠다고 하는 것인가. 아니면 미쓰비시의 기선을 고용하겠다고 하는 것인가. 가능성 없는 일이다. 하물며 상해에 가서 직접 판매하는 계약을 한다고 하는데, 생각해볼 때 섬에 나무가 있다고는 하나 잘라서 내 온 상황도 아닌데 어떻게 그 금액을 산정하여 계약을 할 수 있겠는가. 꿈같은 이야기라고 생각한다.26)

세와키 히사토(瀨脇壽人)의 송도(松島) 개척 건의에 대해 외무성은 각 관리들에게 의견서를 제시하게 하였지만 이견이 많아서 결론을 내릴 수 없었다. 그러던 차에 1878년 8월 15일, 사이토 시치로헤이(齋藤七郞兵衛)의 '송도개척청원서(松島開拓請願書)'가 재차 세와키 히사토(瀨脇壽人)를 통해 제출되었다. 이에 송도(松島)를 조사하는 것에 대한 논의가 일어났는데 찬반이 분분하여 결정을 내릴 수 없었다. 『竹島考證』下, 별지 제21호가 그에 대한 의논을 정리하고 있다. 갑은 개항에 대한 여부는 다음에 결정하고 시찰이 필요한지 아닌지에 대한 여부를 논해야 할 것이라고 하면서 송도는 우리나라 사람이 지은 이름이지만 실제로 조선의 울릉도에 속하는 우산이라고 하며 조사를 반대하면서, 송도는 결코 개척할 수도 없고 개척해서도 안 되는 섬이기 때문에 조사할 필요가 없다는 의견을 개진하였다. 을은 개척여부는 조사 후에 정하여야하고, 병은 "영국 신문에 '러시아의 동진을 막기 위해서는 북태평양에 해군이 주둔하는 병참지 1개소가 필요하다.'는 기사가 있습니다. 송도 같은 섬은 혹 저들이 주목하는 장소일지도 모른다."고 하면서 "개척여부를 논하지 말고 그 섬의 상황에 대해 아는 것이 급선무이다."라고 하면서 조사해야 한다는 의견을 개진하였다. 이 주장을 통해서 러시아와 일본이 일찍부터 전략상 울릉도와 독도를 주목해 왔음을 확인할 수 있다. 그런 점에서 1905년 일본이 러일전쟁의 수행을 위해 독도를 절취하겠다는 복안이 이

---

26) 北澤正誠, 『竹島考證』 下, 別紙 제17호 籤紙.

무렵부터 제기되었음을 알 수 있다. 그런 점에서 그 섬의 국적 여부를 떠나 조사할 필요성을 느낀 기록국장 와타나베 히로모토(渡邊洪基)는 조사할 필요가 있다는 의견을 별지 제22호에 개진하였다고 볼 수 있다. 그렇지만 공신국장 다나베 다이치(田邊太一)는 별지 23호에 다음과 같은 의견을 개진하면서 신중한 의견을 펼쳤다.

> 듣기에 松島는 우리나라 사람들이 붙인 이름이며 사실은 조선의 울릉도에 속하는 우산이라고 합니다. 울릉도가 조선에 속한다는 것은 구 정부 때에 한 차례 갈등을 일으켜 문서가 오고간 끝에 울릉도가 영구히 조선의 땅이라고 인정하며 우리 것이 아니라고 약속한 기록이 두 나라의 역사서에 실려 있습니다. 지금 아무 이유 없이 사람을 보내어 조사하게 하는 것은 다른 사람의 보물을 넘보는 것과 같습니다. 이제 겨우 우리와 한국과의 교류가 시작되었지만 아직도 우리를 싫어하고 의심하고 있는데 이처럼 일거에 다시 틈을 만드는 것을 외교관들은 꺼릴 것입니다. 지금 松島를 개척하고자 하나 松島를 개척해서는 절대 안 됩니다. 또 松島가 아직 무인도인체 있는지도 분명하지 않고 그 소속이 애매하므로 우리가 조선에 사신을 파견할 때 해군성이 배 한척을 그곳으로 보내서 측량 제도하는 사람, 생산과 개발에 대해 잘 아는 사람을 시켜, 주인 없는 땅[無主地]임을 밝혀내고 이익이 있을 것인지 없을 것인지도 고려해 본 후, 돌아와서 점차 기회를 보아 비록 하나의 작은 섬이라도 우리나라 북쪽 관문이 되는 곳을 그대로 방치해서는 안 됨을 보고한 후 그곳을 개척해도 되므로 세와키(瀨脇)씨의 건의안은 채택할 수 없습니다.

다나베 다이치(田邊太一)는 별지 17호에서 "송도는 조선의 울릉도로서 우리나라의 영역에 있는 섬이 아니다."라고 한 것은 세와키 히사토(瀨脇壽人)의 송도개척 건의서에 나오는 송도는 울릉도임을 밝힌 것이고, 별지 丁 23호에서 "송도는 우리나라 사람들이 붙인 이름이며 사실은 조선의 울릉도에 속하는 우산이라고 한다."는 것을 밝히고, 개척하고자 하는 섬으로서의 송도, 즉 울릉도는 구 정부에서 조선의 땅이라고 인정하였다는 점을 들어서 조사를 반대하였다.

이상과 같이 갑·을·병·정의 논의가 분분하여 정해지지 않으므로 조사하자는 말도 중단되었고, 1883년(명치 13) 9월에 아마기함 승무원이며 해군소위인 미우라 시게사토(三浦重鄕) 등이 회항할 때 '송도'에 가서 측량하였는데, 그 땅은 옛날부터 울릉도였고, 그 섬의 북쪽에 있는 작은 섬을 죽도라고 하는 사람이 있었지만 하나의 암석에 지나지 않는다는 것을 알게 되어 다년간의 의심과 논의가 하루아침에 해결되었다. 『竹島考證』下의 마지막 별지 제24호는 다음과 같은 미우라 시게사토(三浦重鄕)의 '수로 보고 제 33호'를 싣고 있다.

　　제24호
　　수로 보고 제33호

　　이 기록은 아마기함 승무원 해군소위 三浦重鄕의 간략도 및 보고기록이다.
　　日本海
　　松島[韓人은 이것을 울릉도라고 한다.]에서 정박지 발견
　　松島는 우리나라 오키에서 북서쪽으로 140리 떨어진 곳에 있습니다. 그 섬은 종래에는 바닷사람이 찾아가는 곳이 아니었으므로 정박지가 있는지 없는지 아는 자가 없었습니다. 그런데 금 번 우리 아마기함이 조선에 갔을 때 그 섬에 들러서 그 섬의 동쪽 해안이 정박지가 있음을 발견하였습니다. 다음의 그림이 즉 그곳입니다.

　　明治 13년 9월 13일
　　수로국장
　　해군소장 야나기 나라요시(柳楢悅)

1882년 일본 외무성의 지시에 의해 『竹島考證』을 지은 기타자와 마사노부(北澤正誠)는 "명치 13년 아마기함이 돌아올 때 송도를 지나치게 되었으므로 상륙하여 측량한 후 처음으로 송도는 울릉도이며 그 밖의 죽도라는 것은 하나의 암석에 지나지 않는다는 것을 알게 되어 그 일에 대한 것이 처음으로 분명해졌다. 오늘날의 송도는 겐로쿠(元祿) 12년(1699)에 죽도라고 불렸던 섬으로 옛날부터 우리나라 영역 밖에 있었던

땅이었음을 알 수 있다."라는 결론을 내리고 있다. 그런데 미우라 시게사 토(三浦重鄕)의 별지 제24호에는 '죽도'에 관한 언급이 없다. 따라서 '그 밖의 죽도라는 것은 하나의 암석에 지나지 않는다.'라고 한 것은 '수로 보고 제 33호'가 미우라 시게사토(三浦重鄕)의 보고를 축약한 것인지 기타 자와 마사노부(北澤正誠)의 견해가 삽입된 것인지 판단하기 어렵다. 어쨌든 이것이 독도를 1905년에 '죽도'로 비정하게 된 이유로 작용하였을 가능성이 크다.

위 '별지 정(丁) 23'에서 다나베 다이치(田邊太一)는 "송도는 우리나라 사람들이 붙인 이름이며 사실은 조선의 울릉도에 속하는 우산이라고 한다."고 하면서 "송도를 개척하고자 하나 송도를 개척해서는 절대 안 된다."고 하였다. 또 "송도가 아직 무인도로 있는지도 분명하지 않고 그 소속이 애매하므로 우리가 조선에 사신을 파견할 때 해군성이 배 한 척을 그곳으로 보내서 측량 제도하는 사람, 생산과 개발에 대해 잘 아는 사람을 시켜, 주인 없는 땅(무주지)임을 밝혀내고 이익이 있을 것인지 없을 것인지도 고려해 본 후, 돌아와서 점차 기회를 보아 개척을 하여야 한다고 하였다." 이 다나베 다이치의 건의와 훗날 1905년 일본이 죽도(독도)를 무주지라고 하고, 시마네현에 편입하게 된 과정을 비교해보면 다나베 다이치의 제안을 그대로 따르고 있음을 알 수 있다. 1904년 9월 25일 일본 군함 신고호(新高號)가 망루 설치 예비탐색조사를 위해 송도(독도) 조사활동을 벌였고, 뒤이어 독도를 '무주지선점론'에 의해 시마네현에 편입시키는 조처를 취하였다. 그런 점에서 1876년 죽도와 송도의 개척 논의의 과정에서 다나베 다이치가 송도(독도)를 자신의 영토로 편입하는 과정을 해군성을 통해 독도를 조사하여 무주지임을 드러내고, 기회를 보아 개척을 해야 한다는 방안을 제시했다고 볼 수 있다.

흔히들 일본이 도서를 자국영토로 편입하면서 근거로 삼은 논리는 무주지에 대한 '선점'이었다. 미나미도리섬(南鳥島)의 사례를 가장 대표적인 케이스로 보고, 이 사례는 차후에도 도서 편입의 모델로 참고대상이 되었고, 죽도(독도)의 편입과정에서도 그러했다고 한다.[27] 일본정부의

---

27) 허영란, 앞의 글 19쪽.

미나미도리섬(南鳥島) 편입 논리와 독도 편입 논리를 아래와 같이 비교하면 거의 복사판일 정도이다.

> 내무대신 요시카와 아키마사(芳川顯正)가 내각총리대신 이토 히로부미(伊藤博文)에게 보낸 청의서
> (1898년 3월 14일자)
>
> … 이 도서가 지리상 우리나라에 속한다는 것은 논할 것도 없지만 종래 이 섬은 無人島였기 때문에 행정기관을 두지 않았는데, (明治) 29년에 우리나라 사람인 미즈타니 신로쿠(水谷新六)이라는 자가 재삼 이 섬으로 회항하여 직접 섬을 탐험하고 이번에 섬의 차용을 출원함에 따라 이에 도명을 확정하고 소속을 판명할 필요가 있어 이 섬을 水谷島라 이름 짓고 금후 동경부 소속 오가사와라도사(小笠原島司)의 소관으로 하고자 한다. 이에 각의를 청구한다.(『公文類聚』第29編, 明治 38年 卷1)

> 「미나미도리섬(南鳥島) 편입문제에 대한 법제국 의견(1898년 7월 1일자)」
>
> … 마카스도에 대해 바로 지리상 우리나라에 소속되는 것이 당연하다고 하는 것은 근거가 없는 것 같지만 타국이 그것을 점령했다고 인정할 만한 형적이 없을 뿐만 아니라 … 우리나라 사람 미즈타니 신로쿠(水谷新六)라는 자가 明治 29년 12월 이래 이 섬에 이주민을 옮기고 가옥을 설치하여 鳥魚의 포획 및 개간에 종사하여 눈부시게 성공할 가능성이 있다고 하므로 국제법상 소위 점령의 사실이 있다고 인정하고, 이것을 우리나라 소속으로 하여 동경부 소속 오가사와라도사(小笠原島司)의 소관으로 하는데 지장이 없다고 생각한다.[28]

> 별지 내무대신 請議 무인도소속에 관한 건을 심사해보니, 북위 37도 9분 30초, 동경 131도 55분, 오키섬(隱岐島)를 踞하기 서북으로 85리에 있는 이 무인도는 타국이 이를 점유했다고 인정할 형적이 없다. … 明治 36년 이래 나카이 요사부로(中井養三郎)란 자가 該島에 이주하고 어업에 종사한 것은 관계서류에 의하여 밝혀지며, 국제법상 점령의 사실이 있는

---

28) 『公文類聚』第29編, 明治 38年 卷1.

것이라고 인정하여 이를 本邦所屬으로 하고 시마네현소속(島根縣所屬) 오키도사(隱岐島司)의 소관으로 함이 무리 없는 건이라 사고하여 請議대로 閣議決定이 성립되었음을 인정한다.(『公文類聚』第29編, 卷1)

실상 다나베 다이치(田邊太一)의 제안에 따라 미나미도리섬(南鳥島)과 독도 편입이 이루어졌음을 알 수 있다. 더욱이 1882년 일본 외무성의 지시를 받아『竹島考證』을 집필하는 과정에서 다나베 다이치의 '무주지' 논리에 영향을 받아 '공도제' 논리를 개발하였음을 다음 자료를 통해 알 수 있다.

竹島는 元和 이래(1615~1623) 80년 동안 우리 국민이 漁獵을 하던 섬이었기 때문에 우리 영역이라는 것을 믿으며, 저 나라 사람들이 와서 어렵하는 것을 금하고자 하였다. 저들이 처음에는 竹島와 鬱島가 같은 섬임을 몰랐다고 답해 왔으나 그에 대한 논의가 점점 열기를 띠게 되자 竹島와 울도가 같은 섬에 대한 다른 이름이라고 말하고 오히려 우리가 국경을 침범했다고 책망했다. 古史를 보자면 울도가 조선의 섬이라는 것에 대해서는 두 말할 필요가 없다. 그러나 文祿以來(1592~1614) 버려두고 거두지 않았다. 우리나라 사람들이 그 빈 땅[空地]에 가서 살았다. 즉 우리 땅인 것이다. 그 옛날에 두 나라의 경계가 항상 그대로였겠는가. 그 땅을 내가 취하면 내 땅이 되고, 버리면 다른 사람의 땅이 된다. 우리 동양 제국의 3백년간의 예를 들어 논해 보자. 대만은 예로부터 명나라의 땅이었다. 그러나 명나라 사람이 거두어들이지 않고 하루아침에 그 섬을 버리자 네덜란드가 갑자기 점거하여 네덜란드의 땅이 되었다. 그리고 鄭氏가 무력으로 그것을 빼앗았으니 또 鄭氏의 땅이 되었던 것이다. 興安嶺 남쪽은 예로부터 청나라 땅이었다. 청나라 사람들이 거두어들이지 않고 하루아침에 그 섬을 버리자 러시아족이 즉시 그곳을 점거하게 되었다. 영국과 인도, 프랑스와 베트남, 네덜란드와 아시아 남양군도에 있어서도 그렇지 않은 것이 하나도 없다. 그런데 조선만이 홀로 80년간 버려두고 거두지 않던 땅을 가지고 오히려 우리가 국경을 침범했다고 책망하고 있다. 아무런 논리도 없이 옛날 땅을 회복하고자 한 것이 아니었던가. 그런데 당시 정부는 80년 동안 우리나라 사람들이 漁獵을 해올 수 있었던 그 이익을 포기하고 하루아침에 그 청을 받아들였으니 竹島에 鬱島란 옛날 이름을 부여해 준 것은 당시의 정부인 것이다. 실로 당시는 항해를 금하는 정책을 썼다. 외국과의 관계를 끊기 위해서였다. 동시에 그로 인해 오가사와라섬을 개척하자는 말이 나왔으나 실행되지 않았던 점에 비추어 보면 왜 竹島를 돌려주었는지 충분히 알 수 있다. 당시의 정책은 편한 것만을 추구하였을 뿐 개혁하여 강성해지고자 하는 것이 아니었기 때문이다.[29]

기타자와 마사노부(北澤正誠)는 위 사료에서 보다시피 죽도를 조선의 땅임을 결론으로 내세우면서도 『竹島考證』의 곳곳에서 '버려진 땅을 내가 취하면 내 땅이 된다.'는 것을 논리를 전개하였다. 일본 외무성이 『竹島考證』을 통해 1876년 다나베 다이치가 제시한 '무주지 입증' 논리와 '버려진 땅을 내가 취하면 내 땅이 된다.'는 '공도제' 논리를 접하면서 이후의 영토편입에 '무주지선점론'을 적극 적용하였다고 볼 수 있다.

Ⅲ. 맺음말

지금까지의 내용을 요약함으로써 결론에 대신하고자 한다.

1) 1876년 일본에 의한 조선개국과 오가사와라 영토편입에 의해 크게 고무된 일본인들은 '울릉도쟁계'로 인해 발길이 끊어졌던 울릉도와 그 해역으로의 진출을 위한 호기로 여겼다. 시마네현에서는 지적편찬을 기회로 하여 죽도(울릉도)를 지적에 등재하고자 하여 일본 내무성에 질의서를 제출하였고, 이와 연계되었을 시마네현 사족 도다 다카요시(戶田敬義)는 동경부에 '죽도도해청원서'를 제출하였다. 또 러시아의 블라디보스토크 무역업에 종사하던 무토 헤이가쿠(武藤平學)는 외무성에 새로운 섬인 '송도'를 발견하였다고 하면서 '송도개척지의'를 제출하였고, 뒤이어 사이토 시치로헤이(齋藤七郎兵衛)의 '송도개척청원서'등이 잇달아 제출되었고, 여기에는 러시아 블라디보스토크의 무역사무관 세와키 히사토(瀨脇壽人)이 깊이 관여되어 있었다. 이 3가지 건은 지금까지 일련의 연속된 과정에서 접근하지 않고 각각의 개별사안으로만 연구되어온 한계가 있었다.

---

[29] 『竹島考證』 中卷.

2) 태정관에서 죽도를 조선의 땅이라 규정하고 지적편찬에 제외할 것을 명하고, 또 도다 다카요시(戶田敬義)의 '죽도도해청원'도 허락하지 않음으로써, 일본 외무성도 송도가 곧 죽도(울릉도)임을 인지하였지만 일도 이명설(一島二名說) 등의 논란을 벌이면서 '송도'란 이름에 집착을 보이는 등, 개척에 대한 미련을 버리지 못하였다. 결국 갑론을박 속에 '송도'가 '죽도' 임을 인정할 수밖에 없었다. 그러면서도 '죽도(울릉도)'를 '죽도'라 하지 않고, '송도'라고 한 것은 '울릉도쟁계'로 인해 '죽도(울릉도)'를 조선의 땅이라고 명확히 하였기 때문에 그 소속이 모호한 '송도' 란 이름을 갖다 붙였다. 그 연장선상에서 이후 일본에서는 독도를 '송도' 란 이름을 사용하지 않고, '리앙코트', '량코드'라고 부르기 시작하였다. 그러나 시마네 현 등에서는 여전히 울릉도를 '죽도'로, 독도를 '송도'로 부르고 있었다.

3) 1876~1877년 사이에 외무성에서 '송도' 개척을 둘러싸고 논쟁을 벌이는 과정에서 영토편입에 대한 이론 정립의 방법론을 도출하는 계기가 되었다. 그 과정에서 영토편입에서 거리의 멀고 가까움을 통해 입증해야 한다는 논리가 제시되었다. 그 논리는 이미 오가사와라 영토 편입에 활용한 논리이다. 또 오가사와라 영토편입의 조사활동에 참여하였던 외무성 공신국장 다나베 다이치(田邊太一)가 송도를 '무주지'라는 것을 입증하여 기회를 보아 개척해야 한다는 방법을 제시하였다. 이때의 논의의 과정을 검토한 기타자와 마사노부(北澤正誠)는 일본 외무성의 지시를 받고 만든『竹島考證』(1882)에서 '버려진 땅을 내가 취하면 내 땅이 된다'는 '공도제'론을 펼쳤다. 1876년 다나베 다이치가 제시한 '무주지 입증' 논리와 기타자와 마사노부가 '버려진 땅을 내가 취하면 내 땅이 된다.'는 '공도제' 논리에 바탕하여 '무주지선점론'을 가다듬어 미나미도리시마섬(南鳥島), 죽도(독도) 편입에 적용하였다고 볼 수 있다. '무주지선점론'을 적극 적용하였다고 볼 수 있다. 이렇게 볼 때 1876년의 오가사와라섬의 영토편입과, 이에 자극받은 '죽도(울릉도)개척청원서'와 '송도(울릉도)개척청원서'를 처리하는 과정에서 일본의 영토편입 논리의 대강이 마련되었다고 볼 수 있다.

【참고문헌】

김용구,『세계관 충돌과 한말 외교사, 1866~1882』문학과 지성사, 2001
김호동,『독도·울릉도의 역사』경인문화사, 2007
김호동,「메이지시대 일본의 동해와 두 섬(독도, 울릉도) 명칭 변경의도에 관한 검토」『민족문화논총』50 영남대학교 민족문화연구소, 2009
신용하,『독도의 민족영토사 연구』지식산업사, 1996
민두기,『일본의 역사』지식산업사, 1994
영남대학교 독도연구소편,『독도 영유권 확립을 위한 연구』경인문화사, 2009
송병기,『울릉도와 독도』(재정판) 단국대학교 출판부, 2007
최문형,「러일전쟁과 일본의 독도 점취」『역사학보』188, 2005
최문형,『러시아의 남하와 일본의 한국침략』지식산업사, 2007
한일관계사연구논집편찬위원회,『일본의 한국침략과 주권 침탈』경인문화사, 2005
한철호,「明治시기 일본의 도서 선점 사례에 대한 역사적 분석과 그 의미」『서울국제법연구』제16권 2호, 2009
허영란,「명치기 일본의 영토 경계 확정과 독도 -도서 편입사례와 '竹島 편입'의 비교-」『서울국제법연구』제10권 1호, 2003
허영란,「19세기 말~20세기 초 일본인의 울릉도 도항과 독도영유권 문제」『동북아역사논총』13, 2006
현광호,『대한제국과 러시아 그리고 일본』선인, 2007
北澤正誠,『竹島考証』1882
奧原碧雲,『竹島及鬱陵島』報光社, 1907
鮎澤信太郎,『大日本海-日本地理學史の研究』京城社出版社, 1943
川上健三,『竹島の歷史地理學的研究』古今書院, 1966
鹿島守之助,『日本外交史 3 -近隣諸國及び領土問題』鹿島研究所出版會, 1970
池內敏,「竹島渡海と鳥取藩」『大君外交と「武威」』名古屋大學出版會, 2006

제8장

개항기 일본의 한국침략과 독도·울릉도

I. 머리말

21세기 들어 자원 확보와 군사방위 측면에서 해양의 중요성이 높아짐에 따라 동아시아, 특히 동북아 4국 사이에 도서 분쟁과 영해 분쟁이 나날이 치열해지고 있다. 한·일 양국 사이의 독도문제는 물론 중국과 일본의 釣魚島 분쟁과 일본과 러시아의 사할린·쿠릴 열도 분쟁도 그 같은 연장선상에 있다. 동북아 4국 사이의 도서 분쟁과 영해 분쟁이 어떻게 해결되느냐에 따라 미래의 동북아는 평화공존으로 갈 수도 있고, 반대의 길로도 갈 수 있다.

섬으로만 이루어진 일본의 경우 대륙으로의 진출이 항상 지상과제였다. 특히 메이지 시대 이후 해양주권의 확보정책을 취하면서 동해를 일본해로 부르며 '대만', '류큐', '사할린', '쿠릴열도', '울릉도'와 '독도', '거문도'와 '늑도' 등에 대륙진출의 교두보를 확보하고, 조선을 식민지로 삼아 만주로 진출하여 중일전쟁과 제2차 세계대전을 일으켰다. 그러나 제2차 세계대전에서 일본은 패전국이 되었다.[1]

---

1) 흔히들 바다를 지배한 자가 세계를 지배한다고 한다. 바다는 열려 있고, 교역과 약탈이 공존하는 공간이다. 특히 서양사의 경우 고대나 중세, 그리고 대항해시대 이후 바다로 진출하는 것이 부를 획득하는 과정이요, 해외개척의 장, 모험과 진취성을 상징한다. 그래서 바다는 일면 침략과 약탈의 상징으로 비추어지기도 한다. 특

원래 일본은 1905년 일본 각의의 결정과 '시마네현 고시 제40'호를 통해 무주지였던 독도를 선점하여 일본의 영토로 편입하였다고 한다. 2005년 일본 시마네현 의회가 2월 22일을 '竹島의 날' 조례를 제정하고, 매년 그 기념식을 거행한다. 1905년 2월 22일 '시마네현 고시 제40호'를 통해 일본이 독도를 강탈한 날, 그 100년을 기념한 것이다. 그리고 현재 일본 외무성 홈페이지에 게시된 '竹島' 홍보 사이트와 초·중·고등학교에서 독도는 역사적·지리적·국제법적으로 일본의 고유영토라고 한다. 왜 일본은 '무주지선점론'의 각의 결정과 '시마네현 고시 제40호'를 부정하는 것일까? 그것은 한국에서 독도는 일본의 한국 침략에 대한 첫 희생물2), 혹은 러일전쟁의 전략적 차원에서 독도를 점취하였다고 하는 것을 의식한 게 아닌가 한다. 일본 측은 'Sea of Japan'이란 명칭이 일본의 확장주의와 식민주의와 연결이 되면 매우 예민하게 반응하는 것과 마찬가지로 독도문제가 일본의 대외영토 확장 과정, 즉 침략의 과정에서 나온 것이라는 주장에 대해서도 과민반응하기 때문에 '무주지선점론'을 버리고 '고유영토설'을 주장하는 것으로 보아야 한다.3)

그런 점에서 '일제의 한국침략과 독도'라는 주제로 첫째, 독도는 일본의 침략정책에 의해 일본에 점취되었고, 둘째, 1905년 이전부터 울릉도와 독도 두 섬을 일본의 영토로 편입하려고 하였고, 셋째, 개항기 한국의 역

히 대항해시대 이후 해양을 통한 부국강병, 대외교류를 매개 삼는 해양의 거대담론 속에 바다는 제국의 바다, 식민의 바다가 되었다. 한국은 삼면이 바다로 이루어져 있지만 바다의 중요성과 역동성을 인식하지 못하였고 섬 국가였던 일본에 의해 피동적으로 근대에 편입되었고, 결국 일본의 식민지로 전락하였다. 그런 점에서 한국의 바다는 침략과 약탈의 상징으로 비추어졌고, 결국 식민의 바다가 되어 2,000년 전부터 불러오던 '동해'의 명칭을 국제적으로 잃어버렸다. 그리고 동해에 있는 '독도'를 일본이 일본해에 있는 '竹島'라고 하여 자기네 고유영토라고 하면서 한국이 불법 점거하고 있다고 주장하고 있다.
2) "독도는 일본의 한국 침략에 대한 최초의 희생물이다. 해방과 함께 독도는 다시 우리 품에 안겼다. 독도는 한국 독립의 상징이다. 이 섬에 손을 대는 자는 모든 한민족의 완강한 저항을 각오하라. 독도는 단 몇 개의 바윗덩어리가 아니라 우리 겨레의 영예의 닻이다. 이것을 잃고서야 어찌 독립을 지킬 수가 있겠는가. 일본이 독도 탈취를 꾀하는 것은 한국 재침략을 의미하는 것이다."라는 변영태 외무부장관의 1954년 12월 28일 성명은 그 대표적인 견해이다.
3) 김호동, 「일본의 북방영토 문제와 독도 문제의 차이점」『독도영유권 확립을 위한 연구 Ⅲ』영남대학교 독도연구소 엮음, 경인문화사, 2011, 381~382쪽.

사는 실패한 역사인 것처럼 울릉도와 독도에 대한 정책도 실패로 귀결되었다고 강조하고자 한다.

Ⅱ. 개항 이전 일본의 한국침략 기도와 독도·울릉도

일본은 중세 에도시기인 17세기 말, '鬱陵島爭界(竹島一件)'를 일으켜 울릉도를 자기네 '본국의 竹島'라고 하면서 영토분쟁을 야기하였지만 조선의 '울릉도'임을 알고 '竹島渡海禁止令'을 내렸다. 그 과정에서 에도막부가 돗토리번에 竹島와 松島의 소속에 대한 질문을 하였다. 그에 대해 돗토리번은 "竹島(울릉도)는 이나바(因幡), 호키(伯耆) 부속이 아닙니다. 호키국(伯耆国) 요나고(米子)의 상인 오야 규에몬(大屋九右衛門)과 무라카와 이치베(村川市兵衛)라는 자가 도해하여 어업하는 것을 마쓰다이라 신타로(松平新太郞)가 다스리고 있을 때 봉서를 통해 허가받았다고 들었습니다. 그 이전에도 도해한 적이 있다고 듣기는 했으나 그 일은 잘 모릅니다. … 竹島(울릉도), 松島(독도) 그 외 양국(이나바, 호키)에 부속된 섬은 없습니다."라고 하여 울릉도와 독도는 '돗토리번에 속하지 않는다.'고 답하였다. 결국 도쿠가와 막부는 1696년 1월 도해 금지령을 내려 일본 어민들의 울릉도와 독도 도해를 금지하였다.

1854년 일본은 미국에 의해 개항되면서 메이지유신을 통해 막번 체제를 무너뜨리고 왕정복고를 이루어 근대 통일국가를 형성하였다. 동아시아 삼국의 개국 시점은 중국의 경우 1840년대, 일본의 경우 1850년대, 한국의 경우 1870년대로 시차적 차이가 있지만 대체로 1840년대에서 1870년대에 이르기까지 3국의 내재적 발전의 수준은 별 차가 없었다. 다만 조선과 청국에서의 개국은 각각 서양과의 격렬한 무력충돌(청국의 경우는 아편전쟁, 조선의 경우는 두 번에 걸친 양요 및 강화도 사건)에서 비롯되었고, 강제적, 피동적 색채가 강했던 것이었음에 반해, 일본의 경우에는 페리의 내항이라는 강한 압력 아래 행해진 것이기는 하나 무력충돌을 피하고 상대적으로 적극적으로 개국을 수행하였다. 이와 같이 일본의 개국은 구미열강의 외압에 대한 대응이라는 점에서는 한국-중국과 공통의 성격을 지니고 있었으면서도 적극적으로 구미의 제도와 문화를 수용하여 근대화를 이룩하여 초기의 불평등조약체제로부터 탈피해 나갔으며, 독립뿐만 아니라 제국주의의 길을 걷게 된 특징을 지니고 있다. 그것이 가능했던 것은 막부 하에서 상업자본을 축적한 조닌 계층의 대두와 난학(蘭學, 네덜란드 학문)을 통한 근대적 학문의 발전이 있었기 때문이다.

후진국이 보다 선진적인 나라의 외압에 직면하면서 근대국민국가를 수립하려고 할 때 정치적 변혁이 굉장히 중요하다. 동아시아 삼국이 세계자본주의체제에 편입되는 시기는 1840년대, 1850년대, 1870년대라는 시차의 차이는 있지만 내재적 발전의 정도에 있어서는 서로 비슷비슷한 수준에서 세계자본주의체제에 편입되었다. 그러나 편입된 상태 하에서 자기나라의 국민경제를 일으켜 나가려면 외압에 대하여 적절하게 대응해야 하고, 또 위로부터의 정치적 개혁에 의해 국민들의 힘을 한곳으로 모아 낡은 체제를 변혁하고, 근대적 체제를 수립해나가기 위해서는 정치적 변혁이 굉장히 중요하다. 삼국이 1894년을 계기로 서로 다른 역사적 행로를 걷게 된 중요한 원인의 하나 가운데 일본은 정치적 변혁(메이지유신)에 성공하였기 때문에 세계자본주의체제 하에서 식민지가 되지 않고 민족적 주권을 유지하고 국민국가 수립에 성공할 수 있었고, 중국의 경우 정치변혁에 상당히 실패했기 때문에 반식민지의 길을 걷게 되었고, 한국의 경우 정치적 변혁이 좌절됨으로써 식민지의 길을 걷게 되었다.[4]

일본은 에도 막부의 쇄국정책에 의해 네덜란드·중국과의 창구인 나가사키(長岐), 조선과의 창구인 쓰지마(對馬), 류큐(琉球, 오키나와)와의 창구인 사쓰마(薩摩), 그리고 아이누와의 창구인 마쓰마에(松前)로 해외와의 접점이 제한되었었다. 그렇지만 메이지유신을 통해 근대국가로 발돋움한 일본은 제국주의의 길을 걸으면서 海防論을 딛고, 바다를 건너 대륙으로의 진출을 꾀하게 된다. 대만 정벌(1874), 사할린(樺太)·쿠릴(千島) 교환협정의 체결(1875), 오가사와라(小笠原)제도의 편입(1876), 류큐(琉球)의 귀속(1879)을 통해 외곽도서의 소속이 불투명한 섬들을 자국의 영토로 편입하는 과정에서 막말과 메이지시기를 경과하면서 축적한 일

---

4) 정창렬, 「근대민족의 형성-서설」 한길사, 『CD 한국사』 11, 1994.

본의 정치적, 외교적, 군사적 경험과 힘, 그것을 정당화하는 서양 국제법 논리를 동원하였다.5)

오가사와라(小笠原)제도의 편입은 1876년에 이루어졌지만 일본 외무성 일각에서 1869년에 오가사와라 제도에 대한 개척건의가 나오기 시작하여 1872~1873년에 접어들면서 일본은 외국선박의 빈번한 출몰과 이 섬에 거주하는 외국인에 대한 징세문제를 제기하면서 오가사와라제도에 대해 명확한 조치를 취해야 한다는 의견이 개진되었다.6) 일본 외무성은 1869년 오가사와라제도에 대한 개척건의 직후인 12월, 外務省出仕인 사타 하쿠보(佐田白茅)와 모리야마 시게루(森山茂), 사이토 사카에(齊藤榮) 일행을 조선에 파견하여 조선의 사정을 조사하였고, 이듬해 4월에 사타 하쿠보 등은 시찰보고서인「朝鮮國交際始末內探書」를 외무성에 제출하였다. 외무성이 사타 하쿠보 일행에게 지시하였던 조사 항목은 다음과 같다.

- 一. 慶長・元和 이래 조선국으로부터 통신사를 보내어 藩屬의 禮를 취해 온 이유.
- 一. 쓰시마로부터 조선에 보낸 使者의 禮典, 조선으로부터 쓰시마에 보낸 사자의 예전.
- 一. 조선국으로부터 勘合印을 받은 이유, 이는 동국의 제도를 받아들여 공물을 받아서 다룬 것인가?
- 一. 조선의 國體로 신하의 예를 받은 나라에 대해 北京의 정월 초하루에 앙청하였다고도 하지만, 國政에 이르러서는 自我 獨斷의 권력이 있는가?
- 一. 천황이 사절을 파견하는데, 군함이 首都의 근해에 순화함에 있어 좋은 항구의 유무.
- 一. 조선국의 건, 러시아의 입에 바른 말(毒吻)에 심취하여 음으로 보호 의뢰한다는 소문과 경략론.
- 一. 조선국 해군 육군의 武備의 허실과 병기의 精粗.

---

5) 허영란,「명치기 일본의 영토 경계 확정과 독도-도서 편입사례와 '竹島 편입'의 비교-」『서울국제법연구』 2003, 5쪽.
6) 김호동,「메이지시대 일본의 울릉도・독도 정책」『일본문화학보』 46, 2010, 69~72쪽.

一. 內政의 治否가 草梁에서의 記聞과 같은가?
一. 무역의 개시에 관해서는 물품의 교환, 물가의 고저 및 화폐의 선악.
一. 歲遣船의 왕래 存否.
一. 쓰시마는 양국의 사이에 있는 孤島로, 교제에 들어가는 비용 및 표류민에 대한 피아의 인도 방법 등 하나의 藩으로 보통 정무 비용(政費) 이외의 비용.
一. 조선은 초량 이외에 內地는 일본인의 여행에 어려운가?
一. 竹島(울릉도)와 松島(독도)가 조선의 부속으로 된 시말[7]

흔히들 위 조사항목에서 울릉도(竹島)와 독도(松島)가 조선의 부속으로 된 시말을 조사하라는 것이 포함되었다는 것에만 주목하지만 여기에 조선 해군, 육군의 武備 허실, 군함이 정박할 좋은 항구, 러시아의 조선 경략론 등에 대한 지시내용이 담긴 것으로 보아 사다 하쿠보 일행의 조선 정세 내탐은 조선을 정복하기 위한 전초 작업이었다고 할 수 있다.[8] 그렇기 때문에 조선의 주변 국제정세, 특히 러시아의 동태에 관한 조사가 담겨져 있다. 사타 하쿠보가 1870년에 외무성을 통해서 태정관 변관에게 보낸 建白書에서도 러시아의 위협에 대한 우려가 담겨져 있다.

전 皇國은 하나의 城인즉, 아이누(蝦夷)와 필리핀(呂宋), 류큐(琉球), 만청(滿淸, 만주인이 세운 청나라), 조선은 다 황국의 번(藩)입니다. 아이누는 이미 개척을 시작하였고, 만청은 가히 교류할 만하며, 조선은 가히 정벌해야 하고, 필리핀과 류큐는 힘을 내어 취해야 합니다. 대저 조선을 가히 정벌하지 않으면 안 되는 이유는, 크게 4년 전에 프랑스(佛國)가 조선을 공격하다가 패하여서 뉘우치고 한스러워함이 끝이 없으므로 반드시 조선을 오래도록 두지 않을 것이기 때문입니다. 또 러시아(魯國)가 가만히 그 동정을 엿보고 있습니다. 나라마다 또한 공격해서 정벌하고자 하는 뜻을 가지고 모두가 저 돈과 곡식을 탐내는 것일 따름입니다. 황국이 만약 이 좋은 기회를 놓치고 도적에게 그것을 준다면, 실로 우리의 입술을 잃어

---

7) 日本外務省調査部 編:『日本外交文書』第三卷, 事項6, 文書番號87, 1870년 4월 15일자, 「外務省出仕佐田白茅等ノ朝鮮國交際始末內探書」의「朝鮮國交際始末內探書」131~138쪽.
8) 김화경,「『조선국 교제 시말 내탐서』에 나타난 독도」『독도총서』경상북도 독도협의체, 2009.

서 우리의 이빨이 반드시 시려질 것입니다. 그러므로 신은 힘껏 황국을 위해 정벌하기를 주장하는 것입니다.

이제 출장하였던 論을 말하면, 사람들은 반드시 국가 재정의 소모와 축냄을 들어 이 논을 說破할 것입니다. 그러나 신이 생각건대 조선을 정벌함은 利가 있고 損은 없습니다. 하루에 비록 약간의 돈과 곡식(金穀)을 투자하더라도 50일(五旬)이 되지 않아 그 보상을 얻을 것입니다. 지금 大藏省에서 홋카이도(北海道)에 매 해(每歲) 낸 돈이 대략 2십만 원이지만, 어느 해에 개척을 이룰까 알지 못합니다. (이에 비해) 조선은 곧 금광 구덩이(金穴)이며, 쌀과 곡식도 상당히 많이 납니다. 일거에 군대를 내어 그 인민과 金穀을 징발해 홋카이도의 개척에 사용하면, 대장성은 보상을 얻을 뿐 아니라 수년간의 홋카이도 개척 비용을 내지 않아도 될 것이니, 그 利가 어찌 막대하지 않겠습니까? 그러므로 조선을 징벌하는 부국강병책은 財政消耗論과 비할 바가 아닙니다.

이제 황국은 실로 군대의 많음이 걱정이고 군대의 적음이 걱정이 아닙니다. 여러 곳의 병사들은 東北의 군사에 미치지 못하면서, 전투를 상당히 좋아하고 亂을 족히 생각하는 경향이 있어, 개인적인 다툼(私鬪)과 내란 양성의 우려도 두렵습니다. 다행히 조선 정벌에 있어 여기에 이 병사들을 사용해서 그 병사들의 기운의 왕성함(鬱勃)을 풀어주면 일거에 조선을 정복할 뿐만 아니라 우리의 兵制를 크게 연마하게 되고 또한 皇威를 해외에 빛내게 될 것이니, 어찌 신속히 조선을 정벌하는 것이 가하지 않겠습니까?[9]

사타 하쿠보는 일본을 하나의 城으로 보면서 아이누(蝦夷)와 필리핀(呂宋), 류큐(琉球), 만청(滿淸), 조선은 다 황국의 藩으로 간주하면서 청나라를 교류할 대상으로, 조선을 정벌해야 할 대상임을 피력하였다. 조선을 정벌하지 않으면 안 되는 이유로서 프랑스와 러시아의 동태를 언급하고 있다. 만약 조선이 러시아 등에 정벌당한다면 "우리의 입술을 잃어서 우리의 이빨이 반드시 시려질 것"이라는 이유를 대면서 그들의 침략론을 정당화하고자 하였다.

---

9) 『日本外交文書』第3卷, 事項6 文書番號 88, 1870年 4月 15日字,「朝鮮國ヨリ歸朝セシ外務省出仕佐田白茅等ノ建白書提出ノ件」附屬書1, '3月 外務省出仕佐田白茅ノ建白書寫, 139~140쪽.

일본은 조선을 정벌하기 위해서는 가상으로 최대의 적을 러시아로 간주하였음을「朝鮮國交際始末內探書」를 통해 알 수 있다. 러시아는 미국보다 앞서 1853년 일본을 개국시키려고 하였다. 러시아의 푸티아틴(Putyatin, E. V.) 중장이 1853년 8월 일본을 찾아와 수교를 요청하였고, 1854년 5월에 일본과의 수교교섭을 마무리 짓고자 나가사키(長崎)로 향하였다. 그 노정에서 거문도에 무단 정박하고, 조선 정부에 개항을 요청하기도 하였다. 그는 일본과의 수교교섭을 위해 몇 차례 일본을 내왕하면서 대마도에서 두만강 입구에 이르기까지 한국 동해안을 샅샅이 탐사하였다. 그 목적은 쓸모 있는 부동항 예정지의 물색에 있었다. 그 과정에서 영흥만, 특히 그 내만인 松田灣을 발견하고, 이 항구를 옛 상사인 라자레프(Michail Petrovich Lazarev)의 이름을 따서 '포트 라자레프'라는 이름을 붙였다. 또 러시아 군함 팔라다호가 1854년 조선동해안을 탐사한 결과를 바탕으로 해군이 1857년에「朝鮮東海岸圖」(65×103)를 처음 발행했다. 러시아 해군성은 1862년, 1868년, 1882년에 지도를 재차 발행하였다. 그동안 조사된 지리적 정보를 추가하여 재차 증보 발행하는 형태를 취하면서 한반도 동부 해안의 포구와 해안선 및 울릉도와 독도 등 부속도서를 상세히 그렸다. 일본이 사타 하쿠보 등으로 하여금 조선의 사정을 내탐한 1869년은 러시아의「조선동해안도」가 다시 증보되어 그려진 1868년의 다음 해에 해당한다. 이미 일본 해군이 1868년에 러시아 해군이 발행한「조선동해안도」를 입수한 상태였기 때문에 러시아의 한국 경략, 특히 울릉도·독도를 차지할 것을 우려했다고 보아야 한다. 거문도와 영흥만처럼 러시아가 울릉도와 독도를 부동항으로 주목하게 될 상황을 염려하여 조사항목에 포함시킨 것으로 볼 수 있다. 이것으로 보아 일본의 경우 울릉도·독도가 정벌하여야만 할 대상으로 포함되었다고 보아야 한다.

일본이 러시아의 동향을 예의 주시하면서 조선 침략 기회를 엿보던 상황에서 러시아가 1871년에 중앙아시아로 눈을 돌려 청국령 투르키스탄(新疆省)을 점령, 이리분쟁을 일으키자 일본은 호기를 맞게 되었다. 청나라와 러시아가 이리분쟁에 휩싸여 여념이 없자 일본은 이 기회를 재빨리 포착하여 아시아 침략에 나섰다. 1872~1873년에 접어들면서 오가사와라

제도에 대한 개척논의가 활발하게 제기되었고, 1874년 대만원정에 이어 이듬해에는 운요호 사건을 도발하여 1876년 강화도조약을 강압하여 한국을 개국시키고, 1879년에 류큐도 병합해 오키나와로 개칭했다.

1875년 7월 일본 정부는 군함 운요호를 조선 근해에 파견하여 부산항을 측량하고 '朝鮮國釜山港'이라는「港泊圖」를 발행하였고, 부산에서 영흥만에 이르는 동해안 일대의 해로측량을 하였다. 그것은 러시아의 영흥만 조차기도와 연이은 「朝鮮東海岸圖」의 작성에 대한 대응이기도 하다. 그에 의해 해군수로료가 1876년에 「조선동해안도」를 작성하여 조선의 개국을 위한 사전 조사를 하였다. 일본은 다시 9월에 해안측량을 내세우며 강화도 앞 바다에 나타나 시위와 포격으로 조선을 도발하여 결국 '병자수호조규'를 체결하여 조선을 개항시켰다.

Ⅲ. 개항 이후 일본의 한국침략과 독도·울릉도

일본이 강화도 조약을 체결하면서 역점을 두었던 것이 개항장의 확보였다. 강화도 조약, 즉 병자수호조규에는 제4, 5관에 부산과 다른 두 개의 항구를 개항할 것을 규정하였는데, 두 개의 항구는 경기, 충청, 전라, 경상, 함경 5도의 연해 중에서 택하되 조약 체결 후 20개월 후에 개항하도록 하였다. 그렇지만 일본은 원래부터 동해안의 원산과 서해안의 인천을 지목하고 있었으나, 조선 측에서는 이를 반대하였다. 그 반대 이유는 원산은 부근 함흥이 태조 이성계의 탄생지이며 인근에 그 조상들의 무덤이 남아 있어 이를 보호하기 위함이었으며, 인천은 바로 한성의 길목이므로 수도의 방비에 문제가 있다고 보아 반대하였다. 그 대안으로 조선 측은 동해안의 청진이나 나남, 서해안은 군산이나 목포 또는 진도를 제시하였다. 충청, 전라, 경상도가 아닌 원산과 인천을 왜 일본이 요구하였을까? 인천은 일본의 입장에서 한성의 길목이기 때문에 일본이 요구한 것은 충분히 이해되지만 왜 원산을 요구하였을까?

일본의 경우 강화도조약을 맺기 전에 위에서 살핀 바와 같이 군함 운요호(雲揚號)를 조선 근해에 파견하여 부산에서 永興灣에 이르는 동해안 일대의 해로측량을 하였다. 그것을 통해 러시아가 원산만, 즉 영흥만에 주목하고 있었다는 것을 주시하여 개항장에 원산을 포함시켰다고 볼 수 있다. 그것은 다음의 사료를 통해 확인이 된다.

> 블라디보스토크 항구를 끼고 있는 4, 5백리에 달하는 지역은 숙신 혹은 여진이라고 불리며, 옛날에는 중국의 영역이었다가 그 후 일본에 예속되었고, 그때 이름을 바꾸어 만주라고 칭했다고 합니다. … 그 후 다시 중국에 복속되었는데 10여 년 전부터 러시아령이 되었습니다. 그런데 이 지방의 토착인들은 모두 중국의 구습을 지니고 있어서 러시아인을 야만인이라 부르며 아예 복종하지 않았고 그들을 보기를 원수나 적같이 하였습니다. 이런 까닭에 러시아도 만주인을 친애하지 않고 다만 무력을 써서 압제하였습니다. … 한국인들은 러시아인의 위광을 빌려 만주인을 우습게 여기고 있습니다만 한국인 또한 결코 러시아 정부에 마음으로부터 복종하고 있는 것은 아닙니다. 겉으로는 신변 안전을 위해 복종하는 척 하나 속으로는 러시아를 야만인이라 칭하며 더욱 복종할 뜻을 가지고 있지 않습니다. 그러므로 자기 나라를 떠나 이곳으로 오고자 할 이유가 없으나 본국에서 늘 조세가 많고, 폭정에 시달리고 있고, 특히 최근 2년간은 기근이 심해 길 위에서 죽은 자가 있을 정도였으므로 이 기갈(飢渴)의 괴로움을 피하려고 오는 자가 여전히 많다고 합니다. 한국과 달리 러시아령으로 오면 세금을 내지 않고도 경작할 수도, 벌목할 수도 있게 되고, 또 매우 존중받기 때문입니다. 결코 러시아에 지배받기를 원하고 마음으로부터 복종하고 있기 때문에 오는 것이 아닙니다. 이 기회에 재빨리 섬(울릉도)을 개척하여 한국의 북쪽을 오고가면서 쌀과 소금, 그 외 국산물품을 조금 싼 가격으로 판매한다면 한국과 만주 모두 우리나라와 예전부터 사이좋은 국가였고, 서로 일심동체의 관계에 있음을 자랑할 것이고, 그들을 애정으로써 대하면 반드시 우리에게 복종할 것임은 거울을 보듯이 뻔합니다.10)

미구(未久)에 만주를 집어삼키기 위해 함경도 원산을 개항하고자 하였음을 알 수 있다. 강화도 조약 체결을 통해 일본은 개항장을 부산과 인천 외에 원산을 개항장에 포함시킨 것은 러시아가 영흥만을 탐내고 있었기 때문에 원산을 개항장으로 지정하여 러시아의 남하를 막고자 하는 의

---

10) 北澤正誠, 『竹島考證』 下, 제15호, 明治 10년 일반서신 제2번외 갑호.

도에서 나온 조처인 동시에 원산을 창구로 하여 러시아의 블라디보스토크와의 경제적 교역을 용이하게 하고, 만주로 그 영역을 넓혀가기 위한 의도에서 비롯되었다.

일본이 함경도, 특히 원산을 개항지로 선택한 것은 첫째, 일본의 경제적 이익, 둘째, 러시아가 조선을 노리는 상황, 특히 원산만, 즉 영흥만에 관심이 있다는 것을 알고 러시아의 동향을 자세히 정탐하려는 목적, 셋째, 조선의 북쪽을 교두보로 삼아 만주 진출을 위한 사전 포석의 차원에서 이루어졌다고 할 수 있다. 그런 목적을 달성하기 위해 울릉도를 개척하여 교두보로 삼아야 한다는 주장이 제기되었다.

강화도 조약이 맺어진 후 러시아의 블라디보스토크에 드나들었던 일본 상인 무토 헤이카쿠(武藤平學)는 1876년 7월에 외무성에 '松島(울릉도) 개척에 대한 안건'을 올렸는데 그 개척안에 "조선과 조약을 맺은 이상에는 함경도 부근도 개항되어 서로 왕복하게 된다."[11]고 하여 함경도를 개항장이 되리라고 확신하고 있고, 그 개척안을 논의하는 외무성 관리들은 울릉도가 "시모노세키에서 이와미, 이바나, 호키, 오키를 지나 저 중요한 원산항으로 가는 뱃길에 있다."거나 "우리나라 산인지방에서 조선 함경도 영흥부, 즉 원산항까지 가는 항로에 있으며"[12]라고 한 것을 통해 일본은 원산을 개항장에 포함시키고, 그 목적을 달성하기 위한 교두보로서 1876년부터 울릉도에 주목하고 있음을 다음 자료를 통해 알 수 있다.

> 소신이 나와 있는 이곳의 형세를 살펴보면, 감히 러시아가 조선을 노리고 있는듯하니 조금이라도 빨리 국내를 평정시키고 민심을 안정시켜 조선의 북쪽 땅과 관계를 맺어두는 것이 지금의 일대 급무로 보입니다. 지난해에도 말씀드린 대로 먼저 우리나라에 속해 있는 松島 개척에서부터 시작하여 조선의 북부를 오가며 우리나라의 쌀과 소금, 기타 국산물을 판매하면 수출이 증가되고, 또 러시아인이 최근 감히 노리고 있는 상황에 대해 자세히 알 수 있을 것입니다. 요즈음 육로로 한국 땅에 들어가는 자가 있고, 또 바다를 건너 들어가는 자도 있습니다. 이것은 모두 그 땅의 형세를

---

11) 北澤正誠, 『竹島考證』 下, 제8호, 武藤平學, '松島 개척에 대한 안건'.
12) 北澤正誠, 『竹島考證』 下, 제11호·12호, 渡邊洪基의 의견을 적은 서신.

정탐하기 위함입니다.13)

이 사료는 블라디보스토크 무역사무관인 세와키 히사토(瀨脇壽人)가 블라디보스토크에서 사이토 시치로베에(齋藤七郎兵衛)에게 제출받은 '松島(울릉도)開拓請願書 및 建議書'(1876.12.19)를 상부에 보고한 문서에 담긴 내용이다(1877.4.25).

1876년의 오가사와라제도의 영토편입과 일본에 의한 조선의 개국은 '竹島渡海禁止令'에 의해 울릉도 도해가 금지되었던 시마네현 사람들에게 竹島도해를 재개하는 호기로 여겨졌음을 '竹島渡海請願書'를 통해 알 수 있다.

> 불초 제가 어렸을 때, 오키국에서 약 70리 정도 떨어진 서북쪽의 바다에 황막한 불모의 孤島가 하나 있어 이를 竹島라고 부른다는 말을 들었습니다. 제가 조금 나이가 들어서 옛날부터 저희 집에서 모아두었던 책 중 『竹島渡海記』라는 제목이 붙은 작은 책 한권을 발견했습니다. 그런데 당시에는 아직 생각이 깊지 않았을 때였기 때문에, 그것이 전혀 쓸모없는 것이며 광주리 안에 있던 먼지 쌓인 종이에 불과하다고 여겼었는데, 메이지 유신 이래 홋카이도의 여러 황무지를 개척하여 계속해서 좋은 성과가 있자, 竹島라는 것도 우리나라에 속한 작은 섬일 수 있을지도 모른다는 것에 조금 생각이 미쳐 깊은 애정을 가지게 되었으므로, 3, 4년간 그 섬에 관한 문헌 또는 설화를 얻고자 심혈을 기울여 찾아 헤맸으나, 그 섬은 도쿠가와(德川)씨가 집권할 당시에 특히 엄하게 도해를 금했던 섬이었기 때문에 그에 관한 문헌을 가지고 있는 자가 하나도 없었습니다. … 저는 竹島에 뜻을 두고 큰일을 한번 해 보고는 싶었으나 그때까지는 결정을 못 내리고 한동안 마음속에 접어두곤 감히 발설하지 않고 있었는데, 작년 오가사와라 섬에 鎭事官을 파견한다는 말을 듣자 매우 기뻐하며 축하했습니다. 정부가 개간사업에 매우 주의를 기울이고 있다는 것에 기뻤습니다. 그때 비록 대수롭지 않은 일이라 하더라도 국가의 이익이 되는 일을 나중으로 미루어서는 안 된다는 것을 깨달았습니다. 그래서 더욱 뜻을 굳건히 하여 '설령 먼 바다에 있는 불로의 작은 섬에 이르러 몸이 부서지는 한이 있더라도 공을 세울 정도의 마음가짐이 되어 있으면 또한 어찌 마다하겠

---

13) 北澤正誠, 『竹島考證』 下, 제14호.

는가. 그러므로 이번에 그 섬으로 건너가 그 땅에 대해 직접 살펴보고, 그
후에 그 공적을 대대적으로 드러내어 국가 경영의 一端을 마련하자'고 희
망하고 있었습니다. 도해 면허에 대해 허가해 주시기를 엎드려 바라는 바
입니다.14)

    1877년(명치 10) 1월 27일 시마네현 士族 도다 다카요시(戶田敬義)는
메이지 유신 이래 홋카이도의 여러 황무지를 개척하여 계속해서 좋은 성
과가 있자, 竹島라는 것도 우리나라에 속한 작은 섬일 수 있을지도 모른
다는 것에 조금 생각이 미쳐 깊은 애정을 가지게 되었다거나, 작년 오가
사와라 섬에 鎭事官을 파견한다는 말을 듣자 정부가 개간사업에 매우 주
의를 기울이고 있다는 것에 기뻐하였다는 것을 통해 메이지시대의 섬의
개척, 특히 오가사와라 섬의 영토편입에 고무되어 울릉도 도해를 청원하
였다고 볼 수 있다. 도다 다카요시(戶田敬義)는 3월 13일에 재차 청원서
를 올리면서 도해가 실현되면 황국의 토지가 크게 확장되고, 국가의 이익
이 되며, 외국인과의 관계에서 불리한 일이 발생하지 않을 뿐더러, 또 국
내의 無産者들을 만분의 일이라도 도울 수 있다는 것을 내세우면서 동경
부청 단독으로 결정되는 사항이 아니라면 관계 부서에 신속히 어떤 조치
라도 취해주기를 원하였다.15) 그러나 별다른 답변을 듣지 못한 도다 다
카요시(戶田敬義)는 4월에, 도해시기를 놓쳤다면서 내년으로 미루겠다는
뜻을 밝혔다.16) 그런데 6월 8일, 동경부지사 쿠스코토 마사타카(楠本正

---

14) 北澤正誠, 『竹島考證』 下, 別紙 제4호, 「竹島渡海請願書」.
15) 北澤正誠, 『竹島考證』 下, 別紙 제5호, "섬을 두고 한때의 개인적인 이익을 노리고
자 하는 마음은 저에게 털끝만치도 없습니다. 이 일이 실현되면 皇國의 토지가 크
게 확장되고, 국가의 이익이 되며, 외국인과의 관계에서 불리한 일이 발생하지 않
을 뿐더러, 또 국내의 無産者들을 만분의 일이라도 도울 수 있다면, 이 한 몸이
그 섬의 귀신이 된다고 해도 마다하지 않는다는 마음으로 이번에 도해하기로 결
심하였습니다. 올해의 도해시기를 놓치면 내년으로 미루게 되는데, 만일 1년 늦어
져서 1년치의 이윤을 외국인에게 빼앗긴다면, 아무리 후회한다고 해도 소용없는
일이고 그 뿐만 아니라 국가 전체의 불행이 된다고 생각합니다. 위와 같은 것을
살피셔서 동경부청 단독으로 결정되는 사항이 아니라면 관계 부서에 신속히 어떤
조치라도 취해주시도록 말씀해 주십시오, 요즘 같은 때 수고를 끼쳐드려 번거로
우시겠지만 그렇게 말씀해 주시기를 바라며 다시 청원서를 냅니다."
16) 北澤正誠, 『竹島考證』 下, 別紙 제6호.

陵) 명의로 '竹島도해청원에 대한 건은 허가할 수 없음'이라는 공문이 발급되었다.17)

시마네현 사족 도다 다카요시(戶田敬義)가 '竹島渡海請願書'를 내게 된 것은 오가사와라 섬의 영토편입에 고무되었다고 하였는데, 1877년 3월에 지적편찬과 관련하여 내무성과 태정관이 '日本海內 竹島外一島가 일본과 무관하다고 천명한 사실과 관련시켜 논의를 전개해보기로 한다. 대개 태정관이 1877년 3월 29일 "문의한 취지의 竹島外一島의 건은 우리나라와 관계없다는 것을 심득할 것"이라는 것에만 주의를 기울이지만 그 발단이 1876년 10월 5일에서 비롯되었음을 본고에서는 주목하고자 한다. 메이지 정부는 근대화 개혁을 시작하면서, 전국의 지적을 작성하도록 지방정부에 훈령하고, 이것을 지원하기 위해 지적을 작성하는 부서를 설립하고 각 지방을 순회하면서 측량을 실시하게 하였다. 이때 시마네현에 지적작성을 위해 파견된 직원이 시마네현의 지적편제계에 竹島(울릉도)를 지적에 포함시켜야 할지의 여부를 시마네현에서 오래된 기록이나 고지도 등을 조사해 내무성에 문의해 달라는 내용의 공문을 보냈다.18) 그 것에 의해 시마네현이 조사를 통해 다음과 같은 질품서를 내무성에 제출하였다.

  貴省(내무성)의 지리료 직원이 地籍 편찬 확인을 위해 본 현을 순회하

---

17) 北澤正誠, 『竹島考證』 下, 別紙 제7호.
18) 『明治十年三月 公文錄 內務省之部』 「시마네현이 내무성으로 보낸 질품서에 첨부된 별지 을 제28호」

  귀 현 관할 오키국의 한 쪽으로, 종래 竹島로 불리는 고도가 있다고 듣고 있습니다. 원래 구 돗토리번의 상선이 왕복한 선로도 있습니다. 문의서의 취지는, 구두로 조사 의뢰 및 협의를 했습니다. 더하여, 지적 편제에 관한 지방관 심득서 제5조의 취지도 있습니다만, 만약을 위해 협의를 드리는 것입니다. 이상의 건, 5조의 적용이 됩니다. 따라서 오래된 기록이나 고지도 등을 조사해 주어, 내무성 본성에 문의를 올려 주셨으면 하여, 여기에 조회하겠습니다.
       명치9년 10월 5일
            지리료 12번 출사 田尻賢信
            지리대속 杉山榮藏
    시마네현 지적편제계 御中

였는데, 日本海內에 있는 竹島조사의 건으로 별지 乙 제28호와 같은 조회가 있었습니다. 이 섬은 에이로쿠 연간(1558-1569)에 발견되었다고 합니다만, 舊 돗토리번 때, 겐나 4년(1618)부터 겐로쿠 8년(1695)까지 대략 78년간, 같은 번 영내 오키국 요나고(米子)의 상인 오야 진키치(大谷甚吉)와 무라카와 이치베에(村川市兵衛)가 에도 막부의 허가를 얻고, 매년 항해하여, 섬의 동식물을 가지고 돌아가 내지에서 매각하고 있었습니다. 이것에 대해서는 확증이 있습니다. 현재까지 고서나 낡은 편지가 전하고 있기 때문에, 별지와 같이 유래의 개략이나 도면을 덧붙여 우선 말씀 드립니다. 이번, 섬 전체를 實檢 후, 상세를 덧붙여 기재해야 마땅하지만, 원래 본 현의 관할이 확정된 것도 아니고, 또, 북해 백 여리를 멀리해 線路도 확실하지 않고, 보통의 범선으로는 자주 왕복할 수 없기 때문에, 상기의 오야(大谷), 무라가와(村川) 가문(家)의 傳記 등 상세를 쫓아 말씀드립니다. 그러나 여럿을 추측하기에, 관내 오키국의 북서에 위치해 시마네 일대의 서부에 부속된다고 보여진다면 본 현의 國圖에 기재해 지적에 편찬하렵니다만, 이 건은 어떻게 해야 할지 지령을 바라겠습니다.

메이지 9년 10월 16일

시마네현 참사 境二郎

시마네현은 竹島(울릉도)의 발견 시점이 에이로쿠 연간(15558~1569)에 발견되었고, 1618년부터 1695년까지 대략 78년간 돗토리번의 오키국 요나코(米子)의 상인 오야 진키치(大谷甚吉)와 무라카와 이치베에(村川市兵衛)가 에도 막부의 허가를 얻고 매년 항해하여 상업 활동을 하였음을 오야(大谷), 무라카와(村川) 가문(家)의 傳記 등을 바탕으로 하여 竹島가 관내 오키국의 북서에 위치해 시마네 일대의 서부에 부속된다고 보여지므로 본 현의 國圖에 기재해 지적에 편찬하겠다는 뜻을 밝혔다. 시마네현은 연안어업에서 어장 과밀현상에 따른 어장 침탈과 분쟁이 일어나는 상황 속에서 오가사와라제도 영토편입이 결정되는 것을 보고 오야(大谷), 무라카와(村川) 가문(家)의 傳記에 바탕하여 '竹島도해'를 염원하는 시마네현 어부들의 바램을 지적편찬의 기회를 통해 이루어지도록 하기 위해 질품서(1876. 10.16)에 담았다고 볼 수 있다. 그런 움직임 속에 시마네현 출신으로서 동경에 거주하는 사족 도다 다카요시(戶田敬義)가 '竹島

渡海請願書'를 동경부에 제출할 수 있었고(1877.1.27), 그의 '竹島渡海請願書' 제출은 시마네현과 연결되어 竹島渡海를 받아내고, 시마네현 지적에 竹島를 넣겠다는 시마네현의 바람을 측면 지원하겠다는 의미까지 있을 것이다.

시마네현의 지적편찬에 관한 질품서를 받은 내무성은 '竹島가 우리나라와 관계가 없다.'는 요지의 뜻을 갖고 있었지만 '版圖의 取捨는 중대한 사건이므로' 조사 문건을 첨부하여 태정관에게 '日本海內竹島外一島地籍編纂方伺'란 질품서를 올렸다(1877년 3월 17일). 이에 대해 태정관이 1877년 3월 29일 "문의한 취지의 竹島外 一島의 건은 우리나라와 관계없다는 것을 심득할 것"이라는 문서를 내무성을 통해 시마네현에 전달하였고,[19] 또 동경부를 거쳐 '竹島渡海請願에 대한 건은 허가할 수 없음'이라는 공문을 도다 다카요시(戶田敬義)에게 내렸다고 보아야 한다.

그런데 도다 다카요시(戶田敬義)가 동경부에 제출한 '竹島渡海請願書'에 관해 그가 3월 13일 재차 청원을 하면서 "동경부청 단독으로 결정되는 사항이 아니라면 관계 부서에 신속히 어떤 조치라도 취해주기를 원한다."고 한 것처럼 동경부 단독으로 결정할 사항은 아니었다. 내무성의 지적편찬에 관한 질품서와 함께 '竹島渡海請願書'를 접한 일본 외무성은 자기 부처에 제출된 1876년(明治 9) 7월에 제출된 무토 헤이카쿠(武藤平學)의 '松島開拓之議'의 '松島'가 松島인가 아닌가를 논란을 벌이면서 松島개척원을 둘러싸고 외무성 관료들 사이에 갑론을박의 논쟁이 일어났다.[20]

무토 헤이카쿠(武藤平學)의 '松島開拓之議'를 살펴보면 松島와 竹島는 모두 일본과 조선 사이에 있는 섬들인데, 竹島는 조선에 가깝고 松島는 일본에 가깝다고 하였지만 松島에 관한 언급을 보면 竹島, 즉 울릉도임이 분명하다. 그럼에도 '松島'라고 하여 외무성에 개척원을 낸 것은 러시아 블라디보스토크와 무역에 종사한 사람들이 竹島(울릉도)에 어로활동을 하였던 시마네현이나 돗토리현 지역의 사람들보다는 다른 지역 사

---

19) 『明治十年三月 公文錄 內務省之部』.
20) 松島의 명칭과 개척에 관한 일본 외무성의 논의는 北澤正誠, 『竹島考證』下, '別紙 8' 이하에 기록되어 있다.

람들이라는 점에서 나온 오인으로 볼 수 있다. 무토 헤이카쿠(武藤平學)의 경우 지금의 아오모리현과 이와테현을 아우른 지역인 미치노쿠(陸奧)의 士族이었다.21) 당시 항해에 참고한 지도 가운데 竹島와 松島의 지명이 잘못된 지도가 많았다. 그것은 서양지도에서 잘못 측량한 지도를 지볼트가 竹島와 松島로 잘못 비정하여 나타난 현상이라고들 한다.22)

'松島開拓之議'에서 주목할 사항은 하나의 작은 섬이긴 하나, 장차 황국에 도움이 될 만한 섬으로서, 남쪽에 있는 오가사와라 섬보다도 한층 더 주의해야 할 땅이라고 함으로써 오가사와라 영토편입에 즈음하여 松島 개척이 급선무임을 드러내주고 있다는 점이다. 그리고 竹島는 조선에 가깝고 松島는 일본에 가깝고, 일본에 속하는 섬이라는 점이 강조되고, 러시아의 블라디보스토크에 가는 길목, 그리고 조선의 개국에 즈음하여 함경도 부근에 개항장이 설치되면 그곳으로 가는 길목에 위치한 지정학적 중요성을 일깨우고 있다. 그에 근거하여 우선 등대를 설치하고, 항해의 안전을 돕고, 그 섬의 큰 나무를 벌목하여 블라디보스토크로 수출하거나 혹은 시모노세키로 보내 매각하여 그 이익을 얻게 되기를 희망하며, 또 광산도 개발하고, 어민과 농민을 이주시켜 개척하여 황국의 소유로 해 간다면 막대한 이익이 될 것이라는 점을 강조하고 있다. 조선의 개국에 즈음하여 함경도 부근에 개항장이 설치되면 그곳으로 가는 길목에 위치한 지정학적 중요성을 일깨운 것에서 병자수호조약의 체결로 인해 일본은 조선의 근해에 자유롭게 진출하고 통상과 어업 및 측량활동을 할 수 있었기 때문에 '松島 개척 건의'의 호기로 여겨졌던 것 같다.

松島 개척안을 접수한 외무성은 이에 대한 논의를 하였다. 이때 혹자는 松島에 손을 대면 조선이 이의를 제기할 것이라는 주장에 대해 松島는 일본 땅에 가깝고 일본 지도에 일본 영역 안에 그려져 있는 일본 땅이

---

21) 北澤正誠의 『竹島考證』에는 '武藤平學', 혹은 '武藤一學'으로 혼동되어 기록되고 있다. 본 논문에서는 '武藤平學'으로 통일해 언급하였다.
22) 이에 관해서는 도명의 혼란에 관한 내용은 가와카미 겐조(川上健三)의 『竹島の歷史地理學的硏究』(古今書院, 1966)에 정리되어 있고, 필자는 최근 「메이지시대 일본의 동해와 두 섬(독도, 울릉도) 명칭 변경의도에 관한 검토」(『민족문화논총』 50, 영남대학교 민족문화연구소, 2009.)란 글을 통해 이 문제를 비판적으로 언급하였기에 이 글에서는 생략한다.

라고 하고, 竹島는 도쿠가와(德川) 시대 때 갈등이 생겨 조선에 넘겨주었으나 松島에 대한 논의는 없었으니 일본 땅이 분명하다고 하였다. 그리고 만약 조선이 문제를 제기하면 어느 쪽에서 더 가깝고 먼지에 대해 논하여 일본 땅임을 증명해야 한다는 방안을 결정하였다. 또 일조간의 왕래와 북쪽의 외국 땅과의 왕래에 있어 중요한 땅이므로 일본이든 조선이든 빨리 좋은 항구를 선택해 먼저 등대를 설치하는 것이 급하다는 결론을 내렸다.23) 이때 일본 외무성은 松島개척안의 松島가 竹島, 즉 울릉도임을 대부분 알지 못한 상태였다.

이때 무토 헤이카쿠(武藤平學)의 松島 개척안을 읽은 고다마 사다이키(兒玉貞陽)은 10개조의 의견서를 덧붙여 외무성에 제출하였는데 그것이『竹島考證』下에 실려 있는 別紙 제9호와 10호이다. 별지 제9호(명치 9년 7월 13일)에는 松島 개척이 작금의 급무이고, 당시 영토편입을 진행하고 있는 오가사와라 섬 같은 것도 이미 착수할 시기를 놓쳤다고 하면서, 오가사와라 섬에 비해 松島는 한층 더 중요한 섬이라고 하면서 북방의 러시아 사람이 엿보게 되는 수도 있으니 빨리 개척에 나서도록 촉구하였다. 별지 제10호에는 松島 개척 착수 단계 예상안까지 다음과 같이 제시하고 있다.

'松島 개척 착수 단계 예상 안'
제1 개척인이 작은 집을 짓고 거주함
제2 벌목
제3 항구를 만들 곳을 확정
제4 등대 건설
제5 좋은 목재, 기타의 물품을 수출
제6 토지를 개척
제7 장소를 정해 선박용 여러 물품을 보관
제8 민가를 지어 사람을 이주시킴
제9 漁獵할 준비를 함
제10 농사를 시작함

---

23) 北澤正誠,『竹島考證』下, 別紙 제8호,「松島開拓之議」附.

기 타 산천 구릉을 개발하여 사업을 일으킴

고다마 사다이키(兒玉貞陽)의 두 서신에 대해 외무성 기록국장인 와타나베 히로모토(渡邊洪基)의 의견을 적은 서신이 『竹島考證』(下) 별지 제11호와 제12호이다. 별지 제11호에서 "소위 松島'라는 것이 竹島라면 저들에게 속하는 것이고, 만일 竹島 외에 松島라는 섬이 있는 것이라면 우리에게 속하지 않으면 안 된다."고 하면서도 "우리가 하는 말에도 역시 확실한 근거는 없습니다. 따라서 실로 그 땅의 형세를 살펴 어디에 소속되는지를 정하고 어느 곳에 책임을 지울 것인지를 양국 간에 정하지 않으면 안 됩니다. 따라서 먼저 시마네현에 조회하여 종래의 例를 조사하고 그와 함께 艦船을 보내어 그 지세를 살피고 만약 저들이 이미 그 일에 착수했다고 하면 어떻게 하고 있는지 조사해 본 후에 그에 대한 방책을 정할 필요가 있습니다."라고 하였다. 별지 제11호와 제12호는 작성된 시기가 적혀 있지 않다. 그런데 별지 11호는 시마네현에 조회하자는 의견을 개진한 것으로 보아 시마네현의 지적편찬에 관한 질품서(명치 9년 10월 5일)를 접수한 내무성이 1877년 3월 17일 태정관에게 질품서를 내면서 외무성이 알게 된 이전의 시점에 작성된 것이라 할 수 있고, 별지 제12호는 도다 다카요시(戶田敬義)의 지도를 거론하고 있는 것으로 보아 1877년 1월 27일에 동경부에 제출한 '竹島渡海請願書' 작성 뒤에 만들어진 것이다.24) 별지 제12호 작성 이전에 일본 외무성은 지적편찬에 관한 시마네현의 질품서와 도다 다카요시(戶田敬義)의 '竹島渡海請願書'를 검토했지만 竹島에 관한 기록만이 주로 있었기 때문에 松島에 대해 여전히 혼란을 겪고 있었다.

그 사이 러시아 블라디보스토크 무역에 종사하던 시모사국(지금의 후쿠시마) 이나바군 사쿠라다정 상인인 사이토 시치로베(齋藤七郎兵衛)가 '松島개척청원서 및 건의서'를 1876년 12월 19일 영사 세와키 히사토(瀨脇

---

24) 『竹島考證』 下, 별지 제10호 아래에, 같은 해 11월 블라디보스토크항 무역사무관인 瀨脇壽人이 러시아에 가게 되었다는 기록과 별지 제13호에 실린 '松島 開拓請願書 및 建議書'가 명치 9년 12월 19일에 제출된 것이라는 점에서 별지 제11호와 제12호가 1876년 11월 이전에 작성되었다고 오인하기 쉽다.

壽人)을 통해 제출하였다. 이 건에 대해 명치 10년(4월 25일) 일반서신 제1에 공신국장 다나베 다이치(田邊太一)가 보낸 籤紙에 "松島는 조선의 울릉도로 우리 영역에 속해 있지 않으니 사이토(齋藤)라는 자의 청원을 허락할 수 있는 권한이 없음을 알림"이라고 하여 당시 러시아 블라디보스토크 무역업에 종사하는 상인들, 즉 무토 헤이카쿠(武藤平學), 사이토 시치로베(齋藤七郞兵衛) 등이 개척을 건의한 '松島'는 조선의 울릉도이고, 일본 영토가 아니었음을 분명히 하였다.

그럼에도 불구하고 세와키 히사토(瀨脇壽人) 무역사무관은 松島 개척안을 제출한 무토 헤이카쿠(武藤平學)를 겨울에 일등 서기 견습자로 발탁해서 '留守居'라고 하여 블라디보스토크에 거류시키고 본인은 松島 개척에 관한 허가가 떨어진다면 松島에 상륙하여 지형과 재목의 종류 및 크기, 어렵형태, 항구 상태를 보고 다음해 봄에 도해할 준비를 하여 적당한 때 중국 상해로 가서 중국인과 계약을 맺고자 한다는 공신 3호를 1877년 6월에 외무성으로 보내고,25) 松島개간에 관한 재차의 건의를 하였다.26) 이에 대해 공신국장 다나베 다이치(田邊太一)는 다음과 같은 의견을 담은 첨지를 남기고 있다.

松島는 조선의 울릉도로서 우리나라의 영역에 있는 섬이 아니다. 文化時代에 이미 그에 대한 서신을 조선정부와 주고받았다고 알고 있다. 우리나라가 개간에 착수하는 것은 근본적으로 안 되는 일이라고 대답하여야 한다. 또 돌아올 때 상륙하여 항구 등을 살펴본다고 하였는데 어떤 배를 고용하여 그렇게 한다는 것인가? 해군 선함을 고용하겠다고 하는 것인가.

---

25) 北澤正誠, 『竹島考證』 下, 別紙 제17호.
26) 北澤正誠, 『竹島考證』 下, 別紙 제18호, "지난 겨울부터 말씀드리고 있는 '松島' 개간 건에 대해 허락해주시기 바랍니다. 러시아 군함 7, 8척이 작년 겨울부터 미국에 갔다가 하나 둘 이곳으로 입항하고 있으므로 앞으로는 우리나라 배가 입항하지 않을 것이라는 말이 있습니다. 그 군함들은 한국 땅에서부터 松島 근처 바다까지 측량하면서 한국 땅을 정탐하려고 하고 있다는 말을 들었습니다. 그들이 먼저 松島 개척에 착수한 후에는 아무리 분하게 여겨도 소용없으니 앞서 건의한 대로 9월에 제가 일본으로 돌아갈 때 섬에 상륙하여 해안의 지형에서부터 산림과 산물 등에 대해 살펴두고 다음 해 봄에 개척에 착수하고자 하여 이 점에 대해 급히 여쭙는 바입니다. 명치 10년 7월 2일 블라디보스토크항 주재 무역사무관 瀨脇壽人."

아니면 미쓰비시의 기선을 고용하겠다고 하는 것인가. 가능성 없는 일이다. 하물며 상해에 가서 직접 판매하는 계약을 한다고 하는데, 생각해볼 때 섬에 나무가 있다고는 하나 잘라서 내 온 상황도 아닌데 어떻게 그 금액을 산정하여 계약을 할 수 있겠는가. 꿈같은 이야기라고 생각한다.[27]

세와키 히사토(瀨脇壽人)의 松島개척 건의에 대해 외무성은 각 관리들에게 의견서를 제시하게 하였지만 異見이 많아서 결론을 내릴 수 없었다. 그러던 차에 1878년 8월 15일, 사이토 시치로베(齋藤七郞兵衛)의 '松島 開拓請願書'가 재차 세와키 히사토(瀨脇壽人)을 통해 제출되었다. 이에 松島를 조사하는 것에 대한 논의가 일어났는데 찬반이 분분하여 결정을 내릴 수 없었다. 『竹島考證』下, 別紙 제21호가 그에 대한 의논을 정리하고 있다. 甲은 개항에 대한 여부는 다음에 결정하고 시찰이 필요한지 아닌지에 대한 여부를 논해야 할 것이라고 하면서 松島는 우리나라 사람이 지은 이름이지만 실제로 조선의 울릉도에 속하는 우산이라고 하면서 조사를 반대하며, 松島는 결코 개척할 수도 없고 개척해서도 안 되는 섬이기 때문에 조사할 필요가 없다는 의견을 개진하였다. 을은 개척여부는 조사 후에 정하여야하고, 병은 "영국 신문에 '러시아의 동진을 막기 위해서는 북태평양에 해군이 주둔하는 병참지 1개소가 필요하다.'는 기사가 있습니다. 松島 같은 섬은 혹 저들이 주목하는 장소일지도 모른다."고 하면서 "개척여부를 논하지 말고 그 섬의 상황에 대해 아는 것이 급선무이다."라고 하면서 조사해야 한다는 의견을 개진하였다. 이 주장을 통해서 러시아와 일본이 일찍부터 전략상 울릉도와 독도를 주목해 왔음을 확인할 수 있다. 그런 점에서 1905년 일본이 러일전쟁의 수행을 위해 독도를 절취하겠다는 복안이 이 무렵부터 제기되었음을 알 수 있다. 그런 점에서 그 섬의 국적 여부를 떠나 조사할 필요성을 느낀 기록국장 와타나베 히로모토(渡邊洪基)는 조사할 필요가 있다는 의견을 별지 제 22호에 개진하였다고 볼 수 있다. 그렇지만 공신국장 다나베 다이치(田邊太一)은 별지 23호에 다음과 같은 의견을 개진하면서 신중한 의견을 펼쳤다.

---

27) 北澤正誠,『竹島考證』下, 別紙 제17호 籤紙.

들기에 松島는 우리나라 사람들이 붙인 이름이며 사실은 조선의 울릉도에 속하는 우산이라고 합니다. 울릉도가 조선에 속한다는 것은 구 정부 때에 한 차례 갈등을 일으켜 문서가 오고간 끝에 울릉도가 영구히 조선의 땅이라고 인정하며 우리 것이 아니라고 약속한 기록이 두 나라의 역사서에 실려 있습니다. 지금 아무 이유 없이 사람을 보내어 조사하게 하는 것은 다른 사람의 보물을 넘보는 것과 같습니다. 이제 겨우 우리와 한국과의 교류가 시작되었지만 아직도 우리를 싫어하고 의심하고 있는데 이처럼 일거에 다시 틈을 만드는 것을 외교관들은 꺼릴 것입니다. 지금 松島를 개척하고자 하나 松島를 개척해서는 절대 안 됩니다. 또 松島가 아직 무인도인체 있는지도 분명하지 않고 그 소속이 애매하므로 우리가 조선에 사신을 파견할 때 해군성이 배 한 척을 그곳으로 보내서 측량 제도하는 사람, 생산과 개발에 대해 잘 아는 사람을 시켜, 주인 없는 땅[無主地]임을 밝혀내고 이익이 있을 것인지 없을 것인지도 고려해 본 후, 돌아와서 점차 기회를 보아 비록 하나의 작은 섬이라도 우리나라 북쪽 관문이 되는 곳을 그대로 방치해서는 안 됨을 보고한 후 그곳을 개척해도 되므로 세와키(瀨脇)씨의 건의안은 채택할 수 없습니다.

다나베 다이치(田邊太一)는 별지 17호에서 "松島는 조선의 울릉도로서 우리나라의 영역에 있는 섬이 아니다."라고 한 것은 세와키 히사토(瀨脇壽人)의 松島 개척 건의서에 나오는 松島는 울릉도임을 밝힌 것이고, 별지 丁 23호에서 "松島는 우리나라 사람들이 붙인 이름이며 사실은 조선의 울릉도에 속하는 우산이라고 한다."는 것을 밝히고, 개척하고자 하는 섬으로서의 松島, 즉 울릉도는 구 정부에서 조선의 땅이라고 인정하였다는 점을 들어서 조사를 반대하였다.

이상과 같이 갑·을·병·정의 논의가 분분하여 정해지지 않으므로 조사하자는 말도 중단되었고, 1883년(명치 13) 9월에 아마기함 승무원이며 해군소위인 미우라 시게사토(三浦重鄉) 등이 회항할 때 '松島'에 가서 측량하였는데, 그 땅은 옛날부터 울릉도였고, 그 섬의 북쪽에 있는 작은 섬을 竹島라고 하는 사람이 있었지만 하나의 암석에 지나지 않는다는 것을 알게 되어 다년간의 의심과 논의가 하루아침에 해결되었다. 『竹島考證』下의 마지막 별지 제24호는 다음과 같은 미우라 시게사토(三浦重鄉)

의 '수로 보고 제33호'를 싣고 있다.

제24호
수로 보고 제33호

이 기록은 아마기함 승무원 해군소위 三浦重鄕의 간략도 및 보고기록
이다.
日本海
松島 [韓人은 이것을 울릉도라고 한다]에서 정박지 발견
松島는 우리나라 오키에서 북서쪽으로 140리 떨어진 곳에 있습니다.
그 섬은 종래에는 바닷사람이 찾아가는 곳이 아니었으므로 정박지가 있는
지 없는지 아는 자가 없었습니다. 그런데 금 번 우리 아마기함이 조선에
갔을 때 그 섬에 들러서 그 섬의 동쪽 해안이 정박지가 있음을 발견하였
습니다. 다음의 그림이 즉 그곳입니다.

明治 13년 9월 13일
　　　수로 국장
　　　해군 소장 柳楢悅

　　1882년 일본 외무성의 지시에 의해 『竹島考證』을 지은 기타자와 마사
노부(北澤正誠)은 "明治 13년 아마기함이 돌아올 때 松島를 지나치게 되
었으므로 상륙하여 측량한 후 처음으로 松島는 울릉도이며 그 밖의 竹島
라는 것은 하나의 암석에 지나지 않는다는 것을 알게 되어 그 일에 대한
것이 처음으로 분명해졌다. 오늘날의 松島는 즉 元祿 12년(1699)에 竹島
라고 불렀던 섬으로 옛날부터 우리나라 영역 밖에 있었던 땅이었음을 알
수 있다."라는 결론을 내리고 있다. 그런데 미우라 시게사토(三浦重鄕)의
별지 제24호에는 '竹島'에 관한 언급이 없다. 따라서 '그 밖의 竹島라는 것
은 하나의 암석에 지나지 않는다.'라고 한 것은 '수로 보고 제33호'가 미우
라 시게사토(三浦重鄕)의 보고를 축약한 것인지 기타자와 마사노부(北澤
正誠)의 견해가 삽입된 것인지 판단하기 어렵다. 어쨌든 이것이 독도를
1905년에 '竹島'로 비정하게 된 이유로 작용하였을 가능성이 크다.

위 '별지 丁 23'에서 다나베 다이치(田邊太一)는 "松島는 우리나라 사람들이 붙인 이름이며 사실은 조선의 울릉도에 속하는 우산이라고 한다."고 하면서 "松島를 개척하고자 하나 松島를 개척해서는 절대 안 된다."고 하였다. 또 "松島가 아직 무인도로 있는지도 분명하지 않고 그 소속이 애매하므로 우리가 조선에 사신을 파견할 때 해군성이 배 한척을 그곳으로 보내서 측량 제도하는 사람, 생산과 개발에 대해 잘 아는 사람을 시켜, 주인 없는 땅(無主地)임을 밝혀내고 이익이 있을 것인지 없을 것인지도 고려해 본 후, 돌아와서 점차 기회를 보아 개척을 하여야 한다고 하였다." 이 다나베 다이치(田邊太一)의 건의와 훗날 1905년 일본이 竹島(독도)를 무주지라고 하고 시마네현에 편입하게 된 과정을 비교해보면 다나베 다이치(田邊太一)의 제안을 그대로 따르고 있음을 알 수 있다. 1904년 9월 25일 일본 군함 니이다카호(新高號)가 망루 설치 예비탐색조사를 위해 松島(독도) 조사활동을 벌였고, 뒤이어 독도를 '무주지선점론'에 의해 시마네현에 편입시키는 조처를 취하였다. 그런 점에서 1876년 竹島와 松島의 개척 논의의 과정에서 다나베 다이치(田邊太一)가 松島(독도)를 자신의 영토로 편입하는 과정을 해군성을 통해 독도를 조사하여 무주지임을 드러내고, 기회를 보아 개척을 해야 한다는 방안을 제시했다고 볼 수 있다.

혼히들 일본이 도서를 자국 영토로 편입하면서 근거로 삼은 논리는 무주지에 대한 '선점'이었고, 미나미토리섬(南鳥島)의 사례가 가장 대표적인 케이스로 보고, 이 사례는 차후에도 도서 편입의 모델로 참고대상이 되었고, 竹島(독도)의 편입과정에서도 그러했다고 한다.[28] 일본정부의 미나미토리섬(南鳥島) 편입 논리와 독도 편입 논리를 아래와 같이 비교하면 거의 복사판일 정도이다.

> 내무대신 요시가와 아키마사(芳川顯正)가 내각총리대신 이토 히로부미(伊藤博)文에게 보낸
> 請議書(1898년 3월 14일자)

---

28) 허영란, 앞의 글 19쪽.

… 이 도서가 지리상 우리나라에 속한다는 것은 논할 것도 없지만 종래 이 섬은 無人島였기 때문에 행정기관을 두지 않았는데, (明治) 29년에 우리나라 사람인 미즈타니 신로쿠(水谷新六)라는 자가 재삼 이 섬으로 회항하여 직접 섬을 탐험하고 이번에 섬의 차용을 출원함에 따라 이에 도명을 확정하고 소속을 판명할 필요가 있어 이 섬을 水谷島라 이름 짓고 금후 동경부 소속 오가사와라도사(小笠原島司)의 소관으로 하고자 한다. 이에 각의를 청구한다.29)

「미나미토리섬(南鳥島) 편입문제에 대한 법제국 의견 (1898년 7월 1일자)」

…마카스도에 대해 바로 지리상 우리나라에 소속되는 것이 당연하다고 하는 것은 근거가 없는 것 같지만 타국이 그것을 점령했다고 인정할 만한 형적이 없을 뿐만 아니라 … 우리나라 사람 미즈타니 신로쿠(水谷新六)라는 자가 明治 29년 12월이래 이 섬에 이주민을 옮기고 가옥을 설치하여 鳥魚의 포획 및 개간에 종사하여 눈부시게 성공할 가능성이 있다고 하므로 국제법상 소위 점령의 사실이 있다고 인정하고, 이것을 우리나라 소속으로 하여 동경부 소속 오가사와라도사(小笠原島司)의 소관으로 하는데 지장이 없다고 생각한다.(『公文類聚』 第29編, 明治 38年 卷1)

별지 내무대신 請議 무인도소속에 관한 건을 심사해보니, 북위 37도 9분 30초, 동경 131도 55분, 오키섬(隱岐島)을 踞하기 서북으로 85리에 있는 이 무인도는 타국이 이를 점유했다고 인정할 형적이 없다. … 명치明治 36년 이래 나카이 요사부로(中井養三郎)란 자가 該島에 이주하고 어업에 종사한 것은 관계서류에 의하여 밝혀지며, 국제법상 점령의 사실이 있는 것이라고 인정하여 이를 本邦所屬으로 하고 시마네현소속(島根縣所屬) 오키도사(隱岐島司)의 소관으로 함이 무리 없는 건이라 사고하여 請議대로 閣議決定이 성립되었음을 인정한다.(『公文類聚』 第29編, 卷1)

그러나 실상 다나베 다이치(田邊太一)의 제안에 따라 미나미토리섬(南鳥島)와 독도 편입이 이루어졌음을 알 수 있다. 더욱이 1882년 일본

---

29) 『公文類聚』 第29編 明治 38年 卷1.

외무성의 지시를 받아『竹島考證』을 집필하는 과정에서 다나베 다이치 (田邊太一)의 '無主地' 논리에 영향을 받아 '空島制' 논리를 개발하였음을 다음 자료를 통해 알 수 있다.

> 竹島는 元和 이래(1615~1623) 80년 동안 우리 국민이 漁獵을 하던 섬이었기 때문에 우리 영역이라는 것을 믿으며, 저 나라 사람들이 와서 어렵 하는 것을 금하고자 하였다. 저들이 처음에는 竹島와 鬱島가 같은 섬임을 몰랐다고 답해 왔으나 그에 대한 논의가 점점 열기를 띠게 되자 竹島와 울도가 같은 섬에 대한 다른 이름이라고 말하고 오히려 우리가 국경을 침범했다고 책망했다. 古史를 보자면 鬱島가 조선의 섬이라는 것에 대해서는 두 말할 필요가 없다. 그러나 文祿以來(1592~1614) 버려두고 거두지 않았다. 우리나라 사람들이 그 빈 땅[空地]에 가서 살았다. 즉 우리 땅인 것이다. 그 옛날에 두 나라의 경계가 항상 그대로였겠는가. 그 땅을 내가 취하면 내 땅이 되고, 버리면 다른 사람의 땅이 된다. 우리 동양 제국의 3백년간의 예를 들어 논해 보자. 대만은 예로부터 명나라의 땅이었다. 그러나 명나라 사람이 거두어들이지 않고 하루아침에 그 섬을 버리자 네덜란드가 갑자기 점거하여 네덜란드의 땅이 되었다. 그리고 鄭氏가 무력으로 그것을 빼앗았으니 또 鄭氏의 땅이 되었던 것이다. 興安嶺 남쪽은 예로부터 청나라 땅이었다. 청나라 사람들이 거두어들이지 않고 하루아침에 그 섬을 버리자 러시아족이 즉시 그곳을 점거하게 되었다. 영국과 인도, 프랑스와 베트남, 네덜란드와 아시아 남양군도에 있어서도 그렇지 않은 것이 하나도 없다. 그런데 조선만이 홀로 80년간 버려두고 거두지 않던 땅을 가지고 오히려 우리가 국경을 침범했다고 책망하고 있다. 아무런 논리도 없이 옛날 땅을 회복하고자 한 것이 아니었던가. 그런데 당시 정부는 80년 동안 우리나라 사람들이 漁獵을 해올 수 있었던 그 이익을 포기하고 하루아침에 그 청을 받아들였으니 竹島에 울도란 옛날 이름을 부여해 준 것은 당시의 정부인 것이다. 실로 당시는 항해를 금하는 정책을 썼다. 외국과의 관계를 끊기 위해서였다. 동시에 그로 인해 오가사와라 섬을 개척하자는 말이 나왔으나 실행되지 않았던 점에 비추어 보면 왜 竹島를 돌려주었는지 충분히 알 수 있다. 당시의 정책은 편한 것만을 추구하였을 뿐 개혁하여 강성해지고자 하는 것이 아니었기 때문이다.[30]

---

30)『竹島考證』中卷.

기타자와 마사노부(北澤正誠)는 위 사료에서 보다시피 竹島를 조선의 땅임을 결론으로 내세우면서도 『竹島考證』의 곳곳에서 '버려진 땅을 내가 취하면 내 땅이 된다.'는 것을 논리로 전개하였다. 일본 외무성이 『竹島考證』을 통해 1878년 다나베 다이치(田邊太一)가 제시한 '무주지 입증' 논리와 '버려진 땅을 내가 취하면 내 땅이 된다.'는 '空島制' 논리를 접하면서 이후의 영토편입에 '무주지선점론'을 적극 적용하였다고 볼 수 있다.31) 1898년의 미나미토리섬(南鳥島)의 무주지선점 사례가 1905년의 독도 편입에 적용된 것이 아니라 이미 1878년에 다나베 다이치(田邊太一)가 독도의 편입을 위한 전제조건으로 '無主地' 입증의 논리를 제기하였고, 그것이 기타자와 마사노부(北澤正誠)의 '버려진 땅을 내가 취하면 내 땅이 된다.'는 '空島制' 논리로 발전하면서 1898년의 미나미토리섬(南鳥島)에, 그리고 1905년의 독도에 순차적으로 적용되었다는 시각을 가질 필요가 있다.

원산이 개항장으로 지적된 것은 1880년(고종 17)이다. 개항장으로 지정된 이후 울릉도는 일본의 침탈을 받았음을 다음 사료를 통해 확인할 수 있다.

> 통리기무아문에 보고하였다. "지금 강원감사 林翰洙의 狀啓를 보니, '鬱陵島搜討官의 보고를 하나하나 들면서 말하기를, 순찰할 때에 어떤 사람이 나무를 찍어 해안에 쌓고 있었는데 머리를 깎고 검은 옷을 입은 사람 7명이 그 곁에 앉아있기에 글을 써서 물어보니 일본 사람이 나무를 찍어 원산과 부산으로 보내려고 한다고 대답하였답니다. 일본 선박의 왕래가 근래 대중없어서 이 섬에 눈독을 들이고 있으니 폐단이 없을 수 없습니다. 청컨대 통리기무아문으로 하여금 품처토록 하기 바랍니다.'라고 하였습니다. 나라에서 채벌을 금하는 산은 원래 중요한 곳이고 조사하여 지키는 것도 역시 정식이 있습니다. 그런데 저 사람들이 남몰래 나무를 찍어서 가만히 실어가는 것은 邊禁에 관계되므로 엄격하게 막지 않을 수 없습니다. 장차 이 사실을 문건으로 작성하여 동래부 왜관에 내려 보내서 일본 외무성에 전달하게 할 것입니다. 생각하건대 이 섬은 망망한 바다 가운

---

31) 김호동, 「메이지시대 일본의 울릉도·독도 정책」『일본문화학보』 46, 한국일본문화학회, 2010, 83~85쪽.

데 있는데 그대로 텅 비워두는 것은 대단히 허술한 일입니다. 그 형세가 요충지로 될 만한가 방어를 빈틈없이 하고 있는가를 두루 살펴서 처리하여야 할 것입니다. 부호군 李奎遠을 鬱陵島檢察使로 임명하여 가까운 시일에 빨리 가서 철저히 탐산해보고 의견을 갖추어서 보고하여 이로써 문의해서 처리하게 하는 것이 어떻겠습니까."32)

이에 의하면 울릉도에서 일본인들이 나무를 찍어내어 원산과 부산으로 보내려하는 것을 울릉도 수토관이 적발하였다. 강원감사 임한수는 이러한 보고에 접하여 근래 일본 선박의 울릉도 왕래가 많고 이 섬에 눈독을 들이고 있다고 판단하고 통리기무아문으로 하여금 품의하여 처리하도록 요청하였음을 알 수 있다. 일본인들이 벌목한 나무를 부산과 원산으로 보낸다는 것으로 보아 일본인의 울릉도 벌목은 1876년 개항에 따른 개항장의 개설과 짝하여 증가하였다고 볼 수 있을 것이다. 이러한 사태에 직면하여 통리기무아문은 국경을 침범한 것으로 간주하고 동래부의 왜관을 통해 일본 외무성에 항의 문서를 보내고, 망망한 바다 가운데 있는 울릉도를 비워두는 것은 대단히 허술한 일이니 부호군 이규원을 울릉도 검찰사로 임명하여 그 형세가 요충지로 될 만한가 방어를 빈틈없이 하고 있는가를 살펴 대책을 강구하자고 제안하였다. 이것을 고종이 승인함으로써 오랜 울릉도 수토정책에 일대변화가 일어나게 되었다.

1882년 이규원 검찰사가 울릉도에 갔을 때 조선인 141명과 일본인 78명을 만났다. 검찰사 파견의 동기를 제공해준, 벌목을 위해 울릉도에 들어온 일본인 78명에 대한 현지조사의 내용을 보면, 그들은 모두 벌목을 하러 왔고, 이규원을 만나 필담을 나눈 일본인들은 일본정부의 울릉도 출어금지령을 들은 바가 없다고 하였으며, 울릉도를 조선영토인 줄 모르고 일본영토로 알고 있다고 말하는 자도 있었다. 울릉도의 장작지포에서 통구미로 향하는 바닷가 돌길 위에 일본인이 세운 표목에 '日本國 松島槻谷 明治 二年(1869) 二月 十三日 岩崎忠照(이와사키 츄죠) 建之'라고 쓰인 푯말을 발견하였다.33)

---

32) 『高宗實錄』 高宗 18년 5월 21일.
33) 김호동, 『독도·울릉도의 역사』 경인문화사, 2007, 131~132쪽.

이규원 검찰사의 보고에 의해 울릉도를 개척하기로 한 조선 정부는 개척민의 이주와 도장의 임명을 통해 울릉도 개척을 추진함과 동시에 외교경로를 통해 일본인의 삼림 벌채를 강력 항의하였다. 1881년부터 울릉도에서의 犯斫이 한일 간의 외교문제로 비화되면서 조선정부는 여러 차례 공함을 보내어 일본인들의 철수를 요청하였지만 일본정부의 철수 약속에도 불구하고 이행이 이루어지지 않았다. 검찰사 이규원이 조사할 때의 일본인은 겨우 78명에 불과하였다. 그러나 이 무렵 어류나 밀채를 하던 일본인은 약 4.3배에 해당하는 330여 명으로 늘어나 있었다.34) 상대적으로 개척령 이후 일본인의 숫자가 이렇게 급격히 증가한 데 반해 조선정부의 개척에 응해 울릉도에 신입한 인구는 겨우 16호 54명에 불과하였다. 이것은 개척의 방향이 잘못되었기 때문이다. 이때의 울릉도 개척은 농업이민이었다. 개척 방향이 만일 울릉도의 특성을 감안해 어민들의 이주, 그리고 삼림벌채를 위한 이민으로 이루어졌다면 울릉도의 개척은 실효를 거두었을 것이고, 울릉도에 대한 일본인들의 삼림벌채, 그리고 출어행위를 단속하여 울릉도를 지켜낼 수 있었을 것이다. 울릉도의 일본인에 대한 철수 명령이 내무성에 내린 것은 1883년 8월 초순이었다. 이에 의거해 1883년 9월에 이르러 일본인이 완전 철수함으로써 조일 양국 정부 사이의 외교현안이었던 울릉도 범작문제는 일단 해결이 되었다. 일본으로 쇄환된 일본인은 재판을 받았지만 모두 무죄로 방면되었다.35)

1883년 일본인들이 울릉도에서 철수하였지만 천수환사건(1884.1), 만리환사건(1885) 등에서 보다시피 일본인들의 울릉도 목재 밀반출은 여전히 계속되었다. 1876년의 개항으로부터 청일전쟁기를 전후하여 조일통상장정(무역규칙 및 해관세목)의 체결과 조일통어장정(규칙)의 체결(1889)에 이르는 기간에 일본 어민은 자의적이고 모험적이며, 비합법적 침략적 조선해 밀어 단계에서 조선해 통어(通漁)에 대한 제도상의 합법화를 통하여 조선해 통어를 본격화하기 시작하였다.36) 울릉도의 경우도 그 예외

---

34) 『일본외교문서』 16사항 문서번호 132·133 ; 『善隣始末』 부록, 「竹島 始末」 ; 송병기, 앞의 책 82쪽 재인용.
35) 『舊韓國外交文書』 日案 1, 문서번호 204·277·316·479.
36) 여박동, 『일제의 조선어업지배와 이주어촌 형성』 보고사, 2002.

는 아니었다.

1883년 조일통상장정이 체결되었는데 장정 41조에는 일본인의 전라·경상·강원·함경 4도 海濱에서의 어업을 허가하고 있다. 따라서 강원도에 소속된 울릉도 해빈에서의 어업도 허가한 셈이다. 조일통상장정의 조인과 동시에 '조선해'에 출어하는 일본어민의 범법행위에 대한 처벌 규정으로 '處辨日本人民在約定朝鮮國海岸漁採犯罪條規'(1883년 7월 25일)가 의정되었다. 이는 일본 측의 요구에 의하여 7개조로 성안되어 조인된 조규이다. 내용은 명목상으로는 범법행위의 처벌규정으로 되어 있으나 실질적으로는 일본 어민의 범법행위를 비호하거나 은폐하여 조선의 법규에 의해 처벌되는 것을 최대한 막으려는 데에 목적을 둔 치외법권 보호규정이었다. 즉, 제2조를 보면, 조선국의 법금을 범한 일본 어부를 조선국 관리가 체포하였을 때에는 그들을 일본의 영사관으로 하여금 의법 처단하게 하며, 이들의 호송 시에 欺侮侵虐해서는 안 된다고 규정하고 있다. 이외의 조항에도 일본인 범법자를 비호하기 위한 세심한 주의를 기울이고 있으며, 조선정부가 이들을 처벌할 수 있도록 한 규정은 하나도 없다. 1883년 조일통상장정의 체결로 인해 일본 어민의 조선해안 출어의 합법화가 이루어짐으로써 일본인들에 의한 울릉도 연안 출어와 벌목이 다시 나타나기 시작하였다. 천수환사건(1884.1), 만리환사건(1885)은 그러한 과정에서 일어난 것이다. 특히 1888년부터 전복을 채취하는 일본어민들의 울릉도 연안 출몰이 나타나기 시작하였고,37) 특히 1889년 여름에는 전복을 채취하는 대규모의 일본어선단이 들어와 크게 소요를 일으킨 사건이 발생하였다. 어부 186명·어선 24척으로 구성된 이 어선단은 도방동(도동)에 사기그릇 등의 상품을 쌓아놓고 이를 곡물과 교환하기도 하였고, 장흥동 등지에서는 도민들이 가꾸어 놓은 조 약 16석 분을 절취해갔으며, 관고와 민가를 때려 부수는 등의 행패도 부렸다. 이 사건은 마침 울릉도를 수토 중이던 월송만호겸울릉도장 서경수에게 적발되어 정부에 보고되었고, 정부는 일본 어민의 처벌과 배상을 요구하였다.38) 이에 대

---

37) 『江原道關草』 규장각소장, 무자 7월 10일·11월 9일·12월 24일, 기축 5월 6일 ; 『統署日記』 2, 『구한국외교관계문서』 고려대학교 아세아문제연구소, 1973, 8쪽.

해 일본공사관은 「日本人漁採犯罪條規」 제2조 '어채 중 조선과의 법금을 어긴 일본인은 부근 일본 영사관에 인도하며, 일본영사관이 이를 처벌할 것'을 규정39)하고 있음을 근거로 하여 당해 지방관이 罪犯을 체포하여 부근 일본영사관에게 인도하지 않았음을 지적하고, 다만 부산·원산영사에게 조사 처리하도록 지시하였음을 통보하였을 뿐이다.40) 이 사건에서 보다시피 수하에 무장병력을 전혀 갖고 있지 못한 서경수가 할 수 있는 일이란 기껏 행정계통을 밟아 정부에 보고할 뿐이고, 정부는 이를 일본공사관에 항의할 뿐이었다. 이 사건은 일본인들의 울릉도 침어의 기폭제로 도리어 작용하게 되었을 뿐이다. 더욱이 이 사건이 일어난 지 얼마 안 되는 10월에 조일통상장정 제41조에 근거한 朝日通漁章程이 체결됨으로써 일본인들의 울릉도 침어는 본격적으로 이루어지게 되었다. 이 장정 제2조는 일본영사가 발행하는 漁業准單을 소지한 일본 선박들은 전라·경상·강원·함경 4도 해빈 3해리 이내에서도 어업을 할 수 있도록 규정하고 있었기 때문에 1889년 말 이후 일본 선박들의 울릉도 연안 출입이 잦아졌고, 그것에 기대어 1891년부터 일본인들의 울릉도 잠입 체류가 시작되며, 1896년 이후에는 계속 200명 내외가 잠입하여 주로 벌목에 종사하였다.41)

청일전쟁기를 전후한 시기부터 1904년의 러일전쟁 직전까지의 기간에 일본은 원양어업법의 장려제정(1897), 조선해통어조합연합회의 결성(1900) 등을 통하여 일본정부가 어민의 조선해 통어를 적극적으로 보호·장려하였다. 이 시기의 일본의 원양어업자 중 대자본은 남양방면의 어장으로 진출하고, 조선어장으로 출어하는 어민은 영세어민이었다. 이들 영세어민들의 조선해 통어가 청일전쟁 후 급격히 증가하여 1898년도에 1,223척, 1899년도에 1,157척, 1900년도에 1,654척, 1901년도에 1,411척,

---

38) 『江原道關草』 기축 5월 28일, 7월 17일·25일, 8월 6일·11일 ; 『統署日記』 2, 『구한국외교관계문서』 고려대학교 아세아문제연구소, 1973, 133·163·174·197·232 ; 『日案』 2 문서번호 1510.
39) 『고종실록』 고종 20년 6월 22일.
40) 『日案』 2 문서번호 1510.
41) 『주한일본공사관기록』 국사편찬위원회 소장, 「各領事機密來信」 명치 33년, 부산영사관 기밀 제17호(明治 33년 6월 12일).

1902년도에 1,394척, 1903년도에 1,589척으로 전기에 비해 약 2배의 증가를 보이고 있다. 그리고 실제 조사에 의한 조선해 통어선수는 3,415척에 달하였다고 한다. 이러한 영세 통어 어민의 급격한 증가로 조선어민과의 사이에 분쟁이 많이 발생하였으며, 통어민 보호와 분쟁방지를 위해 조선해 어업조사를 일본정부나 각 부현에서 실시하였다.42) 1895년 이후 일본인들이 불법으로 울릉도에 들어와 벌목과 어로활동에 종사할 수 있었던 것도 이와 관련된 것이었다. 1899년 9월 15일자의 기록에 의하면 "울릉도는 개척된 지 몇 해 되지 않아서 인구가 희소한데 일본인 무뢰자들이 떼를 지어 이거해서 거민(居民)을 능욕 침학하며 삼림을 베어가고 … 곡식과 물화를 밀무역한다. 조금이라도 말리는 바가 있으면 칼을 빼어들고 휘둘러대면서 멋대로 폭동하여 꺼리는 바가 조금도 없으므로 거민들이 모두 놀라고 두려워하여 안도하지 못하는 실정"43)이었다. 이러한 상황에서 무장력이 갖추어지지 않은 도감의 파견은 울릉도의 개척에 전혀 실효성이 없는 대응이었을 뿐이다.

일본인들의 울릉도 침어와 삼림채벌에 대한 항의는 전혀 다른 곳, 러시아로부터 제기되었다. 1896년 2월의 아관파천을 계기로 조선정부가 러시아에 몇 가지 이권을 넘겨주었는데 그 가운데 하나가 압록강·두만강 유역 및 울릉도 삼림벌채권을 블라디보스토크 상인 브린너(Brynner,Y.I)에게 특허한 바가 있었기 때문이다. 울릉도에 대한 일본인의 犯斫과 偸運에 대해 러시아는 그 이권에 대한 침해로 간주하고 1899년 8월에 일본에 항의하고, 한국정부에도 8월 3일·15일, 10월 11일 등 세 차례에 걸쳐 일본인의 벌목을 강력히 항의해왔다. 러시아가 이와 같이 강경한 입장을 취한 것은 남하정책상 울릉도가 갖는 전략적 가치를 높게 평가하게 된 때문일 것이다. 이 무렵 러시아 군함이 울릉도에 자주 왕래한 것도 이와 관련하여 이해되어야 할 것이다.44)

러시아의 항의를 받은 일본 측은 즉시 한국정부에 벌채권을 양여한

---

42) 여박동, 『일제의 조선어업지배와 이주어촌 형성』 보고사, 2002.
43) 『내부거래안』 3, 조회 제13호, 광무 3년 9월 15일.
44) 송병기, 앞의 책 128쪽.

사실이 있는지를 문의하였고, 그것을 확인하자 한국정부에 대해 러시아의 기득권은 존중하되 울릉도에 대한 일본의 권리를 유보할 것임을 성명하였다(1899년 8월). 울릉도는 이제 일본과 러시아의 각축장이 되었다.[45] 일본은 러시아의 벌목금지 요청을 받아들이기로 결정하고(1899년 8월) 원산영사관 외무서기생을 울릉도로 파견하여(1899년 9월) 현지 일본인들에게 11월 말까지 철수할 것을 지시하였다. 이때 한국정부가 일본 측에 울릉도 재류 일본인들의 철수를 요구하자 일본 측은 ① 한국영토 내에서 일본인의 조약을 위반한 범죄에 대한 처리에 관한 것은 한·일 조약에 명백히 기재된 바이므로, 울릉도에서 일본인의 행위가 조약을 위반했다면 가장 가까운 일본영사에게 교부해서 조처를 구함은 한국정부의 권능이요, ② 일본공사가 한국정부에게 호의 상 편의의 조치를 행하려고 일찍이 원산에 정박한 경비정에 영사관원을 탑승시켜 정황을 조사하여 일본인을 설득해서 데려오려고 울릉도에 파견했더니 기후가 흉악하여 풍랑 때문에 하륙하지 못하고 돌아왔으며, ③ 개항장이 아닌 항구에 외국인이 토지와 가옥을 사고 상업을 함은 조약에서 금지하는 바이니 그러한 위반자가 있으면 부근의 그 나라 영사에게 체포 이관해서 징벌함이 바로 지방관의 직권이니 한국 정부에서 한국 지방관에게 훈칙하여 일본관원의 조사를 기다리지 말고 먼저 일본인을 단속해서 일제히 돌려보낼 뜻으로 기한을 정해주어 문자로 고시하는 것이 타당하다는 회답공문을 보내 왔다.[46]

어쨌든 한국정부는 일본공사로부터 울릉도 재류 일본인의 철수를 약속받자 차제에 내륙에 있는 일본인들도 철수시킬 것을 요구하였다(1899.10.4). 한국정부의 이러한 요구는 일본 측의 태도를 경화시켰다. 일본 공사 하야시 겐스케(林權助)는 울릉도의 일본인을 철수시키는 것은 벌목을 금지하기 위해서일 뿐, 주거권의 유무와는 아무런 관계가 없는 것이라 하고, 한국 내지에는 다른 외국인도 많이 있으므로 일본인만이 퇴거할 이유가 없음을 들어 한국 측 요구를 거절하였다. 일본은 이처럼 울릉도 일본인의 쇄환이 주거권과 관계가 없음을 지적함으로써 오히려 울릉

---

45) 송병기, 앞의 책 127~128쪽.
46) 『내부거래안』 4, 조회 제20호, 광무 3년 9월 22일.

도에서의 일본인의 주거권을 주장하고 나섰다.47)

한국정부는 일본인의 철수를 요구하는 한편 이 해 9월에 내부시찰관을 울릉도조사위원으로 임명 파견하여 그 정형을 살피도록 할 것을 결정하고48) 12월 15일 禹用鼎을 시찰위원에 임명하였다.49) 그 사이에 1900년 초에 도감 배계주로부터 일본인의 작폐에 대한 보고가 있었다. 그 요지는 ① 현지 일본인들은 퇴거할 뜻이 없을 뿐 아니라 전 도감 오성일이 발급한 문서를 빙자하여 1899년 8·9월 사이에 1천여 板을 斫伐하였고, 도감이 서울로 올라가 고소하려 하자 일본인들이 나루를 지키어 通涉할 수 없었다. ② 도감이 일본에 건너가 재판한 것은 수년 전의 일인데 일본인들이 당시의 비용을 강요하여 도민들이 변상하였다. ③ 규목의 작벌을 금하자 일본인들은 査檢과 벌목 계약을 맺었다 하고 계약금의 반환을 요청하여 도민들이 3,000여 량을 갚아주었다는 보고였다.50) 이것은 당시 도감이나 울릉도민이 개척을 주도하고 울릉도를 경영해가는 것이 아니라 울릉도에 들어온 일본인에게 휘둘리고 있음을 단적으로 보여주는 것이다.

한국정부는 일본공사관에 조회하여 이것을 항의하고 일본인들의 조속한 철수와 錢貨의 상환을 요청하였다.51) 일본공사는 회답조회에서 양측에서 공동 조사할 것을 요구하면서 울릉도 일본인들이 도감에게 상당한 대가를 지불, 그 허가를 받아 벌목에 종사하였다는 진정이 있었다 하고, 일본인들은 도감과의 묵계 하에 부지불식간에 왕래 거류하는 것이 관례가 되었다고 주장하였다.

양국의 공동조사에 관한 논의가 전개되는 동안 일본공사는 부산영사에게 공동조사에 대비하는 각서 4개항을 훈령하였다. 그 가운데에는 비밀리에 러시아인과 벌목권 양수를 교섭하기 시작하였으며, 이 교섭은 상당히 진전되고 있음을 밝히고 있다.52) 이 훈령에 이어 '鬱陵島在留日本人

---

47) 『외아문일기』 광무 3년 10월 26일 ; 『일안』.
48) 우용정, 『울도기』.
49) 『관보』 광무 3년 12월 19일.
50) 『내부거래안』 8(광무 4년), 조회 제6호 ; 『교섭국일기』 광무 4년 3월 15일.
51) 『교섭국일기』 광무 4년 3월 16일 ; 『일안』 4, 문서번호 5566.
52) 『주한일본공사관기록』 각영사기밀래신(명치 33년) 기밀 제5호.

調査要領을 시달하면서 일본정부는 일본인들이 울릉도에 잔류하도록 승인받는 것이 필요하므로 조사에 임하여서는 도감이 일본인들의 재류를 승인하였거나, 벌목을 승인 혹은 묵인한 상황에 대하여 주안을 두라고 강조하였다.53) 일본 측이 공동조사를 제의한 의도가 일본인들의 재류에 있었으므로 공동조사는 결국 양 측의 입장 차이를 좁힐 수 없었다. 공동 조사가 끝난 후 정부는 현지 일본인들의 철수를 여러 차례에 걸쳐 요청하였다. 일본 측은 조약 규정 외의 일임을 인정하면서도 일본인들의 주거권을 주장하고, 그것이 관습화된 책임이 우리정부에 있음을 내세워 철수를 거부하였다.54)

시찰위원 우용정은 도감이 수하에 단 한사람의 서기나 사환이 없이 일본인들은 물론, 도민들의 비행 불법을 지휘 행령할 길이 없음을 깨닫고 상경하자 울릉도의 관제개편을 건의하였다. 우용정은 울릉도 관제를 개편하되, 이에 따라 늘어나는 관원·서기·사환의 월봉은 도내 400여 호로부터 걷는 콩·보리 80석으로 충당할 수 있으며, 도의 경비는 전라남도민으로부터 징수하는 미역세(藿稅)를 100분의 5에서 10으로 올리면 그 액수가 연간 1,000여 원이 됨으로 적지 않은 도움이 될 것이라고 하였다.55)

우용정의 보고에 따라 내부(內部)에서 1900년 10월 22일자로 의정부에 設郡請議書를 제출하였다. 대한제국 내부는 종래 監務를 두기로 했던 관제개정안을 수정하여 '郡'을 설치하기로 하고, 10월 22일「울릉도를 鬱島로 개칭하고 島監을 郡守로 개정하는 것에 관한 청의서」를 내각회의에 제출하였다. 내부대신 이건하의 設郡 청의서는 1900년 10월 24일의 의정부회의에서 만장일치로 통과되었다. 이에 대한제국정부는 10월 25일자 '勅令 제41호'를 『官報』에 게재하여 전국에 반포하였다.

칙령 제41호의 반포로 울릉도는 鬱島郡으로 승격되어 울릉도는 울진군수(때로는 평해군)의 행정관할에서 벗어나 강원도 독립군현 27개중의 하나로 자리 잡게 되었지만 시찰위원 우용정 등이 체류하는 동안 잠시

---

53) 『주한일본공사관기록』 각영사기밀래신(명치 33년) 기밀 제6호.
54) 송병기, 『재정판 울릉도와 독도』 단국대학교출판부, 2007, 99~109·112~116쪽.
55) 우용정, 『울도기』.

중단되었던 일본인들의 규목 도벌이 재개되는 사태에 이르렀다. 이에 한국정부가 일본 측에 항의하였지만 아무런 성과를 거두지 못하였다. 그리하여 1901년 8월에 부산세관의 사미수(土彌須) 등을 현지에 파견하여 일본인들의 실태를 조사하였다. 현지조사를 마친 사미수가 제출한 보고서의 요지는 ① 도내에 상주하는 일본인 수는 약 550명이며, 이밖에도 매년 採魚·伐木을 위해 來島하는 수가 300~400명에 이른다. ② 도내 일본인의 2대 파벌인 '하다모도당'과 '와기다당'이 울릉도를 남북으로 分界, 삼림을 스스로 영유하여 '認狀' 없이 벌목하고 있는데다가 도민들의 벌목을 금하고 위반자로부터 벌금을 징수하고 있다. ③ 도내 일본 선박 수는 板材를 싣고 출범 중인 5척을 포함하여 21척이며, 부산일본영사관의 准單을 가진 어선 7척과 잠수부정 13척이 있다는 것 등이었다.56) 뒤이은 도민들로부터 일본인의 '分界' 등의 작폐에 대한 두 차례의 진정이 있었고,57) 또 울릉군으로부터도 삼림이 이미 황폐해졌고 토지마저 일본인의 수중에 넘어가고 말 것이라는 보고가 있었다.58)

1901년 9월 18일자의 『皇城新聞』에 의하면 尹殷中이란 도민이 규목 한 그루를 베었더니 일본인들이 작당하여 와서 그를 구타하면서 '어찌 우리 나무를 베어 가느냐.'고 할 정도였다. 이에 대해 울릉도 도민들이 '요즘 정부가 울릉도를 일본에 허급했느냐'라고 개탄했다는 보도59)는 울릉도가 지방행정체계상의 격상에도 불구하고 일본인들의 울릉도에 대한 집단행패로 인해 주객이 전도한 사태까지 발생하고 있었음을 알 수 있다. 그런 마당에 울릉도의 관할구역인 석도, 즉 독도해역의 일본인들의 어로활동을 단속할 엄두를 낼 수 없었다.

그러한 와중에 1902년 3월에 일본정부는 일본인의 재류를 기정사실화하는 방침에서 한 걸음 더 나아가 울릉도에 경찰관주재소를 신설, 경찰을 상주시키기 시작하여60) 도민을 임의로 연행하기도 하였다. 또 도민들

---

56) 『皇城新聞』 광무 6년 4월 29일.
57) 『교섭국일기』 광무 5년 9월 10일 ; 『皇城新聞』 광무 5년 9월 12일·18일.
58) 『교섭국일기』 광무 5년 9월 14일.
59) 『皇城新聞』 1901년 9월 18일자 '잡보'.
60) 『울릉도우편소연혁부』 울릉군 우체국소장.

가운데는 억울한 일을 일본 경찰에 호소하는 일조차 있었다. 그럼에도 불구하고 한국정부가 일본의 경찰관주재소 설치를 인지한 것은 9월 말 강원도 관찰사의 보고를 통해서였다.61) 한국정부는 즉각적으로 주재소의 폐지와 재류 일본인들의 철수를 요구하였지만 일본공사 林權助는 신군수 姜泳愚의 부임에 즈음하여 일본경찰 주재문제를 협의한 바 있고, 울릉도의 오늘의 개척이 있게 된 것은 일본인 渡航者의 공로 때문이라고 하면서 한국 측의 요구를 거부하였다.

　이상의 사실에서 보다시피 1900년 울릉도에 군수가 파견되었지만 이미 군수의 역량으로 일본인을 쫓아낼 수 없었을 뿐만 아니라 신군수인 강영우는 부임을 앞두고 현지 일본인의 작폐 때문에 크게 공포감에 사로잡혀 있을 정도였다. 일본 측은 바로 이 점을 이용하여 강영우와 몇 차례 접촉 협의하여 일본경찰을 주재시켰다.62) 그런 점에서 울릉도가 울도군으로 승격되었고 군수가 파견되었다는 점을 내세워 울릉도의 지방행정체계상의 격상에 의미를 부여하는 것은 별 의미가 없는 일이다.

　울도 군수 沈興澤이 1903년 말 현재의 울릉도 실태를 내부대신에게 보고한 바에 의하면 울릉도 일본인의 호수는 63호인데 날마다 벌목하는 것이 한정이 없어서 일본순검을 청하여 담판하기를 외국인이 내지에 들어와서 재목을 베어가는 것은 처음부터 불법일뿐더러, 이제 군을 설치하여 울도 군수가 이를 관할하게 되었으니 지난 일은 논하지 말고 지금 이후는 벌목을 금지한다고 말하였다고 한다. 그러자 일본 순검이 말하기를 "이 섬에서 벌목한 것이 이미 10년이 지났고, 한국정부와 일본 공사가 교섭하여 명령한 바가 없으니 이를 금단할 수 없으니 귀 정부가 일본공사에게 조회하여 협상하라."고 하였다고 한다.63) 이를 통해 울릉도의 일본인 침투에 대해 대한제국 정부가 얼마만큼 무능하였는가를 알 수 있다.

───────────────

61) 『교섭국일기』 광무 6년 9월 30일.
62) 『주한일본공사관기록』 본성기밀왕신(명치 34) 기밀 제133호.
63) 『皇城新聞』 1903년 8월 10일자 「잡보」.

Ⅳ. 러일전쟁 전후 일본의 독도 침탈

1905년 2월 22일, 일본이 시마네현 고시로 독도를 자국의 영토로 편입시켰다고 주장하게 된 단서는 1904년 2월 러일전쟁 개전에 따른 해군의 군사적 목적에서 비롯되었다. 1876년 병자수호조규를 통해 조선을 개항시킨 일본은 1894년의 청일전쟁에서 승리하여 조선에서 청나라를 배제시켰지만 삼국간섭으로 인해 러시아가 새로운 방해세력으로 대두되었다. 1896년 2월의 아관파천을 계기로 조선정부는 러시아에 여러 가지 이권을 넘겨주었다. 그 가운데 하나가 압록강 · 두만강 유역 및 울릉도 삼림벌채권을 블라디보스토크 상인 브린너(Brynner,Y.I)에게 특허한 것이다. 러시아는 초기에 울릉도의 가치를 목재에만 두고 있었지만 1900년 3월 그들의 마산포 점거기도 이후 울릉도가 마산포에 이르는 중간거점으로서의 전략적 가치가 있다는 사실을 분명히 인식하게 되었다.64) 이 무렵 러시아 군함이 울릉도에 자주 왕래한 것도 이와 관련하여 이해되어야 할 것이다.65)

러일전쟁은 1904년 2월 10일 정식으로 선전포고되었다. 그렇지만 일본의 인천상륙과 여순항 기습으로 전쟁은 이미 2월 8일 발발했다. 일본은 처음부터 개전을 서둘렀다. 개전이 늦어지면 시베리아철도와 동청철도의 수송 능력이 증강되어 자국에 불리해지기 때문이었다. 일본의 작전은 러시아가 본국으로부터 병력 지원을 받기 전에 한반도와 만주를 단숨에 점령해버리는 것이었다. 이와 달리 러시아는 지구전으로 대응한다는 전략이었다. 증원군이 올 때까지 일본의 병참선을 한껏 늘려 하얼빈 근처에서 결판을 낸다는 계획이었다. 이에 일본은 러시아군이 만주에 집결해 한반도에서는 싸우려들지 않는 틈을 이용하여 재빨리 한반도를 석권해버렸다. 이로 인해 한국은 실제로 일본의 무력 점령 아래 들게 되었고, 그 뒤 일본은 승리를 거듭해나감에 따라 한국에 대한 속박의 강도를 강화해갔다. 일본의 한국에서의 우세는 개전과 동시에 이미 확립되었다.

---

64) 崔文衡, 「露日戰爭과 日本의 獨島占取」『歷史學報』 188, 2006, 253쪽 주 11) 참조.
65) 송병기, 앞의 책, 128쪽.

1904년 2월 23일 한국에 대한 일본의 '한일의정서' 강압과 8월 22일의 '제1차 한일협약' 강압이 바로 그것이다. 한반도를 대륙침략을 위한 군사기지화하고, 이어 이른바 顧問政治를 통해 한국의 식민지화를 노골화했던 것이다.

    러일전쟁은 일본과 러시아 두 나라만의 싸움이 아니었다. 한국과 만주를 둘러싼 아시아의 전쟁이요, 구미 열국이 함께 참여한 제국주의 열강 사이의 이해가 복잡하게 얽히고설킨 사실상의 '세계전쟁'이었다. 러일전쟁과 일본의 한국 병합은 결코 따로 분리해서 다루어질 문제가 아니다. 일본의 한국 병합은 러일전쟁의 결과였다. 일본의 1904년의 대러 개전 직후, 5월 15일 전후에 한국정부에 대한 러시아의 압록강 및 울릉도 삼림채벌권 폐기 압력, 1905년 2월 22일의 독도 점취 역시 그러한 시각에서 파악할 필요가 있다.

    당시 일본은 육군의 북진에 앞서 압록강 두만강 삼림채벌권을 접수하려는 공작을 펴고 있었는데 돌연 해군력을 결정적으로 상실 당하게 되자 그 접수계획에 서둘러 울릉도를 끼워 넣었다. 일본은 한국정부에 대하여 '勅宣書'의 발표를 강요하였는데, 여기에는 브리너의 울릉도삼림벌채권을 무효화시킨다는 내용이 포함되었다. 칙선서가 반포된 직후부터 일본은 울릉도를 전략기지로 이용하기 시작하였다.66)

    일본 해군은 러시아 함대의 남하를 감시하기 위해 1904년 6월 21일 울진군 죽변항에 망루를 설치한 후 남해안의 홍도와 절영도, 그리고 울릉도에 2개의 망루를 설치하고 죽변과 울릉도 사이에 해저전선을 부설하여 연결하였다. 울릉도의 망루는 1904년 6월 3일 기공되어 그 해 7월 22일 준공되고, 8월 10일부터 업무를 개시하였다.67) 울릉도는 이제 일본 해군의 감시초소와 통신기관설비지로 징발된 것이다.68) 일본에 대한 러시아의 위협에 대한 대응으로서 일본이 울릉도사용권을 탈취하였지만 이센

---

66) 최문형, 「러시아의 울릉도 활용기도와 일본의 대응」 『독도연구』 한국근대사자료협의회, 1985, 375~380쪽 ; 「발틱함대의 내도와 일본의 독도병합」 『독도연구』 397쪽.
67) 『日本外交文書』 제37권 제1책 사항15, 문서번호 723, 622~632쪽. 도동과 석포에 망루 유적이 남아 있다.
68) 신용하, 『한국과 일본의 독도영유권논쟁』 한양대학교 출판부, 2003, 168쪽.

(Issen) 제독 휘하 러시아 블라디보스토크 함대의 신예함(Rossya, Gromboy, Ryurik)이 대한해협으로 출동하여(6.12) 한반도와 일본 사이의 교통로를 차단하려고 들었기 때문에 일본은 다급하게 되었다. 만일 교통로가 차단된다면 만주로 파견된 일본군은 완전 고립을 면할 수 없는 상황에 봉착할 수밖에 없었다. 따라서 일본은 대륙으로 파견된 자국군대의 안전을 위해서도 대한해협의 제해권 확보가 무엇보다도 절박하였다. 물론 일본은 러시아 여순함대와 블라디보스토크 함대의 합류기도가 실패한 6월 23일 이후 황해의 제해권을 장악했지만 동해상에서의 불안이 전혀 개선되지 못한 상태였다. 실제로 16일에는 무기를 가득 싣고 여순으로 향하던 히다치마루(常陸丸, 6,175t)가 '그롬보이'에게 격침당함으로써 여순 함락이 2개월이나 늦어졌을 뿐만 아니라 여기에 탑승했던 고노에(近衛) 後備聯隊 1,095명이 희생되는 비상사태까지 벌어졌다. 더욱이 이주미마루(和泉丸, 3,229t)가 '그롬보이(Gromboy)'에게, 사도마루(佐渡丸, 6,226t)가 '로시아(Rossya)'에게 격침당하는 사태까지 일어남으로써 심각한 위기에 직면하였다. 이때 大本營에 보낸 도고(東卿)제독의 7월 11일자 旅順攻略促進電請은 그러한 상황을 대변하고 있다.

> 戰局 (동해상)은 실로 우려치 않을 수 없다. 더욱이 발틱 함대의 東航에 대비할 필요가 절박한 처지이다. 우리 전략의 최대 급무는 하루 빨리 여순을 공략하는 길 밖에 없다. … 따라서 이의 촉진을 위해 모든 수단을 강구할 것을 요청한다.69)

그럼에도 불구하고 동해상의 불안은 7월 하순으로 접어들며 더욱 고조되었다. 다까시마마루(高島丸)를 비롯한 많은 선박이 격침당했을 뿐만 아니라 7월 20일에서 30일 사이에는 러시아 함선이 쯔가루(津經)해협을 두 번이나 넘나들며 동경만 근처까지 위협하였다. 부득불 일본은 여순을 함락하지 못한 처지였음에도 불구하고 주력 重巡洋艦 6척 중에서 4척을 뽑아 대한해협에 배치할 수밖에 없었다.70) 다행히 8월 8일 일본 육해군

---

69) 伊藤正德, 『大海軍を想う』 文藝春秋社, 1956, 196쪽.
70) 伊藤正德, 위의 책 195쪽.

여순 연합공략이 시작되어 8월 10일 황해해전에서의 승리가 확연해지고, 8월 14일의 울산해전으로 이센 제독 휘하의 블라디보스토크 함대의 기세도 크게 꺾이었다. 그러나 이것이 오히려 짜르로 하여금 복수를 결심하게 함으로써 大海軍會議(8월 30일)를 열어 발틱 함대의 東派를 확정짓는 결정적 계기가 되었다. 그리고 9월 13일에는 마침내 그 일진이 크론슈타트를 출항했다는 소문마저 나돌았고, 블라디보스토크 함대가 수리를 완료하고 동해로 들어왔다는 24일의 풍문으로 인해 동해의 불안은 더욱 가중되었다. 이러한 일련의 사태에 직면하여 군령부의 명령에 의해 군함 니이다카호(新高號)가 독도망루 설치조사를 위해 9월 24일 독도로 출발하였고, 일본정부 당국은 5일 뒤인 9월 29일 나카이 요자부로(中井養三郎)로 하여금 '리앙꼬도島 領土編入幷貸下願'을 제출케 했던 것이다. 독도망루 설치가 군부의 조치였다면 편입원을 제출케 하는 공작은 정부의 몫이었다.[71]

당초 나카이는 독도에서의 어업독점출원을 한국 정부에 교섭해줄 것을 요구하였을 뿐이다. 그러나 일본 해군성이 독도 망루 설치 계획을 추진하는 도중에 나카이의 신청을 접하게 되자 독도를 아예 일본 영토로 편입, 망루를 설치하려는 공작으로 바뀌어 해군성과 외무성을 중심으로 추진하였던 것이다.

나카이는 1890년부터 외국 영해에 나가 잠수기 어업에 종사한 기업적인 어업가였다. 그는 실업에 뜻을 두고 1890년부터 외국영해에서 잠수기 어업에 종사하였다. 1891~1892년에는 러시아령 블라디보스토크 부근에서 잠수기를 사용한 海鼠 어업에 종사했고, 1893년에는 조선의 경상도·전라도 연안에서 역시 잠수기를 사용한 海豹·鮑잡이에 종사했다. 그는 1903년부터 독도에서 강치 잡이를 해서 이익을 챙기자 다른 어부들의 경쟁 남획을 방지하고 독도어업권을 독점하고자 하는 의도를 갖게 되었다. 그는 일본정부의 알선을 통해 대한제국 정부로부터 독도어업권을 청원하기 위해 1904년 동경에 가서 일본정부 관료들과 접촉하기 시작하였다.[72] 나카이가 1910년에 직접 작성하여 시마네현(島根縣)에 제출한 이력

---

71) 최문형, 앞의 글, 255~257쪽.

서의 부속문서 '事業經營槪要'는 그 진행과정을 잘 알려주므로 그 자료를 살펴보기로 한다.

「竹島經營」

竹島에 海驢가 많이 군집하는 것은 종래 울릉도 방면 어부의 주지하는 바이지만, 하루아침에 그 포획을 개시하면 홀연히 散逸해버리거나 포획해도 用途 販路의 있음을 요하므로 이익이 전혀 不明에 속하였다. 이 때문에 종래 이의 포획을 기도하는 일이 없어서 헛되이 放遺해 있었다. 그러나 이렇게 방유하지 않고 여하히 有望의 利源도 용이하게 개발됨을 기해야 할 것이므로 이에 손해를 도외시하고 단연 그 포획을 시도하게 되었다. 그리하여 그 일개 유망의 이원이라는 것을 사실의 위에 확실하게 할 수 있었다, 그러나 이와 동시에 또한 홀연히 諸方으로부터 다수의 잡이꾼들이 來集하여 경쟁 남획에 이르지 않는 바가 없고 용도 판로는 아직 충분히 강구되지 않은 중에 그 재료는 장차 절멸해가려고 함에 이르렀다. 이에 어떻게 하면 그 폐해를 방지하고 이원을 영구히 지속함으로써 本島의 경영을 온전히 할까 노심참담하지 않을 수 없었다.

본도가 울릉도에 부속하여 한국의 所領이라고 하는 생각을 갖고 장차 통감부에 가서 할 바가 있지 않을까 하여 상경해서 여러 가지 획책 중에 당시의 수산국장 마키 보쿠신(牧朴眞)씨의 주의로 말미암아 반드시는 한국령에 속한 것은 아니라는 의문이 생겨서 그 조사를 위해 여러 가지로 분주한 끝에 당시의 수로국장 기모쯔키 장군(肝付將軍)의 단정에 의뢰하여 본도가 전적으로 무소속인 것을 확신하게 되었다. 그리하여 경영상 필요한 이유를 具陳해서 본도를 本邦 영토에 편입하고 또 貸付해 줄 것을 내무·외무·농상무의 三大臣에게 願出하여 원서를 내무성에 제출했더니 내무 당국자는 이 시국에 際하여(일로전쟁 중) 韓國領地의 疑가 있는 荒莫한 일개 不毛의 암초를 收하여 環視의 諸外國에게 아국이 한국병탄의 야심 있음의 疑를 크게 하는 것은 이익이 극히 작은 데 반하야 事體는 결코 용이하지 않다고 하여 여하히 陳辨해도 願出 장차 각하되려고 하였

---

72) 中井養三郞이 1903년에 독도에 가서 海驢잡이를 한 사실을 갖고 그가 독도에 이주해서 점유하였다고도 한다. 그가 1891~1892년 블라디보스토크 부근에서 잠수기를 사용한 물개 잡이 한 사실이나 1893년 경상도·전라도 연안에서 물개 잡이 한 사실을 갖고 블리디보스토크 부근 영해나 경상도·전라도해역을 일본의 점유로 볼 수는 없을 것이다(신용하, 『한국의 독도영유권 연구』 경인문화사, 2006, 181쪽).

다. 그리하여 좌절해서는 안 되기 때문에 곧바로 외무성으로 달려서 당시의 정무국장 야마자 엔지로(山座円二朗)씨에게 가서 크게 論陳한 바 있었다. 야마자 엔지로(山座円二朗)씨는 시국이야말로 그 영토편입을 急要로 하고 있다. 망루를 구축해서 무선 또는 해저전신을 설치하면 적함 감시상 극히 좋지 않겠는가. 특히 외교상 내무와 같은 고려를 요하지 않는다. 모름지기 속히 원서를 본省에 회부케 해야 한다고 의기가 헌앙軒昂되어 있었다. 이와 같이 해서 본도는 드디어 본방 영토에 편입된 것이었다.

明治 三十八年 二月 二十二日 그 告示가 있자 本島 經營權에 就하였다 …73)

여기에서 주목되는 것은 나카이가 '竹島에 海驢가 많이 군집하는 것은 종래 울릉도 방면 어부의 주지하는바'라고 한 것이나 '본도가 울릉도에 부속하여 한국의 所領이라고 하는 생각을 갖고'라고 한 점이다. 그는 독도를 울릉도의 부속도서로서, 한국영토로 인지하고 한국정부로부터 대하원(대여원)을 얻고자 하였음을 알 수 있다. 다만 나카이가 이 문서를 1910년에 작성하였기 때문에 6년 전인 1904년에 독도를 한국영토라고 생각하여 '통감부'에 대여원을 제출하려고 하였다고 한 것은 착오이다. 통감부는 1906년에 설치되었기 때문이다. 나카이가 한국정부에 대여원을 제출하고자 한 것은 그가 1906년 3월 25일 독도를 일본영토로 편입하여 자기에게 대하해줄 것을 청원한 경위를 오쿠하라 도미이치(奧原福市)에게 진술한 것에서도 확인된다.

나카이 요사부로(中井養三郞)씨는 리앙코도를 조선의 영토라고 믿고, 同國政府에 貸下請願의 결심을 하여 삼십 칠년의 漁期가 종료되자 곧바로 상경하여 오키섬(隱岐) 출신인 농상무성 수산 국장에게 면회하여 진술한 바가 있었다. 同氏 또한 이것을 찬성하여 해군 수로부에 붙여서 리앙코도의 소속을 확인케 하였다. 나카이 요사부로(中井養三郞)씨는 즉시 肝付 수로부장을 면회하여 同島의 소속은 確乎한 물증이 없고 특히 日

---

73) 中井養三郞, 「履歷書」 附屬文書 '事業經營槪要' 1910년 작성, 隱岐島廳 제출, 島根縣廣報文書課 編, 『竹島關係資料』 第1卷, 1953. 이 문서는 신용하, 『한국의 독도영유권 연구』 경인문화사, 2006, 182~183쪽에 번역 게재된 것을 인용한 것이다.

韓兩本國으로부터의 거리를 측정하면 일본 쪽이 十里 가깝고 일본인으로서 同島 경영에 종사하는 자가 있는 이상은 日本領에 편입하는 방법이 좋을 것이라는 설을 들었다. 나카이 요사부로(中井養三郞)씨는 마침내 뜻을 결정해 리앙코도 편입 및 貸下願을 내무·외무·농상무 삼대신에게 제출하였다. … 그 이래 나카이 요사부로(中井養三郞)씨는 내무성 지방국에 출두하여 이노우에(井上) 서기관에게 사정을 진술했으며, 또한 同鄕의 쿠와타(桑田) 법학박사(현금 귀족원위원)의 소개에 의하여 외무성에 출두해서 야마자(山座) 정무국장에 면회하여 이것을 상의했다. 쿠와타(桑田) 박사 또한 크게 힘쓴 바 있어서 드디어 一應 시마네현청(島根縣廳)에 의견을 徵하기로 되었다. 이에 시마네현청(島根縣廳)에서 오키도청(隱岐島廳)의 의견을 徵하여 상신한 결과 마침내 각의에서 확실히 영토편입을 결정하여 리앙코도를 竹島라고 명명하기에 이르렀다고 한다.[74]

　위의 자료에서 독도가 거리상 한국보다 일본 쪽에 십리 가깝다고 하였지만 실상 앞의 '事業經營槪要'에 의하면 독도를 한국의 울릉도의 부속 도서로 간주하고 있음을 보면 그 거리 계산은 모순된 주장에 불과하다. 또 이때 '일본인으로서 同島 경영에 종사하는 자가 있는 이상은 日本領에 편입하는 방법이 좋을 것이라는 설'을 내세우지만 앞 자료에서 보다시피 '竹島에 海驢가 많이 군집하는 것은 종래 울릉도 방면 어부의 주지하는 바'라고 한 것, 그리고 '홀연히 諸方으로부터 다수의 잡이꾼들이 來集하여 경쟁 남획에 이르지 않는 바가 없다.'고 한 것에서 보다시피 독도의 강치 잡이는 울릉도를 거점으로 하여 이루어지고 있었음을 알 수 있다. 이를 도외시하고 나카이가 1903년에 독도에 이주해서 점유한 사실로 간주하여 독도를 일본의 영토로 편입하였다는 주장은 설득력이 없는 것이다.
　당초 일본 어업가 나카이는 독도가 한국영토임을 명백히 인지하고 한국정부에 그 대여원을 제출하려고 동경에 올라가서 일본정부의 관리들과 접촉하였던 것이다. 이때 일본 해군성 수로국장 간부가 "竹島는 주인 없는 땅이다. 어업 독점권을 얻으려면 한국정부에 貸下願을 신청할 것이

---

74) 奧原福市, 『竹島及鬱陵島』 1907, 27~32쪽. 1906년간 『歷史地理』 第8卷 第6號에 게재된 奧原(碧雲福市)의 논문인 「竹島沿革考」에도 같은 글이 수록되어 있다. 이 자료 또한 신용하, 앞의 책 183~184쪽의 번역문을 전재하였다.

아니라 일본정부에 독도 영토 편입 및 대하원을 제출하라"고 독려하였다. 나카이는 이에 독도를 일본 영토에 편입하고, 자기에게 대부해달라는 '리앙코도島 領土編入幷貸下願'을 1904년 9월 29일 일본 정부의 내무성·외무성·농상무성의 세 대신에게 제출하였다. 당시 일본 내무성은 러일전쟁이 시작된 이 시국에 한국 영토라는 의심이 있는 불모의 암초를 갖는다는 것이 일본의 동태에 주목하고 있는 여러 외국들에게 일본이 한국병탄의 야심이 있지 않은가 하는 의심을 크게 하여 이익은 매우 적은 반면 (한국의 항의로) 일의 성사는 결코 용이하지 않으리라고 반대하였다. 그러나 외무성이 이를 적극 지지하여 일본 정부는 나카이가 제출한 청원서를 승인하는 형식을 취하여 1905년 1월 28일에 내각회의에서 독도를 일본 영토로 편입한다는 각의결정을 내렸다. 그 결정의 원문은 다음과 같다.

> 별지 내무대신 청의 무인도 소속에 관한 건을 심사해보니, 북위 37도 9분 30초, 동경 131도 55분, 오키섬(隱岐島)를 踞하기 서북으로 85리에 있는 이 무인도는 타국이 이를 점유했다고 인정할 형적이 없다. … 明治 36년 이래 나카이 요사부로(中井養三郎)이란 자가 該島에 이주하고 어업에 종사한 것은 관계서류에 의하여 밝혀지며, 국제법상 점령의 사실이 있는 것이라고 인정하여 이를 本邦所屬으로 하고 시마네현소속(島根縣所屬) 오키도사(隱岐島司)의 소관으로 함이 무리 없는 건이라 사고하여 請議대로 閣議決定이 성립되었음을 인정한다.[75]

이때 내각회의에서 독도는 "무인도로서 타국이 이를 점유했다고 인정할 형적이 없다."고 하여 '無主地를 선점'하는 것으로 설명하였다. 아울러 나카이란 일본인이 1903년(明治 36)이래 독도에 이주하여 어업에 종사한 것은 사실이기 때문에 이는 국제법상 무주지를 먼저 점유한 사실이 있는 것이라고 인정된다는 것이다. 그러나 앞의 나카이의 '사업경영개요' 분석에서 보다시피 '竹島에 海驢가 많이 군집하는 것은 종래 울릉도 방면 어부의 주지하는바'라고 한 것, 그리고 '홀연히 諸方으로부터 다수의 잡이꾼들이 來集하여 경쟁 남획에 이르지 않는 바가 없다.'고 한 것에서 보다

---

[75] 『公文類聚』第29編, 卷1.

시피 독도의 강치 잡이는 울릉도를 거점으로 하여 이루어졌음을 알 수 있다. 따라서 독도는 울릉도의 생활무대였음을 나카이 등이 확실히 인지하고 있었다.

명치 이래 일본정부는 독도가 한국 땅임을 여러 차례, 여러 경로를 통해 확인한 바가 있다. 그럼에도 불구하고 1905년 일본정부의 해군성·농상무성·외무성이 독도가 한국영토임을 알면서도 일본에 영토를 편입을 추진한 동기는 '事業經營槪要'의 자료에 나오는 외무성 정무국장 야마자 엔지로(山座円二朗)의 주장에 잘 드러나 있다. 그는 '시국이야말로 그 영토편입을 急要로 하고 있다. 망루를 구축해서 무선 또는 해저전신을 설치하면 적함 감시에 극히 좋지 않겠는가. 특히 외교상 내무와 같은 고려를 요하지 않는다.'고 하였다. 당시의 일본은 1904년 5월 이후 동해의 위급상황을 4개월간 이상이나 끌면서도 해소하지 못한 상태로 발틱 함대에 대적해야만 했던 다급한 처지였기 때문에 독도 영토편입을 急要로 하였고, 외교상 내무와 같은 고려를 요하는 상황이 아닌 비상사태로 간주하고 있었던 것이다. 러일전쟁의 전황을 타개하기 위한 긴급한 시국에 처하여 독도에 해군 망루를 세우고 무선전신 혹은 해저전신을 설치하여 러시아 함대를 감시하기 위한 목적을 달성하기 위해서 다른 상황을 고려할 시점이 아니었다. 이런 초비상사태에서 나카이라는 어민 한 사람의 생업, 그것도 장차의 생업을 위해 영토 편입 안을 접수했다는 것은 설득력이 없다. 동해상의 해운중단이나 어업전면휴지문제 따위는 고려의 대상도 될 수 없었던 국가존망의 위급상황이었던 것이다.76) 따라서 나카이의 '영토편입원' 제출 자체도 전적으로 정부당국의 사주에 따른 것일 수밖에 없다.

9월 29일 나카이의 영토 편입원을 접수하였지만 여순을 점령하지 못한 상황에서 발틱 함대가 여순으로 향하게 될지, 블라디보스토크로 향할지를 분간할 수 없었기 때문에 독도 영토 편입원 그 자체도 '접수'이상의 조치는 취할 필요가 없었다.

1905년 1월 1일 일본육군이 여순을 점령하자 발틱함대에 대비한 구체

---

76) 伊藤正德, 『大海軍を想う』 文藝春秋社, 1956, 196쪽 ; Wamer, 앞의 책, 324쪽.

적 대전준비를 본격 추진할 수 있는 상황이 되었고, 이에 따라 독도 占取를 실천에 옮길 수 있는 결정적 시기가 되었다. 발틱 함대와의 구체적인 대전준비를 위한 일본해군과 내각의 움직임이 활기를 띤 것은 바로 이 무렵부터였다. 여순 함락 10일 만에 내무대신 요시가와 아끼마사(芳川顯正)는 내각총리대신 가쯔라 다로(桂太郎)에게 이른바 '無人島所屬에 관한 件'이라는 비밀공문(73秘乙 第337의 1)⁷⁷⁾을 보내 각의 결정을 요구했다(1월 10일). 그러자 나카이가 제출한 청원서를 승인하는 형식을 취하여 (1905년 1월 28일) 내각회의에서 독도를 일본영토로 편입한다는 각의결정을 내린 후 내무성을 거쳐 시마네현(島根縣)에 관내 고시하도록 통고하였다. 시마네현은 1905년 2월 22일 현 고시 제40호로 독도를 '竹島'로 명명하여 오키도사(隱岐島司)의 소관으로 한다는 것을 관내 고시하였다.

도고가 "특수임무가 없는 전함선은 수리를 끝내고 1월 21일까지 대한해협에 집결하라."⁷⁸⁾는 명령을 내린 뒤 불과 일주일 만에 각의결정이 내린 것이다. 1월 21일의 명령은 도고가 발틱 함대와의 대결전장을 대한해협으로 최종 확정했다는 뜻이다. 그것은 그가 독도를 울릉도와 더불어 해전의 종결 예정지로 결정했다는 것을 의미한다. 그리고 각의의 '독도편입결정(1. 28)'은 그의 작전계획을 지원하기 위한 후속조치의 하나였음이 분명하다. 그러나 영토편입을 각의에서 의결했다고 해서 그들은 발표를 서둘 필요가 없었다. 발표라는 최종 절차만은 발틱 함대가 내도하기 직전까지 유보함으로써 열강에게 의혹을 살 수 있는 여지를 시간적으로도 주어서는 안 되기 때문이다. 각의 통과 후 내무성이 2월 15일 시마네현지사(島根縣知事)에게 각의 결정을 관내고시형식으로 처리하라고 한 훈령

---

77) 「無人島所屬에 관한 件」. "북위 37도 9분 30초, 동경 131도 55분, 隱岐島 서북 85마일에 있는 無人島는 타국이 이를 점령했다고 인정할 만한 형적이 없어 지난 明治 36년(1903) 일본인 中井養三郞이라는 자가 漁舍를 짓고 인부를 옮기고 어구를 갖춘 뒤 海驢잡이에 종사해 이번에 領土編入 및 貸下를 出願한 바 차제에 소속 및 島名을 확정할 필요가 있어 이 섬을 竹島라 이름 붙이고 이후 島根縣 隱岐島司의 所管으로 할 것을 閣議에 요청한다.
　　　　　　명치 38년 1월 10일 內務大臣 子爵 芳川顯正 印
　　　　　　　　　　　　　　　　內閣總理大臣 伯爵 桂太郞 印".
78) 軍令部, 앞의 책 137쪽.

(제87호)을 통해서도 이는 분명한 일이다. 따라서 독도편입의 최종발표는 러시아 제3 태평양 함대가 2월 15일 리바우를 출항했다는 정보를 약 1주일 뒤에 입수하고 난 뒤에 이루어졌다. 이번에도 진해만에 도착한 도고가 2월 21일 임전태세 완비를 먼저 선언했다. 그리고 이어 바로 이튿날인 1905년 2월 22일자로 내각은 '시마네현 고시(島根縣告示)'라는 방법으로 독도를 자국의 영토로 편입하였다. 나카이의 '영토 편입원' 접수단계에서 '편입' 발표라는 최종 단계까지 내각은 러일전쟁 전황변화에 따른 해군 측의 대비책과 보조를 맞추며 시종일관 지원했던 것이다. '시마네현 고시(島根縣 告示)'는 그 지원책의 하나였다.[79]

'시마네현 고시 제40호'를 통해 독도가 일본 국내법상, 그리고 국제법상 합법적으로 일본의 영토가 되었다는 주장은 그 근거가 없다. 일본은 1905년의 시마네현의 고시를 통해 국제법상 선점이론을 내세우지만 일면 독도는 역사적으로 일본의 고유영토라는 주장을 하는 모순적인 태도를 보이고 있다. 설령 독도가 '무주지'였다 할지라도 그 무주지를 영토에 편입할 때 그곳에 면한 나라들에 사전 조회하거나 국제적 고시를 하는 것이 국제법상 관례이다. 실제 일본정부는 1876년 태평양쪽의 오가사와라섬(小笠原島)을 영토 편입할 때 이 섬과 간접적으로 관계가 있다고 본 영국·미국 등과 몇 차례 절충을 하고 구미 12개 국가들에 대하여 일본의 관리통치를 통고했었다. 그러한 일본정부가 독도에 대해서는 이를 대외적으로 표시한 바가 없다. 선점 때 관계 당사국에 고지해야 하나 일본은 한국에 어떠한 정식적 외교문서도 보내지 않았고, 자국의 지방관청에 해당하는 시마네현에서 고시하였다. 지방자치단체는 국제법의 주체가 되지 않는다. 따라서 지방관청 시마네현이 행한 고시는 국내적 조치에 불과할 뿐이며 국제법적 효력이 발생될 수 없다. 이 사항에 관해 일본 측은 통고는 국제법상 의무사항이 아니며 독도에 관한한, 타국과의 쟁의 관계도 없었으므로 통고 의무가 없다는 주장을 펼친다. 그리고 편입조치 이후 독도 실제조사 및 어로 면허 발급 등 국제법상 실효적 지배를 행사했고 이에 대한 한국의 항의도 없었다고 주장한다.

---

[79] 최문형, 앞의 글 257~263쪽.

일본정부가 한국 측에 알린 시기는 을사조약의 체결을 통해 대한제국 정부의 외교권을 박탈하고, 자신들의 완전한 지배체제를 만든 후이다. 1906년 3월 28일 시마네현 오키섬의 지방관리 일행이 독도를 시찰한 다음 울릉도에 들러 울도 군수 심흥택에게 독도를 '日本屬地'라 자칭하였다. 이에 놀란 심흥택이 강원도관찰사 李明來를 통해 중앙정부에 보고하였다.

1947년 8월 16일에서 25일까지 민정장관 안재홍의 명에 따라 한국산악회가 편성한 독도학술조사단이 울릉도와 독도를 현지 답사하였을 때 홍재현은 학술조사단에 제공한 '진술서'를 통해 심흥택이 보고한 과정을 다음과 같이 진술하였다.

「진술서」

우가에 왕림하여 울릉도의 속도에 관한 인식을 尋問하심에 대하여 좌와 여히 진술함
一. 나는 거금 60년전 강원도 강릉서 移來하여 지금까지 본도에 거주하고 있는 洪在現입니다. 연령은 85세입니다.
一. 독도가 울릉도의 속도라는 것은 본도 개척당시부터 도민의 주지하는 사실입니다.
一. 나도 당시 金量潤과 裵秀檢 동지들을 作伴하여 거금 45년전(묘년)부터 45차나 甘藿(미역)採取 獵虎(강치)捕獲次로 왕복한 예가 있습니다.
一. 최후에 갈 시는 일본인의 본선을 차대하여 선주인 무라카미(村上)라는 사람과 오오우에(大上)라는 선원을 고용하여 가치 포획한 예도 있습니다.
一. 독도는 천기청명한 날이면 본도에서 분명하게 조망할 수 있고 또는 본도 동해에서 표류하는 어선은 從古로 독도에 표착하는 일이 종종 있었던 관계로 독도에 대한 도민의 관심은 深切한 것입니다.
一. 광무 10년에 일본 오키도사(隱岐島司) 일행 10여인이 본도에 渡來하여 독도를 일본의 소유라고 무리하게 주장한 사실은 나도 아는 일입니다.
一. 당시 군수 沈興澤씨는 오키도사(隱岐島司) 일행의 무리한 주장에 대

하여 반박항의를 하는 동시에 부당한 일인의 위협을 배제하기 위하여 당시 鄕長 田在恒 외 다수의 지사인들과 상의하여 상부에 보고하였다는 것을 내가 당시에 들은 사실입니다.
一. 나는 당시 田鄕長 在恒氏와 交誼도 있었고 또 慰問 出入도 종종 하였던 관계로 본도의 중요한 안건이라는 것은 거지 알고 있습니다.
一. 일인 오키도사(隱岐島司) 일행이 독도를 일본소유라고 주장하였다는 전문을 들은 당시 도민, 더구나 어업자들은 크게 분개하였던 것입니다.
一. 당시 군수가 상부에 보고는 하였지마는 일본세력이 우리나라에 위압되는 기시의 대세라 아무런 쾌보도 듣지 못한 채로 합병이 되고 만 것은 통분한 일이었습니다.

서기 1947년 8월 20일

울릉도 남면 사동 170번지
홍 재 현

남조선 과도정부 외무처
일본과장 秋仁奉 귀하

위 진술서를 통해 당시 울도 군수 沈興澤은 오키도사(隱岐島司) 일행의 무리한 주장에 대하여 반박항의를 하는 동시에 부당한 일인의 위협을 배제하기 위하여 당시 鄕長 田在恒 외 다수의 지사인들과 상의하여 상부에 보고하였음을 알 수 있다. 1947년 학술조사단의 일원인 신석호가 울릉도청에서「沈興澤 報告書 副本」을 발견한 것으로 보아[80] 위 진술의 신빙성이 뒷받침된다.

심흥택의 보고에 대해 내부대신과 의정부 참정대신 박제순은 독도가 한국영토임을 명확히 했으며, 독도가 일본영토로 되었다는 주장은 '전혀 근거가 없고', '이치에 닿지 않는 것'이라고 반박하는 지령문을 내려 조사 보고하게 하였다.[81] 그러나 그에 관한 보고자료는 남아 있지 않다. 러일전쟁이 발발하면서 일본은 한일의정서를 강요하여(1904. 2) 모든 우편·

---

80) 신석호,「獨島 所屬에 대하여」『史海』1, 1948 ;「독도의 내력」『사상계』8, 1960.
81) 議政府外事國,『各觀察道案』1, 서울대학교 규장각도서, "來報는 閱悉이고 獨島領地之設은 全無無根ᄒ니 該島 形便과 日人如何行動을 更爲査報홀 事."

전신·전화 사업을 이관하였고, 한일통신기관협정서를 체결하여(1905.4) 모든 통신기관을 접수하였으므로 그에 관한 보고가 올바르게 전달되기 어려웠을 것이다.[82] 또 1906년 3월 말~5월 초는 이미 을사늑약이 통과되고(1905년 11월 17일), 대한제국 外部가 폐지되고(1906년 1월 17일), 일제 통감부가 설치되어(1906년 2월 1일) 활동을 개시한 시기였다. 대한제국이 일제에게 외교권과 내정까지 간섭을 받게 된 상황에서 일제의 독도침탈에 대해 국제적으로 항의할 통로와 기관마저 빼앗겨버려서 실질적으로 항의가 불가능했다. 이를 두고 대한제국 정부가 다시 조사하도록 지령을 내렸을 뿐 일본 정부에 항의가 없었다는 일본 주장은 잘못된 것이다. 이 당시 대한제국의 『대한매일신보』·『皇城新聞』들은 울도 군수의 보고를 보도하면서 일본 측의 주장에 항론을 펼쳤지만 이미 반식민지 상태였던 대한제국은 속수무책이었을 뿐이다.

V. 맺음말

'일제의 한국침략과 독도'라는 주제로 첫째, 독도는 일본의 침략정책에 의해 일본에 점취되었고, 둘째, 1905년 이전부터 울릉도와 독도 두 섬을 일본의 영토로 편입하려고 하였고, 셋째, 개항기 한국의 역사는 실패한 역사인 것처럼 울릉도와 독도에 대한 정책도 실패로 귀결되었다고 강조하고자 하였다.

흔히들 일본의 독도점취는 러일전쟁의 전략적 차원에서 이루어진 것이라고 한다. 그렇지만 일본과 러시아의 경우 그 이전부터 울릉도와 독도에 대한 야욕을 갖고 있었음을 지금까지 간과하고 있는 것이 아닌가 한다. 그런 문제의식 하에서 본고의 경우 일본의 독도 점취는 러일전쟁을 수행하기 위한 일본 정부의 조치였다는 시각에서 벗어나 1850년대 러시아가 시베리아를 개척한 뒤 남하의 향방을 동아시아로 정하면서 울릉도와 독도를 둘러싼 러시아와 일본의 각축이 시작되었다는 점을 부각시키고자 하였다.

---

82) 송병기, 『울릉도와 독도』(재정판) 단국대학교 출판부, 2007, 242~243쪽.

부동항의 확보에 관심을 가진 러시아는 1854년 조선 동해안을 샅샅이 탐사하였고, 그 결과를 바탕으로 러시아 해군이 1857년에「朝鮮東海岸圖」를 처음 발행하였다. 여기에 울릉도와 독도가 한국영토로 파악되었고, 이 지도는 1862년, 1868년, 1882년에 증보 간행되었다. 일본 해군은 1868년 러시아의 `조선동해안도'를 입수하였고, 태정관과 외무성은 일본 관리를 파견해 조선의 사정을 내탐하였다. 이때의 문서인「조선국교제시말내탐서」에는 러시아의 조선 경략론과 함께 울릉도와 독도가 조선의 부속으로 된 시말을 조사하라는 것이 포함되었다. 이것은 러시아가 울릉도와 독도를 부동항으로 주목하게 될 상황을 염려하여 조사항목에 포함시킨 것으로 볼 수 있다.

일본과 러시아의 블라디보스토크와의 교역이 증대하자 일본은 조선을 개국시키면서 원산을 개항장에 포함시켰다. 그에 따라 울릉도와 독도에 대한 관심이 고조되어 개척논의가 활발하게 전개하면서 불법적으로 울릉도에 들어와 벌목과 어로활동을 하였다. 러시아는 고종의 아관파천 때 울릉도 삼림 채벌 권을 획득하였고(1896. 8. 28), 1899년 일본의 울릉도에 대한 삼림 채벌 등에 이의를 제기하면서 러시아 군함이 몇 차례 울릉도에 기항하여 병력을 주둔시키기도 하였다. 결국 이로 인해 대한제국은 울릉도를 군으로 승격시키고 독도를 관할하게 하는 칙령 제41호를 발표하였다. 이런 일련의 사태를 경험한 일본은 러일전쟁의 전략적 목적에서 독도를 자국의 영토로 편입할 필요성을 강하게 느꼈을 것이다. 1905년의 무주지선점론 역시 그 과정에서 다듬어진 것으로 볼 수 있다.

【참고문헌】

김호동, 『독도·울릉도의 역사』 경인문화사, 2007
김호동, 「메이지시대 일본의 동해와 두 섬(독도, 울릉도) 명칭 변경의도에 관한 검토」 『민족문화논총』 50, 영남대학교 민족문화연구소, 2009.
김호동, 「메이지시대 일본의 울릉도·독도 정책」 『일본문화학보』 46, 한국일본문화학회, 2010
김호동, 「일본의 북방영토 문제와 독도 문제의 차이점」 『독도영유권 확립을 위한 연구 Ⅲ』 영남대학교 독도연구소 엮음, 경인문화사, 2011
김화경, 「『조선국 교제 시말 내탐서』에 나타난 독도」 『독도총서』 경상북도 독도협의체, 2009
송병기, 『재정판 울릉도와 독도』 단국대학교출판부, 2007
신석호, 「獨島 所屬에 대하여」 『史海』 1, 1948
신석호, 「독도의 내력」 『사상계』 8, 1960
신용하, 『한국과 일본의 독도영유권논쟁』 한양대학교출판부, 2003
신용하, 『한국의 독도영유권 연구』 경인문화사, 2006
여박동, 『일제의 조선어업지배와 이주어촌 형성』 보고사, 2002
정창렬, 「근대민족의 형성-서설」 『CD 한국사』 11, 한길사, 1994
최문형, 「러시아의 울릉도 활용기도와 일본의 대응」 『독도연구』 한국근대사자료협의회, 1985
최문형, 「露日戰爭과 日本의 獨島占取」 『歷史學報』 188, 2006
허영란, 「명치기 일본의 영토 경계 확정과 독도-도서 편입사례와 '竹島 편입'의 비교-」 『서울국제법연구』 2003
奧原福市, 『竹島及鬱陵島』 1907
伊藤正徳, 『大海軍を想ぅ』 文藝春秋社, 1956
川上健三, 『竹島の歷史地理學的硏究』 古今書院, 1966

제9장

이규원 검찰사가 수행한 사람들과 울릉도에서 마주친 사람들

Ⅰ. 머리말

일본은 역사적으로 울릉도를 일본 영토로 하고 싶었다. 특히 일본은 1876년 조선을 개항하자 울릉도를 눈독 드리고 있었고, 울릉도에 무단 침입을 하였다. 이러한 울릉도에 대한 일본인의 침입을 조선 정부가 알아차린 것은 1881년(고종 18)이었다. 1881년 울릉도 수토관이 울릉도에서 일본인의 무단 침임과 벌목을 적발하여 강원감사 임한수에게 보고하였다. 강원감사 임한수는 이러한 보고에 접하여 근래 일본 선박의 울릉도 왕래가 많고 이 섬에 눈독을 들이고 있다고 판단하고 통리기무아문으로 하여금 품의하여 처리하도록 요청하였다. 통리기무아문의 건의에 의해 1881년에 고종은 이규원을 울릉도 검찰사로 임명하였다.

이규원은 1881년 울릉도 검찰사로 임명되었지만 이듬해인 1882년 4월 7일, 고종께 하직인사를 하고 4월 10일 서울을 출발하였다. 평해 구산포에서 4월 29일 103명이 세 척의 배에 나누어 타고 4월 30일 울릉도 소황토구미에 도착하였다. 이규원은 울릉도에서 6박 7일의 육로 검찰과 1박 2일의 해로 검찰을 하였다. 5월 2일부터 본격적으로 육로 검찰을 시작하여 5월 13일까지 울릉도와 죽도(대섬) 및 주변도서를 조사했다. 이규원이 울릉도 검찰 후 고종은 1883년 울릉도 개척령을 내렸다. 이규원과 고종이 없었다면 일본이 독도는 물론 울릉도를 집어삼킬 수 있었다.

이규원은 울릉도를 검찰한 후 고종께 드리는「울릉도 검찰일기 계초본」및『울릉도검찰일기』를 남겼다.『울릉도검찰일기』는 울릉도에 관한 내용을 가장 상세히 기록한 1차 자료이고, 19세기 말 독도·울릉도의 상황을 파악하는 것뿐만 아니라 당시의 사회상이나 주변국과의 정책적인 관점을 파악하기 위해 매우 중요한 사료이다.

이규원에 앞서 1882년 3월 중순, 고종의 밀지를 받은 이명우는 울릉도를 조사하였다. 이명우는 4월 14일에 평해의 구산 후풍소에서 발선하여 이튿날 울릉도에 도착하였고 울릉도를 조사하였다. 4월 22일 울릉도를 떠나 삼척 장호포에 도착했다. 이러한 사실은 이명우의 문집인『黙吾遺稿』「鬱陵島記」에 있다.1) 이규원 검찰사에 비해 이명우는 잘 알려지지 않았다.

이규원의『울릉도검찰일기』는 이선근에 의해 처음 1963년에 소개되었지만2) 현재까지 몇 편의 논문이 있고,3) 2006년『울릉도검찰일기』가 번역되었다.4) 그간의 연구에도 불구하고 첫째, 이규원 검찰사를 수행한 사람들과 울릉도에서 마주친 사람들에 대한 연구 성과가 없다. 둘째, 이규원이 울릉도에서 마주친 조선인들은 140명이고, 일본인은 78명으로 알려지고 있다. 그것은 잘못된 것이다. 그 때문에 이규원 검찰사가 울릉도에 수행한 사람들을 분석하고, 이규원 검찰사가 울릉도에서 마주친 조선인과 일본인들을 분석하고자 한다. 또 이명우의「울릉도기」와 이규원의「울릉도검찰일기」를 비교 검토하고, 조선 후기 수토관들과 이규원의「울

---

1) 유미림,「1882년 고종의 밀지와 울릉도 잠행: 이명우의「울릉도기」에 대한 해제」 『영토해양연구』6, 2013.
2) 이선근,「근세 울릉도 문제와 검찰사 이규원의 탐험성과 : 그의 울릉도검찰일기를 중심한 약간의 고찰」『대동문화연구』제1집, 1963.
3) 김호동,「이규원의 '울릉도 검찰' 활동의 허와 실」『대구사학』71, 2003.
   김호동,「개항기 울릉도 개척정책과 이주실태」『대구사학』77, 2004.
   임영정,「이규원 검찰사와 독도의 인지」『검찰사 이규원』국립제주박물관특별전도록, 2004.
   양태진,「조선 정부의 영토관할정책 전환에 대한 고찰 :「이규원 검찰사의『울릉도검찰일기』를 중심으로『영토해양연구』6, 2013.
4) 이혜은·이형근,「만은 이규원의『울릉도검찰일기』한국해양수산개발원, 2006.

릉도검찰일기」를 비교 검토하고자 한다.

II. 이규원 검찰사가 울릉도에서 수행한 사람들

1881년 5월 22일 통리기무아문이 고종에게 올린 보고에 의하면 울릉도에서 일본인들이 나무를 찍어내어 원산과 부산으로 보내려하는 것을 울릉도 수토관이 적발하여 강원 감사에 보고하였다. 강원감사 임한수는 이러한 보고에 접하여 근래 일본 선박의 울릉도 왕래가 많고 이 섬에 눈독을 들이고 있다고 판단하여 통리기무아문으로 하여금 품의하여 처리하도록 요청하였다. 이러한 사태에 직면하여 통리기무아문은 국경침범의 사실로 간주하고, 첫째, 동래부의 왜관을 통해 일본 외무성에 항의 문서를 보내고, 둘째, 망망한 바다 가운데 있는 울릉도를 비워두는 것은 대단히 허술한 일이니 부호군 이규원을 울릉도 검찰사로 임명하여 그 형세가 요충지로 될 만한가 방어를 빈틈없이 하고 있는가를 살펴 대책을 강구하자고 제안하였다.5) 이것을 고종이 승인함으로써 5월 23일, 울릉도 검찰사 이규원이 임명되었다.6)

1881년 5월 23일, 이규원이 울릉도 검찰사로 임명되었지만 울릉도 출발 준비를 하자면 벌목 철이 지나 일본인들이 철수한 다음이 될 것이므로 출발예정을 이듬해로 미루어졌다. 이규원이 울릉도 검찰을 위해 서울을 출발한 것은 이듬해인 1882년 4월 10일이었다. 출발에 앞선 4월 7일, 이규원이 고종을 알현한 자리의 다음 기록을 살펴보기로 한다.

> (갑술 2월) 검찰사 이규원을 소견하였다. 하직인사를 하였기 때문이다. 하교하기를, "울릉도에는 근래에 와서 다른 나라 사람들이 무상으로 왕래하면서 제멋대로 편리를 도모하는 폐단이 있다고 한다. 그리고 松竹島와 芋山島는 울릉도의 곁에 있는데 서로 떨어져 있는 거리가 얼마나 되는지 또 무슨 물건이 나는지 자세히 알 수 없다. 이번에 네가 가게 된 것은 특

---
5) 『고종실록』 고종 18년 5월 21일.
6) 이규원, 「울릉도 검찰일기 계초본」辛巳 5월 23일(이혜은 · 이형근, 「만은 이규원의 『울릉도검찰일기』」 한국해양수산개발원, 2006).

별히 골라서 임명한 것이니 각별히 검찰할 것이다. 그리고 앞으로 고을 (邑)을 세울 생각이니 반드시 지도와 함께 별지에다가 자세히 적어 보고할 것이다"하니, 이규원이 아뢰기를, "우산도는 바로 울릉도이며 芋山이란 바로 옛날의 우산국의 國都의 이름입니다. 松竹島는 하나의 작은 섬인데 울릉도와 떨어진 거리는 20~30 리쯤 됩니다. 여기서 나는 물건은 檀香과 簡竹이라고 합니다."라고 하였다. 하교하기를, "우산도라고도 하고 松竹 島라고도 하는데 다『동국여지승람』에 실려 있다. 그리고 또 혹은 松島· 竹島라고도 하는데 우산도와 함께 이 세 섬을 통칭 울릉도라고 하였다. 그 형세에 대하여 함께 알아볼 것이다. 울릉도는 본래 三陟營將과 越松 萬戶가 돌려가면서 수색·검열하던 곳인데 거의 다 소홀히 대함을 면하지 못하였다. 그저 외부만 살펴보고 돌아왔기 때문에 이런 폐단을 가져왔다. 너는 더 구체적으로 살펴볼 것이다." 이규원이 아뢰기를, "삼가 깊이 들어 가서 살펴보겠습니다. 어떤 사람들은 송도와 죽도는 울릉도의 동쪽에 있 다고 하지만 이것은 송죽도 밖에 따로 송도와 죽도가 있는 것은 아닙니 다."라고 하였다. 하교하기를, "혹시 그전에 가서 수색조사한 사람의 말을 들은 것이 있는가?"라고 하니 규원이 아뢰기를, "그전에 가서 수색조사한 사람은 만나지 못하였습니다. 대체적인 내용을 얻어 들었습니다."라고 하 였다.[7]

당시 고종은 울릉도에 지대한 관심을 갖고 설읍의 의지를 천명하고 있다. 고종이 이규원에게 울릉도 검찰에 있어서 특별히 유념할 것을 밝 힌 내용을 보면 ① 울릉도에 밀입도한 일본인들에 대한 검찰, ② 울릉도 곁에 있는 송죽도와 우산도의 거리, ③ 울릉도와 우산도, 송도 혹은 죽도 라고 불리는 송죽도 세 섬을 울릉도라고 통칭한다는 설도 있는데 그 실 제의 형편, ④ 울릉도에 설읍할 뜻을 밝히고, 이를 위한 적합한 耕食處, 물산을 지도와 함께 별지에 작성 보고토록 하고 있다. 이 당시 이규원은 우산도는 울릉도이며, 松竹島는 울릉도 20~30리쯤 있으며 별도로 松島와 竹島가 있는 것은 아니라는 인식을 갖고 있었다. 고종과 이규원이 松竹 島를 두고 서로 다른 견해를 말하는 것은 일본이 울릉도를 '竹島'로 호칭 하고 우산도, 즉 독도를 '松島'라고 호칭한 데서 나온 혼동이라고 할 수

---

[7]『高宗實錄』권19, 고종 19년 4월 7일(임술).

있다.8) 이러한 견해 차이에 대해 고종과 이규원이 좀 더 정확한 의견 교환이 이루어졌다면 아마 울릉도 검찰 때 이에 대한 조사가 구체적으로 이루어졌을 것이다. 우산도를 울릉도로 인식하고 있던 이규원의 검찰일기에는 울릉도에 대한 검찰 기록은 있지만 우산도, 즉 독도에 대한 상세한 조사가 보이지 않은 것은 이때의 이견 노출에 대한 올바른 인식이 없었기 때문에 나타난 현상으로 볼 수 있다.9)

또 하나 지적해야 할 사항은 이규원이 검찰사로 임명된 지 근 1년 후에 고종을 알현한 자리에서 그전에 울릉도를 검찰한 사람을 만나지 못하고 다만 대체적인 내용을 얻어들은 것에 불과하다는 것이다. 이러한 안이한 태도로 울릉도 검찰에 임하고 있었기 때문에 이규원은 울릉도가 '사람이 살지 않은 땅'으로 인식하였고, 그 연장선상에서 고종이 '옛날에 설읍한 땅'이라고 한 것에 대해 '설읍한 여부를 알지 못하며 일찍이 募民한 일이 있지만 백성을 유지 보호할 수 없어서 마침내 철환하였다'고 할 수밖에 없었을 것이다.10)

검찰사 이규원 일행은 4월 10일을 출발하여 원주-순흥—풍기—봉화—안동—영양—평해를 거쳐 평해, 즉 지금의 울진의 월송정 근처의 邱山浦에 도착하여 성황제와 동해신제를 지냈다. 4월 29일 진시(오전7시~9시)에 배 3척에 103명이 구산항을 출발하여 4월 30일 유시(오후 5시~7시경)에 울릉도의 서변 小黃土邱尾浦(현재의 학포)에 도착하였다.11) 이규원은 울릉도에서 6박 7일의 육로 검찰과 1박 2일의 해로 검찰을 하였다. 5월 2일부터 본격적으로 육로 검찰을 시작하여 5월 13일까지 울릉도 및 주변도서를 조사했다.

---

8) 임영정은 "고종의 울릉도 부속도서에 대한 그간의 지식은 『동국여지승람』에 소개된 내용과 18세기 초반에 있었던 이른바 鬱陵島爭界 당시 일본인의 호칭, 즉 울릉도를 竹島라 하고 독도를 松島라 했던 지식이 혼합된 것이다. 그런 까닭에 이러한 혼란을 검찰사를 통하여 명확히 하고자 했던 것이다"라고 하였다(임영정, 「이규원 검찰사와 독도의 인지」 『검찰사 이규원』 국립제주박물관특별전도록, 2004).
9) 김호동, 『독도·울릉도의 역사』 영남대학교 독도연구소 독도연구총서 1, 경인문화사, 2007, 129~131쪽.
10) 『승정원일기』 고종 19년 4월 초7일.
11) 「이규원울릉도검찰계초본」 『울릉군지』 울릉군, 2007, 1369쪽.

제9장_ 이규원 검찰사가 울릉도에서 수행한 사람들과 마주친 사람들

이규원의「울릉도 검찰일기 계초본」의 경우 이규원 검찰사가 수행한 인물들은 다음과 같이 102명이다.

> 與中樞都事臣沈宜琓 軍官出身臣徐相鶴 前守門將臣高宗八 差備待令畫員臣劉淵祜 及員役沙格等八十二名 砲手二十名 分載三船

심의완・서상학・유연호 및 원역, 사격 등이 82명, 포수 20명을 합하면 102명이고, 이규원을 합하면 103명이다.

심의완은「울릉도 검찰일기 계초본」에 의하면 '中樞都事'이다. 1881년 5월 19일에 수문장이고,[12] 1884년 10월 16일에 捕廳從事官으로 되었다.[13] 그 후에 심의완이 강화판관이 되었다가 1885년 3월 26일에 평해군수 겸 울릉도첨사가 되었다.[14] 심의완은『울진군지』에서 "1885년 3월 28일에 부임하였고, 1886년 1월 14일 조정에서 강화판관으로 이동 발령, 모친상을 당하여 감"이라고 하였다.[15]『비변사등록』에 심의완이 강화판관이 전직이고, 평해군수가 후직이라고 하였다.『비변사등록』은 관찬사서이다보니 『울진군지』의 기록이 잘못이다. 심의완은 평해군수 겸 울도첨사가 된 배경은 이규원을 울릉도에서 수행한 심의완의 공로로 '평해군수 겸 울도첨사'에 임명되었다.

'평해군수 겸 울도첨사 심의완 영세불망비'는 경북 울진군 온정면 외선미 2리 90번지 비석거리에 있는 3기의 송덕비 중 우측에 있다. 심의완 불망비는 원래 온정면 외선미 2리 137번지에 파손되어 있던 것을 2009년 11월 서쪽으로 약 30리 떨어진 지금의 위치로 옮겨 정비하였다. 이 비는 청색 화강암으로 만들었고, 비신의 크기는 높이 97cm×너비 33.5cm×두께

---

12) 국사편찬위원회,『한국사료총서』제46집,「天理大學所藏 韓國古文書 朝報 二五」辛巳(1881) 5월 19일
13) 국사편찬위원회,『각사등록』근대편,「八道四都三港口日記 1・2」甲申(1884) 10월 16일.
14)『비변사등록』266책, 고종 22년(1885) 3월 26일, "府啓日 平海郡守方有闕矣 該守令 旣兼欝陵島僉使 搜檢之行 事係緊急 令該曹口傳 各別擇差 不日下送何如 答日 允 江華判官沈宜琓 特爲加資 令該曹擬入".
15) 울진군지편찬위원회,『울진군지』下,「제3장 官案 제2절 평해군」2001, 425쪽.

10.5cm로 세장방형을 하고 있으며, 비대는 최근에 만들었다. 비문은 해서체로 음각되어 있으며, 각자된 기록으로 보아 이 비는 1885년(고종 22) 10월에 세워졌다.16) 비문은 다음과 같다.

〔앞면〕　　　兩代一郡　恩東馮驪　頌登四方　　　(우)
　　　　　　郡守兼鬱島僉使　沈公宜琓永世不忘　(중)
　　　　　　孰不錄仰　德頻鄒衎　汗傳千秋　　　(좌)

〔뒷면〕　　　　　　　　　　　　謹竪
　　　　(光緖十)一年乙酉十月日
　　　　　　　　　　　　　　內外仙味　塔邱三洞

<심의완 비(앞)>　　　<심의완 비(뒤)>

　　서상학은 이규원의 「울릉도 검찰일기 계초본」에 의하면 '군관출신'이다. 서상학은 1887년 11월 9일에 機器局司事를 임명되었고, 1890년 6월 29일에 尙衣主夫로 임명되었다.17) 1892년 8월 司饔院別提였고, 1892년 8월 通禮院引儀로 옮겼고, 1893년 11월에 徽陵令, 1894년 4월에 機器局委員,

---

16) 심현용, 「조선시대 울릉도 수토정책에 대한 고고학적 시·공간 검토」『영토해양연구』6. 동북아역사재단 독도연구소, 2013, 170쪽.
17) 『한국사료총서』제52집, 「朝報」208, 경인 6월 29일.

1894년 7월에 統理交涉通商事務衙門主事, 그 후 휘릉령으로 옮겼고, 延豊縣監이 되었다.18) 서상학은 『威亭遺集』(10책), 『嶠南詩集』, 『北寺詩帖』, 『挹杭堂集』을 남겼다.19) 2015년 10월 17일 성균관대학교 존경각을 방문하여 서상학의 『위정유집』, 『교남시집』, 『북사시첩』, 『읍항당집』을 열람하여 보았지만 전혀 울릉도에 관한 기사를 찾지 못하였다.

고종팔은 이규원의 「울릉도 검찰일기 계초본」에 의하면 '前 守門將'이다. 1872년 1월 23일에 고종팔은 수문장으로 임명되었고,20) 1882년 4월 10일 이전에 해임되었다. 1884년 1월 29일~1885년 12월 24일까지 副司果로 재직하였다.21)

유연호는 이규원의 「울릉도 검찰일기 계초본」에 의하면 '差備待令畵員'이다. 도화원에서는 임시로 화원을 고용하여 임시직 화원인 '차비대령 화원'이다. 유연호는 『고종실록』, 『비변사등록』, 『승정원일기』, 『각사등록』(근대편) 등에는 나오지 않는다. 유연호는 아마 「鬱陵島內圖」와 「鬱陵島外圖」를 그렸을 것이다.

울릉도 학포에는 이규원을 수행한 사람들의 「鬱陵島台霞里壬午銘刻石文」이 있다. 자연 암벽의 평탄면에 각자한 것으로 글자의 크기는 10cm 내외이며, 서로 5m 가량 떨어진 3곳에 기문이 있다. 현재 각석문은 크게 네 곳에서 확인된다. 먼저 '檢察使李奎遠高宗八劉淵祜壬午五月日'과 왼쪽에 '全錫奎', 왼쪽 하단에 이름으로 추정되는 각자가 있다. 또 뒤쪽 면에는 '沈宜琓', 왼쪽 바위 면에 '蔚陵島', 그리고 오른쪽 별도의 바위에서는 '徐相鶴' 등의 각자도 확인된다. 이규원의 『울릉도검찰일기』에서 '石手 1명'이 나온다. 5월 8일 기록에 "석수를 시켜서 섬 이름과 사람 이름을 통구미와 황토구미에 새기게 했다"고 하였다. 이규원의 「울릉도 검찰일기 계초본」 5월 8일 기록에 의하면 "소황토구미에 도착하였으니, 바로 처음 배를 댄 곳입니다. 석수를 시켜서 섬 이름을 바위 벽면에 새기게 하였다"

---

18) 徐相鶴, 『威亭遺集』「入仕錄」『한국사료총서』제52집, 「朝報」53, 병술(1877) 11일 22일
19) 『威亭遺集』, 『嶠南詩集』, 『北寺詩帖』, 『挹杭堂集』은 성균관대학교 존경각고서에 있다.
20) 『승정원일기』 2772책, 고종 9년(1872) 1월 23일, "有政 吏批 … 高宗八爲守門將"
21) 『비변사등록 265책, 고종 21년(1884) 1월 29일, 『비변사등록』266책, 고종 22년(1885) 12월 24일)

고 하였다. 현재의 「울릉도태하리임오명각석문」이다. 경상북도 문화재 자료 제412호로 지정되었다. 이규원의 『울릉도검찰일기』에 의하면 통구미와 황토구미에 2곳에 새겨 넣었다고 하였으니 현재의 「울릉도태하리임오명각석문」 외에 황토구미, 현재의 태하에 각석문이 더 있었다고 볼 수 있다.

<鬱陵島台霞里壬午銘刻石文>

이규원이 수행한 인물 102명 가운데 심의완·서상학·유연호 외에 밀주 박기화, 부행 영리 장병규·손영태·이두선 등 7명의 이름을 밝혔다. 이규원의「울릉도 검찰일기 계초본」의 마지막에 "光緒 8년 壬午 ; 1882) 6월 일 密州 朴基華가 삼가 씀. 내려갈 때 부행했던 營吏 張秉奎는 울진에서 출항할 때 啓本을 쓰고, 섬으로 갈 때 부행했던 영리 孫永泰는 평해에서 돌아와서 계본을 쓰고, 부행했던 영리 李斗善은 平昌에서 別量 문서를 썼음"을 기록하고 있다.22)

이규원 검찰사가 부행했던 영리 장병규·손영태·이두선의 경우 계본과 별량문서를 쓰고, 이를 종합하여 밀주 박기화가 이규원의「울릉도 검찰일기 계초본」을 썼을 것이다. 박기화는 1893년 6월 23일에 '釜山監理署 書吏 朴基華'가 보인다.23) 국사편찬위원회 홈페이지「한국근현대인물자료」『朝鮮紳士大同譜』452쪽에 '박기화' 기록이 있다. 그 기록에 의하면 본관은 경주 박씨이고, 訓鍊奉事 朴擎立 10세손, 通政 朴得和 9세손이고, 생년월일은 1850년 9월 28일이다. 1913년에 현 주소는 '경상남도 부산부 西上面 華尾洞 13통 8호'이다.24)

이규원의「울릉도 검찰일기 계초본」에 의하면 이규원 검찰사가 부행했던 영리 장병규가 울진에서 계본을 쓴 적이 있다. 1881년 윤7월 23일에 玉江萬戶로 임명되었고,25) 1881년 9월 2일까지 옥강만호로 재직하고 있다.26)

---

22)「이규원울릉도검찰계초본」『울릉군지』울릉군, 2007, 1376쪽.
"光緖八年 壬午 六月 日 密州 朴基華 謹誌
下去時陪行營吏 張秉奎 發舡修啓 蔚珍
入島陪行營吏 孫永泰 回泊修啓 平海
上來時陪行營吏 李斗善 別量修啓 平昌"
23) 국사편찬위원회,『고종시대사』3집, 고종 30년(1893) 6월 24일, "高宗 30年 6月 24日 (甲戌) 앞서 全羅道 興陽縣 黃提島에서 日本國漁民 3名 中 2名이 打殺되고 1名이 生還하고 또 同道 樂安郡 尖島에서도 日本國漁民 3名 中 1名이 打殺되고 2名이 生還한 事件이 일어났는데 釜山駐在日本國總領事 室田義文과 釜山監理署主事 鄭顯哲·書吏 朴基華 等이 日本國軍艦 高雄號로 該處에 이르러 査勘하다. 이 날 全羅道觀察使에게 嚴飭하여 速히 犯漢의 捉得을 命하다."
24) 국사편찬위원회 홈페이지, 한국사데이터베이스,「한국근현대인물자료」『朝鮮紳士大同譜』1913, 452쪽.
25)『승정원일기』2890책, 고종 18년(1881) 윤7월 23일.

이규원의 「울릉도 검찰일기 계초본」에 의하면 이규원 검찰사가 부행했던 영리 손영태는 평해에서 돌아와서 계본을 쓴 적이 있다. 公忠道 西原에 거주하는 유학 손영태는 통정 孫欽祖의 아들이다.27)

이규원의 「울릉도 검찰일기 계초본」에 의하면 이규원 검찰사가 부행했던 영리 이두선은 평창에서 별량문서를 썼다고 하였다. 1901년 11월 27일, 黃海道觀察府主事 崔榮旭과 李寅相이 면관되어 이두선과 洪兢周가 황해도관찰부주사(판임관 7등)가 서임되었다.28)

이규원의 『울릉도검찰일기』에 의하면 4월 27일 밤 "성황제와 동해신제를 예에 따라 행하되 심의완, 박기화, 최용환으로 하여금 정성들여 제사지내도록 하였다"는 기록이 있다.29) 심의완과 박기화는 울릉도 조사할 때 이규원 검찰사를 수행한 인물이니, 당연히 최용환도 이규원을 수행한 인물이다. 최용환은 1884년 2월 24일 五衛將으로 임명되었고,30) 1887년 4월 22일에 의정부사령으로 재직하였고,31) 1901년 11월 27일 광제원시무위원에 임명되었고,32) 1902년 6월 14일 중추원의관으로 임명되었다.33)

「울릉도 검찰일기 계초본」의 기록에 의하면 道方廳浦(현재의 도동)에 이르렀던 5월 5일에 異洋小船이 하나 포구에 정박하고, 해안가에 왜인들의 판막이 있었으므로 왜인 6~7명이 문을 나서 영접하였으나 "東萊通辭를 미처 평해군에 대령시키지 못해 당초에 데리고 오지 못했으므로 말이 통하지 않아 글을 써서 문답하였다."는 기록이 있다. 울릉도에 일본인이 침범하여 벌목을 자행하니 당초 '동래통사'를 데리고 왔을 것이다. 갑작

---

26) 『승정원일기』 2892책, 고종 18년 9월 2일.
27) 『승정원일기』 2719책, 고종 4년(1867) 10월 18일, "又啓曰 <u>公忠道西原居幼學孫永泰呈狀內 矣才父通政欽祖 今年爲一百歲 而見漏於本道應資老人抄啓中 未蒙恩資事來訴 故考見帳籍 則其年果爲的實矣 在前如此之人 追後啓稟蒙恩 旣有已例 今日政加資下批之意 敢啓 傳曰 知道</u>".
28) 『각사등록』 근대편, 「內部來文」 19, 光武 5년(1901) 11월 27일.
29) 이혜은·이형근, 『만은 이규원의 『울릉도검찰일기』 한국해양수산개발원 독도연구센터, 2006, 168쪽.
30) 『승정원일기』 2920책, 고종 21년(1884) 2월 24일.
31) 『승정원일기』 2959책, 고종 24년(1887) 4월 22일.
32) 국사편찬위원회, 『각사등록』 근대편, 「內部來文」 24, 「통첩제호」 광무 6년(1902) 10월 24일.
33) 『승정원일기』 3147책, 고종 39년(1902) 6월 14일.

스럽게 순풍으로 인해 구산항을 출발하여 동래통사는 평해군에 늦었을 가능성이 있다.

이규원의 『울릉도검찰일기』에는 다음과 같은 기록이 있다.

> 섬에 들어갈 배 세척 가운데 上船은 杆城 배이고, 沙工은 朴春達이며, 從船 한 척은 강릉, 한 척은 양양 배였다. 배에서 고사지내도록 송아지 한 마리를 내리고, 평해군 사공에게는 쌀 1석을 내렸다. 영리 손영태가 나왔다. 상선에는 사공과 格手 17명, 포수 6명, 吹手 2명, 석수 1명, 刀尺 1명, 영리 1명과 서울에서 내려온 상하 인원 10명을 태우고 종선 2척에도 사공, 격군, 포군, 櫓軍을 나누어서 태우기로 하고 順風을 고대하였다.

상선은 간성 배이고, 사공은 박춘달이므로 그의 경우 간성 출신일 것이다. 평해군 사공에게는 쌀 1석을 내렸으니 이규원을 따라간 사공은 거의가 평해 출신이었을 것이다. 평해 사공은 이름이 나오지 않는다. 영리 손영태는 『고종실록』, 『비변사등록』, 『승정원일기』, 『각사등록』(근대편) 등에 안 나오니 아마 평해 영리일 것이다.

이규원의 『울릉도검찰일기』에 의하면, 5월 7일에 이규원 일행이 소황토구미에 도착했을 때 '배에 잔류한 포군과 배를 만드는 羅人들이 일제히 배알하자.'는 기록이 있어 이규원은 배를 만드는 나인을 거느리고 갔을 것이다.

이규원의 『울릉도검찰일기』에 의하면, 4월 23일 "배와 노 저을 사람이 준비되지 않아서 (평해에) 그대로 머물렀다."고 하거나 4월 24일 "배와 格人이 도착하지 않아 계속 머물렀다."고 하였다. 배와 사공, 격군(격인)과 포수, 노군은 강원도 출신일 것 같다. 태종, 세종의 경우 김인우를 우산무릉처안무사와 성종조의 '삼봉도 수토'에 관한 병조의 절목을 통해보면 이때에 징발된 병선, 군인 및 군기, 양식 등의 소요경비는 울릉도·독도가 강원도에 예속되었기 때문에 강원도의 부담이었다.[34] 조선후기의 울릉도 수토제가 확립되면서 마찬가지이다.[35]

---

34) 김호동, 『독도·울릉도의 역사』 경인문화사, 2007, 74~75쪽.
35) 손승철, 「조선후기 수토기록의 문헌사적 연구」 『울진 대풍헌과 조선시대 울릉도·

Ⅲ. 이규원 검찰사가 울릉도에서 마주친 사람들

1. 조선인 체류자들

4월 29일 진시(오전7시~9시)에 배 3척에 103명이 구산항을 출발하여 4월 30일 유시(오후 5시~7시경)에 울릉도의 서변 소황토구미에 도착하였다.36) 이규원의 『울릉도검찰일기』에 따르면 4월 30일 소황토구미에서 "전라도 興陽의 三島에 거주하는 金載謹이 格卒 13명을 인솔하여 배를 만들고 미역을 따기 위해 초막에 머무르고 있어서 곧 상륙하였다."고 기록하였다. 이규원의 「울릉도 검찰일기 계초본」에 의하면 김재근이 격졸 23명을 데리고 있다고 기록하였다.

이규원의 『울릉도검찰일기』에 따르면 5월 1일에 "초막의 뱃사람 등 6명이 찾아왔기에 만나보고 저녁을 나누어 주었다."고 기록하였다. 흥양의 삼도 김재근 일행이었을 것이다.

5월 2일 "오후에 생원 全瑞日을 만나서 술을 마신 뒤 같이 산행하였다."고 기록하였고, "평해의 난파당한 배 선주인 崔聖瑞가 격졸 13명을 데리고 초막을 짓고 머무르고 있었고, 경주 사람 7명이 약초를 캐려고 초막을 짓고 있었다. 延日 사람 2명은 烟竹을 베기 위해 초막을 치고 머물러 있었다."고 기록하였다.

이규원의 「울릉도 검찰일기 계초본」에 의하면 5월 1일의 경우 초막의 뱃사람 등 6명이 찾아왔다고 기록하지 않았고, 5월 2일의 경우 생원 전서일 만났다는 기록이 없다. 다만 평해의 최성서와 격졸 13명, 경주인 7명, 연일인 2명의 만난 기록이 있다.

이규원의 『울릉도검찰일기』에 따르면 5월 3일, 倭船艙浦(현재의 천부리)에 상륙하여 "전라도 樂安에 사는 李敬七이라는 자가 격졸 20명을 거느리고, 興陽 初島에 사는 김근서(金謹瑞)는 격졸 19명을 거느리고서 각각 배를 만들기 위해 초막을 쳐놓고 있었다. 이명우의 「울릉도기」에서는

독도의 수토사』 영남대학교 독도연구소 독도연구총서 14, 선인, 2015, 68~72쪽.
36) 「이규원울릉도검찰계초본」『울릉군지』울릉군, 2007, 1369쪽,

'倭船艙'이라 하지 않고 '舊船艙'이라고 했다. '初島'의 경우 이규원의 「울릉도 검찰일기 계초본」에 의하면 '草島'라고 기록하였고, '初島'는 '草島'의 오기이다. 『삼산면지』는 '初島도 草자의 오기인 듯하다'는 기록이 나온다.37) 「울릉도 검찰일기 계초본」에 의하면 "전라도 낙안에 사는 船商 이경칠이 격졸 12명이 데리고 있었다고 한다. 『울릉도검찰일기』에 의하면 격졸 20명을 데리고 있고, 「울릉도 검찰일기 계초본」에 의하면 이경칠이 '선상'이라 했고, 격졸 20명이 아니라 '격졸 12명'이 데리고 있었다고 기록하였다.

　『울릉도검찰일기』에 따르면 5월 3일 왜선창을 지나 紅門街, 羅里洞을 거쳐 中峯(현재 나리분지의 알봉)에 이르렀다. 그 기록에 "중봉에 이르니 하천 위에 山神堂이 있었다. 城隍의 화상이 극히 정결하였으나 사람은 없었다. 주인을 물으니 대구에 사는 朴基秀라고 하였다. 점차 중봉으로 들어감에 기슭의 약초를 캐는 초막이 4, 5군데 있고, 합하면 40~50명의 사람들이 각 초막에 흩어져 있었다. 그 중 깨끗한 곳을 숙소로 골랐는데, 주인은 坡州에 사는 士人 鄭二祜였다."라고 하였다. 「울릉도 검찰일기 계초본」에 의하면 산신당과 초막 4, 5군데 40~50명은 기록이 안 나오고 "날이 저물어서 파주에 사는 약상(藥商) 정이호의 초막에서 묵었다"고 기록하였다.

　5월 4일, 『울릉도검찰일기』에 의하면 "성인봉을 거쳐 봉우리 위에 잠시 쉬고 동쪽으로 10리쯤 가니 초막이 하나 있었는데, 주인은 咸陽에 사는 士人 全瑞日이며 探隱者"라고 호칭하였다. 「울릉도 검찰일기 계초본」에 의하면 "동쪽으로 10여리를 내려오니 초막이 하나 있는데 함양에 사는 採藥人 全錫奎가 거처하고 있었다. 섬에 들어온 지 10년이 되어 섬의 형편을 익숙하게 알고 있을 뿐만 아니라 사람이 살만한 곳, 각종 토산 등 모르는 것이 없어 함께 담론하였다."는 기록이 나온다. 함양에 사는 사인 전서일은 함양의 채약인 전석규이다. 5월 2일 전서일, 즉 전석규를 이규원이 두 번째 만났다. 「울릉도태하리임오명각석문」에는 '전석규'의 각자가 있다. 그때의 만남으로 인해 울릉도 개척령이 내리면서 이규원의 추

---

37) 삼산면지발간추진위원회, 『三山面誌』 2000, 299쪽.

천으로 전석규가 첫 울릉도 도장이 되었을 것이다.

『울릉도검찰일기』에 따르면 5월 5일, 長斫支(현재의 사동)에서 "전라도 흥양 초도에 사는 金乃彦이라는 자가 격졸 12명을 데리고 초막을 짓고 배를 만들고 있어서 바로 초막에 들어가 묵었다"는 기록이 나온다. 「울릉도 검찰일기 계초본」에 의하면 김내언 일행을 만난 기록이 없고, 道方廳浦(현재의 도동)와 장작지포에서 일본인을 만난 기록이 있다. 『울릉도검찰일기』에 의하면 일본인 기록이 없다.

「울릉도 검찰일기 계초본」 5월 6일 기록을 보면 "(통구미포) 가에는 흥양 초도에 사는 金乃允이 격졸 22명을 데리고 배를 만들었다"는 기록이 있다. 『울릉도검찰일기』 5월 7일 김내윤 일행의 기록이 없다.

『울릉도검찰일기』 5월 7일 기록에 의하면 "사람이 사는 곳은 羅里洞 하나뿐이었으나 수천 호가 살 만하였다."고 하였다. 이규원 검찰사 일행이 나리동에 도착하였을 때 나리동의 경우 인가가 있었을 것이다.

『울릉도검찰일기』 5월 10일 기록에 의하면, 장작지포에서 일본인을 만나고 난 뒤 "그 아래 포에 전라도 흥양 삼도에 거주하는 李敬化가 격졸 13명을 데리고 초막을 짓고서 미역을 따고 있었다"는 기록이 있다. 「울릉도 검찰일기 계초본」에 의하면 이경화 일행의 기록이 없다. 『울릉도검찰일기』 5월 10일 기록에 의하면 "桶邱尾에 이르렀다. 전라도 흥양 삼도에 사는 김내윤이 격졸 20명을 초막을 짓고 배를 만들었다"고 하였다. 「울릉도 검찰일기 계초본」에 의하면 김내윤 일행의 기록이 없다.

다음과 같이 『울릉도검찰일기』와 「울릉도 검찰일기 계초본」의 울릉도 체류민들을 통계로 나타냈다.

<표 1> 『울릉도검찰일기』와 「울릉도 검찰일기 계초본」의 울릉도 체류민들

날짜	울릉도검찰일기	울릉도 검찰일기 계초본
4월 30일	전라도 흥양 삼도 김재근 등 14명	김재근 등 24명
5월 2일	평해의 최성서 등 14명 경주 7명 연일 2명	평해의 최성서 등 14명 경주 7명 연일 2명

5월 3일	전라도 낙안 이경칠 등 21명 전라도 흥양 초도 김근서 등 20명 대구 박기수 1명 중봉 파주 정이호 등 40~50명	낙안 이경칠 등 13명 흥양 김근서 등 20명 파주 정이호 1명
5월 4일	함양 전서일 1명	함양인 전석규 1명
5월 5일	전라도 흥양 초도 김내언 등 13명	
5월 6일		흥양 초도 김내운 등 21명
5월 10일	전라도 흥양 삼도 이경화 등 14명	
합 계	107 명+40~50명	103명

『울릉도검찰일기』에 의하면 울릉도 체류자들은 107명+40~50명이고, 「울릉도 검찰일기 계초본」에 의하면 울릉도 체류자들의 경우 103명이다. 『울릉도검찰일기』 5월 3일 기록을 보면 중봉에 "초막이 4, 5군데 있고, 합하면 40~50명의 사람들이 각 초막에 흩어져 있었다."는 기록을 더하면 107 명+40~50명, 최대로 보면 157명, 최소로 보면 147명이었다.38) 『울릉도검찰일기』의 5월 3일 기록을 보면 중봉에 "초막이 4, 5군데 있고, 합하면 40~50명의 사람들이 각 초막에 흩어져 있었다."는 기록을 빠뜨리고 있어 흔히 140명,39) 혹은 141명40)이라고 하였다.

『울릉도검찰일기』와 「울릉도 검찰일기 계초본」을 함께 살펴보면 '중봉의 40~50명'을 제외하면 총 138명이다라고 기록되어 있다. 『울릉도검찰일기』 5월 3일 기록을 보면 중봉에 "초막이 4, 5군데 있고, 합하면 40~50명의 사람들이 각 초막에 흩어져 있었다."는 기록을 더하면 138명+40~50명, 최대로 보면 188명, 최소로 보면 178명이었다. 138명의 경우 출신도별

---

38) 『울릉도검찰일기』에서는 김재근이 격졸 13 명을 데리고 있다고 했고, 「울릉도 검찰일기 계초본」에서는 김재근이 격졸 23 명을 데리고 있었다고 했다. 『울릉도검찰일기』이경칠이 격졸 20 명을 데리고 있었다고 했고, 「울릉도 검찰일기 계초본」에서는 이경칠이 격졸 12 명을 데리고 있었다는 기록이 있다.
39) 신용하 편저, 『독도영유권 자료의 탐구』 제2권, 독도연구보전협회, 1999, 95쪽 : 송병기, 『재정판 울릉도와 독도』단국대학교출판부, 2007, 143쪽.
40) 울릉군지편찬위원회, 『울릉군지』 2007, 187쪽.

로 보면 전라도가 최대 113명(흥양 삼도 출신 : 김재근 등 24명, 이경화 등 14명, 흥양의 초도 출신 : 김내언 등 13명, 김내윤 등 21명, 김근서 등 20명, 낙안 출신 : 이경칠 등 21명), 강원도(평해) 출신 최성서 등 14명, 경상도 출신이 10명(경주 7명, 연일 2명, 함양 1명, 대구 1명), 경기도(파주) 출신이 1명이었다. 중봉의 40~50명 사람들은 지역 명을 기록하지 않았다.

「울릉도 검찰일기 계초본」의 경우 5월 13일 기록 뒤에 "각 처의 상선은 봄에 섬에 들어와 나무를 베어 배를 만들고 고기를 잡고 미역을 캔 뒤 돌아가며, 약상 배는 상선을 따라 들어와서 천막을 치고 약초를 캔 뒤 또한 배를 따라서 나갑니다."라고 기록하였다. 울릉도에 흥양 삼도의 김재근·이경화, 흥양 초도의 김근서·김내언, 김내윤, 평해의 최성서는 선장이자 상행위 우두머리일 것이다. 격졸은 배를 만들고, 고기를 잡고, 미역을 캘 것이다. 상선과 약상배는 울릉도에 봄에 들어와서 가을에 나갔을 것이다. 그렇기 때문에 일시적 체류자였다. 그렇지만 이들은 거의 영속적으로 울릉도를 찾아 왔고, 『울릉도검찰일기』에 나오는 울릉도의 지명들이 대부분 전라도 말이었다는 점을 고려할 때 이들은 장기적이고 지속적으로 이곳을 찾아왔다고 볼 수 있으므로 일시적 체류자로 분류할 수 없다. 이들은 울릉도 및 독도 근해를 삶의 터전으로 여기고 항례적으로 찾아온 '鬱陵居民'으로 볼 수 있을 것이다.

특히 이규원이 5월 2일에 만나 필담을 나누고 山行周覽에 동행한 함양인 전생원 서일, 즉 전석규는 입도한 지가 10년이나 되는 인물이고 채약인이었다. 그는 섬의 형편에 익숙할 뿐만 아니라 백성들이 살만한 곳과, 여러 가지 토산물에 대해서도 모르는 것이 없었다고 하였다.[41] 또 『울릉도검찰일기』 5월 7일 기록에 의하면 '사람이 사는 곳은 나리동 하나 뿐'이라고 하였다. 두 사례를 보면 울릉도에 인가가 있고, 주민이 있다. 다음의 자료를 보면 울릉도 체류민이 더 있을 것이다.

섬에 사는 한인은 예로부터 영주한 자는 없고, 지금부터 21년 전 강원

---

41) 김호동, 『독도·울릉도의 역사』 경인문화사, 2007, 132~133쪽.

도에서 처음으로 裵季周, 金大木, 卞敬云, 全士日 4명이 도항하여 동행한 자들은 협력하여 산간을 개척하고 밭을 만들어 농경 일을 하였다. 다음 해에 이르러 강원도 강릉 지방에서 黃鐘海, 崔島守, 田土雲, 金花椒, 洪奉堯, 李孫八 및 지명을 알 수 없는 전라도의 張敬伊 등 7명이 섬에 온 후 해마다 강원, 경상, 함경, 전라 4도에서 이주하는 자가 많아졌다. 모두를 각지에 산재하면서 힘써 개간하고 오로지 농업을 주로 하며 어법에 종사하는 자는 적었다고 한다.(赤塚正助,「鬱陵島調査槪況」일본외무성 자료 3532, 『鬱陵島ニ於ル伐木關係雜件』1900년)

1900년의 21년 전은 1879년이다. 위의 사료의 경우 1879년에 강원도에서 배계주, 김대목, 변경운, 전사일 4명이 울릉도에 들어와서 농경 일을 하였고, 1880년에 강원도 강릉지방에서 7명이 들어왔다. 일본의 자료인 「울릉도 재류민 단속의 경찰관 파견의 건 진언(「鬱陵島在留民取締ノ爲メ 警察官派遣ノ件上申」)의 경우 1901년에 작성하였다. 그 자료에 의하면 "배계주는 인천 대안에 있는 영종도의 주민으로 지금부터 20년 전 울릉도에 이주하여 개척할 것을 계획하고 솔선해서 이 섬에 도항하여 그 개척에 종사했다."라는 기록이 있다. 1901년에서 20년을 빼면 1881년에 배계주가 울릉도에 들어왔다. 배계주가 1879년, 혹은 1881년에 울릉도에 들어간 시기는 다르지만 이규원 검찰사가 1882년 5월 앞선 시기에 배계주가 울릉도에 들어 왔을 것이다. 그렇기 때문에 울릉도 체류민이 더 있을 것이다.

이규원의 검찰일기에는 우산도에 관한 언급이 없고, 그가 돌아와 고종을 복명한 자리에서도 고종과 이규원은 우산도에 관해 이야기를 나누지 않았다. 이규원의 『울릉도 검찰일기 계초본』에 의하면 "송도, 죽도, 우산도 등에 살 사람들은 모두 근처의 작은 섬에서 보내야겠습니다. 그러나 아직 의거할 圖籍이 없고, 또 지도할 鄕導가 없습니다. 맑은 날에 높이 올라가서 멀리 바라보면 한 개의 돌도 한 줌의 흙도 보이지 않으므로 우산을 울릉이라고 하는 것이나 탐라를 제주라고 하는 것은 마찬가지입니다"라고 고종에게 보고한 것으로 되어 있다. 송도, 죽도와 함께 우산도가 나오지만 울릉도와 이 세 섬이 어떻게 구별되는가에 대한 언급이 없다. 단지 우산을 울릉이라고 하는 것이나 '탐라'를 제주라고 하는 것은 마찬가지라고 하여 울릉도를 '우산도'라고도 한다는 인식을 하고 있다. 일본 학자들은 당시 이규원의 이러한 인식을 들면서 조선 조정은 독도를 조선 영토로 인식하지 않았다고 주장하고, 이에 대한 한국의 본격적인 비판은 이루어지지 않고 있다고 한다.42) 삼척첨사 장한상이 가을날 울릉도에서 독도를 본 것을 지적한 바와 같이 가을 청명한 날 울릉도에 독도를 보는 것이 가능한 실정이다. 대개 봄의 경우 독도를 바라다본다는 것은 거의 어렵다. 그렇기 때문에 4월 이규원이 성인봉에서 독도를 보지 못한 것은 당연하다.

2. 일본인들 체류자들

『울릉도검찰일기』에 의하면 5월 10일, 이규원 일행이 도방청 포구에 도착하였으니 왜의 小船 한 척이 정박하고 있었다. 이규원이 배에 내려 육지에 오르니 倭人板幕이 있기에 먼저 통보한 후 들어가자 왜인 6~7명이 나와 영접하였다. 동래통사가 동행하지 못하여 글로써 문답하였다. 일본이 답하기를 첫째, 일본제국 동해도(도카이도, 현재의 간토, 주부, 긴키 지방의 일부) 혹은 남해도(난카이도, 현재의 시코쿠 및 긴키 지방의 일부), 혹은 산양도(산요도, 현재의 주코쿠 지방의 일부) 사람이고, 둘째, 2년 전부터 벌목을 시작하였으며, 셋째, 금년 4월에 다시 이곳에 와서 벌목을 하였다고 하였다. 이규원을 만나 필담을 나눈 일본인들은 일본정부의 울릉도 출어금지령을 들은 바가 없다고 하였다. 도방청에 있는 일본인들은 南浦槻谷(현재 사동, 장작지포와 같은 곳)에 한 명이 알지도 모르니 불러오겠다고 하였다. 이규원 일행은 남포규곡, 즉 장작지포에 내려갔을 때 왜인들이 2곳에 막을 짓고 사방으로 흩어져 벌목하고 있었다. 일본인들이 필담하여 울릉도를 조선영토인 줄 모르고, 이미 남포규곡에 표목이 있으니 일본제국의 송도인 줄로 안 것이라고 하였다. 이규원이 일본인들의 성명과 주소를 알고 싶다고 말하니, 일본제국 南海道 豫州 松山邑에는 우치다 히사나가(內田尙長)으로 나이는 29세, 山陽道 長州 善和邑에

---

42) 호사카 유지, 『일본 고지도에도 독도 없다』 자음과 모음, 2005, 34~35쪽.

사는 노무라 젠이치(埜村善一)로 나이는 50세, 防州 宮市邑에 사는 요시자키 우키치(吉崎卯吉)로 나이는 40세, 東海道 總州 八田邑에 사는 요시타니 쇼지로(吉谷庄次郎)으로 나이는 26세, 그 외에 요시다 다이키치(吉田大吉), 토리우미 요조(鳥海要藏), 쇼지(庄司勇廊), 마츠오(松尾而己助) 등 4명은 나이도 모르고 일정한 거주지도 없었다고 말하였다. 울릉도에 두 곳의 막에 일꾼은 합하여 78명이라고 답하였다. 이규원이 표목을 세운 사람은 어느 道의 어떤 사람이며 무슨 근거로 다른 나라 땅에 표목을 세웠느냐고 물었더니 일본인이 "2년 전에 여기 와서 처음 보았는데 명치 2년(1869) 2월 13일에 이와사키 쥬죠(岩崎忠照)가 세운 것으로 다만 우리나라 사람인 것만 알지 그 거주지와 어떤 사람인지 확실하지 않는다."라고 답변하였다.「울릉도 검찰일기 계초본」의 경우 5월 5일에 똑같다. 5월 5일인지 5월 10일인지 모르겠다.

Ⅳ. 이명우의「울릉도기」와 이규원의『울릉도검찰일기』

이규원에 앞서 1882년 3월 중순, 고종의 밀지를 몰래 받은 李明宇는 울릉도를 조사하였다. 이명우(1836~1904)가 울릉도를 조사한 사실은 그의 문집인『黙吾遺稿』「鬱陵島記」에 있다. 이명우에게 왕명이 내려진 시기는 1882년 3월 중순이고, 그가 조사를 위해 길을 떠난 시기는 3월 16일이다.43) 그것은 잘못되었다. 이명우가 원주에 도착할 때 3월 16일이다.44)

『묵오유고』는 이명우의 아들 李赫儀가 1917년에 편집하여 목활자본으로 간행한 것이다. 김윤식의 서문(1915), 조카 풍의와 아들 혁의의 발문이 수록되어 있다. 저자인 이명우는 본관 전주, 자는 景德, 자호는 묵오이다. 아버지는 都正 李會壽이며, 어머니 한산이씨 李華載의 딸이다. 어릴 적에 추사 金正喜에게 수학했고, 朴珪壽·金炳學·申錫禧 등과도 지적

---

43) 유미림,「1882년 고종의 밀지와 울릉도 잠행 : 이명우의「울릉도기」에 대한 해제」,『영토해양연구』6, 동북아역사재단 독도연구소, 2013, 274쪽.
44) 이명우,『묵오유고』「울릉도기」, "임오년(1882) 늦은 봄 중순에 몰래 가서 섬(울릉도)의 정황을 살펴보고 오라는 명을 받들고 기한을 정하고 길을 떠났다. 이 달(음력 3월 추정) 16일에 東營에 도착하여 東伯 林翰洙에게 밀지를 주고 며칠을 머물렀다."

교류가 있었다. 묘갈에 따르면 이명우는 1865년 처음 벼슬길에 오른 이래 1869년에 울산 감목관에 제수되었으며, 그 후 하양과 음죽 현령을 거쳐 1871년 7월에 흡곡 현령에 제수되었다. 1876년 우환이 있자 재직 중임을 비통해하다가 부친상을 마친 뒤에는 京兆郞이 되었다. 「울릉도기」는 1882년 5월 이후 작성된 것으로 보이는데 당시 관직이 무엇인지 나와 있지 않다. 『승정원일기』에 1882년 9월 전 별선 군관이었거나 흡곡 현령이었을 가능성이 있지만 확실하지 않다.[45]

1882년 조선정부가 이명우와 이규원 검찰사를 울릉도 조사를 명하게 되는 배경에는 이전부터 행해지고 있던 일본인의 무단 침입과 벌목 때문이었다. 실제 울릉도로의 침입은 러시아 공사 에노모토 다케아키(榎本武楊)를 중심으로 관민일체가 되어 행해졌다. 1878년에 에노모토의 처제인 치카마쓰 마쓰지로(近松松二郞)는 에노모토의 영향을 받아 울릉도로 도항하여 사업의 준비를 하였다. 이듬해 치카마쓰는 벌목에 필요한 인부를 주로 야마쿠치현에서 모집하여 울릉도로 보냈고 본격적인 도벌과 어로활동을 하였다.[46] 어로활동은 주로 전복의 채취였다. 치카마쓰 등의 사업에 대하여 러시아 공사로부터 외무대보(外務大輔)를 거쳐 해군경이 된 에노무토와 무기매매로 부를 축적한 오오쿠라 재벌이 출자를 하는 등 깊게 관여하였다. 해군경 에노무토는 국제법의 1인자였다. 그는 울릉도가 무주지임을 구실로 삼아 민간인의 거주 실적을 축적하여 울릉도를 일본 영토로 편입하려 계획한 것이 아닌가하는 추정이 있다.[47] 해군은 1880년에 인부의 운송을 위해 일장기를 단 군함을 이용하는 등 울릉도 개척을 전면적으로 지원하였다.[48] 그때부터 야마구치현을 중심으로 울릉도에 침입하여 느티나무를 도벌하거나 전복을 채취하는 자들이 속출하여 그 수는 약 400명에 달하였다. 이 울릉도 침입 사건은 야마구치현에서는 '鬱

---

45) 유미림, 앞의 글(2013), 275쪽.
46) 山本修身, 「復命書」『明治十七年鬱陵島一件錄』山口縣文書館所藏(行政文書 戰前A 土木 25) ; 박병섭, 『한말 울릉도·독도 어업』한국해양수산개발원 보고서(독도연구 2009-3).
47) 박병섭, 『한말 울릉도·독도 어업』한국해양수산개발원보고서(독도연구 2009-3), 12쪽.
48) 外務省記錄 3532, 「朝鮮國鬱陵島渡航人民處分の議」『鬱陵島に於ける伐木關係雜件』.

陵島一件'이라 불렸다. 그 사건 조사를 담당하던 야마모토 오사미의 「복명서」 등의 상세한 기록이 야마구치현 문서관에 소장되어 있다.

　야마모토의 「복명서」에 의하면 치카마쓰 외에 울릉도에서 어로를 한 자는 아사히 구미(旭組)였다. 오오쓰(大津)군의 후지쓰 마사노리(藤津政憲)는 아사히 구미의 지배자로서 1881년 5월부터 울릉도로 인부를 보내 벌목사업을 개시하였다. 그 이듬해인 1882년에는 職工漁人을 보내 벌목 외에 어로를 개시하였다. 이러한 일본인의 침입을 조선 정부가 알아차린 것은 1881년(고종 18) 5월이었다. 조선 정부는 일본 외무성에 서계를 보내 항의했고, 1881년 5월 23일에 이규원을 울릉도 검찰사에 임명하여 울릉도로 보내 개척 가능성을 알아보았다. 울릉도로 떠난 시기는 이듬해 1882년 4월 초순이다. 이규원에 앞서 1882년 3월 중순에 이명우가 몰래 가서 울릉도의 정황을 살펴보고 오라는 고종의 명을 받들었다. 그것이 『묵오유고』「울릉도기」이다. 「울릉도기」는 크게 두 부분으로 구성되어 있다. 하나는 울릉도의 연혁에 대해 기술한 것이고, 다른 하나는 이명우의 울릉도 조사 내용을 담고 있다.

　「울릉도기」의 전편은 울릉도의 연혁에 대해 기술한 것이다. 조선의 영토 동쪽으로부터 물길로 천리를 가면 울릉도이다. 울릉도는 옛 우산국이었고, '울도장군'이 있었다고 한다. '貳師輔'는 '異斯夫'이니 이명우는 오인하였다. 이사부는 우산국이 항복하여 '그 뒤로 살고 있는 백성들을 쇄출하고 그 땅을 비워 두었다'고 한다. 이명우는 잘못 알았다. 실제 현재 울릉도에 남아 있는 고분군은 이사부의 우산국 정벌(512년) 이전에 축조된 것이 아니라 6세기 중엽 이후 축조된 것이다. 우산국은 지증왕 이후 이 땅에 사라진 것이 아니라 도리어 신라에 귀복함으로써 신라의 인적·물적 지원 하에 더욱더 강력한 해상력을 확보하여 동해의 해상권을 장악하였을 것이다. 신라에 귀복하여 신라와 연합 동맹을 구축하면서 공물을 바치는 복속국가로 존재하면서 보다 높은 신라의 문화를 받아들인 우산국체제는 후삼국을 거쳐서 고려시대까지 이어졌다고 본다. 우산국은 고려 현종조 동여진에 의해 멸망하였다.[49] 이명우는 '張相漢'이라고 하였으

---

49) 김호동, 「울릉도의 역사로서 '우산국' 재조명」 『독도연구』 7, 영남대학교 독도연구

니 잘못 알았다. 본래의 이름은 '張漢相'이다.

「울릉도기」의 후편은 이명우의 울릉도 조사 내용을 담고 있다. 1882년 3월 중순에 고종의 명을 받아 울릉도의 정황을 살펴보라고 하였다. '기한을 정하고 길을 떠났다'는 것은 이규원 검찰사가 1882년 4월 7일 고종을 알현하고 서울을 출발한 것이 4월 10일이었으니 '기한을 정하여' 길을 떠난 것 같다. 4월 22일 오후에 울릉도를 떠나 23일 삼척 장호포에 도착하였다. 4월 29일 원주에 도착하여 문서와 圖本을 수정하였고, 5월 3일 길을 떠나 도성 밖 산사에 도착하였으며 5월 8일에 이명우가 고종에 복명하였다. 이규원이 울릉도 검찰을 위해 서울을 출발한 것은 1882년 4월 10일이었다. 그것은 사전조사가 아니다. 이명우는 고종의 명을 받아 울릉도를 조사하였다. 보통 사전답사를 할 때는 상관이 일행 중의 일부를 답사자로 먼저 보내고 답사보고를 부하에게 직접 받는다. 장한상도 1694년에 울릉도를 조사할 때 자신의 부하 군관을 사전 답사로 먼저 들여보냈다.[50]

이명우가 구산 후풍소에서 배에 오른 날이 4월 14일이고, 4월 15일 밤에 울릉도의 黑作地(현재의 현포)에 도착했다. 이명우는 錐峯(현재의 추산)과 千年浦를 거쳐 舊船倉에 이르렀고, 그곳 초막에서 숙박했다. 다음 날(16일)에는 黃土口(현재의 태하)의 신당에 치성을 드렸다. 이명우의 울릉도 조사는 4월 16일부터 집중적으로 이뤄진 듯하다. 이명우는 紅門嶺을 넘어 산으로 들어갔다. 그는 홍문령 고개에서 아래로 10리가 넘어 보이는 평지를 발견했고, 이곳을 國洞이라고 칭했다. 나리동을 국동으로 이른 듯하다. 이명우는 이외에도 황토구, 흑작지, 苧浦(현재의 저동), 長作地(현재의 사동), 谷浦(현재의 남양) 등지가 모두 밭농사나 논농사에 마땅한 비옥한 땅이 아닌 곳이 없었다고 하며, 울릉도 거주할 만한 곳이 골짜기마다 있어 이루 다 기록할 수 없다고 했다. 이는 이명우의 임무가 울릉도를 개척할 경우 경작지와 주거지역으로 적당한 지역이 어디인가를 집중적으로 조사하는 것이었음을 말해준다. 이명우는 울릉도의 지형적

소, 2009.
50) 유미림, 앞의 글(2013), 281쪽.

특성, 수목, 약초, 조류와 짐승의 종류에 대해서 언급했다.51) 그에 반해 이규원의 검찰일기에 의하면 設邑의 耕食處로서는 수천 호를 살릴 수 있는 나리동을 제시하고, 이밖에도 100~200호를 수용할 수 있는 곳이 6~7처가 있다고 하였다. 또한 포구는 14처가 있으며 물산은 비교적 풍부하고 대표적 토산으로 43종을 열거하였다.52) 그에 반해 이명우의「울릉도기」에서는 포구가 12처였다고 되어 있다.

검찰사 이규원 일행은 원주─순흥─풍기─봉화─안동─영양─평해를 거쳐 평해, 즉 지금의 울진의 월송정 근처의 邱山浦에 도착하여 성황제와 동해신제를 지냈다. 4월 29일에 구산항을 출발하여 4월 30일에 울릉도의 서변 소황토구미포에 도착하였다.53) 4월 30일 울릉도 소황토구미에 도착해서 5월 1일, 산신제 등을 지내고 5월 2일부터 본격적인 조사를 시작하여 5월 2일~8일까지 도보로 섬 안을 조사했으며, 9~10일간 배편으로 울릉도의 해안을 한 바퀴 돌면서 조사하였다. 이규원 검찰사 일행은 5월 11일에 울릉도를 출발하여 13일 평해 구산포로 돌아왔다. 이명우 일정과 이규원 검찰사 일정이 다르기 때문에 도중에 만날 수가 없었고, 5월 8일, 이명우가 고종에게 복명할 시점에 이규원은 4월 10일 서울을 출발하였기 때문에 5월 8일에 울릉도에 있었다. 그것은 사전 조사가 아니다.

이명우는 1882년 모춘 중순, 3월 중순인 울릉도를 몰래 조사하라는 고종의 명을 받아 3월 16일 東營, 강원도의 감영 원주에 도착하여 강원감사 임한수에게 고종의 밀지를 주고 며칠을 머물렀다. 강원감사 임한수한테 울릉도 사정, 일본의 침탈을 들었을 것이다. 제천과 단양을 거쳐 27일 만에 평해에 도착하였다. 4월 14일에 평해의 구산 후풍소에서 발선하여 이튿날 밤(4월 15일)에 黑作地(현재의 현포)에 도착하였다. 錐峯(현재의 추산) 千年浦로부터 舊船倉(현재의 천부)에 닿아 초막에서 묵었다. 4월 16일부터 4월 21일까지 울릉도 조사를 하였다. 4월 22일 오후에 울릉도를 떠나 23일 사시(오전 9시~11시)에 삼척 莊湖浦에 도착하였다. 이명우는

---

51) 유미림, 앞의 글(2013), 277~279쪽.
52) 김호동,『독도·울릉도의 역사』경인문화사, 2007, 136쪽.
53)「이규원울릉도검찰계초본」『울릉군지』울릉군, 2007, 1369쪽.

약 한 달 10여일이지만 간략히 기록되어 있으나 이규원의 『울릉도검찰일기』에는 약 두 달 간의 여정이 상세히 기록되어 있다.

이명우의 울릉도 조사결과는 그의 문집인 『묵오유고』 「울릉도기」에 기록되어 있다. 이규원의 울릉도 조사 사항은 『울릉도검찰일기』와 「울릉도 검찰일기 계초본」에 있고, 이규원의 행적은 『고종실록』과 『승정원일기』의 관찬사료에도 언급되어 있다. 이명우의 행적에 대해서는 관찬 사료에 기술된 것이 없고, 묘갈명에도 나와 있지 않다. 이규원은 울릉도 검찰사라는 관명으로 모두 103명이라는 대규모 조사단을 이끌고 3척의 배에 들어갔으므로 가는 도중 관리들의 환대를 받았지만 이명우는 비밀리에 파견되었고, 관직도 낮았으므로 적은 수의 일행으로 갔다. 이명우가 접촉한 관리로 기록에 나오는 사람은 강원감사 임한수 뿐이다.[54] 이명우의 문집인 『묵오유고』 「울릉도기」에 축약되었다. 파견된 인원, 노정, 비용, 기타 상황 등에 기록하고 있지 않다. 조선후기 수토관은 배와 원역·격군 등 인원구성과 필요한 집물은 강릉, 양양, 삼척, 평해, 울진 등 동해안에 접한 고을에 차출했던 것으로 보이며, 강원감사가 주관하였다.[55] 이명우가 고종에 올린 계본의 경우 파견된 인원, 노정, 비용을 밝혔으며, 강원감사 임한수와 강원도 각 읍 수령도 환대하였을 것이고, 각 읍의 배와 원역·격군 등 인원구성과 필요한 집물은 각 읍 수령과도 협의하였을 것이다. 울릉도 조사할 때 월, 일을 밝혀 울릉도 체류자들과 일본인 체류자들까지도 상세하게 밝혀야 했을 것이다.

이명우의 「울릉도기」의 전편은 울릉도의 역사, 즉 연혁이었다. 우산국에서부터 조선시대의 매 3년마다 울릉도 수토제도가 끝맺음을 했다. 이규원의 「울릉도 검찰일기 계초본」과 『울릉도검찰일기』는 울릉도의 역사를 안 밝혔다. 이규원은 1881년 5월 23일 울릉도 검찰의 명을 받고, 1882년 4월 7일 고종에게 하직을 하며 4월 10일에 서울을 출발하고 원주~평해에 겪었던 것을 기록하였고, 울릉도 조사할 때 몇 월 몇 일을 적어

---

54) 유미림, 앞의 글(2013), 280쪽.
55) 손승철, 「조선후기 수토기록의 문헌사적 연구」 『울진 대풍헌과 조선시대 울릉도·독도의 수토사』 영남대학교 독도연구소 독도연구총서 14, 선인, 2015, 55~56쪽.

기록하였고, 귀로의 길, 5월 27일까지 기록하였다.

V. 조선 후기 수토관 기록과 이규원의 『울릉도검찰일기』

1693년에 울릉도에서 안용복과 박어둔이 일본 오야가의 어부들에 의해 일본에 납치된 것을 계기로 조선 조정과 일본 에도막부 사이에서 울릉도 영유권을 두고 외교 교섭이 진행되었다. 그것을 우리나라에서 '鬱陵島爭界'로 부르고, 일본에서는 '竹島一件'으로 부른다. 그 때문에 삼척영장 장한상은 1694년 9월 19일에 別遣譯官 安愼徽와 함께 員役 여러 사람과 沙格 모두 150명을 거느리고 와서, 騎船과 卜船 각 1척, 汲水船 4척에 배에 타고 울릉도에 갔다.56)

민을 입거시킬 수 없으니, 1~2년 간격으로 수토하는 것이 마땅하다고 건의했다. 이것이 숙종에 의해 받아들여지면서 울릉도의 수토방침이 결정되었다.57) 그렇지만 울릉도의 수토가 제도화되어 시행되는 것은 안용복의 1696년 도일사건 후 울릉도의 영유권문제가 매듭지어지는 1697년이다. 울릉도의 수토는 매 2년, 혹은 3년마다 월송만호와 삼척영장이 교대로 한번 씩 하였다.58)

수토관은 삼척 영장과 월송포 만호가 번갈아 했고, 수토군의 인원은 처음에는 150명이 되었으나, 1786년과 1794년 수토군이 모두 80명이었던 것으로 보아, 80명 선으로 조정되었다. 그리고 원역·격군 등 인원구성과 필요한 집물은 강릉·양양·삼척·평해·울진 등 동해안에 접한 고을에서 차출했던 것으로 보이며, 강원감사가 주관했고, 개항기에는 경상좌수영에서도 관계한 것으로 파악된다. 또한 선박 수는 1694년에는 150명에 선박이 기선과 복선 각 1척에 급수선 4척으로 도합 6척이었으나, 80명이었을 때는 4척이었다.59)

---

56) 張漢相, 『鬱陵島事蹟』1694년 9월.
57) 『숙종실록』권27, 숙종 20년 8월 14일(기유).
58) 김호동, 『독도·울릉도의 역사』영남대학교 독도연구소 독도연구총서 1, 경인문화사, 2007, 109쪽.
59) 손승철, 「조선후기 수토기록의 문헌사적 연구」『울진 대풍헌과 조선시대 울릉도·독도의 수토사』선인, 2015, 55~56쪽.

1711년 박석창의 「도동리 신묘명각석문」의 자료를 인용하여 수토사의 구성을 자세히 소개했다.[60]

「신묘년 5월에 세워 놓은 도동리 비석문」

신묘년 5월 9일, 倭舡倉에 도착하여 정박하였다. 오늘 이후 이 조사를 근거로 삼게 하려 한다.

만리 푸른 바다 밖으로 (이사부)장군은 彩舟를 타고 나갔다. 평생 충성심과 신의를 갖고 어려운 일을 처리하여 이후부터 우환이 없게 하였다

搜討官 折衝將軍 三陟營將兼僉節制使 朴錫昌이 서툰 글을 써서 돌에 새겨 동쪽에 세우다.

軍官 折衝 朴省三
折衝 金壽元
倭學 閑良 朴命逸
軍官 閑良 金元聲
都沙工 崔粉
江陵通引 金蔓
營吏 金嗣興
軍色 金孝良
中房 朴一貫
及唱 金時云
庫直 金危玄
食母 金世長
奴子 金禮發
使令 金乙泰

이 각석문의 내용을 볼 때, 수토사 구성의 구체적인 내역에 대해 파악할 수 있다. 군관·왜학·도사공·통인·영리·군색·중방·급창·고직·식모·노자·사령 등이 있다. 이들이 각기 어떠한 기능을 했는지는 아직 밝혀진 바는 없지만 직책을 통해 수토사의 역할에 대해 간접적으로

---

60) 「鬱陵島 道東里 辛卯銘刻石文」 경상북도 문화재자료 제413호. 경북 울릉군 울릉읍 도동리 581-1 향토사료관) 1937년 도동 축항공사 때 바다에서 인양한 비석, 높이 75cm, 너비 57cm, 윗면 너비 34cm.

추론해 볼 수 있을 것이다. 도사공은 군함 선에 소속된 뱃사공의 우두머리이다. 통인은 지방관서에 소속된 이속이다. 영리는 계본·별량 문서를 썼다.61) 군색은 군사에 관계되는 제반 사무를 맡아 보고 있다. 중방은 수토관을 따라 다니며 시중을 드는 사람이다. 급창은 수토관의 명령을 간접으로 받아 큰 소리로 전달하는 일을 맡아보던 사내종이다. 고직은 배의 창고를 맡아 관리하던 창고지기이다. 식모는 부엌일을 맡아 해주는 여자이다. 노자는 사내종이다. 사령은 수토관에서 심부름 등 천한 일을 맡고, 군관 밑에 있으면서 죄인에게 곤장을 치는 등 하는 일이 여러 가지였다.

이규원의 「울릉도 검찰일기 계초본」의 경우 이규원 검찰사가 수행한 인물들은 다음과 같이 102명이다.

與中樞都事臣沈宜琓 軍官出身臣徐相鶴 前守門將臣高宗八 差備待令畵員臣劉淵祜 及員役沙格等八十二名 砲手二十名 分載三船

군관·화원·원역·사격·포수 등이다. 원역은 吏胥의 일종이다. 사격은 배를 운행할 때 노를 젓는 沙工과 그를 돕는 格軍을 아울러 이르는 말이다. 격군은 배에 짐을 싣거나 부리며 그 밖의 잡일을 맡고 사공을 돕는 사람이다. 포수는 총포를 이용하여 야생 짐승이나 새 잡는 일을 맡아 본다.

이규원의 『울릉도검찰일기』에는 다음과 같은 기록이 있다.

섬에 들어갈 배 세척 가운데 上船은 杆城 배이고, 沙工은 朴春達이며, 從船 한 척은 강릉, 한 척은 양양 배였다. 배에서 고사지내도록 송아지 한 마리를 내리고, 평해군 사공에게는 쌀 1석을 내렸다. 영리 孫永太가 나왔다. 상선에는 사공과 格手 17명, 砲手 6명, 吹手 2명, 石手 1명, 刀尺 1명, 營吏 1명과 서울에서 내려온 상하 인원 10명을 태우고 종선 2

---

61) 이규원의 「울릉도 검찰일기 계초본」에 의하면 이규원 검찰사가 부행했던 영리 張秉奎가 울진에서 계본을 쓴 적이 있고, 영리 孫永泰는 平海에서 돌아와서 啓本을 쓴 적이 있고, 영리 李斗善은 平昌에서 別量 문서를 썼다고 하였다.

척에도 사공, 격군, 포군, 櫓軍을 나누어서 태우기로 하고 順風을 고대하였다.

위의 자료에 의하면 사공·격수·취수·석수·도척·노군이 더 있다. 격수는 격군이 동일하다. 이규원의 『울릉도검찰일기』 5월 8일 기록에 "석수를 시켜서 섬 이름과 사람 이름을 통구미와 황토구미에 새기게 했다"고 하였다. 석수는 「울릉도 검찰일기 계초본」 5월 8일 기록에 의하면 "소황토구미(현재의 학포)에 도착하였으니, 바로 처음 배를 댄 곳입니다. 석수를 시켜서 섬 이름을 바위 벽면에 새기게 하였다"고 하였다. 현재의 「울릉도태하리임오명각석문」이다. 도척은 배에서 음식을 조리하던 하인이다. 노군은 배에서 노 젓는 군사이다. 「울릉도 검찰일기 계초본」의 5월 5일 기록에 의하면 "東萊通辭를 미처 평해군에 대령시키지 못해 당초에 데리고 오지 못했으므로 말이 통하지 않아 글을 써서 문답하였다."는 기록이 있다. 이규원 일행은 왜학이 없다. 이규원 일행은 수토사처럼 도사공·통인·군색·중방·급창·고직·식모·노자·사령 등이 있다. 1711년(속종 37) 수토관 박석창의 「도동리 신묘명각석문」의 자료가 '화원'이 없으니 「울릉도도형」(서울대학교 규장각 소장 규12166)이 있었기 때문에 박석창의 일행에 '화원'이 더 있다. 박석창의 「울릉도 도동리 신묘명 각석문」[62]이 있다 보니 석수 박석창의 일행은 석수가 더 있다.

수토관은 삼척 영장과 월송포 만호가 번갈아 했고, 수토군의 인원은 처음에는 장한상의 일행은 150명이 되었으나, 1786년과 1794년 수토군이 모두 80명이었던 것으로 보아, 80명 선으로 조정되었다. 또한 선박의 척수는 1694년에는 150명에 선박이 기선과 복선 각 1척에 급수선 4척으로 도합 6척이었으나, 80명이었을 때는 4척이었다.[63] 이규원의 「울릉도 검찰일기 계초본」의 경우 이규원 일행은 103명이고, 3척이었다.

지금까지 밝혀진 수토관의 역할에 관해서 보면, 왜인탐색, 지세파악,

---

62) 「울릉도 도동리 신묘명 각석문」은 울릉도 도동 축항공사장, 구 어업창고 자리에서 발견되었다. 현재 독도박물관 내 향토사료관에 보관 전시중이다. 높이 75cm, 윗면 너비 34cm이다.
63) 손승철, 「조선후기 수토기록의 문헌사적 연구」『울진 대풍헌과 조선시대 울릉도·독도의 수토사』선인, 2015, 55~56쪽.

토산물진상, 인삼채취 등을 꼽을 수 있다.[64] 1799년 3월, 『정조실록』에 의하면,

> 강릉 등 다섯 고을의 첩보에 의하면, "採蔘軍을 정해 보내는 것은 을묘년(1795)부터 시작되었다. 그리고 반드시 산골에서 생장하여 삼에 대해 잘 아는 자들을 강릉은 5명, 양양은 8명, 삼척은 10명, 평해는 4명, 울진은 3명씩 나누어 정해 보내는데, 이들은 모두 풍파에 익숙하지 않다고 핑계를 대고 간간히 빠지려는 자가 많다. 그러므로 채삼군을 가려 뽑는 담당관이 중간에서 조종하며 뇌물을 요구하고 있다.[65]

고 했다. 이 내용으로 보면, 수토군의 역할 중 채삼은 중요한 임무중의 하나였고, 그 부담을 집물이나 격군의 차출과 마찬가지로 삼척을 포함한 인근 다섯 고을에서 충당했으며, 이를 피하려고 뇌물이 오고 가는 등 민폐가 심했던 모양이다. 이규원의 일행에 채삼군이 없었다.

Ⅵ. 맺음말

일본은 역사적으로 울릉도를 일본 영토로 하고 싶었다. 특히 일본은 1876년 조선을 개항하자 울릉도를 눈독 드리고 있었고, 울릉도에 무단 침입을 하였다. 이러한 울릉도에 대한 일본인의 침입을 조선 정부가 알아차린 것은 1881년(고종 18)이었다.

1881년 5월 22일 통리기무아문이 고종에게 올린 보고에 의하면 울릉도에서 일본인들이 나무를 찍어내어 원산과 부산으로 보내려하는 것을 울릉도 수토관이 적발하였다. 울릉도 수토관이 강원 감사에게 보고하였다. 강원 감사 임한수는 이러한 보고에 접하여 근래 일본 선박의 울릉도 왕래가 많고 이 섬에 눈독을 들이고 있다고 판단하여 통리기무아문으로 하여금 품의하여 처리하도록 요청하였다. 이러한 사태에 직면하여 통리

---

[64] 손승철, 「조선후기 수토기록의 문헌사적 연구」『울진 대풍헌과 조선시대 울릉도·독도의 수토사』 선인, 2015, 59쪽.
[65] 『정조실록』 정조 23년 3월 병자조.

기무아문은 국경침범의 사실로 간주하고, 첫째, 동래부의 왜관을 통해 일본 외무성에 항의 문서를 보내고, 둘째, 망망한 바다 가운데 있는 울릉도를 비워두는 것은 대단히 허술한 일이니 부호군 이규원을 울릉도 검찰사로 임명하여 그 형세가 요충지로 될 만한가 방어들 빈틈없이 하고 있는가를 살펴 대책을 강구하자고 제안하였다. 통리기무아문의 건의에 의해 1881년에 고종은 이규원이 울릉도 검찰사로 임명하였다.

이규원은 1881년 울릉도 검찰사로 임명되었지만 이듬해인 1882년 4월 7일 고종께 하직인사를 하고 4월 10일 서울을 출발하였다. 평해 구산포에서 4월 29일 103명이 세 척의 배에 나누어 타고 4월 30일 울릉도 소황토구미에 도착하였다. 이규원은 울릉도에서 6박 7일의 육로 검찰과 1박 2일의 해로 검찰을 하였다. 5월 2일부터 본격적으로 육로 검찰을 시작하여 5월 13일까지 울릉도와 竹島(대섬) 및 주변도서를 조사했다. 이규원이 울릉도 검찰한 후 고종은 1883년 울릉도 개척령이 내려졌다. 이규원과 고종이 없었다면 일본이 독도는 물론 울릉도를 집어삼킬 수 있었다.

이규원에 앞서 1882년 3월 중순, 고종의 밀지를 몰래 받은 이명우는 울릉도를 조사하였다. 이명우는 4월 14일에 평해의 구산 후풍소에서 발선하여 이튿날 울릉도에 도착하였고 울릉도를 조사하였다. 4월 22일 울릉도에 떠나 삼척 장호포에 도착했다. 이명우의 문집인『묵오유고』「울릉도기」에 있다.

이규원 검찰사가 수행한 사람은 심의완·서상학·유연호 및 원역, 사격 등이 82명, 포수 20명을 합하면 102명이고, 이규원을 합하면 103명이다. 이규원 검찰사가 부행했던 영리 장병규·손영태·이두선의 경우 계본과 별량문서를 쓰고, 이를 종합하여 밀주 박기화가「울릉도 검찰일기 계초본」을 썼을 것이다.

『울릉도검찰일기』에 의하면 울릉도 체류자들은 107명+40~50 명이고,「울릉도 검찰일기 계초본」에 의하면 울릉도 체류자들은 103명이다.『울릉도검찰일기』와「울릉도 검찰일기 계초본」을 합하면 울릉도 체류자들은 138명이다.『울릉도검찰일기』5월 3일 기록을 보면 중봉에 "초막이 4, 5군데 있고, 합하면 40~50명의 사람들이 각 초막에 흩어져 있었다."는 기록을 더하면 138명+40~50명, 최대로 보면 188명, 최소로 보면 178명이었다.

138명의 경우 출신도별로 보면 전라도가 최대 113명(흥양 삼도 출신 : 김재근 등 24명, 변경화 등 14명, 흥양의 초도 출신 : 김내언 등 13명, 김내윤 등 21명, 김근서 등 20명, 낙안 출신 : 이경칠 등 21명), 강원도(평해) 출신 최성서 등 14명, 경상도 출신이 10명(경주 7명, 연일 2명, 함양 1명, 대구 1명), 경기도(파주) 출신이 1명이었다. 중봉의 40~50명 사람들은 지역 명을 기록하지 않았다.

「울릉도 검찰일기 계초본」의 경우 5월 13일 기록 뒤에 "각 처의 상선은 봄에 섬에 들어와 나무를 베어 배를 만들고 고기를 잡고 미역을 캔 뒤 돌아가며, 약상배는 상선을 따라 들어와서 천막을 치고 약초를 캔 뒤 또한 배를 따라서 나갑니다."라고 기록하였다.

이규원이 마주친 일본인들은 일본정부의 울릉도 출어금지령을 들은 바가 없다고 하였고, 일본제국의 송도인 줄로 알고 있었다고 하였다. 남포규곡(장작지포)에 왜인 두 곳의 막에 일꾼은 합하여 78명이라고 답하였다.

이규원은 울릉도 검찰사라는 관명으로 모두 103명이라는 대규모 조사단을 이끌고 3척의 배에 들어갔으므로 가는 도중 관리들의 환대를 받았지만 이명우는 비밀리에 파견되었고, 관직도 낮았으므로 적은 수의 일행으로 갔다. 이명우가 접촉한 관리로 기록에 나오는 사람은 강원감사 임한수 뿐이다.

이명우의 「울릉도기」의 전편은 울릉도의 역사, 즉 연혁이었다. 이규원의 「울릉도 검찰일기 계초본」과 『울릉도검찰일기』는 울릉도의 역사를 안 밝혔다. 「울릉도 검찰일기 계초본」과 『울릉도검찰일기』의 경우 원주~평해에 겪었던 것을 기록하였고, 울릉도 조사할 때 몇 월 몇 일을 적어 기록하였고, 귀로의 길, 5월 27일까지 기록하였다.

수토관은 삼척영장과 월송포 만호가 번갈아 했고, 수토군의 인원은 처음에는 장한상의 일행은 150명이 되었으나, 1786년과 1794년 수토군이 모두 80명이었던 것으로 보아, 80명 선으로 조정되었다. 또한 선박의 척수는 1694년에는 150명에 선박이 기선과 복선 각 1척에 급수선 4척으로 도합 6척이었으나, 80명이었을 때는 4척이었다. 이규원의「울릉도 검찰일기 계초본」의 경우 이규원 일행은 103명이고, 배 3척이었다.

이규원 검찰사의 경우 한계가 있다. 송도·죽도와 함께 우산도가 나오지만 울릉도와 이 세 섬이 어떻게 구별되는가에 대한 언급이 없다. 단지 우산을 울릉이라고 하는 것이나 '탐라'를 제주라고 하는 것은 마찬가지라고 하여 울릉도를 '우산도'라고도 한다는 인식을 하고 있다. 일본 학자들은 당시 이규원의 이러한 인식을 들면서 조선 조정은 독도를 조선 영토로 인식하지 않았다고 주장하고, 이에 대한 한국의 본격적인 비판은 이루어지지 않고 있다고 한다.

【참고문헌】

김호동, 「이규원의 '울릉도 검찰' 활동의 허와 실」『대구사학』71, 2003
김호동, 「개항기 울릉도 개척정책과 이주실태」『대구사학』77, 2004
김호동, 『독도·울릉도의 역사』 경인문화사, 2007
김호동, 「울릉도의 역사로서 '우산국' 재조명」『독도연구』7, 영남대학교 독도연구소, 2009
독도연구보전협회, 『독도영유권 자료의 탐구』 제2권, 1999
삼산면지발간추진위원회, 『三山面誌』, 2000
손승철, 「조선후기 수토기록의 문헌사적 연구」『울진 대풍헌과 조선시대 울릉도·독도의 수토사』 영남대학교 독도연구소 엮음, 선인, 2015
송병기, 『재정판 울릉도와 독도』 단국대학교출판부, 2007
신용하편저, 『독도영유권 자료의 탐구』 제2권, 독도연구보전협회, 1999
양태진, 「조선 정부의 영토관할정책 전환에 대한 고찰 : 이규원 검찰사의 『울릉도 검찰일기』를 중심으로」『영토해양연구』 6, 2013
울릉군지편찬위원회, 『울릉군지』 울릉군, 2007
유미림, 「1882년 고종의 밀지와 울릉도 잠행 : 이명우의 「울릉도기」에 대한 해제」『영토해양연구』 6, 2013
이선근, 「근세 울릉도 문제와 검찰사 이규원의 탐험성과 : 그의 검찰일기를 중심한 약간의 고찰」『대동문화연구』 제1집, 1963
이혜은·이형근, 「만은 이규원의 『울릉도검찰일기』」 한국해양수산개발원, 2006
임영정, 「이규원 검찰사와 독도의 인지」, 『검찰사 이규원』 (국립제주박물관 특별전도록) 2004

제10장

개항기 울도 군수의 행적

I. 머리말

대한제국 內部에서 1900년 10월 22일자로 의정부에 울릉도 設郡請議書를 제출하였다. 설군 이유로서는 울릉도가 내륙 산군에 비해 호수, 토지, 농산 등에서 큰 차이가 없으며, 외국인들이 왕래하고 있어 도감이란 호칭으로는 행정을 하는데 장애가 된다는 것이다.[1] 내부대신 이건하의 설군청의서가 1900년 10월 24일의 의정부회의에서 만장일치로 통과되자 대한제국정부는 10월 25일자 칙령 제41호로 전문 6조로 된 '鬱陵島를 鬱島로 改稱하고 島監을 郡守로 改正훈 件'을 10월 27일에『官報』에 게재하여 전국에 반포하였다.

대한제국 칙령 제41호에 의해 울릉도는 울도군으로 승격되어 강원도 독립군현 27개 중의 하나로 자리 잡게 되었다. 11월에 울릉도의 초대 군수는 도감으로 있던 裵季周가 奏任官 6등으로 임명되었고,[2] 뒤이어 사무관으로 崔聖麟이 임명 파송되었다.[3]

초대 군수는 裵季周이고, 2대 군수는 姜泳禹이고, 3대 군수는 배계주

---

1) 국사편찬위원회,『各司謄錄』근대편,「各部請議書存案」17, '鬱陵島를 鬱島로 改稱 ᄒ고 島監을 郡守로 改正에 關훈 請議書'.
2)『舊韓國官報』제1744호, 광무 4년 11월 29일, '任鬱島郡守叙奏任官六等九品裵季周'.
3)『皇城新聞』1901년 1월 18일「잡보 : 훈령울도」.

이고, 4대 군수는 沈興澤이고, 5대 군수는 具然壽이고, 6대 군수는 沈能益이고, 7대 군수는 全泰興이었다.

울도 군수의 행적은 연구가 되지 않았다. 그나마 배계주와 심능익 울도 군수의 연구가 있다.

김호동,「『鬱島郡節目』을 통해 본 1902년대의 울릉도 사회상」『藏書閣』 30, 한국학중앙연구원, 2013.

홍정원,「울도 군수 심능익 보고서(1909)를 통해 본 울도군 상황 연구」『한국근현대사연구』 58, 2011.

위의 2개의 논문은 배계주, 심능익 울도 군수를 통해 1902년, 1909년의 울릉도 사회상을 연구한 것이다. 그렇기 때문에 '울도 군수의 행적' 연구가 필요하다. 울릉도, 독도를 다루는 책이나 논문의 경우 독도영유권을 고려해서 울릉도의 개척사, 초대 군수 배계주와 4대 군수 심흥택의 경우 긍정적으로 그려내고 있다. 필자는 '개항기의 역사'는 '실패의 역사'라고 생각하고 있다. 그렇기 때문에 고종과 순종, 대원군과 민비(명성황후)를 부정적으로 보고, 대한제국의 조정 관리들과 울도 군수를 긍정적으로 보지 않고, 부정적으로 보고 있다. 대한제국이 임명한 울도 군수는 울릉도 업무에 몰랐고, 무능하였다. 그 이유 때문에 현재의 한국과 일본 사이에 독도를 자기네 땅이라고 한다."고 하였다. 2장은 당초 1대 배계주, 2대 강영우, 3대 배계주, 4대 구연수, 5대 심흥택, 6대 심능익, 7대 전태흥의 절을 나누는 게 좋을 것이라고 하였다. 그러나 강영우, 구연수, 심능익, 전태흥 자료가 거의 없으니 절을 잡을 수가 없다.

Ⅱ. 울도 군수의 행적

1900년 10월 25일, '대한제국 칙령 제41호'에 의해 울릉도는 울도군으로 승격되고, 도감을 군수로 개정하였다. 비록 군의 등급이 최하급인 5등으로 규정하였지만 관제에 편입하여 중앙으로부터 주임관인 군수가 파견되었다는 점에서 획기적 조치임이 분명하다. 1896년의 '칙령 제36호'의 '지방제도와 관제의 봉급과 경비 개정에 관한 건'에 의하면 군의 경우 巡校 2명, 首書記 1명, 書記 4명, 通引 2명, 使令 4명, 使傭 2명, 使僮 1명, 客舍直 1명, 鄕校直 1명 등 모두 19명의 직원을 둘 수 있었지만4) '대한제국 칙령 제41조' 제4조에서 "경비눈 五等郡으로 磨鍊호되 現今間인즉 吏額이 未備호고 庶事草創호기로 海島收稅中으로 姑先 磨鍊홀 事"라고 한 것으로 보아 군수 이하 직원이 다 갖추어지지 않았음을 알 수 있다. 1902년의 「울도군절목」 '후록'에 의하면 군수 외에 鄕長 1명, 서기 1명, 사령 3명이 있을 뿐이다. 그렇기 때문에 배계주는 「울도군절목」을 내부에 올리면서 '全島庶務尙多'라고 하여 직원의 증액을 넌지시 요청하였지만 내부가 작성한 '후록'에 의하면 5등군에 걸맞은 관원이 여전히 갖추어지지 않았음을 알 수 있다.5) 칙령 제41호를 논하면서 '칙령 제36호'에 근거하여 "(울도군에도) 모두 19명의 직원을 둘 수 있게 되어 우용정이 염려하였던 바 울릉도의 관장도 지방관으로서의 체통을 세울 수 있게 되었다"6)는 평가와는 달리 1902년에도 울도 군수의 지방관으로서의 체통이 확립되지 않았다.

배계주는 1900년 10월 25일, '대한제국 칙령 41호'에 의해 울릉도를 울도로 개칭하고 도감을 군수로 개정한 조치에 따라 11월 29일에 초대 울도 군수로 임명되었다.7) 배계주가 첫 울도 군수에 임명된 것은 개척민의 일원이기 때문이다. 일본인 진술 자료에 의하면 배계주가 인천 영종도의 주민으로서 1881년에 울릉도에 이주하여 개척에 앞장섰다는 기록이 나온다.8) 또 "그(배계주)가 이 섬에 이주한 이래 오직 개척과 농업에 힘썼고

---

4) 『官報』建陽 元年 8月 6日, 『勅令』建陽 元年 8月 4日 ; 『官報』建陽 元年(開國 505年), 勅令 제36호「地方制度와 官制와 俸給과 經費의 改正에 關훈 件」.
5) 김호동, 「「鬱島郡節目」을 통해 본 1902년대의 울릉도 사회상」『藏書閣』30, 한국학중앙연구원, 2013, 117~118쪽.
6) 송병기, 『재정판 울릉도와 독도』 단국대학교출판부, 2007, 195쪽.
7) 『舊韓國官報』제1744호, 光武 4년 11월 29일, "任鬱島郡守叙奏任官六等九品裵季周".
8) 日本 特命全權公使 林權助가 外務大臣 小村壽太郎에게 보고한 비밀문서에 의하면, 경성에 있는 배계주를 만나 이야기를 듣고 "배계주는 仁川 對岸에 있는 永宗島의 주민으로 지금부터 20년 전 울릉도에 이주하여 개척할 것을 계획하고 솔선해서 이 섬에 渡航하여 그 개척에 종사했습니다."라고 한 보고를 하였다(駐韓日本公使館記

본토로부터의 이주민을 장려하여 이 섬에서는 약간의 덕망이 있다고 한다."9)는 기록을 통해 배계주가 첫 울도 군수로 낙점되었음을 알 수 있다. 울도 군수로 임명되기 전에 1895년 8월에 울릉도 도감으로 첫 임명되었고, 1899년 재차 울릉도 도감으로 임명되었고, 일본인의 벌목을 적발하여 그 처벌을 중앙정부에 낱낱이 보고하였으니 울도 군수의 적임자로 여겨졌을 것이다. 그 때문에 배계주가 1900년 11일 29일자로 울도 군수로 임명되었다.10)

1901년 초에 설군에 따른 여러 가지를 준비하기 위해 內部 관원 崔聖麟을 파견하였다.11) 그렇지만 1901년 2월 2일 기록에 울도 군수 배계주가 미부임하였다는 기록과12) 3월 13일에 도임하였다는 기록이 나온다.13) 내부의 훈령을 3월 13일 배계주가 울릉도에 도착한 이후에 받았다. 배계주는 울릉도에 부임하기 전에 처음으로 신식학교를 설립하려고 학부에 인허를 신청하였다.14)

1900년 11월 29일자로 울도 군수로 임명되었으나 1901년 3월 13일에 울릉도에 겨우 도착하였다. 울도 군수 배계주가 도임한 후 도임 보고가

錄』本省機密往信, 機密133호, 明治34년 12月 10일,「鬱陵島在留民取締ノ爲〆警察官派遣ノ件上申」) ;『일본 외무성 외교사료관 소장 한국관계사료목록(明治・大正編)』에 의하면 배계주는 1896년에 '46세'로 기록되어 있으므로 20년전, 1881년에 29세 때 울릉도에 들어왔다고 할 수 있다.『光緒九年四月 日 鬱陵島開拓時船格糧米雜物容入假量成冊』(서울대학교 규장각도서, No.17041)에 의거해 흔히들 1883년 개척령에 의해 16호 54명이 울릉도를 개척하였다고 하지만 1883년 이전에 울릉도에 거주를 위해 울릉도에 들어온 사람들을 상정하여야만 한다.
9) 일본 외무성자료 616-10『부산영사관보고서 2』1902년 5월 30일,「韓國鬱陵島事情」'裵季周와 島民'.
10)『舊韓國官報』제1744호, 광무 4년 11월 29일, "任鬱島郡守叙奏任官六等九品裵季周".『승정원일기』고종 37년 10월 5일, "任鬱島郡守裵季周"라는 기록이 있다. 그것은 잘못이다.
11)『皇城新聞』광무 5년 1월 18일, "내부에서 울도 군수 배계주에 훈령하되, '본도를 군으로 승격한 후에 政體를 아직 정하지 않았으므로 최성린을 파견하여 군청 사무를 조사하게 하였더니, 길이 험해 평해군에 체재해 있는지라, 題益船을 파견하여 배를 대게 하였으니 훈령이 그곳에 도착하면 바로 상경하십시오'라고 하였다고 한다."
12)『各司謄錄』通牒 제23호(1901년 2월 2일).
13)『各司謄錄』通牒 제152호(1901년 7월 15일).
14)『皇城新聞』1901년 2월 27일,「雜報」'鬱島設校'

7월 16일까지 미도착하였다는 기록이 있다.15) 그 이유는 배편이 옳게 개설되지 않은 탓으로 보이기도 한다. 배계주가 울릉도에 도착하기 전에 開運丸(濟益船)이 규목을 싣다가 황토포에서 풍랑으로 파선되었다. 울릉도 개척이후 울릉도민의 교통과 통신을 담당할 우리 선박이 없었다. 궁여지책으로 울릉도민이 개운환이라는 이름의 범선 한 척을 구입코자 하였는데 그 대금을 변통할 방법을 찾지 못할 때 1900년, 울릉도 시찰위원인 우용정이 울진사람 최병린과 함께 구입하여 운행하도록 한 적이 있다.16) 『皇城新聞』1901년 3월 11일자의 「雜報」 '島民訴請'의 기사에 의하면, 開運丸(濟益船)이 규목을 싣다가 황토포에서 풍랑으로 파선되자 개운회사 사원은 선박이 정부가 구입해준 것인데 너희들이 규목을 갖다 싣는 것을 지체했기 때문에 부서졌으니 船價와 비용 1만 6천냥을 도민에게 징수하여 다시 선박을 구입해 오려고 하였다. 이에 반대한 도민들이 나타나서 군수의 보고서를 갖고 울릉도 사정을 아는 田士能을 부산에 보냈더니 인장을 위조하여 군수 보고서에 찍었다고 하면서 전사능을 부산항 監理署에서 구속하여 재판을 요청하였다는 기사가 나온다. 배계주가 3월 13일에 울릉도에 부임하였기 때문에 군수 보고서의 인장이 가짜로 쉽게 들통 난 셈이다. 『皇城新聞』1901년 10월 29일, 「잡보」란에 울릉도 도민들이 회의한 결과 울릉도에서 商權을 외국인, 즉 일본인에게 빼앗기는 것은 화물을 운반할 선박이 없기 때문이라고 결론짓고 도민들이 각기 股金(주식회사의 자본금)을 출연하여 保合丸 2척을 구입하기로 의결했음을 外部에 보고하였다. 배계주가 개운환이 파선된 후 운반선 2척 비용을 도민에게 부과하려다가 일부 도민의 거센 반발에 부딪친 바가 있다. 그 때문에 1902년 초에 배계주가 해임되고, 강영우가 제2대 울도 군수로 임명된 원인도 여기에 있었던 것으로 추정된다는 해석이 있다.17)

---

15) 『各司謄錄』근대편, 「內部來文」17, 「通牒」제187호, 광무 5년 8월 20일 ; 김호동, 「『鬱島郡節目』을 통해 본 1902년대의 울릉도 사회상」(『藏書閣』30, 한국학중앙연구원, 2013, 129쪽)에서 "8월 20일까지 울도 군수 배계주의 부임보고 도착하지 않았다는 기록이 나온다."는 것은 잘못된 것이다. 8월 20일이 아니고, 7월 16일이다.
16) 우용정, 『울도기』; 『皇城新聞』광무 5년 3월 11일자 「잡보」.
17) 신용하 편저, 『독도영유권 자료의 탐구』제3권, 독도연구보전협회, 2000, 151쪽.

배계주의 도임 보고가 오지 않아서인지 8월에 釜山海關의 士彌須, 同 幇辦 金聲遠, 東萊監理署主事 丁寶燮 등을 울릉도에 파견하여 울릉도민들이 고소한 울릉군수 배계주가 선박 구입비를 주민들에게 강제로 떠넘기는 문제를 조사하였고,[18] 일본인들의 실태를 조사하였다. 현지조사를 마친 사미수는 곧 정부에 보고서를 제출하였다(8월). 그 요지는 (1) 島內에 상주하는 일본인 수는 550명이며, 이 밖에도 매년 採魚·벌목차 來島하는 수가 300~400명에 이른다, (2) 도내 일본인의 2대 파벌인 '하타모도당'과 '와기다당'이 울릉도를 남북으로 分界, 森林을 스스로 영유하여 '認狀' 없이 벌목하고 있는데다가 도민들의 벌목을 금하고 위반자로부터 벌금을 징수하고 있다, (3) 도내 일본 선박 수는 板材를 싣고 출범중인 5척을 포함하여 21척이며, 부산 일본영사관의 准單(허가증)을 가진 어선 7척과 潛水夫艇 13척이 있다는 것 등이었다.[19] 이런 사미수 보고가 있고 난 후 배계주의 비슷한 보고가 접수되었다.[20] 이 자료를 통해 울도군으로 승격되었고, 울도 군수가 울릉도를 다스렸지만 배계주가 일본의 침탈을 전혀 막지 못했음을 보여준다. 실상 울도군으로 승격되었고, 군수가 파견되었지만 행정 실무를 담당할 관속도 제대로 배치되지 않았으며, 치안을 담당할 吏校는 아예 배치되지 않았음을 1902년의 「울도군절목」을 통해 확인할 수 있으므로 배계주의 무능은 대한제국 정부의 무능 탓이다.[21]

그렇지만 다음의 자료 ①를 통해 배계주가 울릉도 재류 일본인과 도민들로부터 신망을 잃고 울도 군수의 직임을 수행하지 않고 본토로 도주하였기 때문에 울도 군수에 면직되었다고 하는 것이 온당할 것 같다.

① 그 후 메이지 34년에 宮內府 조사위원 崔秉鱗이 섬에 왔을 무렵, 하타모토, 와키타 등은 자기 배에 한인의 짐과 본방의 물품을 실어 조선 본토의 비개항장으로 출항하려 하였다. 이것을 도감이 알고 최병린과 도모하여 기선 창룡호가 섬에 오는 대로 편승하여, 부산 세관에 가서 호

---

18) 孫純燮, 「鬱陵島史」. 이 문건은 전 울릉교육장 이종열에게 제공하였음.
19) 『皇城新聞』 광무 6년 4월 29일.
20) 『各司謄錄』照會 제11호(1901년 9월 25일),
21) 김호동, 「「鬱島郡節目」을 통해 본 1902년대의 울릉도 사회상」『藏書閣』30, 한국학중앙연구원, 2013, 129쪽.

소하여 선체와 화물을 압수하고, 한편으로 본인 등은 (하타모토 등을) 섬에서 퇴거시키려고 섬의 한인 등과 협의하였다. 이것을 하타모토 에이지로(畑本榮次郎) 외 여러 명이 알게 되었다. 사태가 심상치 않자 하타모토는 최병린에게 그 이유를 물었더니 그는 결코 그런 협의를 한 적이 없다고 답변하여 배 군수 외 3명을 세워 입증하려 하였으나 하타모토 등은 확실한 증거가 있다고 주장하며 들어주지 않았다. 논쟁 끝에 서로 3,650원의 현상금을 걸고 사실로써 승패를 가리기고 약속하였다. 쌍방이 도동에 모여 증인을 세워 사실 취조를 하자, 협의에 참가한 한인 金性述이 최병린과 배계주가 밀계한 것을 증명하였다. 그러자 최병린도 할 수 없이 계약금을 지불하지 않을 수가 없었다. 그러나 소지한 돈이 없었으므로 콩 200석으로써 승낙하라고 하였다. 마침 도민 김병문 외 7명이 콩 165석 5두 5석을 부산으로 보내 각장 생필품을 사기 위해 아마노 시치조(天野七藏)의 배 쇼에이마루(昌榮丸)에 싣고 있었다. 그것을 (최병린은) 억지로 자기 콩이라 하고 배계주도 지휘하여 배에서 상륙시켜 하타모토에게 교부하였다. 그리고 김성술을 자택에 불러, 일본인에게 그리 증명한 것을 힐책하며 "이 손해는 너희가 빨리 지불하여야 한다."고 엄명하고 구류하였다. 김성술은 울분을 참지 못하였으나 따로 피할 길이 없었기 때문에 내일 콩을 조달하여 변상한다고 속이고 귀가하여 그날 밤 자기 집 나뭇가지에 새끼줄을 매고 목매어 죽었다. 그러므로 荷主는 물론 섬 안의 한인들이 크게 격앙하여 배 군수에게 그 처치가 부당, 불합리함을 비난하였다. 배는 최와 은밀히 섬의 서쪽 뒷면 통구미로 가서 창룡호에 편승하여 본토로 도주하였으니 도민들로부터 평판이 좋지 않았다고 한다.

참고 : 금년 5월 5일에 최병린과 배계주로부터 하타모토 에이지로에게 넘어간 콩의 피해자 김병문 외 7명으로부터 콩을 되돌려주도록 하타모토를 설득해 달라는 신청이 있었다. 사실을 취조하자 배계주와 최병린 두 사람이 완전히 자기 소유품으로 넘겨버린 증거가 있었다. 그러므로 배계주가 섬에 돌아온 후에 다시 신청하도록 타일렀다.

위와 같이 보고함.

메이지 35년(1902) 5월 30일
                  울릉도 경찰관 주재소 재근

경부 니시무라 게이조(西村鋒象)

영사 시데하라 기주로(幣原喜重郞) 귀하[22]

위의 자료에 나오는 '도감'은 '군수'의 잘못이다. 최병린은 內部 관원 崔聖麟이다. 울릉도의 재류 일본인 2대 파벌을 이끌었던 하타모도와 와키다 등은 자기 배에 짐을 싣고 출항하려고 하자 배계주와 최병린이 창룡호가 오는 대로 편승하여 부산세관에 가서 선체와 화물을 압수하고 하타모도 등을 울릉도에서 퇴거시키려고 섬의 한인들과 협의하였다. 그 낌새를 알아챈 하타모도는 최병린에게 따졌다. 그 일로 논쟁이 벌어져 3,650원의 현상을 걸고 사실로써 승패를 가리기로 약속하였다. 사전 모의에 참가하였던 김성술이 최병린과 배계주가 밀계한 것을 증명하였다. 그러자 최병린이 소지한 돈이 없었으므로 도민 김병문 외 7명이 콩 165석 5두 5석을 창영환에 싣고 있는 것을 자기 콩이라고 하고, 배계주가 배에서 내려 와타모도에게 주었다. 그리고 김성술을 힐책하여 결국 김성술이 자살하였다. 그 때문에 荷主 김병문과 도민들이 크게 격앙하여 배계주 군수에게 부당, 불합리함을 비난하였다. 궁지에 몰린 배계주와 최병린이 창룡호에 편승하여 본토로 도주하였으니 울릉도민들로부터 평판이 좋지 않았다고 한다. 그로 인해 배계주가 울도 군수에 면직되었고, 제2대 군수로 姜泳禹가 1901년에 10월 9일(음력 8월 27)일에 임명되었다.[23] 울도 군수 姜泳禹가 1901년 12월 30일에 울릉도에 도착하였다.[24]

배계주가 외부에 보고한 바에 의하면 일본인이 섬 전체에 가득 차 불법을 자행하고, 토지가 장차 저들의 손에 들어가게 생겼으니 일본 공사관에 알려 섬에 들어온 일본인을 속히 철수하게 하라고 하였다.[25] 1901년

---

22) 일본 외무성자료 616-10, 『부산영사관 보고서 2』 1902년 5월 30일 ; 박병섭, 『한말 울릉도·독도 어업-독도영유권의 관점에서』 한국해양수산개발원, 2009, 119~120쪽 재인용.
23) 『승정원일기』 고종 38년 8월 27일, "前議官姜泳禹 任鬱島郡守", 『皇城新聞』 1901년 10월 9일.
24) 국사편찬위원회, 『各司謄錄』 근대편, 「內部來文」 20, 「通牒」 제29호, 광무 6년 1월 25일, "鬱島郡守 姜泳禹 光武五年十二月三十日 到任".

9월 울도 군수 배계주의 내부에 보낸 보고서에 의하면 일본인 1,000명의 울릉도 벌목과 토지 점탈에 대한 일본공사에게 일본인 철수 요청이 있다. 배계주의 보고서는 구체적으로 '작년에 우용정이 시찰위원으로 울릉도에 왔을 때 일본인들이 다시는 침범하는 폐단을 없애겠다고 한 약속을 지키기는커녕 시찰관 상경 후 산의 槻木을 모조리 베어내고, 올해에는 일본인 1,000명이 울릉도에 작당하여 들어와서 전 울릉도의 산을 남·북으로 나누어 700호가 거주 중이며, 일본인의 폐단이 널로 더 커져서 울릉도 백성들이 안도하지 못하여 흩어질 지경에 이르렀다고 하여 울릉도에 밀입도한 일본인들의 목재 남벌 금단과 기한을 정한 일본인들의 철수를 일본공사에게 요구하여 반드시 실행해 달라'는 요청을 하였다. 이에 내부대신 李乾夏가 울릉도에 일본인들을 철수시키지 못하면 울릉도의 500호, 수천 명의 인구가 흩어져 버리고 말게 되었으니, 앞서 수차례 조회한 바와 같이 일본공사에게 조회하여 울릉도의 일본인 난민들을 기한을 정하여 철수케 하고, 그 결과를 알려달라고 외부대신 박제순에게 요청하였다.26) 김성술 자살사건이 일어나자 울릉도민이 배계주를 비난하였고, 그

---

25) 『江原道來去案』 광무 5년(1901) 9월 일 「보고서 제1호」 ; 『江原道來去案』 광무 5년 9월 13일 「보고서 副本」.
26) 국사편찬위원회, 『內部來去案』14, 「照會 제11호」, '槪 鬱陵島日本亂民撤歸事' 광무 5년 9월 25일, "照會 第十一號 '槪 鬱陵島日本亂民撤歸事',

上年十月日에 貴部第十五號 第十六號 照覆을 連接ᄒ와 敝部로셔 第十九號 照會를 更爲仰佈ᄒ왓더니 經年閱序에 如何ᄒ신 照覆을 尙斬ᄒ시와 至今鬱ᄒ온中 現接鬱島郡守 裵季周 報告書內開. 本島가 僻在海隅ᄒ야 島中居民이 只以畊田爲業而近年日人이 數數往來ᄒ야 或伐規木ᄒ고 或侵居民之事狀을 昨年分視察官 禹用鼎 已所洞悉者也라. 伊時에 招集日人裁判則日人이 更勿侵漁之弊로 自服矣러니 視察官上京後로 在山槻木無一遺漏ᄒ옵고 今年則日人千餘名이 作黨突入ᄒ야 全山南北分界ᄒ와 七十餘戶居生島中이옵고 分界之內雖一草一木이라도 大韓之民은 勿爲犯斫케 ᄒ고 島民 尹殷中이 蓋屋之事로 伐木作板이온즉 稱云渠山之木이라 ᄒ옵고 勿犯케 ᄒ오니 大抵渠國渠山之木이라도 不至此境이온 又況大韓之土地乎잇가. 日人之弊가 去去益甚이온즉 島中居民이 不得安堵ᄒ야 至於渙散之境이옵고 大韓土地를 奪之於日人이온 故로 玆以報告ᄒ오니 照亮ᄒ신 後 特爲公決之地伏望等因ᄒ온즉 在島日人의 滋弊가 愈往愈甚ᄒ야 犯斫木料를 益無顧忌뿐더러 全島南北을 分界築室ᄒ고 滿山木料를 看作已有ᄒ야 島中民蓋屋伐木을 還爲禁止라 ᄒ오니 言念及此에 不覺寒心이라. 大抵在島無恤之日人을 若不撤還ᄒ오면 全島五百戶數千名人口가 渙散乃已이옵기 前後仰照가 非至一再이온바 尙今延拖ᄒ

돌파구로 일본인의 울릉도를 불법으로 점령하였다는 것을 외부와 내부에 보고서를 내었다.

1대 군수 배계주는 최병린과 창룡호에 편승하여 본토로 도주하였다. 제2대 울도 군수 姜泳禹가 1901년 12월 30일에 울릉도에 도착해보니 전임 군수가 없어 직접 인수인계가 안 되었다.

『皇城新聞』1901년 9월 18일 「잡보」 '鬱島의 日人作梗' 란에 다음과 같이 "근자에 정부에서 본도를 일본에 주기로 허락한 적이 있습니까?"라고 여론을 일으켰다.

② 울도민들이 日人이 행패를 부리는 일로 어제 내부에 호소하였고, 또 외부에 호소하되, "울릉도에 침입한 일본을 쇄한하는 건과 과련하여 작년에 정부에서 관원을 보내와 일본 양사와 만나 기한을 정해 돌아가게 했는데도 아직까지 퇴거하지 않고 미루고 있습니다. 올해는 일본인이 본도에 많아 모여 그들의 땅이라는 명목으로 규목과 기타 재목을 마음대로 베어가고 있습니다. 그런 가운데 도민 尹殷中이 긴요하게 쓸데가 있어 규목 한 그루를 베자 일본인 작당하여 와서 무수히 난타하고는 '너희가 어째서 우리 나무를 취하느냐'고 하였습니다. 그러니 근자에 정부에 본도를 일본에 주기로 허락한 적이 있습니까?"고 했다고 한다.(『皇城新聞』 1901년 9월 18일 「잡보」 '鬱島의 日人作梗')

『皇城新聞』이 여론을 일으키자 9월 27일 내부대신 이건하가 외부대신 박제순에게 공문을 보내 '일본공사에게 조회하여 울릉도의 일본인 난민들을 기한을 정하여 철수케 하고, 그 결과를 알려 달라'고 요청하였다. 그 이후에 배계주가 울도 군수에 면직되었으며 강영우를 울도 군수로

와 爲弊滋甚에 罔有紀極ᄒ온즉 公法所在에 該日民之行悖ᄂᆞᆫ 實爲兩國之羞라. 玆更仰佈ᄒ오니 照亮ᄒ신 後 日本公使에게 知照ᄒ시와 在島之日本亂民을 定期撤歸케ᄒ시고 示明ᄒ시믈 爲要.

　　　　　議政府贊政內部大臣 李乾夏
　　　　　議政府贊政外部大臣 朴齊純 閣下
　　　　　大臣 協辦 局長 參書
　　　　　光武五年九月二十五日
　　　　　接第十二號 光武五年九月二十五日發 九月二十八日到"

임명하는 것을 들었을 때 김성수 자살사건이 일어나자 울릉도민들이 크게 격앙하여 배계주 군수에게 부당, 불합리함을 비난하였기 때문에 궁지에 몰린 배계주와 최병린이 창룡호에 편승하여 본토로 편승하여 도주하였다.

제1대 배계주 울도 군수가 해임되었다. 1901년 10월 9일, 강영우가 제2대 울도 군수가 임명되었다. 제2대 강영우가 울도 군수에 임명되면서 울릉도에 도임되기도 전에 다음과 같이 일본 공사관 고쿠부 쇼타로(國分象太郞) 서기관을 면담하여 울릉도에 일본 경찰관주재소를 만드는 것에 동의하였다.

③「鬱陵島在留民 단속을 위한 警察官 派遣의 件 上申」[27]

'機密 第133號'

울릉도는 종래 島監을 두어 섬을 다스리게 하였는데 이번에 새로 郡守를 두기로 하여 新郡守 姜泳禹라는 자가 근간 출발할 것입니다. … 그 뿐 아니라 신임 군수가 부임하기에 앞서 外部大臣 朴齊純 씨는 앞서 고쿠부(國分) 서기관에게 신임 군수가, 전 도감 배계주로부터 우리 나라 사람들의 행위와 관련하여 섬을 다스리는 데에 곤란한 정황을 듣고 재류 일본인의 발호가 이러한 이상은 신임 군수의 부임을 당하여 어떠한 불상사가 야기될지도 모른다며 매우 공포심을 갖고 있으니 어떻게든 단속할 방법이 없겠느냐는 상의가 있었습니다. 따라서 동 서기관은 어쨌든 신임 군수와 면담을 마치고 적당한 단속법을 강구하겠다고 대답하였다는 것입니다. 그런데 그 후 신임 군수 강영우가 재삼 來館하여 고쿠부(國分) 서기관을 면담한 데 대하여 본 공사는 이 섬에 재류하는 일본인의 행위를 감시할 목적으로 우리 경관을 매년 임시 출장시키든가 또는 상주시키는 두 방법 중 하나를 가려 시행하는 수단을 강구하겠다고 동 서기관을 시켜 전하게 했던바 동 군수는 되도록 빨리 그런 조치를 취해 주기를 희망한다고 대답한 모양입니다. 따라서 본 공사는 前記

---

27) 『駐韓日本公使館記錄』 16권, 「五. 本省機密往信 一・二」;「(67) 鬱陵島在留民取締 ノ爲ㇱ警察官派遣ノ件上申」; 機密 第133號, 明治 34年(1901) 12月 10日.

한 배계주의 담화에 비추어 또 당국 정부의 저의가 어디에 있는지도 窺知하고자 하므로 차제에 그 섬에 재류 우리나라 사람에 대하여 상당한 단속법을 만들어 그 행위를 감시하고 혹은 이에 제재를 가하는 등의 조치로 나온다면 島民간의 타협도 되어 자연히 감정을 융화할 수 있을 것이고 그렇게 되면 퇴거시킬 필요도 생기지 않을 것이라고 생각합니다. 그 단속법은 이 섬을 부산 혹은 원산의 帝國 領事의 관할구역 내에 편입하여 (부산 쪽이 교통의 편의가 많을 것인지) 약 6개월 내지 1개년으로 교대시기를 정하여 警部 1명에 순사 2명 정도를 붙여서 이 섬으로 출장시키는 것이 좋겠으며 이것은 마치 松都가 경성 영사의 관할 구역 내에 있고 재류 일본인의 수가 5~60명이 되므로 이에 순사 파출소를 두고 순사를 파견 주재시켜 우리나라 사람의 행위를 감시하고 있는 것과 같이 하고 감히 조약상의 권한으로 당연히 주장할 수 있는 것은 아니지만 실제로 한국 정부는 이것을 묵인하고 일찍이 아무런 이의도 제기한 적이 없습니다. 그러니 이번 울릉도 같은 것도 같은 事體로 나가서 우리나라 사람의 행위 시찰 등의 명의를 써서 우리 경찰관을 파견해 둔다면 섬을 다스리는 데에 장애도 자연히 소멸될 것이며 따라서 퇴거 문제 같은 고충도 일어나지 않을 것이라고 생각하오니 귀 대신 각하께서 전술한 사정을 양해하셔서 아무쪼록 재량하시도록 희망하여 특별히 이에 情況을 아뢰며 이 점 禀請하는 바입니다. 敬具.

1901년 12월 10일
林 公使
外務大臣 고무라 주타로(小村壽太郎) 殿

제1대 배계주 울도 군수 때 울릉도에 불법 밀입도한 일본인들은 불법으로 槻木과 다른 재목들을 도벌하여 실어내가면서 도리어 울릉도의 한인들은 一草一木을 작벌하게 하지 못하게 하였다. 배계주는 일본인들의 난동으로 섬을 다스리는데 애로를 중앙정부에 보고하였다. 그렇기 때문에 1901년 12월, '신임 군수의 부임을 당하여 어떠한 불상사가 야기될지도 모른다며 매우 공포심을 갖고 있으니 어떻게든 단속할 방법이 없겠냐는 外部大臣 朴齊純과 일본 공사관 서기관 고쿠부 쇼타로(國分象太의 상의가 있었다. 따라서 동 서기관은 신임 군수와 면담을 마치고 한 단속법을 강구하겠다고 대답하였다. 그 후 신임 군수 강영우가 재삼 공사관을 방문하여 고쿠부 쇼타로(國分象太郞) 서기관을 면담하였다. 고쿠부 쇼타로(國分象太郞) 서기관이 울릉도에 재류하는 일본인의 행위를 감시할 목적으로 우리 경관을 매년 임시 출장시키든가 또는 상주시키는 두 방법 중 하나를 가려 시행하는 수단을 강구하겠다고 답변하였다. 강영우 울도 군수는 되도록 빨리 그런 조치를 취해 주기를 희망한다고 대답하였다. 1902년 3월, 울릉도에 경찰관주재소를 신설, 경찰을 상주시키기 시작했다.28) 그러나 일개 군수에게 외국 경찰의 주재를 허가할 권능이 있었던 것은 아니었다. 이 문제는 당연히 한국 정부와 협의했어야 할 성질의 것이었다. 그러나 재류 일본인의 철수를 요구당하고 있었던 일본 측 처지로서는 경찰 주재 문제를 한국 측과 협의할 수는 없었을 것이며, 그리하여 군수와라도 협의해야 하는 궁색한 방법을 택한 것이 아니었던가 한다.29) 외부대신 박제순은 일본 공사관 서기관 고쿠부 쇼타로(國分象太郞)에게 "신임 군수와 면담을 마치고 적당한 단속법을 강구하겠다"고 대답하였고, 신임 군수 강영우도 울릉도 경찰관 주재소를 동의하였다. 이 일을 박제순이 확인하지 못하였다.

대한제국 정부가 일본의 경찰관주재소 설치를 인지한 것은 이 해 9월 말로 강원도관찰사의 보고를 통해서였다.30) 그 지적은 잘못되었다. 『皇城新聞』 1902년 2월 28일 「잡보」 '鬱島日巡査'란에 울도에 입도한 일본인을 보호관할하기 위해 울릉도 안에 일본 경찰서를 신설하고 在釜山 일본 경찰서의 일본 警部 1명과 巡査 3명을 울릉도에 상주시키도록 명령했다는 기록이 있다. 당시 신문에 기자가 2월 28일 기사를 내었으니 대한제국 정부가 알았을 것이다.

강영우는 군수에 임명되었지만 울릉도에 부임하지 않고 군수가 없는 동안에 1902년 2월에 불량배들이 군수를 빙자하여 울릉도민들에게 막대한 세금을 거두었고, 그로 인해 울릉도민 安在勳 등의 고소로 강영우는

---

28) 「鬱陵島郵便所沿革簿」 울릉군우체국 소장.
29) 송병기, 『재정편 울릉도와 독도』 단국대학교 출판부, 2007, 211~212쪽.
30) 송병기, 『재정편 울릉도와 독도』 단국대학교 출판부, 2007, 211쪽.

5개월 만에 군수직에서 해임되었다.31) 『皇城新聞』1902년 3월 4일 「잡보」 '鬱守新任' 란에 "울도 군수 姜泳禹씨 免官된 代에 前郡守裵季周씨가 서임되얏더라."라는 기사가 나온다. 이 기록에 대한 해석으로 "姜은 임명된 후 임지로 가지 않고 부랑배와 여비만 낭비했으므로 1902년 2월 19일 免官되었다. 이에 내부에서는 울도 군수를 오래 공석으로 둘 수 없으므로 다시 배계주를 제3대 울도 군수로 임명한 것이었다."라는 해석이 있다.32) 돌연히 1902년 5월 4일까지 강영우 부임 보고가 미도착하였다.33) 강영우가 1902년 2월 19일 울도 군수에 免官되었고, 3월 7일 배계주 울도 군수에 임명하는 칙명이 있다. 1902년 3월 7일 배계주가 울도 군수에 임명되었다는 임명장을 받았지만 5월 30일까지 울릉도에 부임하지 못하였다.34) 전 군수 강영우가 울릉도를 통치하였을 것이다. 그 이유는 『江原道來去案』 광무 6년(1902) 10월 30일 '訓令 제1호'를 보면 의정부 찬정 외부대신 박제순이 울도 군수 강영우에게 내린 훈령이 있다. 그 때문에 『各司謄錄』「內部來文」22, 「通牒」광무 6년 5월 4일자 "鬱島郡守 姜泳禹 赴任報告 尙未到付事" 내부 기록자가 기록하였을 것이다.

필자는 2010년 봄에 울릉도에서 울릉군청 김기백으로부터 '울도군절목'과 '배계주 울도 군수 칙명'을 받았다. 배계주가 1902년, 광무 6년 3월 7일에 울도 군수에 기용되었다는 다음과 같은 칙명 자료를 전해 받았다.

---

31) 『皇城新聞』1902년 2월 20일
32) 신용하 편저, 『독도영유권 자료의 탐구』제3권, 독도연구보전협회, 2000, 151쪽.
33) 국사편찬위원회, 『各司謄錄』근대편, 『內部來文』22, 通牒, 광무 6년 5월 4일.
34) 1902년 5월 30일에 부산 일본영사관이 본국으로 보내는 보고서인 일본 외무성자료 616-10 『부산영사관보고서2』의 「韓國鬱陵島事情」보고자인 니시무라 게이죠(西村鉎象) 경부는 1902년(明治35)년 4월 28일에 울릉도에 부임하였다(박병섭, 『한말 울릉도·독도 어업-독도 영유권의 관점에서-』한국해양수산개발원, 2009, 109쪽). 그 보고서는 니시무라 게이죠가 5월 30일에 작성한 것인데 '배계주와 도민'에서 "배계주는 아직 섬에 돌아오지 않아 인물에 대해서는 알 수 없다."고 한 것으로 보아 1902년 4월 28일까지 울릉도에 부임하지 않았다.)

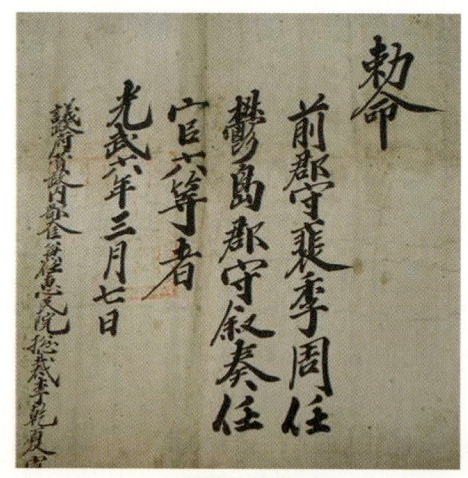

<배계주 칙명>

위 칙명에 나타나듯이 1902년 3월 7일 배계주가 울도 군수에 임명되었다는 임명장을 받았지만 5월 30일까지 울릉도에 부임하지 못하였다.35) 아마 배계주는 서울에 있으면서 「울도군절목」을 마련하여 내부에 보고하고, 부임하면서 「울도군절목」을 가지고 갈 생각이었던 것 같다. 위 칙명에서 보이다시피 울도의 '前郡守'였기 때문에 울릉도의 상황을 잘 알고 있었으므로 서울에서 「울도군절목」을 충분히 구상하였을 가능성이 있다.36)

위 사료 ①의 '참고'에 의하면 경찰관주재소에 1902년 5월 5일에 최병린과 배계주로부터 하타모토 에이지로에게 넘어간 콩의 피해자 김병문외 7명으로부터 콩을 되돌려주도록 하타모토를 설득해 달라는 일본 경찰관 주재소에 신청이 있었다. 주재소의 취조의 결과 배계주와 최병린 두

---

35) 1902년 5월 30일에 부산 일본영사관이 본국으로 보내는 보고서인 일본 외무성자료 616-10『부산영사관보고서2』의 「韓國鬱陵島事情」보고자인 니시무라 게이죠(西村鋳象) 경부는 1902(明治35)년 4월 28일에 울릉도에 부임하였다(박병섭,『한말 울릉도·독도 어업-독도 영유권의 관점에서-』한국해양수산개발원, 2009, 109쪽). 그 보고서는 니시무라 게이죠가 5월 30일에 작성한 것인데 '배계주와 도민'에서 "배계주는 아직 섬에 돌아오지 않아 인물에 대해서는 알 수 없다"고 한 것으로 보아 1902년 5월 30일까지 울릉도에 부임하지 않았다.
36) 김호동, 「『鬱島郡節目』을 통해 본 1902년대의 울릉도 사회상『藏書閣』30, 한국학중앙연구원, 2013, 119쪽.

사람이 완전히 자기 소유품으로 넘겨버린 증거를 발견하여 배계주가 섬에 돌아온 후에 다시 신청하도록 타일렀다고 하는 것으로 보아 배계주가 울도 군수로 도임하면 그러한 송사에 휘말릴 가능성이 있다. 이 일 때문에 야반도주한 배계주가 울도 군수로서의 체통을 지키기 위해 '郡規'를 마련하여 「울도군절목」이라 이름하여 내부에 보낸 것은 그것에 대한 돌파구를 마련하기 위한 것이라고 볼 수 있다.37)

1902년 5월 30일까지 배계주 울도 군수가 도임하지 않았다. 1902년 5월 10일 울도군민 金贊壽가 울도 군수 배계주를 고소한 일 때문에 평리원에서 법부에 구금했다는 보고가 있었고,38) 5월 17일 '평리원에서 울도 군수의 재임시 선박배상금 징수과정에서 백성을 위협한 배계주의 처벌보고'에 대한 자료가 있다. 5월 17일 평리원의 보고서의 경우 1901년 5월 배계주가 울도 군수로 있을 때, 김성술이 일본인 私船을 빌려 콩을 실으려 하였으나 조사위원 최병린이 사선을 이용하다 발각되면 海關에 몰수된다고 하면서 公船인 蒼龍丸에 옮겨 실었다. 일인의 풍범선주가 최병린에게 손해배상을 청구하였지만 최병린은 김성술에게 추징하려고 하였고, 서기 박필호가 내부의 지령을 받아 김성술을 압송하러 와서 손해배상 문제는 김성술의 誣囑으로 생긴 것이라 하니 김성술이 스스로 목숨을 끊었다. 이때 배계주는 공무로 상경할 참이었는데 김성술의 시신을 보고 자살이 분명하다고 여겨 검시를 행하지 않고 成案하지 않았다고 하여 태형 40대에 처하였다는 보고를 법부에 보냈다.39) 이 두 사건은 1대 배계주 울도 군수의 일이다. 3대 배계

---

37) 김호동,「「鬱島郡節目」을 통해 본 1902년대의 울릉도 사회상『藏書閣』30, 한국학중앙연구원, 2013, 133쪽.
38) 국사편찬위원회,『各司謄錄 근대편, 司法稟報(乙) 34, 報告書 第71號, 광무 6년 5월 10일, "江原道鬱島郡民 金贊壽 對該郡守 裵季周 告訴事 部指令承准 該郡守 裵季周 今爲掌囚故 玆 報告 查照爲望".
39) 국사편찬위원회,『各司謄錄』司法稟報(乙) 34, 報告書 第72號, 광무 6년 5월 17일, "被告 裵季周 案件 由檢事公訴審理 則被告前此鬱島郡守在任時 上年陰曆五月分 該郡民 金聖術 衆人貿取之大豆四千餘斗 日人風帆船賃借裝載之際 調査委員 崔秉麟 適爲來到 對衆宣言曰 風帆船私船 蒼龍丸公船 若捨公從私 發覺之日 所載穀沒數屬公於海關云 風帆船所載大豆 移載於蒼龍丸矣 金聖術以此由嗾囑於日人處 則風帆船主 因此含憾㕦㕦 稱以損害賠償 該穀四千餘金價値 沒數奪去 崔秉麟 日人處賠償條 推徵於金聖術次 使渠之記書 朴弼浩 同年六月分 呈訴內部 持帶訓令 金聖術押上次 還到該郡 朴弼浩逢着金聖術言曰 前日日人處賠償條 實由汝之誣囑所致

주 울도 군수는 울릉도에 부임하지 않고 이 일 때문에 구금되었다.

사료 ①은 배계주가 '본토로 도주하였다'고 한 것에 반해 평리원 보고서에 '공무로 상경하였다'고 하였다. 평리원의 보고서는 배계주가 피고로서 자신의 입장을 적극 변호한 자료이기 때문이다. 『皇城新聞』1902년 5월 20일자 「잡보」'咨放裵守'란에 울도 군수 배계주가 울도민의 소송으로 인하여 5월 19일에 결국 咨 40의 판결을 받고 석방되었다.

전 군수 강영우가 6월 22일에 배계주가 禁山에서 犯斫한 일로 소장을 접수하여 평리원에서 배계주를 구금한 것을 법부에 보고한 기록이 나온다.40) 아마 강영우가 자신이 면직되고 배계주가 후임으로 교체된 것 때문에 배계주의 불법 사실을 고소한 것 같다. 아마 이 둘 사이에 울도 군수의 교체를 두고 상당한 갈등이 있는 것으로 보인다. 이 자료는 전 울도 군수 강영우의 고발로 인해 현 울도 군수 배계주가 다시 구속되어 평리원에서 다시 재판을 받게 된다. 배계주의 죄목은 첫째, 森林材木을 벌채하여 일본에 방매하다가 일본재판소에 콩 500두로 속죄한 일, 둘째 일본의 목재 伐木料 收稅 명령을 전한 일 등이 있다.41) 『皇城新聞』1902년 7월 3일 「잡보」'裵氏審案'란 자료는 전 울도 군수 강영우의 고발 죄목에 대하여 평리원에서 구속된 현 울도 군수 배계주의 심문에 대한 응답한 것

則該穀價 汝須擔徵云 則金曰 歸家後措處 與朴弼浩 偕往渠家之路 該洞前林藪中及到歇宿 自裁致命 其時被告 奉承內部罔夜上來之訓飭 同月十八日 搭乘蒼龍丸矣 其翌十九日早朝 崔文玉來告曰 金聖術去夜結項致死云故 被告出小船下陸 往見停屍處 則金聖術自縊形止 明確無疑 且當夜林藪中同宿之金敬旭所告內 金聖術致死確係自裁 不待究覈可判 然其在命案審愼之道 固當如法檢驗 而該搭乘之船便方發云故 還郡後歸決之意 成給印蹟於屍親 縛載朴弼浩於船中 纔到釜山港 則崔秉麟 該朴弼浩 擔償率去 被告上京後 仍爲見遞 更爲復任下去之路 因此被訴云 而死者金聖術 以無據之說 致使崔秉麟賠償之境 及其朴弼浩到付押上訓令之時 自裁其命 則情固慽也 死亦浪矣 朴弼浩之持帶押上之訓令 還討賠金之時 威脅情節 不見是圖 該犯現住蔚山郡 則押上照法 斷不可已 被告之初不行檢 雖曰因公上京 急於船便 不遑成案云 然命案攸重 有難全恕之其事實被告陳供自服明白 被告 裵季周 照大明律雜犯編不應爲條 凡不應爲而爲之者律 處答四十 玆報告 査照爲望".

40) 국사편찬위원회, 『各司謄錄』근대편, 司法稟報(乙) 34, 報告書 第99號, 광무 6년 6월 22일, "抵本院裁判長之臨時署理 警務使 李容翊 照會第二十七號內槪 卽被鬱島前郡守 姜永禹 訴狀 時郡守 裵季周 招致査核 具供案押交等因 准此査 該案是禁山內犯斫事 則確係刑事故 該 裵季周 拿囚 玆 報告 査炯爲望".
41) 『皇城新聞』1902년 7월 3일,「잡보」'裵氏案件'

인데, 첫째, 울도군청을 신설한 이후 중앙정부에서서 경비·예산은 처음부터 없었고, 울릉도에서 나는 물품으로 군청경비를 충당하여 사용하라는 훈령을 받고 약간의 木材斫伐에 10분의 2의 세금을 정했었고, 둘째, 일본인과 재판한 일은 앞서 내부 조사위원 우용정이 상세히 아는 바이라고 대답했다. 이것은 앞서 울릉도 시찰위원 우용정이 이미 조사 보고한 바와 같이 일본인의 불법 도벌을 방지하려고 노력하던 도중에 일본인의 작당위협과 음모·함정에 빠진 것이므로 강영우의 고발 내용과 진실과는 다른 것이었다.42) 강영우의 무고가 드러나자 7월 7일 평리원에서 배계주를 방면할 것을 보고하고,43) 8월 25일에 배계주에 대한 선처를 요청한 기록44) 등, 배계주와 관련된 소송이 1903년 1월 5일까지 지속되었다.45) 그런 점에서 배계주는 1902년 3월 7일에 울도 군수로 임용되었지만 1902년 9월 15일까지 울도군에 부임하지 못하였다.46) 『江原道來去案』 광무 6년 9월 15일 「보고서 제2호」 강원도 관찰사 김정근이 "差送한 군수는 현재까지 부임하지 않고 무뢰배들의 싸움이 이어져 도민들이 버티기 어려워 모두 흩어졌습니다"라고 하였다. 그렇기 때문에 울도 군수 부재 시 지난 4월에 궁내부 查檢官 李能海를 海稅 조사차 울도군에 파견하여 조사시켜 울릉도의 형편과 풍속, 인물, 토산품을 일체 조사하도록 훈칙했다. 이능해의 보고는 다음과 같다.

④ 그의 보고에 의하면, "울도에 군청이 설치된 지 오래되었으나 校吏와 奴令이 아직 없고 현재 군수도 부임하지 않아 억울한 백성이 호소할 곳이 없습니다. 뿐만 아니라 일본인과 교섭하는 마당에 시비거리가 있으면 백성들이 일본이 신설한 警署에 호소하여 일본이 우리나라 사람

---

42) 신용하 편저, 『독도영유권 자료의 탐구』 제3권, 독도연구보전협회, 2000, 153쪽.
43) 국사편찬위원회, 『各司謄錄』근대편, 司法稟報(乙) 36. 報告書 第105號, 광무 6년 7월 7일,
44) 국사편찬위원회, 『各司謄錄 근대편, 司法稟報(乙) 36, 報告書 第137號, 광무 6년 8월 25일,
45) 국사편찬위원회, 『各司謄錄』근대편, 司法稟報(乙) 38, 報告書 第2號, 광무 7년 1월 5일,
46) 김호동, 「「鬱島郡節目」을 통해 본 1902년대의 울릉도 사회상」『藏書閣』30, 한국학중앙연구원, 2013, 133~134쪽.

을 주저 없이 잡아 다스리니, 각각의 조례에 어긋나고 백성을 보호하는 뜻이 아닙니다"고 하였다.47)

이능해의 보고에 의하면, 첫째, 교리와 노령이 아직 없고, 현재 군수도 부임하지 않아 억울한 백성이 호소할 곳이 없다고 하였다. 둘째, 일본인과 교섭하는 마당에 시비거리가 있으면 백성들이 일본이 신설한 경부에 호소하여 일본이 우리나라 사람을 주저 없이 잡아 다스리니 각각의 조례에 어긋나고 백성을 보호하는 뜻이 아니라고 하였다. 이능해의 보고를 받은 강원도 관찰사 김정근이 "외부에서는 일본 공사관에 조회하여 경서를 철수하게 하여 섬사람들이 안심하고 살 수 있는 땅이 되게 해라고 외부에 보고를 하였다. 배계주가 울릉도에 부임하지 않아서 궁내부 査檢官 李能海를 울릉도에 조사하고, 강원도 관찰사 김정근이 외부에 보고하였다.

제3대 군수 배계주는 1902년 3월 7일에 울도 군수로 임용되었지만 1902년 9월 15일까지 울도군에 부임하지 못하였다. 제2대 강영우 울도 군수와 제3대 배계주 울도 군수는 직접 업무 인계를 하지 못하였다. 배계주와 관련된 소송이 1903년 1월 5일까지 지속되었다. 그렇지만 배계주는 재판을 받은 뒤 울릉도에 왔을 것이다. 『竹島及鬱陵島』에서 1906년 3월 28일에 시마네현 관리들이 울도군청을 방문하여 다음과 같이 鬱島郡衙 문앞에서 기념촬영을 하였다.

---

47) 『江原道來去案』 광무 6년 9월 15일 「보고서 제2호」.

『竹島及鬱陵島』에서 사진을 설명하고 있다. "板用으로 된 가옥은 郡 衙로, 두 사람의 어린아이가 들고 흔드는 것은 조선 국기이다. 그 오른쪽에 조선 복장을 하고 서 있는 자는 군수이고, 그 오른쪽에 있는 소년은 장세관이다. 또 앞의 왼쪽에 네 번째는 사상회의소 의장, 다섯 번째는 진자이 사무관, 여섯 번째는 전 군수임"라고 기록하고 있다. 배계주는 재판을 받은 뒤 울릉도에 왔을 것이다.

제3대 배계주 울도 군수는 울릉도민의 소송, 뒤이은 전 군수 강영우의 소송으로 인해 평리원에 재판을 기다리고 있다. 그 공백 때문에 『江原道來去案』1902년 9월 15일 「보고서 제2호」 및 1902년 9월 30일 강원도관찰사의 보고에 의하면, 일본 측은 비단 울릉도에 주재소를 설치하였을 뿐 아니라 도민을 임의로 연행하였고, 또 도민들 가운데는 그 억울한 일을 일본 경찰에 호소하는 일조차 있었다.48)

사태의 중대함을 인식한 대한제국 정부는 곧 '급행조회'로 일본 측에 조약에 저촉됨을 들어 주재소의 폐지와 재류 일본인들의 철수를 요구하였다(10월).49) 그러나 일본 공사 하야시 곤스케(林勸助)는 한국 측의 요구를 거부하였다. 그 이유는 신 군수 강영우의 부임에 즈음하여 일본 경찰 주재 문제를 협의한 바 있고, 오늘의 울릉도 개척이 있게 된 것은 일본인 도항자의 공로 때문이라는 것이었다.50)

제3대 배계주 울도 군수가 1903년 1월 26일에 의원면관되었다.51) 1903년 1월 26일(음력 1902년12월 28일)에 제4대 울도 군수 沈興澤이 임명되었다.52) 1855년 서울에서 태어난 심흥택은 대한제국의 신진 관료로서 1903년 1월 26일부터 1907년 3월 14일까지 울도 군수로 재직하였다.53)

울릉도에 부임한 심흥택은 客舍·鄕校 이하 政堂을 건축하기 시작했

---

48) 『交涉國日記』 광무 6년 9월 30일.
49) 『交涉國日記』 광무 6년 10월 11일 : 『日案』 6, 문서번호 7057·7501 ; 송병기, 『재정판 울릉도와 독도』 단국대학교 출판부, 2007, 211쪽 재인용.
50) 『交涉國日記』 광무 6년 10월 30일 : 『日案』 6, 문서번호 7084·7515 ; 송병기, 『재정판 울릉도와 독도』 단국대학교 출판부, 2007, 211쪽 재인용.
51) 『皇城新聞』 1903년 1월 26일
52) 『승정원일기』 고종 39년 12월 28일, "前郡守沈興澤任鬱島郡守."
53) 『관보』 광무 11년 3월 15일.

는데, 중앙정부에서 순검을 청하였다. 순검 파견 이유는 첫째, 울릉도민들이 각 도에서 이주하여 모여들어 온 사람들이기 때문에 서로 당을 받들어 유언비어를 지어 퍼뜨리는 관습이 있고, 이번 군청을 짓고 규정을 시행함에 대해서도 분쟁을 일으킬 염려가 있으며, 둘째 일본 潛越民들이 종종 소요를 일으키는 일이 있은 즉, 불가불 巡檢 2명을 파송하여 3~4개월간 주둔시켜 달라는 것이었다.54) 울릉도에서 일본인의 작폐가 더 한층 일어나고, 더구나 이미 울릉도 일본인을 보호하기 위해 울릉도에 일본 경찰주재소를 두어 경부 1명과 약간 명을 상주시키고 있어서 심흥택이 울릉도의 치안을 위하여 순검 2명을 파견시켜 3~4개월간 주둔시켜 달라고 요청하였다.

『皇城新聞』1903년 7월 20일「잡보」'鬱島形便'란에 울도 군수 심흥택이 울릉도의 형편, 농사의 경작상황을 보고하였다. 『皇城新聞』1903년 8월 10일「잡보」'울도보고'란에 심흥택 울도 군수가 현재의 울릉도 실태를 내부에 보고하였다. 그 내용의 요지는 울릉도 한국인 취락이 15洞에 약 500호이고, 주 생산물은 보리·콩, 미역 등이다. 울릉도에 있는 일본인의 호수는 63호인데 날마다 벌목하는 것이 한정이 없는 형편이다. 그러므로 군수 심흥택이 주둔하러 들어온 일본 巡檢을 청하여 담판하기를 '외국인이 內地에 들어와서 재목을 베어가는 것은 처음부터 불법일 뿐더러, 이제 군을 설치하여 울도 군수가 이를 관할하게 되었으니 지난 일은 논하지 말고 지금 이후는 벌목을 금지한다'고 하였다. 일본 순사가 말하기를 '이 섬에서 벌목한 것이 이미 10년이 지났고, 귀국 정부와 일본공사가 교섭하여 ○○○가 명령이 없으니' 일본 순사는 '이를 금단할 수 없으니 귀정부와 일본공사에게 조회하여 협상하라.'는 대답이 온 것을 내부에 보고하였다. 『江原道來去案』광무 7년 10월 15일「보고서 4호」에 "울도 군수 심흥택 보고서에, … 이에 올해 4월 27일에 본 군수가 직접 일본 경부 아리마다카요시(有馬高孝)가 사는 곳에 가서 말하기를, '논리로 하면 외국인이 우리나라 나무를 취하는 것이 애초부터 타당하지 않습니다. 전에는 섬이었지만 이제는 군이 되었으니 산천의 초목이 모두 본직의 소관임은 과거

---

54) 『皇城新聞』1903년 7월 14일「잡보」'派巡請壓.'

는 물론이고 앞으로 올 일도 미루어 알 수 있습니다. 이후로는 다시는 전처럼 함부로 베어서는 안 되니 귀 경부는 이를 알아 금단하십시오.'라고 하자 그가 말하기를, '이 섬에서 벌목한 지가 이제 수십 년인데 처음에 귀 정부에서 우리 공사에게 조회하는 조처가 없었으니, 감히 마음대로 금지시키지 못합니다.'고 하였습니다. 그 문답의 전말을 모두 보고하니, 이를 京部에 전보하여 금단하게 하십시오라고 하였습니다."라고 하였다. 그렇기 때문에 『皇城新聞』1903년 7월 20일 「잡보」 '鬱島形便'은 1903년 4월 27일에 심흥택 군수가 일본 순검을 만난 것이고 대화를 나누었다. 심흥택 군수는 일본 순검을 만났으니 일본 경찰서 주재소와 순검을 인정하였다.

『皇城新聞』1903년 8월 19일 「잡보」 '據章峻照'란에 어제 내부에서 울도 군수 심흥택의 보고에 의거하여 외부에 공문을 보냈다. 그 내용은 다음과 같다. "울도에 몰래 넘어와 살고 있는 일본인을 속히 돌려보내는 일로 전에 공문을 왕복한 것이 여러 번입니다"라고 하면서, "몰래 넘어온 일본이 한결 같이 벌목을 조금도 꺼리지 않고 있으며 심지어 이 섬에 일본 경부 관원을 둔다고 하니 비개항장에 외국 경찰서가 (들어서는 것이) 무슨 約章에 의거한 것이지요, 지금 이 경부의 말이 '이 섬에서 벌목한 지가 지금까지 수십 년인데 애초 귀정부와 우리 공사가 금지시킨 조회가 없다면 우리 마음대로 금단하지 못한다고 하니…일본 경부가 칭탁한 것이 매우 이치에 맞지 않습니다. 대체로 울도에 경부를 설치하는 일은 약장에 전혀 없는 일이니 …사체에 매우 어긋날 뿐입니다."라고 내부에서 외부에 공문을 보냈다.

『皇城新聞』1903년 기사를 보면, 일본인 울릉도에서 벌목하는 일은 1903년이 되어도 금지되지 않았다. 울릉도는 군으로 승격되었지만 여전히 군정은 체계가 잡히지 않고 있었다. 일본인의 벌목금지를 요청하는 방법으로는 일본 공사관에 조회를 보내는 것이 고작이었다. 더구나 비개항장에서 경찰서를 설치하는 일은 조약에도 없는 일인데 이를 금지할 방법이 조선 정부에게는 없었다. 울릉도에서는 그곳 상황을 속속 상부에 보고하였으나 달리 대처할 방법이 없었다.[55]

---

55) 유미림 · 조은희, 『개화기 울릉도 · 독도 관련사료 연구』, 한국해양수산개발원, 2008,

『皇城新聞』 1903년 11월 17일 「잡보」 '鬱島來報'란에 1903년 음력 7월 12일(양력 9월 3일) 러시아 군함 울릉도에 찾아와 조사하고 간 사실에 대해 심흥택 울도 군수가 보고하였다. 그 내용은 1903년 음력 7월 12일(양력 9월 3일) 러시아 군함 1척이 울릉도의 남양포 포구에 들어와 정박해서 隊官 1명 부관 2명이 병정 23명을 인솔하고 상륙해서 곧바로 산위로 올라가거나 혹은 토지를 측량하고 나무 그루를 헤아리며, 산천지형과 각 포구를 돌면서 그림을 그렸다. 음력 7월 19일에는 대관이 병정 27명을 데리고 도동의 본관 사무서에 찾아와서 사면을 포위하고 대장이 질문하기를 이 섬의 나무는 5년 전에 러시아 회사가 한국정부로부터 약조에 의해 획득한 것이므로 러시아의 물건이라고 하였다. 그리고 러시아인 이외에 다른 나라 사람은 베어갈 수 없는 것이거늘 어떻게 일본인의 벌목이 이렇게 심한가, 또한 일본인의 한국정부의 허가문서 있는가? 일본정부의 허가문서가 있는가? 혹은 러시아회사의 허가문서가 있는가 하고 힐문하였다. 울도 군수 심흥택이 모두 없다고 대답하니, 그는 말하기를 그렇다면 벌목을 어찌 금지하지 않는가라고 말하였다. 그들은 또 말하기를 일본 警部가 이곳에 주둔하니 한국정부가 약조가 있는 일인가 없는 일인가 하고 따졌다. 심흥택이 그 약조의 유무는 알지 못하나 심흥택이 이곳에 부임한 후에 일본경찰이 울릉도에 주둔함을 들어 알겠다고 응답하니 러시아 군함 대관은 위와 같이 힐문하다가 배를 띄워 떠났다는 것이다.56) 러시아 측이 울릉도의 삼림벌채권을 이권으로 침탈 획득한 후 1903년경에는 일본인의 울릉도 삼림 벌채에 신경을 세우고 울릉도에 군함을 파견하여 실태를 조사한 것을 알 수 있다. 러시아와 일본의 첨예한 대립은 1903년에는 울릉도에서도 전개된 사실을 이 자료는 알려주고 있다.57)

일본은 대한제국을 지배하는 데 방해가 되는 러시아 세력을 제거하기 위해 1904년 2월 러·일 전쟁을 도발하였다. 이때 일본 해군은 서해에서는 기선을 잡았으나 동해에서는 러시아의 블라디보스토크 함대에 의해

118쪽.
56) 『皇城新聞』 1903년 11월 17일 「잡보」 '鬱島來報' ; 『江原道來去案』 광무 7년 11월 28일 「보고서 제6호」에 상세한 기록이 있다.
57) 신용하 편저, 『독도영유권 자료의 탐구』 제3권, 독도연구보전협회, 2000, 158쪽.

어려움에 직면하였다. 러일전쟁이 개전된 이후 1904년 5월 15일 전후 일본의 여순 함대는 6척의 보유함대 가운데 2척을 포함하여 해군전력의 3분의 1을 며칠 사이에 한꺼번에 잃어버렸다. 그 전력 상실의 보충방법은 시간적으로 기지 확보와 망루건설 이외에는 다른 길이 없었다. 여기에 러시아의 동해종단을 차단할 수 있는 전략기지로서 울릉도와 독도사용이 절실해졌다.[58] 러시아 제2태평양 함대사령관 로제스트벤스키(Rozhdestvensky) 중장이 의식을 잃은 채 포로로 잡힌 곳이 울릉도 부근이고,[59] 그를 대신해서 함대의 지휘권을 장악한 네보가토프(Nebogatov) 소장이 모든 주력의 남은 함대를 이끌고 일본에 투항한 곳이 바로 독도 동남방 18마일 지점이었다.[60] 이것은 울릉도-독도해역이 러일전쟁의 수행과정에서 얼마만큼 전략적으로 중요한 지역이었는가를 단적으로 드러내주는 것이다.[61]

당시 일본은 육군의 북진에 앞서 압록강 두만강 삼림채벌권을 접수하려는 공작을 펴고 있었는데 돌연 해군력을 결정적으로 상실 당하게 되자 그 접수계획에 서둘러 울릉도를 끼워 넣었다. 일본은 한국정부에 대하여 '勅宣書'의 발표를 강요하였는데, 여기에는 브르너의 울릉도삼림벌채권을 무효화시킨다는 내용이 포함되었다. 칙선서가 반포된 직후부터 일본은 울릉도를 전략기지로 이용하기 시작하였다.[62]

일본 해군은 러시아 함대의 남하를 감시하기 위해 1904년 6월 21일 울진군 죽변항에 망루를 설치한 후 남해안의 홍도와 절영도, 그리고 울릉도에 2개의 망루를 설치하고 죽변과 울릉도 사이에 해저전선을 부설하여

---

58) 러일전쟁과 일본의 독도 침탈에 관해서는 崔文衡, 「露日戰爭과 日本의 獨島占取」(『歷史學報』188, 2006)를 요약 정리한 것이다. 따라서 일일이 그 전거를 생략한다.
59) 軍令部 纂, 『明治37·38年海戰史』下, 內閣印刷局, 349~351, 362쪽.
60) Denis and Peggy Warner, The Tide at Sunrise : A History of the Russo-Japanese War, trans, by 妹尾作太郎·三谷庸雄, 日露戰爭史(時事通信社, 昭和 54년 3월, pp.588~589) ; Mitchell, A History of Russian and Soviet Sea Power(New York, Macmillan, 1974, pp.263~264) ; War Department, Epitome of the Russo- Japanese War(Washington, Government Printing office, 1907, p.16).
61) 김호동, 「독도와 울릉도를 둘러싼 러·일의 각축과 조선의 대응」, 『독도연구』제10호, 영남대학교 독도연구소, 153쪽.
62) 최문형, 「발틱 함대의 래도와 일본의 독도 병합」, 『독도연구』 한국근대자료연구협의회, 1985, 375~380쪽 ; 「일제의 외침야욕과 울릉도·독도 점취」, 『독도연구』 9, 2010, 21~33쪽.

연결하였다. 울릉도의 망루는 1904년 6월 3일 기공되어 그 해 7월 22일 준공되고, 8월 10일부터 업무를 개시하였다.63) 울릉도는 이제 일본 해군의 감시초소와 통신기관설비지로 징발된 것이다.64) 일본에 대한 러시아의 위협에 대한 대응으로서 일본이 울릉도사용권을 탈취하였지만 Issen 제독 휘하 러시아 블라디보스토크 함대의 신예함(Rossya, Gromboy, Ryurik)이 대한해협으로 출동하여(6.12) 한반도와 일본 사이의 교통로를 차단하려고 들었기 때문에 일본은 다급하게 되었다. 만일 교통로가 차단된다면 만주로 파견된 일본군은 완전 고립을 면할 수 없는 상황에 봉착할 수밖에 없었다. 따라서 일본은 대륙으로 파견된 자국군대의 안전을 위해서도 대한해협의 제해권 확보가 무엇보다도 절박하였다. 물론 일본은 러시아 여순 함대와 블라디보스토크 함대의 합류기도가 실패한 6월 23일 이후 황해의 제해권을 장악했지만 동해상에서의 불안이 전혀 개선되지 못한 상태였다. 실제로 16일에는 무기를 가득 싣고 여순으로 향하던 히다치마루(常陸丸, 6,175t)가 '그롬보이'에게 격침당함으로서 여순함락이 2개월이나 늦어졌을 뿐만 아니라 여기에 탑승했던 고노에(近衛) 後備聯隊 1,095명이 희생되는 비상사태까지 벌어졌다. 더욱이 이주미마루(和泉丸, 3,229t)가 '그롬보이'에게, 사도마루(佐渡丸, 6,226t)가 '로시아'에게 격침당하는 사태까지 일어남으로써 심각한 위기에 직면하였다.

    동해상의 불안은 7월 하순으로 접어들며 더욱 고조되었다. 다까시마마루(高島丸)를 비롯한 많은 선박이 격침당했을 뿐만 아니라 7월 20일에서 30일 사이에는 러시아 함선이 쓰가루(津經)해협을 두 번이나 넘나들며 동경만 근처까지 위협하였다. 부득불 일본은 여순을 함락하지 못한 처지였음에도 불구하고 主力重巡洋艦 6척 중에서 4척을 뽑아 대한해협에 배치할 수밖에 없었다.65) 다행히 8월 8일 일본 육해군 여순 연합 공략이 시작되어 8월 10일 황해해전에서의 승리가 확연해지고, 8월 14일의 울산해전으로 잇센제독 휘하의 블라디보스토크 함대의 기세도 크게 꺾이었

---

63) 『日本外交文書』 제37권 제1책 사항 15, 문서번호 723, 622~632쪽. 도동과 석포에 망루 유적이 남아 있다.
64) 신용하, 『한국과 일본의 독도영유권논쟁』 한양대학교 출판부, 2003, 168쪽.
65) 伊藤正德, 『大海軍を想う』 文藝春秋社, 1956, 195쪽.

다. 그러나 이것이 오히려 짜르로 하여금 복수를 결심하게 함으로써 大海軍會議(8.30)를 열어 발틱함대의 東派를 확정짓는 결정적 계기가 되었다. 그리고 9월 13일에는 마침내 그 일진이 크론슈타트를 출항했다는 소문마저 나돌았고, 블라디보스토크 함대가 수리를 완료하고 동해로 들어왔다는 24일의 풍문으로 인해 동해의 불안은 더욱 가중되었다. 이러한 일련의 사태에 직면하여 군령부의 명령에 의해 군함 니이다카호(新高號)가 독도망루 설치조사를 위해 9월 24일 독도로 출발하였고, 일본정부 당국은 5일 뒤인 9월 29일 나카이 요자부로(中井養三郎)로 하여금 '리앙꼬島 領土編入幷貸下願'을 제출케 했던 것이다. 독도망루 설치가 군부의 조치였다면 '편입원'을 제출케 하는 공작은 정부의 몫이었다.66) 심흥택은 일본에 의해 울릉도 2개의 망루를 설치하고 죽변과 울릉도 사이에 해저전선을 부설하여 연결하였다는 것을 자료상으로 보아 수수방관하였다. 심흥택 울도 군수는 중앙정부에 보고하지 못하였다. 그리고 신고호도 울릉도에 도착하였다는 것을 중앙정부에 보고하지 못하였다.

일본은 러일전쟁 중인 1905년 1월 28일 각의 결정과 2월 22일 시마네현 고시를 통하여 독도를 일본의 영토에 편입시키고 자국의 땅이라 주장하였다. 시마네현 관리들이 1906년 3월 23일에 사카이항에 출발하여 3월 27일에 독도에 도착하였고, 3월 27일에 독도를 출발하여 당일 울릉도 도동으로 갔다. 『竹島及鬱陵島』에서 3월 28일 시마네현 관리들이 심흥택 군수를 방문한 기록이 있다. "오전 10시에 진자이 요시타로(神西由太郞) 부장 이하 10명은 통역을 데리고 심흥택 군수를 방문했다. 진자이 부장은 방문한 이유를 설명하고 독도에서 잡은 강치 한 마리를 선물로 주었다. 심흥택 군수는 멀리서 온 데 노고를 치하하고, 선물에 대한 사례를 표시했는데, 말씨가 세련되었다. 그러나 행정상의 질문에 대해서는 대부분 납득하지 못하는 듯했다. 일동은 관청 앞에서 기념촬영을 했다."고 하였다.67) 일본의 시마네현 관리들이 울릉도를 방문한 뒤에야 심흥택 울도

---

66) 최문형, 「발틱 함대의 래도와 일본의 독도 병합」『독도연구』한국근대자료연구협의회, 1985, 255~257쪽.
67) 진자이 요시타로(神西由太郞), 『竹島及鬱陵島』 明治 39년 7월.

군수는 일본이 독도를 자국의 영토로 편입시켰다는 사실을 알게 되었다. 심흥택은 다음 날 바로 강원도 관찰사에게 보고하였고, 그 내용은 강원도 관찰사 서리 춘천군수 이명래가 1906년 4월 29일자로 의정부 참정대신에게 올린 '보고서 호외'에 수록되어 있다. 심흥택은 강원도관찰사에게 보고하면서 동시에 중앙정부에 보고가 늦어질 것을 우려하여 같은 내용의 보고서를 직접 내부에도 발송하였다. 이 같은 사실은 1906년 5월 1일자 『대한매일신보』「雜報」란의 기사를 통해 알 수 있다. 보고를 받은 의정부 참정대신 박제순은 5월 20일자 지령 제3호를 통해 독도의 일본 영토 편입을 부인, 즉 독도가 대한제국 영토임을 명백히 하였다. 1906년 4월 29일자로 의정부 참정대신에게 올린 '보고서 호외'는 다음과 같다.

「보고서 호외」

울도 군수 심흥택 보고서안에 본 군 소속 독도가 外洋 백여 리 밖에 있는데, 이달 초 4일 9시경에 輪船 1척이 군내 도동포에 와서 정박하였고, 일본 관원 일행이 관사에 왔는데, 그들이 말하기를 독도가 이번에 일본의 영지가 되었기에 시찰차 나온 것이다 하는 바, 그 일행은 일본 시마네현 오키도사 히가시 분스케(東文輔)와 사무관 진자이 요시타로(神西由太郞), 세무감독 국장 요시다 헤고(吉田平吾), (경찰)분 서장 가게야먀 이와하치로([影山巖八郞]와 순사 1명, (의회)의원 1명, 의사, 기술자 각 1명, 그 외 수행인원 10여 명이고, 먼저 가구, 인구, 토지와 생산의 많고 적음을 물어보고, 다음으로 인원과 경비 등 제반 사무를 조사하여 갔으므로, 이에 보고하오니 살펴주시기를 엎드려 바라옵니다.

광무 10년(1906), 4월 29일
강원도관찰사 서리 춘천군수 이명래
의정부 참정대신 합하

『竹島及鬱陵島』에서는 1906년 3월 28일에 심흥택 울도 군수를 방문하였다고 한다. '보고서 호외'는 심흥택이 4월 4일에 시마네현 관리들이 방문했다고 하였다. 시마네현 관리들이 가구, 인구, 토지와 생산의 많고 적음을 물어보고, 심흥택 군수가 울릉도의 가구, 인구, 토지와 생산의 많고 적음을 답하였을 것이다.

1907년 3월 15일자로 심흥택은 橫城군수에 임명되었다.68) 5대 군수는 具然壽이다. 일본으로부터 백작작위를 받은 宋秉畯의 사위로, 을미사변 때 명성황후의 시해에 가담하였다. 이후 체포령을 피해 일본으로 피신했다가 통감부가 설치된 다음해인 1907년 사면되어 귀국하였다. 그 후 1907년 6월 26일자로 울도 군수에 임명되었다.69) 25일 만에 7월 21일자로 警務使에 임명되었다.70) 25일 만에 경무사로 임명된 것으로 보아 실제 도임하지 않았던 것으로 보인다.

심흥택에 이어 실제로 울도군에 도임했던 군수는 1907년 8월 14일자로 임명된 沈能益이었다.71) 심능익은 1907년 8월 울도 군수에 임명되었는데, 전 군수였던 심흥택이 3월 횡성군수로 임명되었었기 때문에 그로부터 직접 업무 인계를 받지는 않았을 것이다. 더욱이 그 사이에는 실제 도임하지는 않았던 것으로 생각되지만, 구연수가 잠시 임명되었던 적도 있었다. 심흥택이 전근을 간 3월부터 심능익이 임명되는 8월까지의 울도군 행정 공백은 울도군에 오랫동안 거주했던 주사 田在恒이 군정을 담당했었기 때문에 업무 인계상의 차질은 없었을 것으로 생각된다.72)

심능익이 울도군에 도임하여 어떠한 군정활동을 시행했는지는 자세하지 않다. 1907년 이후로는 공문서나 신문 자료 등에 울도군과 관련된 기록이 매우 드물기 때문이다. 그 이유는 1905년 대한제국이 일본에게 외교권을 박탈당한 데 있는 것으로 보인다. 그 이전의 울도군 관련 기사는 일본인들의 불법 벌목과 침탈에 관한 것이 주를 이루었는데, 1905년부터는 대한제국 자체가 일본에게 강제 침탈당하는 과정에서 일본인들의 불법 벌목과 침탈을 호소할만한 제도적 장치도 없어진 상태였다.73) 이러한

---

68) 『관보』 광무 11년 3월 15일.
69) 홍정원, 「울도 군수 심능익 보고서(1909)를 통해 본 울도군 상황 연구」 『한국근현대사연구』 58, 2011, 10쪽.
70) 『순종실록』 순종 즉위년(1907) 7월 21일.
71) 홍정원, 「울도 군수 심능익 보고서(1909)를 통해 본 울도군 상황 연구」 『한국근현대사연구』 58, 2011, 10쪽.
72) 『官報』, 光武 11년(1907) 4월 24일.

가운데 1908년 2월 울도 군수 심능익과 金光鎬가 울릉도에서 官於學校로 설립하였고, 1909년 울도군의 현황을 자세히 알 수 있는 자료가 울도 군수 심능익의「慶尙南道 欝島郡 地方狀況」보고서이다. 이 보고서의 제목은「慶尙南道 欝島郡 地方狀況」으로서『宮內府雜綴』이라는 표제의 문서철에 편철되어 있다. 작성된 날짜는 1909년(융희 3) 1월이고, 작성자는 '欝島郡守 臣 沈能益'이다.74)

보고서가 작성된 것은 1909년 1월, 대한제국의 순종황제가 경상도 지역을 순시했던 때이다. 순종은 급박하게 돌아가는 국제 질서 하에서 국내 정세의 불안과 백성들의 곤궁한 생활을 탐문하겠다는 명분을 내세워 경상도 순행, 즉 남순행을 실시했다고 한다.75) 하지만 실질적으로는 통감부 통감인 이토 히로부미와 일본 정부에 의해 주도면밀하게 진행되었다. 즉 대한제국을 식민지화하기 직전에 순종의 순행을 통해 반일 감정을 완화시키거나 친일로 전환시키려는 의도를 가지고 있었던 것이다.76) 이 순행에서 순종은 1월 7일부터 13일까지 대구→부산→마산 등지를 시찰하고 돌아왔다. 1월 10일 마산을 순시할 때는 오후 3시 10분 창원부 行在所에서 경상남도관찰사와 울도군 등 해당 지역 군수 17명이 순종을 陛見했다. 울도 군수의 보고서는 이때 궁내부에 제출되었다. 울도군 외에도 기장군, 밀양군, 동래군 등이 해당 군의「지방상황」에 대한 보고서를 제출했다.77) 울도 군수 심능익은 이 보고서를 통해 울릉도의 크기와 위치를 서술하고, 울도군의 면, 동수, 호구 및 인구수와 교통상황, 토산물 등 전반적인 현황에 대해 보고했다.

심능익은 내륙과의 왕래에 일본 風帆船을 이용한다고 했다. 1년에 2

---

73) 홍정원,「울도 군수 심능익 보고서(1909)를 통해 본 울도군 상황 연구」『한국근현대사연구』58, 2011, 10쪽.
74)「慶尙南道 欝島郡 地方狀況」은 홍정원,「울도 군수 심능익 보고서(1909)를 통해 본 울도군 상황 연구」(『한국근현대사연구』58, 2011)를 요약했다.
75)『南巡行日記』권1, 隆熙 3년 1월 10일, 장서각 소장.
76) 이왕무,「대한제국기 純宗의 南巡幸 연구」『정신문화연구』30권 2호, 2007, 59~60쪽.
77)『南巡行時日記』권2,「第九號 進獻品明細表」;『內閣日記』권7, 隆熙 3년 1월 14일, 장서각 소장.
이 중에서『궁내부잡철』에는 울도군과 기장군의 지방상황 보고서만 편철되어 있고, 밀양군과 동래군은 실려 있지 않다.

월부터 6, 7월 사이에 순풍이 불면 왕래하고, 겨울에는 오랫동안 왕래하지 못했다. 그러므로 물품 무역차 부산항에 가면 7월 이전까지 돌아와야 했다. 그렇지 못하면 겨울을 지나 다음해 정월 이후에나 돌아온다고 한다.78) 이처럼 교통 상황이 열악하여 육지와의 물자 유통이 원활하지 않자, 1909년 8월 심능익 울도 군수는 농상공부에 汽船의 통항을 청했다. 당시 부산과 원산 간을 왕래하던 기선의 命令航路가 있었는데, 항로 도중에 울릉도를 통항하도록 청했던 것이다.79) 이와 같은 청원을 울릉도에 거주하는 일본인들도 했다.80) 울도군의 요구대로 울릉도에는 곧 정기적으로 기선이 왕래하게 되었다. 1910년 오키섬기선주식회사(隱岐汽船株式會社)가 사카이항(境港)과 조선 본토를 연결하는 조선 항로를 개설했을 때 울릉도가 기항지에 포함되었던 것이다. 이 항로는 사카이항에서 출발하여 시모노세키(下關)-부산-죽변-울릉도로 연결되었다.81)

1909년 7월 31일, 관보에 의하면 제6대 심능익 울도 군수가 물러나고 전태흥이 제7대 군수로 임명되었다.82) 전태흥의 경우 사료가 거의 없다. 1940년 발간된 『韓國近代道誌』(도지간행위원회, 강원도지 권11, 부록 울릉도) 울릉도 주재 책임자의 변동을 다음과 같이 "李朝 裵季南(고종조) 姜泳禹 裵季南(재래) 沈興澤(郡廳) 具然壽 全泰興 沈能益(순종조) 倂合 洪鐘旭"83) 기록하였다. '배계남'은 '배계주'의 오자이다.

국사편찬위원회 홈페이지 한국사데이터베이스 '한국근현대인물자료'

---

78) 「慶尙南道欝島郡地方狀況」, 『宮內府雜綴』 1909, 장서각 소장(K2-3637).
  니시무라 게이조(西村銈象) 경부는 울릉도의 상황을 보고하면서 일본과의 교통이 매년 3월부터 8월까지 바칸(馬關), 사카이(境), 하마다(浜田), 오키(隱岐)의 사이고(西鄕)항에 일본 배가 왕복하는 일이 있지만, 9월 이후에는 항상 풍랑이 세서 항해하지 못하므로 교통이 전혀 없는 상태라고 했다. 심능익 보고와 한 달씩의 차이가 있는 것으로 보아 심능익 보고에서의 달 수는 음력인 것으로 보인다(「明治三十五年 欝陵島狀況」, 『釜山領事館報告書』).
79) 『大韓每日申報』隆熙 3년(1909) 8월 12일.
80) 『皇城新聞』隆熙 3년(1909) 8월 21일.
81) 隱岐汽船株式會社, 『百年の航跡 隱岐汽船創立百周年記念誌』 1995, 26~27쪽 ; 허영란, 「19세기 말~20세기 초 일본인의 울릉도 도항과 독도 영유권 문제」, 238쪽 재인용.
82) 『皇城新聞』 1909년 8월 5일.
83) 송병기, 『울릉도와 독도, 그 역사적 검증』 역사공간, 2010, 183쪽 재인용.

를 보면 1868년 3월 22일에 출생하였고, 현 주소는 '京畿道 水原郡 南部面 山樓洞 三統八戶, 巨濟郡廳(現住)'라고 하였고, 관력은 '平壤市總巡 全羅南道觀察府總巡 慶尙南道觀察府總巡 鬱島 巨濟郡守 從八位 御西南巡幸行時紀念章拜受 現 赤十字社 正社員'이라고 하였다.84) 『직원록자료』를 보건대 전태홍은 1908년의 경우 내부 경상남도관찰도 마산경찰서에 재직하였고, 1910년의 경우 경상남도 울도 군수에 재직하였고, 1911년~1913년의 경우 거제군수에 재직하였다.85)

전태홍의 경우 자료에 의하면 울도 군수에 임명된 것도 모르고, 이임된 것도 모른다. 1910년에 울도 군수에 재직한다는 기록이 있다. 『각사등록』 「內閣往復文」 자료의 경우 1909년 6월28일, 1909년 8월 13일조에 순종의 南西 巡幸 때 공로가 있는 자를 별지에 보고한 자료에 의하면 전태홍은 마산경찰서에 재직하였으니86) 1909년 8월 13일자 이전에 울도 군수가 임명된 적이 없다. 국사편찬위원회 홈페이지 한국사데이터베이스, 『직원록자료』에 의하면 洪鐘旭은 1912년~1913년의 경우 울도 군수에 재직하였다. 그렇기 때문에 『직원록자료』에 의하면 전태홍은 거제군수에 재직하였다보니 전태홍은 한일병합 후 직후에 울도 군수에 재직하였을 것이다.

Ⅲ. 맺음말

대한제국 정부는 1900년(고종 37) 10월 25일자로 전문 6개조의 '鬱陵島를 鬱島로 改稱하고 島監을 郡守로 改正한 건'을 결정하였다. 이 내용은 1900년 10월 27일자 대한제국 관보를 통해 공포되었다. 이 칙령 제2조

---

84) 국사편찬위원회 홈페이지 한국사데이터베이스, 「한국근현대인물자료」의 전태홍의 경우 출전은 『朝鮮紳士大同譜』 1913, 1094쪽)이라고 하였다. 『朝鮮紳士大同譜』는 전태홍의 경우 1913년에 거제군수 때 간행되었다.
85) 국사편찬위원회 홈페이지 한국사데이터베이스, 『직원록자료』.
86) 국사편찬위원회, 『각사등록』 「內閣往復文」 6, '南西 巡幸 때 공로자에 대한 별지보고의 내용을 혼동하지 말고 살필 것'(隆熙三年六月二十八日) · '南西 巡行 때 공로가 있는 자를 별지에 보고함'(1909년 08월13일).

에는 "군청의 위치는 태하동으로 정하고 구역은 鬱陵全島와 竹島, 石島를 관할할 것"을 규정하고 있다. 대한제국 정부는 칙령 제41호의 관보 게재를 통해 독도가 울도 군수의 관할구역에 포함되어 있는 우리의 영토임을 국내외적으로 알렸다.

울도 군수의 행적은 한계성이 많았다. 첫째, 울도 군수 제1대 배계주·제2대 강영우·제3대 배계주·제4대 구연수·제5대 심흥택·제6대 심능익·제7대 전태흥은 사료상으로 보건대 독도에 가지 않았다.

둘째, 전 울도 군수와 신임 울도 군수가 직접 업무 인계를 하지 못하였다. 1대 군수 배계주는 최병린과 창룡호에 편승하여 본토로 도주하였다. 제2대 울도 군수 姜泳禹가 1901년 12월 30일에 울릉도에 도착해보니 전임 군수가 없어 직접 인수인계가 이루어지지 않았다. 제3대 군수 배계주는 1901년 3월 7일에 울도 군수로 임용되었지만 1902년 9월 15일까지 울도군에 부임하지 못하였다. 그래서 제2대 강영우 울도 군수와 제3대 배계주 울도 군수는 직접 업무 인계를 하지 못하였다. 1902년 12월 28일에 제4대 울도 군수 심흥택이 임명되었지만 전임 군수 배계주와 관련된 소송이 1903년 1월 5일까지 지속된 결과 배계주가 심흥택에게 직접 업무 인계를 할 수 없었다. 구연수는 1907년 6월 26일자로 5대 울도 군수에 임명되었고, 25일 만인 7월 21일자로 경무사에 임명된 것으로 보아 실제 도임하지 않았던 것으로 보인다. 심능익은 1907년 8월 울도 군수에 임명되었는데, 전 군수였던 심흥택이 3월 횡성군수로 임명되었었기 때문에 그로부터 직접 업무 인계를 받지는 않았을 것이다. 그렇기 때문에 전 군수와 신임 군수와 직접 업무 인수인계를 하지 않다보니 울릉도를 파악하는 것이 늦었다.

【참고문헌】

김호동, 「「鬱島郡節目」을 통해 본 1902년대의 울릉도 사회상」『藏書閣』 30, 한국학중앙연구원, 2013.
박병섭, 『한말 울릉도·독도 어업-독도영유권의 관점에서』 한국해양수산개발원, 2009.
송병기, 『재정편 울릉도와 독도』 단국대학교출판부, 2007.
신용하 편저, 『독도영유권 자료의 탐구』 제3권, 독도연구보전협회, 2000.
유미림·조은희, 『개화기 울릉도·독도 관련사료 연구』 한국해양수산개발원, 2008.
최문형, 「발틱 함대의 래도와 일본의 독도 병합」『독도연구』 한국근대자료연구협의회, 1985.
최문형, 「일제의 외침야욕과 울릉도·독도 점취」『독도연구』, 9, 2010.
최문형, 「露日戰爭과 日本의 獨島占取」『歷史學報』 188, 2006.
홍정원, 「울도 군수 심능익 보고서(1909)를 통해 본 울도군 상황 연구」『한국근현대사연구』 58, 2011.
神西由太郎, 『竹島及鬱陵島』 明治 39년 7월.
伊藤正德, 『大海軍を想ぅ』 文藝春秋社, 1956.

제11장

「鬱島郡節目」을 통해 본 1902년대의 울릉도 사회상

I. 머리말

　한국의 경우 '독도'에 관한한 감성적으로 대하는 경우가 많다. 그 대표적인 예가 「鬱島郡節目」이다. 2010년 울릉군에서 공개된 이 자료를 두고[1] 당시 "대한제국이 실제로 독도 다스렸다."고 하는 증거로 언론에 보도되었고, 『중학교 아름다운 독도』교재에서 그 기사를 소개하여 울릉도와 독도를 실제로 다스렸음을 입증하는 자료로 제시되기도 하였다.[2] 2012년 8월, '울도군절목'은 다시 주목을 받아 "울도 군수가 일본인의 강치수출에 세금을 부과토록 하는 내용이 포함돼 독도에 대한 한국의 실효적 지배를 입증할 수 있는 사료로 평가받고 있다."고 하는 보도가 언론에 보도되었다.[3] KBS TV는 2012년 8월 17일, 밤 9시 뉴스 이후 「KBS 스페셜-독점발굴, 독도의 증언」 홍보 뉴스를 내보내면서 '울도군절목'에 독도 전

---

1) 2010년 10월, 울릉군은 開郡 110주년을 맞아 치른 '군민의 날' 행사에 초대 울도 군수였던 배계주 전 군수의 후손과 일본의 독도 편입 사실을 가장 먼저 상부에 보고했던 심흥택 전 군수의 후손을 초청했다. 이 과정에서 배계주의 외증손녀인 이유미씨가 소장하고 있던 울도군 및 배계주 관련 자료가 처음으로 나왔다. 1902년 4월 당시 내부대신의 인장이 찍혀 있는 이 자료에는 절목 외에 배계주 임명 교지, 배계주 및 아들과 손자 사진 등이 포함되어 있었다.
2) 허영란·유미림, 『중학교 아름다운 독도』서울특별시 교육감 인정, 2012, 천재교육, 2012, 60쪽.
3) 「문화일보」 2012년 8월 16일.

복을 캐는 일본인들에게 수출세를 받아냈다는 증거라고 소개하였다. 그리고 8월 19일, 「KBS 스페셜-독점발굴, 독도의 증언」에서 언급한 내용, 즉 "당시 일본인들은 독도에서 잡은 강치를 울릉도에 가져와 수출했다는 사실이 일본 외무성의 기록에 남아 있다."고 하여 「울도군절목」과 연결시키기도 하였다. 그렇지만 「울도군절목」과 일본 외무성 기록, 즉 "일본의 어업자들이 울릉 도감에게 수출세를 내겠다는 약조문과 함께 도감이 일본인에게 써준 영수증" 어디에도 독도에 관한 언급이 없다. 이것은 대한제국 칙령에 석도, 즉 독도를 행정적으로 관할했다는 점, 또 당시 울릉도의 일본인들이 독도에서 강치와 전복을 잡았기 때문에 '정황상'으로 울도군수에게 독도 전복과 강치에 대한 수출세를 냈다고 할 뿐이다. 그렇지만 「울도군절목」에 독도 전복을 캐는 일본인들에게 수출세를 받아냈다는 증거는 없다. 이 논문에서 「울도군절목」의 원문과 그 번역문을 밝히는 것은 그런 이유 때문이다.

「울도군절목」에 관한 자료 소개와 연구는 「'울도군 절목'의 발굴과 그 의미-대한제국 칙령 제41호 선포에 따른 울릉도와 독도에 관한 행정관할 증거」(김영수, 『영토해양연구』 2, 2011 Winter)와 「1902년의 울도군 절목(節目) 번역 및 해제」(『2010 경상북도 독도사료연구회 연구보고서』 경상북도, 2010), 「수세(收稅) 관행과 독도에 대한 실효지배」(유미림, 『영토해양연구』 4, 2011 Winter)가 있다. 김영수의 경우 부제에서 보다시피 「울도군절목」을 독도에 관한 행정관할 증거로 파악하고 있다. 유미림의 경우 「울도군절목」의 수세관행을 살피고 '화물세'를 수출세로 간주하고 이때 울릉도의 일본인들이 독도 전복과 강치를 잡아 울릉도에서 '화물세', 즉 수출세를 냈으므로 독도의 실효적 지배의 증거로 간주할 수 있다는 것이다.

본고는 독도영유권과 「울도군절목」을 관련시키는 것을 지양하고, 「울도군절목」에 나타난 울릉도의 사회경제상을 살펴보고자 한다. 그것을 위해 「울도군절목」의 번역을 제시하고, 그것을 분석하고자 한다.

Ⅱ.「鬱島郡節目」의 탈초문과 번역

 필자는 2010년 울릉도에서 김기백으로부터「울도군절목」을 넘겨받은 직후에, 유미림이「울도군절목」을 보내왔다. 울릉군에서「울도군절목」을 공개하기로 하고, 그 이후에 자료를 이용하기로 하였다. 2010년 경상북도 사료연구회의『2010 경상북도 독도사료연구회 연구보고서』에서 유미림이 원문 탈초와 번역 및 해제를 실었다. 아래의 원문 탈초와 번역은 당시 영남대학교 독도연구소에 소속된 정목주 선생이 하였다. 그것을 여기에 싣고, 유미림의 탈초와 번역을 참조해 필자가 수정하였다.

1. 탈초문

　　　內閣總理大臣 尹容善 閣下
　　　內部

　　　「鬱島郡節目」

　本郡陞設 今旣兩年 全島庶務尙多 草創之中 數三悖民 興訛梗化 煽動居民 則不可不自本部講究方略確立郡規 故別成節目以送 依此擧行 無或違越 島民中 若有如前執迷不遵令飭者 這這摘發卽速馳報 則當有別般嚴處矣 惕念擧行節目 辭意亦爲眞諺飜謄揭付各洞 俾無一民不聞不知之弊事
　一. 日本潛越人等 偸斫木料 別般嚴禁事
　一. 本島人民中 家屋田土 或有暗賣外國人者 當一律施行事
　一. 本島開拓 尙未盡墾爲念 民人成家姑未定稅 凡於島民耕食居生 若移居內陸 不得私相賣買 還爲官有事
　一. 現存公廨爲七間 則仍舊修葺 若果狹窄 四五間略加建築 俾無民弊事
　一. 鄕長一員 書記一名 使令三名 姑先略施以爲供役事
　一. 郡守以下 鄕長書記使令廩料 不得不自郡略略算定 而本島戶數 足爲五百戶 則每戶春等麥三斗 秋等黃豆四斗式收斂 分排廩料事
　一. 五百戶 每戶收麥爲三斗 則共計一千五百斗 作石則爲一百石

內 郡守一員 廩況六十石 鄉長一員 廩料十二石 書記一名十石 使令三名 每名六石式 合十八石 總計一百石 以爲定式事
　一. 各道商船來泊本島 捕採魚藿人等處 每十分抽一收稅 外他出入貨物 從價金 每百抽一 以補經費事
　一. 官船一隻 不可不急先辦備 然後 以便航路 而來往本部 調査委員入島時 田土能李東信處 偸斫木料之屬公者 這這査徵以爲購買船隻事
　一. 未盡條件 自本郡爛商會議 更爲應諫事

後錄
香木貳百斤 間一年進上事
戶布錢五百兩 每年輸納于度支部事
郡守年俸及鄕長書記使令廩料總算 郡守 春等麥六十石 秋等黃豆四十石 合一百石 鄉長 春等麥十二石 秋等黃豆十二石 合二十四石 書記一名 春等麥十石 秋等黃豆十二石 合二十二石 使令每名 春等麥六石 秋等黃豆十二石 三名合麥十八石 合黃豆三十六石 總計麥壹百石 黃豆壹百石
光武六年四月日
內部

2. 번역문

내각총리대신 윤용선 각하
내부

「울도군절목」

本郡이 군으로 승격되어 설치된 지가 이제 이미 두 해가 되었으나, 모든 섬의 여러 일이 여전히 많고, 초창기에 몇몇 悖民들이 뜬소문을 퍼뜨려 다른 사람에게 병폐가 되고, 살고 있는 백성들을 선동하니, 本部에서 方略을 강구하여 郡規를 확립하지 않을 수 없으므로, 따로 절목을 작성하여 보냅니다. 이에 따라 거행하면 혹 어김이 없을 것이니, 섬 백성들 중에 만약 여전히 고집이 세고 명민하지 못해 令飭을 따르지 않는 자가 있으면, 낱낱이 적발하여 곧장 서둘러 馳報할 것이니, 마땅히 따로 엄하게 처벌함이 있어야 것입니다. 惕念⁴⁾하여 절목을 거행함에 辭意도 眞書(한문)를 諺文으로 번역하고 등사하여 各 洞에 게시하여 한 사람의 백성도 듣지 못하여 알지 못하여 폐단을 없게 할 일입니다.

一. 일본의 潛越人⁵⁾들이 木料를 偸斫⁶⁾하는 것을 특별히[別般] 엄금할 것

一. 本島의 인민들 중에 家屋과 田土를 혹 외국인에게 暗賣하는 자가 있으니, 마땅히 一律로써 시행할 것

一. 本島의 개척이 아직도 未盡하여 염려가 되고 백성들이 집안을 이루었으나, 아직 세금을 정하지 못하였다. 무릇 섬에 사는 백성들이 농사를 지으며 살아감에 만약 내륙으로 옮겨 살게 되면, 사사로이 매매할 수 없으니, 도리어 관의 소유로 할 것.

一. 현재 있는 公廨(公館)가 7칸이 되니, 그대로 두고 지붕을 수리하고, 만약 과연 비좁다면, 4~5칸을 대략 더 건축하여 民弊가 없게 할 것.

一. 鄕長 1員, 書記 1명, 使令 3명을 우선적으로 略施하여 供役할 것.

一. 郡守 이하 향장, 서기, 사령의 廩料⁷⁾는 郡에서 아주 간략하게 산정하지 않을 수 없어서 本島의 호수가 족히 500호가 되니, 매 호마다 春等⁸⁾의 보리 3말과 秋等의 콩 4말씩을 거두어 廩料로 분배할 것.

一. 500호에서 매 호마다 보리를 거두어 3말[斗]이 되면, 총계 1500말이고, 섬[石]으로 계산하면 100섬 내외가 됩니다. 군수 1원은 廩況이 60섬이고, 향장 1원은 廩料가 12섬이고, 書記 1명은 10섬이고, 使令 3명은 매 명마다 6섬씩 도합 18섬이니, 총계 100섬으로 定式을 삼을 것.

一. 각 道 商船이 本島에 來泊하고 魚藿⁹⁾을 捕採¹⁰⁾하는 사람들에게

---

4) 惕念 : 두려워하는 마음을 가짐.
5) 潛越人 : 몰래 국경을 넘어오는 사람.
6) 偸斫 : 산의 나무를 몰래 벰.
7) 廩料 : 給料 혹은 俸給.
8) 春等 : 봄·가을로 두 번에 나누어 내는 조세 제도에서 봄에 내던 세금. 가을에 내는 세금은 秋等임.
9) 魚藿 : 海産物을 통틀어 이르는 말
10) 捕採 : 물고기를 잡거나 해산물을 채취하는 일.

매 10분의 1을 세금으로 거두고, 그밖에 출입하는 貨物은 금액에 따라 매 100분의 1을 (세금으로 거두어) 경비로 보충할 것.
　一. 官船 1척은 급선무로 마련하지 않을 수 없다. 그런 뒤에 航路를 편하게 하여 本部를 왕래하게 할 것이다. 조사위원이 섬으로 들어왔을 때, 田土는 능히 李東信에게, 木料를 偸斫한 것을 公으로 소속시키는 것은 낱낱이 조사하여 징발하여 船隻을 구매할 것.
　一. 未盡한 조건은 本郡에서 충분히 잘 의논하여 다시 應諫할 것.

後錄
香木 200근(斤)을 격년으로 진상할 것.
戶布錢[11] 500냥을 매년 탁지부에 수납할 것.
　군수의 연봉과 향장, 서기, 사령의 廩料를 모두 계산하니, 군수는 春等의 보리 60섬, 秋等의 콩 40섬 도합 100섬이고, 향장은 춘등의 보리 12섬, 추등의 콩 12섬 도합 24섬이고, 서기 1명은 춘등의 보리 10섬, 추등의 콩 12섬 도합 22섬이고, 사령은 매명마다 춘등의 보리 6섬, 추등의 콩 12섬, 100섬입니다.
　광무 6년(193명 도합 보리 18섬, 도합 콩 36섬입니다. 모두 계산하니 보리 100섬, 콩02, 壬寅) 4월 일
　내부

Ⅲ. 「鬱島郡節目」에 나타난 울릉도의 사회상

1. 배계주의 행적을 통해 본 「鬱島郡節目」의 작성 배경

　「울도군절목」은 흔히들 1902년 대한제국 내부에서 울도군에 내린 행정지침이라고 이해하고 있지만[12] 실상 울도군 군수 배계주가 '군규(郡

---

11) 戶布錢 : 고려·조선 시대에 집집마다 봄과 가을에 무명이나 모시 따위로 내던 세금. 고려 충렬왕 때부터 苧布를 거두었으며, 조선 후기에 대원군은 軍布를 호포로 고쳐서 양반과 평민이 똑같이 부담하게 하였다.
12) 유미림, 「1902년의 울도군 절목(節目) 번역 및 해제」(『2010 경상북도 독도사료연구회 연구보고서』경상북도, 2010, 215쪽. 김영수도 "최근 1902년 4월 대한제국 내부

規)' 확립을 위해 절목을 만들어 내부에 보고한 것이다. 내부에서는 울도 군수가 제출한 '절목'을 검토하여 '후록'을 작성하여 1902년 4월에 내각 총리대신 윤용선(尹容善)에게 보고하였다. 그 자료가 배계주 집안에서 소장되어 전하기 때문에 울도 군수인 배계주가 올린 「울도군절목」을 그대로 시행하라는 내부의 공문이 배계주에 하달되었을 것이다.

배계주는 울도군이 군으로 승격된 지 2년이나 지났으나 군의 업무가 여전히 많고, 초창기에 몇몇 패민(悖民)들이 유언비어를 만들어 백성들을 선동하기 때문에 군규를 확립하기 위해 「울도군절목」을 만들었다고 하였다. 1900년 10월 25일 '대한제국 칙령 제41호'에 의해 울릉도는 울도군으로 승격되고, 도감을 군수로 개정하였다. 비록 군의 등급이 최하급인 5등으로 규정하였지만 관제에 편입하여 중앙으로부터 주임관인 군수가 파견되었다는 점에서 획기적 조치임이 분명하다. '대한제국 칙령 제41조' 제4조에서 "경비는 오등군(五等郡)으로 마련하되 현금간(現今間) 인즉 이액(吏額)이 미비(未備)하고 서사초장(庶事草創)하기로 해도수중세중(海島收稅中)으로 고선(姑先) 마련(磨鍊)할 사"라고 한 것으로 보아 군수 이하 직원이 다 갖추어지지 않았음을 알 수 있다. 1896년의 '대한제국 칙령 제36호'의 '지방제도와 관제의 봉급과 경비개의 개정에 관한 건'에 의하면 군의 경우 순교(巡校) 2명, 수서기(首書記) 1명, 서기(書記) 4명, 통인(通引) 2명, 사령(使令) 4명, 이용(使傭) 2명, 이동(使僮) 1명, 객사직(客舍直) 1명, 향교직(鄉校直) 1명 등 모두 19명의 직원을 둘 수 있었지만[13] 「울도군절목」 '후록'에 의하면 군수 외에 향교(鄉長) 1명, 서기 1명, 사령 3명이 있을 뿐이다. 그렇기 때문에 배계주는 「

가 울도 군수에게 하달한 「울도군절목」이 발굴되었다."고 하였고(「울도군절목」의 발굴과 그 의미」『영토해양연구』 2, 2011 Winter, 134쪽), 유미림의 경우 다른 논문에서 "울도군 절목은 1902년 4월 내부가 작성해 울도군에 하달한 문서로서, 일본의 불법 거주와 자원 침탈을 저지하고 울도군의 기강을 확립하기 위한 대책을 제시하면서 그 안에 대일 수출 화물에 과세해 경비에 보태라는 내용이 들어 있다."고 하였다(「수세(收稅) 관행과 독도에 대한 실효지배」(유미림,『영토해양연구』 4, 2011 Winter, 89쪽).

13) 建陽 元年(開國 505年) 勅令 제36호, 地方制度와 官制와 俸給과 經費의 改正에 關호 件(『勅令』建陽 元年 8月 4日 ;『官報』建陽 元年 8月 6日).

울도군절목」을 내부에 올리면서 '전도 서무 항시 많다(全島庶務尙多)'라고 하여 직원의 증액을 넌지시 요청하였지만 내부가 작성한 '후록'에 의하면 5등군에 걸맞는 관원이 여전히 갖추어지지 않았음을 알 수 있다. '대한제국 칙령 제41호'를 논하면서 '칙령 제36호'에 근거하여 "(울도군에도) 모두 19명의 직원을 둘 수 있게 되어 우용정이 염려하였던바 울릉도의 관장도 지방관으로서의 체통을 세울 수 있게 되었다."14)는 평가와는 달리 1902년에도 울도 군수의 지방관으로서의 체통이 확립되지 않았다. 배계주가「울도군절목」에서 밝힌 바와 같이 울도군이 승격된 후에도 몇몇 사리에 어긋난 패민(悖民)들이 유언비어를 만들어 백성들을 선동할 정도로 울도 군수는 행정적으로 울릉도를 장악하지 못하였다. 그렇기 때문에 배계주는 '절목'을 만들어 내부가 '군규'로 확립하기를 요망하였다. 그리고 섬 백성들 중에 만약 여전히 고집이 세고 명민하지 못해 영칙을 따르지 않는 자가 있으면 내부에 보고할 것이니, 그 처벌을 내부에서 해 주기를 바랐다.

「울도군절목」은 후록에 의하면 '광무 6년(1902, 壬寅) 4월 일'에 내부에서 내각총리대신 윤용선에게 보고한 자료이다.「울도군절목」과 함께 공개된 자료에는 배계주가 1902년, 광무 6년 3월 7일에 울도 군수에 기용되었다는 다음과 같은 칙명이 전한다.

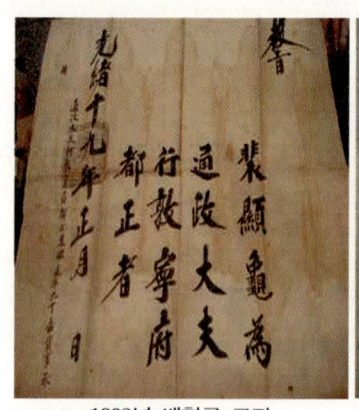
<1893년 배현구 교지>

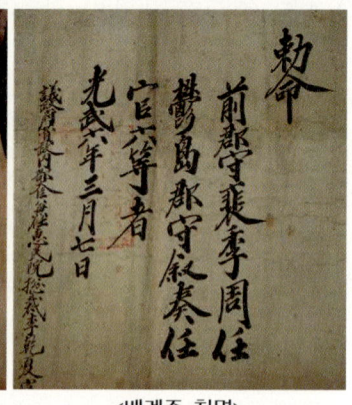
<배계주 칙명>

---

14) 송병기,『재정판 울릉도와 독도』단국대학교 출판부, 2007, 195쪽.

위 칙명에 나타나듯이 1902년 3월 7일 배계주가 울도 군수에 임명되었다는 임명장을 받았지만 5월 30일까지 울릉도에 부임하지 못하였다.15) 아마 배계주는 서울에 있으면서 「울도군절목」을 마련하여 내부에 보고하고, 부임하면서 「울도군절목」을 갖고 갈 생각이었던 것 같다. 위 칙명에서 보이다시피 울도의 '전 군수'였기 때문에 울릉도의 상황을 잘 알고 있었으므로 서울에서 「울도군절목」을 충분히 구상하였을 가능성이 있다.

배계주는 1900년 10월 25일, '대한제국 칙령 41호'에 의해 울릉도를 울도로 개칭하고 도감을 군수로 개정한 조치에 따라 11월 29일 초대 울도 군수로 임명되었다.16) 배계주가 첫 울도 군수에 임명된 것은 개척민의 일원이기 때문이다. 배계주가 일본인에게 진술한 자료에 의하면 인천 영종도의 주민으로서 1881년에 울릉도에 이주하여 개척에 앞장섰다는 기록이 나온다.17) 또 "그(배계주)가 이 섬에 이주한 이래 오직 개척과 농업에 힘썼고 본토로부터의 이주민을 장려하여 이 섬에서는 약간의 덕망이 있다고 한다."18)는 기록을 통해 배계주가 첫 울도 군수로 낙점되었음을 알

---

15) 1902년 5월 30일에 부산 일본영사관이 본국으로 보내는 보고서인 일본 외무성자료 616-10 『부산영사관보고서 2』의 「韓國鬱陵島事情」 보고자인 니시무라 게이죠(西村銈象) 경부는 1902년(明治 35)년 4월 28일에 울릉도에 부임하였다(박병섭, 「한말 울릉도·독도 어업-독도 영유권의 관점에서-」(한국해양수산개발원, 2009, 109쪽). 그 보고서는 니시무라 게이죠가 5월 30일에 작성한 것인데 '배계주와 도민'에서 "배계주는 아직 섬에 돌아오지 않아 인물에 대해서는 알 수 없다."고 한 것으로 보아 1902년 4월 28일까지 울릉도에 부임하지 않았다.
16) 『舊韓國官報』 제1744호, 光武 4년 11월 29일, "任鬱陵郡守叙奏任官六等九品裵季周".
17) 日本 特命全權公使 林權助가 外務大臣 小村壽太郎에게 보고한 비밀문서에 의하면, 경성에 있는 배계주를 만나 이야기를 듣고 "배계주는 仁川 對岸에 있는 永宗島의 주민으로 지금부터 20년 전 울릉도에 이주하여 개척할 것을 계획하고 솔선해서 이 섬에 渡航하여 그 개척에 종사했습니다."라고 한 보고를 하였다(『駐韓日本公使館記錄』 本省機密往信, 機密133호, 明治34년 12월 10일, 「鬱陵島在留民取締ノ爲ㇲ警察官派遣ノ件上申」). 『일본 외무성 외교사료관 소장 한국관계사료목록(明治·大正編)』에 의하면 배계주는 1896년에 '46세'로 기록되어 있으므로 20년전, 1881년에 29세 때 울릉도에 들어왔다고 할 수 있다. 『光緒九年四月 日 鬱陵島開拓時船格糧米雜物容入假量成冊』(서울대학교 규장각도서, No. 17041)에 의거해 흔히들 1883년 개척령에 의해 16호 54명이 울릉도를 개척하였다고 하지만 1883년 이전에 울릉도에 거주를 위해 울릉도에 들어온 사람들을 상정하여야만 한다.
18) 일본 외무성자료 616-10, 『부산영사관보고서 2』 1902년 5월 30일, 「韓國鬱陵島事情」 '裵季周와 島民'.

수 있다. 그런 이력 때문에 울도 군수로 임명되기 전에 1895년 8월에 울릉도 도감으로 첫 임명되었고, 그런 경력으로 인해 1900년 울도 군수로 임명될 수 있었다.

대개 개척령 전후에 울릉도에 들어온 사람들의 후손들의 증언에 의하면 육지에서 살아가기 어려운 상황에서 막장으로 몰려 울릉도에 들어온 사람들이 대부분이다. 그렇지만 배계주 부친의 경우 1893년 정3품의 도정직에 있었고, 배계주가 1918년 2월 15일 경기도 부천군 덕적면 소야리(현 인천광역시 옹진군 덕적면)에서 사망하였다는 것으로 보아 인천에 연고권을 갖고 있었다는 점에서 다른 울릉도 개척민과 달라서 개척민을 이끌 수 있었다. 그래서 1895년 8월 10일에 울릉도의 도장제가 도감제로 바뀜에 따라 배계주가 판임관의 대우인 첫 도감으로 임명될 수 있었다.[19]

1895년 8월에 도장제가 도감제로 바뀌어 배계주가 도감에 임명되면서 울릉도의 사무를 본격적으로 맡게 되었고, 배계주는 울릉도 도민으로서 선전관의 검찰에 동행하다가 도감에 차정된 것이니만큼 일본인의 울릉도 침탈을 막기 위해 송사도 불사하는 등 적극적인 행보를 보였다는 평가가 있다.[20] 1898년에 배계주는 밀반출된 목재를 찾기 위해 오키와 도쿄 등지에서 소송을 하였고, 1899년 4월에는 마쓰에 지역에서 소송을 제기하여 승소하기도 했다. 배계주는 일본인에게서 되찾아온 나무 값으로 소송비용을 대고, 남은 돈을 국가에 상납하였으므로 그의 행적은 「황성신문」에 보도될 정도였기 때문에 그런 평가를 내릴 수 있고, 그로 인해 '대한제국 칙령 제41호'의 반포로 인해 울도 군수로 임명되었다고 볼 수 있다.

배계주는 위와 같은 치적이 있음에도 불구하고 「受命照査事項報告書」(1900년 외무성기록 3532 『鬱陵島に於ける伐木關係雜錄』) 중의 「수출세건」 자료에 '울릉도 도감 오상일(吳相鎰)'이 일본 상인에게 써준 약조문이 나온 것으로 보아 1899년 4월 이전에 울릉도 도감에서 면직된 것으로 보인다. 배계주가 울릉도 도감에서 면직된 시기와 이유는 한국 측 사

---

19) 『고종실록』 고종 32년 8월 16일 ; 『官報』 개국 504년 8월 16일·9월 20일.
20) 유미림, 앞의 글, 2010, 216쪽.

료에 남아 있지 않지만 『독립신문』 1899년 1월 19일 '괴목잠매' 기사에 "울릉도의 수목은 곧 나라에서 금약하는 물건이거늘, 섬에 사는 배계주 등 몇 명이 가장 큰 괴목을 모두 작벌 작판하여 외국 사람에게 가만히 팔아먹으니 금단하여 달라고 울릉도 도감 오상일이 내부에 보고하였다."는 기록이 보인다. 1899년 1월 19일 이전에 울릉도 도감에 면직되었음을 알 수 있다. 그렇지만 당시 배계주는 1899년 초에 일본으로 건너가 마츠에(松江)에서 일본의 목재 무단 운출 문제로 재판을 걸고 있었으므로, 위 기사는 오류로 여겨진다는 견해가 있다. 그 견해를 뒷받침하기 위해 『황성신문』(1902. 4. 29)에 "배계주는 그 섬을 감관한지 6년이며, 연전 배도감이 재목을 돌려받기 위한 건으로 일본으로 건너갔는데, 섬사람 오상일(吳祥日)이 도감이 부재한 기회를 엿보아 서리(署理)라 사칭하고 수출입 물품에 대하여 세금을 늑탈하였다고 하는데, 실은 쌀과 소금, 술과 약간의 봉뢰(捧賂, 뇌물)를 받은 것이다."고 하였음을 주목해야 한다고 하였다.21) 그러나 1899년 5월 부산에 머무르고 있던 전 도감 배계주를 도감에 재임명하고, 그의 부임에 즈음하여 부산 해관세무사서리 라뽀떼(Laporte, E, 羅保得)를 함께 파견, 진상을 조사한 기록이 남아 전하고,22) 라뽀떼·배계주 등이 울릉도로 떠난 것은 6월 하순이었다는 기록이 전하므로23) 배계주가 울릉도 도감에 면직되었음을 확인할 수 있다.

배계주가 울릉도 도감에서 면직된 이유를 유추하기 위해 다음의 일본 자료를 살펴보기로 한다.

① 배계주는 仁川 對岸에 있는 永宗島의 주민으로 지금부터 20년 전 울릉도에 이주하여 개척할 것을 계획하고 솔선해서 이 섬에 渡航하여 그 개척에 종사했습니다. 하지만 유감스럽게도 이 섬은 원래 무인도로서 (주위가 130 리라고 한다.) 한국 연안과의 교통이 열리지 않았기 때문에 매우 곤란을 느껴, 그 결과 빈번히 일본인의 도항을 권유하는 일에

---

21) 주강현,「울릉도 개척사에 관한 연구-개척사 관련 기초자료 수집-」한국해양수산개발원, 2009, 15~16쪽.
22) 『内部去來案』 7(光武 3년), 照會 제13호 ; 『俄案』 2(『舊韓國外交文書』 18, 고려대학교부설 아세아문제연구소, 1969) 문서번호 1460 ; 송병기, 앞의 글 172 참조.
23) 『内衙門日記』 光武 3년 6월 27일·28일.

힘쓰고 또 직접 島根 또는 神戶 등의 지방에 가서 이 섬 產出의 槻木 매매를 특약하는 등 점차 일본인이 이 섬으로 도항할 길을 열었습니다. 그와 함께 한국인이 도항할 편이 열려 이에 이주의 단서를 열게 되었던 것으로서 지금은 이 섬에 거주하는 한국인 수는 5~6,000명에 달하며 일본인 재류자 또한 남녀 3~400명, 많을 때에는 1,000명에 달하는 적이 있습니다(그것이 때때로 증감이 있는 것은 오로지 漁業 시기에 관계한다는 것). 그리고 위 우리나라 사람 중에는 이미 3~40호의 가옥을 짓고 거의 토착한 듯한 생활을 하고 있는 자도 있는데 그들 중에는 무지하고 억센 무리가 많습니다. 그런데 이들을 단속할 관리가 없으므로 상호간의 논쟁은 오로지 완력으로 결정하여 심하게는 살인범도 있습니다. 특히 한국인 사이의 관계는 완력에 호소함을 보통으로 삼는 상태여서 島司의 힘이 능히 이것을 제지할 수 없어서 섬을 다스리는 데에 장해가 없지 않다고 합니다. … 島民과 우리나라 사람과의 관계는 결코 일조일석의 내력이 아니고 이미 10 수년에 걸치며 지금은 더욱 그 관계가 깊어져서 설령 일단 퇴거시키더라도 점점 와서 모일 것은 자연적인 추세입니다. 그리고 일이 여기에 이른 것은 前記한 裵 도감이 말한 것 같이 이 섬의 개척에 따른 교통의 편익을 얻기 위하여 저들이 권유한 데 기인하므로 오늘에 이르러 帝國 정부가 이의 책임을 지고 퇴거시킬 의무가 없을 뿐 아니라 오히려 그 책임을 한국 정부에 돌리는 것이 지당하다고 인정하여 지난해 7월 4일자 機密 제54호로 卑見을 具申하여 드린 끝에 동년 7월 18일자 機密 제36호의 回訓을 받았으므로 본 공사는 위 회훈의 취지를 명심하여 즉시 別紙 甲號와 같이 한국 정부에 照會하였던 바 同 乙號와 같이 우리 제안에 동의하기 어렵다는 뜻의 회답을 받았습니다.[24]

② 島民은 호수가 520여 가구, 인구 2500여 명. 島監이라는 자가 島治를 한다. 도감 밑에 각 촌마다 촌장이 있어 마을의 모든 역할을 담당한다. 도감의 관청은 지금은 道洞이라는 곳에 있는데 지금의 도감은 裵季周라고 한다. 한국 정부로부터는 한 푼의 봉급도 없고 도민이나 기타에게서도 수입이 적기 때문에 가난하여 세력이 없다. 게다가 권력이 없기 때문에 도민의 대부분은 그의 명령을 따르지 않으므로 치적도 올리지 못한다. 도민 상호간은 이웃 간에 서로 친하며 공동생활의 질서를 잘

---

24) 『駐韓日本公使館記錄』 「本省機密往信」 機密 133호, 明治 34년 12월 10일, '鬱陵島在留民取締ノ爲メ警察官派遣ノ件上申'.

지키고 있다. 裵 도감은 일본에 세 번 온 일이 있어 일본어를 조금은 이해하므로 일본인을 위해서는 매우 편리하지만 일본에서의 槻木材의 가치를 알기 때문에 항상 직접 벌채하여 일본인 한 사람과 결탁하여 이익을 독점하려 한다. 작년 이후로 그가 한국 조정에다 일본인 槻木 도벌 운운하여 보고하고 또 도민이 槻木을 지키는 것을 생명과 같이 한다고 한 말 등은 모두 이런 배짱에서 나온 말이다. 도민은 槻木의 가격도 모르며 산에서는 이것을 薪炭用으로 벌목하고 있었다. 이런 이유로 도감과 일본인 사이의 감정은 좋지 않다.[25]

③ 그는 메이지29년 (1896)년 3월 도감에 임명되자 시마네현 평민 기무라 게이치로(木村源一郞), 돗토리현 평민 이시바시 유자부로(石橋勇三郞)와 공모하여 본방 재류민에게 비개항장에서 밀수출입을 한다는 이유로 금150엔 이상 500엔 이하의 벌금을 징수하였다. 미납자는 즉시 한국을 떠날 것을 명하고 有體動産을 몰수한 뒤 3명이 분배한 일을 섬에 있는 한인들이 알게 되자 몹시 배척당하여 한때 본토로 피한 일이 있었다. 그 후 메이지 31년 8월 시마네현 평민 요시오 만타로(吉尾万太郞)가 나무꾼을 고용하여 느티나무를 제재하여 도당 해안으로 나르는 것을 인식하고 거기에 자기 도장을 찍어 본방에 수출한 후 사카이 지방 재판소에 되찾는 소송을 제기하였다. 그 다음 그는 도쿄에 가서 朴泳孝에게 의뢰하고 박영효로부터 사카이 지방 재판소에 대하여 배계주는 군수이니 마땅한 대우를 해주라는 서신을 받았다. 그가 재판소에서 고등관의 대우를 받자 더욱 득의양양하여 남의 물건을 압수하려 하였으나 취조한 결과 서로 합의하여 수출한 규목의 반액을 획득하였다. 또 그 해 12월 같은 수단으로 기무라 겐이치로(木村源一郞)를 증인으로 삼아 이시바시 유자부로(石橋勇三郞)를 대리인으로 정하여 시마네현(島根縣) 평민 후쿠마 효노스케(福間兵之助)의 수출 재목에 대하여 사카이 지방재판소에 제소하여 승소하였으나, 후쿠마로부터 히로시마(廣島) 公訴院에 소송당하여 재심한 결과 패소하였다. 이에 후쿠마로부터 금 1,200엔의 손해배상을 청구 받아 내입금으로 콩 20석을 지불하였고 잔금은 증서로 하고 그 후 지불하지 않아 자주 청구 받아 거의 곤란한 지경에 이르자 그 후 소송을 하지 않게 되었다고 한다. 그런데 그는 늘

---

25) 『주한일본공사관기록』 14권(번각판), 「鬱陵島調査槪況」 '第4. 島治', 국사편찬위원회, 1995, 544쪽 ; 박병섭, 『한말 울릉도·독도 어업-독도 영유권의 관점에서-』 한국해양수산개발원, 2009, 104쪽.

이 섬의 물산을 독점적으로 판매하여 이윤을 독점하려고 기무라와 이시바시 등과 획책하였으나 뜻대로 되지 않아 실패로 끝났다.26)

사료 ①~③의 경우, 배계주가 도감으로 재직하면서 일본인의 울릉도 침탈을 막기 위해 송사도 불사하는 등 적극적인 행보를 보였다는 평가에 반하는 행적이 보인다. 『독립신문』 1899년 1월 19일 '괴목잠매' 기사와 부합하는 기록이다. 사료 ①에 의하면 배계주는 울릉도의 개척에 따른 교통의 편익을 얻기 위하여 일본인의 도항을 적극 권유하였고, 배계주가 직접 일본의 시마네(島根) 또는 고베(神戶) 등의 지방에 가서 이 섬에서 산출되는 규목(槻木) 매매를 특약하는 등 점차 일본인이 울릉도로 도항할 길을 열었다는 평가를 받았다. 그로 인해 저들이 권유한 데 기인하므로 일본 정부가 울릉도의 일본인을 퇴거시킬 의무가 없다고 하면서 오히려 그 책임을 한국 정부에 돌리고 있다. 나아가 사료 ②에 의하면 일본에 세 번 온 일이 있기 때문에 일본에서의 규목의 가치를 알기 때문에 항상 직접 벌채하여 일본인 한 사람과 결탁하여 이익을 독점하려 한다고 배계주를 평가하고 있다. 사료 ③에 의하면 구체적으로 배계주가 1896년에 시마네현 평민 기무라 게이치로(木村源一郎), 돗토리현 평민 이시바시 유자부로(石橋勇三郎)와 공모하여 울릉도의 일본인들이 비개항장에서 밀수출입을 한다는 이유로 벌금을 부과하고, 미납자로 하여금 즉시 한국을 떠날 것을 명하고 유체동산(有體動産)을 몰수한 뒤 3명이 분배하였고, 그 일을 한인들이 알게 되자 몹시 배척당하여 한때 본토로 피한 일이 있었다. 그렇지만 이때 배계주는 면직되지 않았던 것으로 보인다. 그 후 1898년 8월에 일본인이 베어온 규목을 배계주의 도장을 찍어 일본에 수출한 후 사카이 지방 재판소에 되찾는 소송을 제기하여 승소한 것을 기화로 하여 그 해 12월에 같은 수단을 반복하여 후쿠마 효노스케(福間兵之助)에 소송을 제기하였다가 결국 패소하였다. 이에 후쿠마로부터 금 1,200엔의 손해배상을 청구 받아 내입금으로 콩 20석을 지불하였고 잔금

---

26) 일본 외무성자료 616-10, 『부산영사관보고서 2』 1902년 5월 30일, 「韓國鬱陵島事情」 '裵季周와 島民'.

은 증서로 하고 그 후 지불하지 않아 자주 청구 받아 거의 곤란한 지경에 이르자 그 후 소송을 하지 않게 되었다고 한다. 배계주는 울릉도의 물산을 독점적으로 판매하여 이윤을 독점하려고 기무라와 이시바시 등과 획책하였으나 뜻대로 되지 않아 실패로 끝났다고 하는 것으로 보아 이런 사실이 알려지면서 울릉도 도감에 면직된 것으로 보인다.

배계주는 울릉도 도감에서 면직되었지만 1899년 5월, 정부는 배계주를 도감에 재임명하고, 1900년 10월 25일, '대한제국 칙령 41호'에 의해 울릉도를 울도로 개칭하고 도감을 군수로 개정한 조치에 따라 11월 29일 초대 울도 군수로 임명되었다.27) 그것은 한일 양국 자료에 나타나지 않지만 사료 ①~③ 자료를 보건대 첫째, 울릉도 개척민의 일원이었고, 또 도감을 역임하면서 울릉도에 대한 사정을 어느 누구보다도 통달하였음이 고려되었을 것이고, 둘째, 일본어에 능통하고 일본에 건너가 함부로 벌목하고 몰래 운반하는 것에 대한 소송을 할 정도로 대일전문가였다. 일본인의 범작 투운이 심해짐에 따라 1899년 부산에 머무르고 있던 전 도감 배계주를 도감에 재임용할 수밖에 없었다.

일본인의 범작 투운이 심해지자 배계주를 울릉도 도감으로 재임용하고, 부산 해관세무사서리 라뽀떼(Laporte, E, 羅保得)로 하여금 울릉도로 파견, 진상을 조사하고자 하여 라뽀테·배계주 등이 울릉도로 떠난 것은 6월 하순이었다. 라뽀떼는 곧 조사를 마치고 돌아와 총세무사 브라운(Brown, j.B, 栢卓安)을 통하여 정부에 보고서를 제출하였다.28) 라뽀떼와 배계주 등의 보고에 의하면 "울릉도는 개척된 지 몇 해 되지 않아서 인구가 희소한데 일본인 무뢰자들이 떼를 지어 이거해서 居民을 능욕 침학하며 삼림을 베어가고 … 곡식과 물화를 밀무역한다. 조금이라도 말리는 바가 있으면 칼을 빼어들고 휘둘러대면서 멋대로 폭동하여 꺼리는 바가 조금도 없으므로 거민들이 모두 놀라고 두려워하여 안도하지 못하는 실정"29)이었다.

---

27) 『舊韓國官報』 제1744호, 光武 4년 11월 29일, "任鬱島郡守敍奏任官六等九品裵季周."
28) 『海關案』 2, 『구한국외교관계부속문서』 고려대학교 아세아문제연구소, 1972, 문서번호 1621 ; 송병기, 앞의 글 173쪽 재인용.
29) 『內部去來案』 3, 조회 제13호, 광무 3년 9월 15일.

울릉도에서의 일본인의 벌작과 투운에 대한 보고가 중앙정부에 연속 보고되자 러시아가 일본인의 울릉도 벌작과 투운을 러시아의 이권 침해로 간주하여 1899년 8월에 일본 정부에 울릉도의 수목이 러시아에 특허되었음을 밝히고, 일본인의 벌목을 금지하도록 조처하여 줄 것을 요청하였다.30) 대한제국 정부에도 8월 3일・15일, 10월 11일 등 세 차례에 걸쳐 일본인의 벌목을 강력히 항의해왔다.31) 러시아가 울릉도의 벌작과 투운을 문제 삼은 이유는 1896년 2월의 아관파천을 계기로 조선정부가 러시아에 몇 가지 이권을 넘겨주었는데 그 가운데 하나가 압록강・두만강 유역 및 울릉도 삼림벌채권을 블라디보스토크 상인 브린너(Brynner,Y.I)에게 특허를 넘겼기 때문이다. 러시아의 항의를 받은 일본 측은 즉시 대한제국 정부에 벌채권을 양여한 사실이 있는지를 문의하였고, 그것을 확인하자 일본은 러시아의 벌목금지 요청을 받아들이기로 결정하고(1899. 8) 원산영사관 외무서기생을 울릉도로 파견하여(1899. 9) 현지 일본인들에게 11월 말까지 철수할 것을 지시하였다. 『독립신문』과 『황성신문』을 살펴보면 1899년 9월 이후 울릉도 도감 배계주가 일본인의 규목 도벌과 작폐에 관한 보고를 인용한 기사가 많이 등장한다. 그렇지만 사료 ②에 의하면 1899년부터 배계주가 한국 조정에다 일본인 규목 도벌 운운하여 보고하고 또 도민이 규목을 지키는 것을 생명과 같이 한다고 한 말 등은 배계주가 일본에서의 규목나무의 가치를 알기 때문에 항상 직접 벌채하여 일본인 한 사람과 결탁하여 이익을 독점하기 위한 배짱으로 해석하고 있다. 그런 인식을 갖는 한 울릉도 도감 배계주가 일인들을 억지할 수 없다.

러시아가 울릉도 문제를 거론하고, 라쁘테・배계주의 보고에 따라 대한제국 정부는 일본 측에 울릉도 재류 일본인들의 철수를 요구하는 한편 9월에 내부시찰관을 울릉도조사위원으로 임명 파견하여 그 정형을 살피도록 할 것을 결정하고32) 12월 15일 우용정을 시찰위원에 임명하였다.33)

---

30) 『外衙門日記』 광무 3년 8월 16일 ; 『日案』 4, 문서번호 5261 ; 『일본외교문서』 32, 事項 9, 문서번호 166・168.
31) 송병기, 앞의 책 128쪽.
32) 우용정, 『울도기』.
33) 『관보』 광무 3년 12월 19일.

한일 간에 울릉도 재류 일본인들의 철수 교섭이 진행되는 가운데 1900년 3월 15일에 도감 배계주로부터 일본인의 작폐에 대한 보고가 있었다. 그 요지는 ① 현지 일본인들은 퇴거할 뜻이 없을 뿐 아니라 전 도감 오성일이 발급한 문서를 빙자하여 1899년 8·9월 사이에 1천여 판(板)을 벌목하였고, 도감이 서울로 올라가 고소하려 하자 일본인들이 나루를 지키어 내왕할 수 없었다. ② 도감이 일본에 건너가 재판한 것은 수년 전의 일인데 일본인들이 당시의 비용을 강요하여 도민들이 변상하였다. ③ 규목의 작벌을 금하자 일본인들은 검사와 벌목 계약을 맺었다 하고 계약금의 반환을 요청하여 도민들이 3,000여 량을 갚아주었다는 보고였다.34) 대한제국 정부는 일본공사관에 조회하여 이것을 항의하고 일본인들의 조속한 철수와 전화(錢貨)의 상환을 요청하였다.35) 일본공사는 3월 23일의 회답조회에서 양 측에서 공동 조사할 것을 요구하면서 울릉도 일본인들이 도감에게 상당한 대가를 지불, 그 허가를 받아 벌목에 종사하였다는 진정이 있었다 하고, 일본인들은 도감과의 묵계 하에 부지불식간에 왕래 거류하는 것이 관례가 되었다고 주장하였다.36)

양국의 공동조사에 관한 논의가 전개되는 동안 일본공사는 부산영사에게 공동조사에 대비하는 각서 4개항을 훈령하였다. 그 가운데에는 비밀리에 러시아인과 벌목권 양수를 교섭하기 시작하였으며, 이 교섭은 상당히 진전되고 있음을 밝히고 있다.37) 이 훈령에 이어 '울릉도재류일본인조사요령(鬱陵島在留日本人調査要領)'을 시달하면서 일본정부는 일본인들이 울릉도에 잔류하도록 승인받는 것이 필요하므로 조사에 임하여서는 도감이 일본인들의 재류를 승인하였거나, 벌목을 승인 혹은 묵인한 상황에 대하여 주안을 두라고 강조하였다.38)

하야시 곤스케(林權助)가 제의한 공동조사안을 대한제국 정부는 5월 4일 수락하였다.39) 우용정을 그 대표격인 시찰위원으로 하고 감리서 주

---
34) 『내부거래안』 8(광무 4년), 조회 제6호 ; 『교섭국일기』 광무 4년 3월 15일.
35) 『교섭국일기』 광무 4년 3월 16일 ; 『일안』 4, 문서번호 5566.
36) 『日案』 4, 문서번호 5572.
37) 『주한일본공사관기록』 각영사기밀래신(명치 33년) 기밀 제5호.
38) 『주한일본공사관기록』 각영사기밀래신(명치 33년) 기밀 제6호.

사 김면수(金冕秀), 부산 해관 세무사 라포트(E. Raporte) 및 봉변(封辨) 김성원(金聲遠), 그리고 부산에 주재하고 있던 일본 부영사관보 아카쓰카 쇼스케(赤塚正助) 및 경부(警部) 1명으로 구성된 조사단이 5월 31일 울릉도에 도착하여 6월 1일부터 5일간 세무사 라포트의 입회 아래 그 실태를 조사하였다. 1900년의 「受命調査事項報告書」(1900년 외무성 기록 3532, 『鬱陵島に於ける伐木關係雜錄』) 중의 「輸出稅件」에 대한 조사는 3월 23일의 일본 공사의 회답문 가운데 '울릉도 일본인들이 도감에게 상당한 대가를 지불, 그 허가를 받아 벌목에 종사하였다는 진정을 뒷받침하고, '울릉도재류일본인조사요령'을 숙지하여 도감에 수출세를 냈다는 증거자료 수집에 힘을 기울였음을 알 수 있다. 이들은 전 도감 오상일과 울릉도 재류 일본인 사이에 맺은 별지의 약조문을 증거자료로 확보하였다. 수출액의 2푼을 콩으로 오상일 도감에게 낸다는 1899년 4월 1일의 약조문이었다. 그리고 현 도감 배계주도 오늘날까지 이 조약에 징세하고 있다고 하였다. 배계주는 비개항장에서의 수출세 징수는 불법인 것을 알았기 때문에 "영수증 발행은 마땅하지 않으며 정부에게도 노출되어 힐책당할 우려가 있다 하여 아직 1장도 발행한 일이 없다."고 보고서에서 기록한 바와 같이 배계주는 오상일과 같은 바보는 아니었다. 영수증을 발행하지 않았던 배계주는 납세의 사실이 있는지 여부를 묻자 처음에는 거두는 일이 없다고 말하다가 나중에는 2년간 구전으로 받았다고 말하였고, 마지막에는 지금까지 매년 구전으로 받아왔다고 하였다. 그렇지만 문서에는 작년과 재작년 2년간 받았다는 기록만 남아 있다고 보고서에 기록되었다.

　울릉도 시찰위원 우용정이 조사를 마치고 귀경한 것은 1900년 6월 중순(15일)이었다. 그는 내부대신 이건하에게 보고서를 제출하였다.[40] 우용정이 정부에 건의한 내용은 첫째, 도감 배계주는 1896·1897년 양년에 일본인들로부터 벌금과 세금을 징수하였으나, 그 뒤는 비개항장에서의 세금을 거두는 것이 불가함을 알고 징수하지 않았으며, 일본인들이

---

39) 『교섭국일기』 광무 4년 3월 27일·5월 4일 ; 『日案』 4, 문서번호.
40) 『皇城新聞』 광무 4년 6월 18일.

하루를 살면 '일일지해(一日之害)', 이틀을 살면 '이일지해(二日之害)'가 될 뿐만 아니라 와서 머무르는 자체가 조약 외의 일이므로 일본 측과 조속히 담판하여 이들을 철수시킴으로써 도민과 삼림을 보호하여야 한다, 둘째, 울릉도 관제를 개편하되 이에 따라 늘어나는 관원·서기·사환의 월봉은 도내 400여 호로부터 걷는 콩·보리 80석으로 충당할 수 있으며, 도의 경비는 전라남도민으로부터 징수하는 미역세를 100분의 5에서 10으로 올리면 그 액수가 연간 1,000여 원이 됨으로 적지 않은 도움이 될 것이라는 것이었다.41) 우용정의 보고서와 1900년 「受命照査事項報告書」 (1900년 외무성기록 3532, 『鬱陵島に於ける伐木關係雜錄』) 중의 「輸出 稅件」에 관한 일본 보고서를 비교해보면 우용정이 배계주에 관대하였다는 것을 알 수 있다. 앞에서도 말한 바와 같이『독립신문』과『황성신문』을 살펴보면 1899년 9월 이후 울릉도 도감 배계주가 일본인의 규목 도벌과 작폐에 관한 보고를 인용한 기사가 많이 등장한다. 우용정이 울릉도를 떠난 이후의 상황을 배계주가 보고한 다음과 같은 기록이 있다.

  大韓 外部大臣 朴齊純이 조회합니다. 이번에 접수한 內部大臣의 공문에, "鬱陵島 監務 裵季周가 보고하기를, '內部 視察官 禹用鼎이 그 동안 울릉도의 산림을 日本人이 불법으로 베는 일에 대해 조사를 거친 문서가 있습니다. 그러나 우용정이 돌아간 이튿날 일본 商船 5척이 울릉도에 정박하였으며, 이곳에 체류하는 일본인들은 사방의 산을 두루 돌아다니며 남은 槻木을 마음대로 베어 벌거벗게 될까 두렵습니다. 그래서 일본인 烟本에게 힐문하니 그가 말하기를, 울릉도의 전 감무 吳相鎰과 田在恒의 벌목 허가증이 있다고 하였습니다. 이에 오상일의 허가증을 살펴보니 규목 2그루뿐이었는데도 불법으로 벤 것은 70여 그루에 달하였고, 田票는 80그루에 그쳤는데 저들이 불법으로 벤 것은 83그루가 넘었습니다. 소급하여 살펴보면 우용정이 조사할 때에 일본 영사와 여러 번의 담판을 거쳤고, 일본 영사는 다시 불법을 자행하지 말라는 뜻을 울릉도에 있는 일본인들에게 명하였습니다. 그런데도 이번에 법을 무시하고 마음대로 베는 짓이 그 전보다 심하니 참으로 놀랍고 한탄스럽습니다.'라고 하였습니

---

41) 우용정, 『鬱島記』; 『내부거래안』 8(광무 4년), 조회 제12호 ; 송병기, 앞의 글 187~188쪽 참조.

다. 이로 인해 통보하니 귀 대신께서는 일본 공사에게 조회하여, 울릉도에 체류하는 일본인들을 즉시 철수시켜 다시는 불법행위가 없도록 해주시기 바랍니다."라고 하였습니다.

이와 같이 배계주는 1899년 6월 울릉도에 부임한 후 일본인의 벌목을 적발하여 그 처벌을 중앙정부에 낱낱이 보고하였으니 울도 군수의 적임자로 여겨졌을 것이다. 그 때문에 배계주가 1900년 11월 26일자로 울도 군수로 임명되었다.

1901년 초에 설군에 따른 여러 가지 준비를 하기 위해 내부 관원 최성린(崔聖麟)을 파견하였다.42) 그렇지만 1901년 2월 2일 기록에 울도 군수 배계주가 미부임하였다는 기록과43) 3월 13일에 도임하였다는 기록이 나오고,44) 8월 20일까지도 울도 군수 배계주의 부임 보고가 도착하지 않았다45)는 기록이 나온다. 이것은 배편이 옳게 개설되지 않은 탓으로 보이기도 한다.

배계주의 보고가 미처 오지 않아서인지 8월에 부산해관의 사미수(士彌須), 동 방판(幇辦) 김성원(金聲遠), 동래 감리서 주사(主事) 정보섭(丁寶燮) 등을 울릉도에 파견하여 일본인들의 실태를 조사하였다. 현지 조사를 마친 사미수는 곧 정부에 보고서를 제출하였다(8월). 그 요지는 (1) 도내에 상주하는 일본인 수는 550명이며, 이 밖에도 매년 고기잡이·벌목차 내도하는 수가 300~400명에 이른다, (2) 도내 일본인의 2대 파벌인 '하타모도당'과 '와기다당'이 울릉도를 남북으로 나누어, 삼림을 스스로 영유하여 '인장(認狀)' 없이 벌목하고 있는데다가 도민들의 벌목을 금하고 위반자로부터 벌금을 징수하고 있다, (3) 도내 일본 선박 수는 판재(板材)를 싣고 출범중인 5척을 포함하여 21척이며, 부산 일본영사관의 准單(허가증)을 가진 어선 7척과 잠수어선 13척이 있다는 것 등이었다.46) 이런 사미수 보고가 있고 난후 배계주의 비슷한 보고가 접수되었

---

42) 『皇城新聞』 광무 5년 1월 18일.
43) 『각사등록』 通牒 제23호(1901년 2월 2일).
44) 『각사등록』 通牒 제152호(1901년 7월 15일).
45) 『각사등록』 通牒 제187호(1901년 7월 15일).

다.47) 이 자료를 통해 울도군으로 승격되었고, 울도 군수가 울릉도를 다스렸지만 배계주가 일본의 침탈을 전혀 막지 못했음을 보여준다. 실상 울도군으로 승격되었고, 군수가 파견되었지만 행정 실무를 담당할 관속도 제대로 배치되지 않았으며, 치안을 담당할 吏校는 아예 배치되지 않았음을 1902년의 「울도군절목」을 통해 확인할 수 있다.

울릉도 재류 일본인의 작폐뿐만이 아니라 군의 경비는 도민으로부터 징수하였기 때문에 배계주·최성린 등은 울릉도민들의 민원을 사기도 하였다.48) 그 대표적인 것을 열거하면서 배계주가 울도 군수에 면직된 이유를 유추해보기로 한다.

울릉도 개척이후 울릉도민의 교통과 통신을 담당할 우리 선박이 없었다. 궁여지책으로 도민이 개운환이라는 이름의 범선 한 척을 구입코자 하였는데 그 대금을 변통할 방법을 찾지 못할 때 1900년 울릉도 시찰위원인 우용정이 울진사람 최병린과 함께 구입하여 운행하도록 한 적이 있다.49) 『황성신문』 1901년 3월 11일자의 '잡보'의 기사에 의하면, 개운환(濟盆船)이 규목을 싣다가 황토포에서 풍랑으로 파선되자 개운회사 사원은 선박이 정부가 구입해준 것인데 너희들이 규목을 갖다 싣는 것을 지체했기 때문에 부셔졌으니 선가와 비용 1만 6천냥을 도민에게 징수하여 다시 선박을 구입해 오려고 하였다. 이에 반대한 도민들이 나타나서 군수의 보고서를 갖고 울릉도 사정을 아는 전사능(田士能)을 부산에 보냈더니 인장을 위조하여 군수 보고서에 찍었다고 하면서 전사능을 부산항 감리서에서 구속하여 재판을 요청하였다는 기사가 나온다. 배계주가 3월 13일에 울릉도에 부임하였기 때문에 군수 보고서의 인장이 가짜로 쉽게 들통 난 셈이다. 『황성신문』 1901년 10월 29일 '잡보'란에 울릉도 도민들이 회의한 결과 울릉도에서 상권을 외국인, 즉 일본인에게 빼앗기는 것은 화물을 운반할 선박이 없기 때문이라고 결론짓고 도민들이 각기 출자금을 출연하여 보합환(保合丸) 2척을 구입하기로 의결했음을 외부

---

46) 『皇城新聞』 광무6년 4월 29일.
47) 『각사등록』 照會 제11호(1901년 9월 25일).
48) 『교섭국일기』 광무 5년 5월 1일 ; 『皇城新聞』 광무 5년 5월 3일, 7월 26일.
49) 우용정, 『울도기』 ; 『皇城新聞』 광무 5년 3월 11일자 「잡보」.

에 보고하였음을 기사로 다루고 있다. 배계주가 개운환이 파선된 후 운반선 2척 비용을 도민에게 부과하려다가 일부 도민의 거센 반발에 부딪친 바가 있다고 하면서 1902년 초에 해임되고 강영우가 제2대 울도 군수로 임명된 원인도 여기에 있었던 것으로 추정된다는 해석도 있다.50)

그렇지만 다음의 자료를 통해 배계주가 울릉도 재류 일본인과 도민들로부터 신망을 잃고 울도 군수의 직임을 수행하지 않고 본토로 도주하였기 때문에 울도 군수에 면직되었다고 하는 것이 온당할 것 같다.

④ 그 후 메이지 34년에 宮內府 조사위원 崔秉鱗이 섬에 왔을 무렵, 하타모토, 와키타 등은 자기 배에 한인의 짐과 본방의 물품을 실어 조선 본토의 비개항장으로 출항하려 하였다. 이것을 도감이 알고 최병린과 도모하여 기선 창룡호가 섬에 오는 데로 편승하여, 부산 세관에 가서 호소하여 선체와 화물을 압수하고, 한편으로 본인 등은 (하타모토 등을) 섬에서 퇴거시키려고 섬의 한인 등과 협의하였다. 이것을 하타모토 에이지로(畑本榮次郎) 외 여러 명이 알게 되었다. 사태가 심상치 않자 하타모토는 최병린에게 그 이유를 물었더니 그는 결코 그런 협의를 한 적이 없다고 답변하여 배 군수 외 3명을 세워 입증하려 하였으나 하타모토등은 확실한 증거가 있다고 주장하며 들어주지 않았다. 논쟁 끝에 서로 3,650원의 현상금을 걸고 사실로써 승패를 가리기고 약속하였다. 쌍방이 도동에 모여 증인을 세워 사실 취조를 하자, 협의에 참가한 한인 金性述이 최병린과 배계주가 밀계한 것을 증명하였다. 그러자 최병린도 할 수없이 계약금을 지불하지 않을 수악 없었다. 그러나 소지한 돈이 없었으므로 콩 200석으로써 승낙하라고 하였다. 마침 도민 김병문 외 7명이 콩 165석 5두 5석을 부산으로 보내 각장 생필품을 사기 위해 아마노 시치조(天野七藏)의 배 쇼에이마루(昌榮丸)에 싣고 있었다. 그 것을 (최병린은) 억지로 자기 콩이라 하고 배계주의 지휘하여 배에서 상륙시켜 하타모토에게 교부하였다. 그리고 김성술을 자택에 불러, 일본인에게 그리 증명한 것을 힐책하며 "이 손해는 너희가 빨리 지불하여야 한다."고 엄명하고 구류하였다. 김성술은 울분을 참지 못하였으나 따로 피할 길이 없었기 때문에 내일 콩을 조달하여 변상한다고 속이고 귀가하여 그날 밤 자기 집 나뭇가지에 새끼줄을 매고 목매어 죽었다.

---

50) 신용하 편저, 『독도영유권 자료의 탐구』 제3권, 독도연구보전협회, 2000, 151쪽.

그러므로 荷主는 물론 섬 안의 한인들이 크게 격앙하여 배 군수에게 그 처치가 부당, 불합리함을 비난하였다. 배는 최와 은밀히 섬의 서쪽 뒷면 통구미로 가서 창룡호에 편승하여 본토로 도주하였으니 도민들로부터 평판이 좋지 않았다고 한다.

참고 : 금년 5월 5일에 최병린과 배계주로부터 하타모토 에이지로에게 넘어간 콩의 피해자 김병문 외 7명으로부터 콩을 되돌려주도록 하타모토를 설득해 달라는 신청이 있었다. 사실을 취조하자 배계주와 최병린 두 사람이 완전히 자기 소유품으로 넘겨버린 증거가 있었다. 그러므로 배계주가 섬에 돌아온 후에 다시 신청하도록 타일렀다.

위와 같이 보고함.
메이지 35년(1902) 5월 30일
    울릉도 경찰관 주재소 재근
      경부 니시무라 게이조(西村鍷象)
      영사 시데하라 기주로(幣原喜重郎) 귀하

위의 자료에 나오는 최병린은 내부 관원 최성린(崔聖麟)이다. 울릉도의 재류 일본인 2대 파벌을 이끌었던 하타모도와 와키다 등은 자기 배에 짐을 싣고 출항하려고 하자 배계주와 최병린이 창룡호가 오는 대로 편승하여 부산세관에 가서 선체와 화물을 압수하고 하타모도 등을 울릉도에서 퇴거시키려고 섬의 한인들과 협의하였다. 그 낌새를 알아챈 하타모도는 최병린에게 따졌다. 그 일로 논쟁이 벌어져 3,650원의 현상을 걸고 사실로써 승패를 가리기로 약속하였다. 사전 모의에 참가하였던 김성술이 최병린과 배계주가 밀계한 것을 증명하였다. 그러자 최병린이 소지한 돈이 없었으므로 도민 김병문 외 7명이 콩 165석 5두 5석을 창영환에 싣고 있는 것을 자기 콩이라고 하고, 배계주가 배에서 내려 와타모도에게 주었다. 그리고 김성술을 힐책하여 결국 김성술이 자살하였다. 그 때문에 화물 주인 김병문과 도민들이 크게 격앙하여 배계주 군수에게 부당, 불합리함을 비난하였다. 궁지에 몰린 배계주와 최병린이 창룡호에 편승하여 본토로 도주하였다. 그로 인해 울도 군수에서 면직되었고, 제2대 군수로 강영우가 1901년 12월 10일 이전에 임명된 것으로 보인다.51) 『황성신문』 1902년 3월 4일 '잡보'란에 "울도 군수 강영우씨 면관된 대에 전 군수 배계주씨가 서임되얏더라."라는 기사가 나온다. 이 기록에 대한 해석으로 "강은 임명된 후 임지로 가지 않고 부랑배와 여비만 낭비했으므로 1902년 2월 19일 면관되었다. 이에 내부에서는 울도 군수를 오래 공석으로 둘 수 없으므로 다시 배계주를 제3대 울도 군수로 임명한 것이었다."라는 해석이 있다.52) 그렇지만 강영우는 울릉도 부임을 앞두고 현지 일본인의 작폐 때문에 크게 공포감에 사로잡혀있었는데, 일본 공사관 서기관 고쿠부 쇼타로(國分象太郞)가 강영우와 몇 차례 접촉하면서 일본 경찰문제를 협의하여53) 1902년 3월에 울릉도에 경찰관주재소를 신설, 경찰을 상주시키기 시작했다.54) 제2대 울도 군수 강영우는 울릉도에 부임하지 않았지만 울릉도에 일본 경찰관 주재소를 만드는 역할 하나 만은 한 것으로 보인다. 대한제국 정부가 일본의 경찰관주재소 설치를 인지한 것은 이 해 9월 말로 강원도 관찰사의 보고를 통해서였다. 강원도 관찰사의 보고에 의하면, 일본 측은 비단 울릉도에 주재소를 설치하였을 뿐 아니라 도민을 임의로 연행하였고, 또 도민들 가운데는 그 억울한 일을 일본 경찰에 호소하는 일조차 있었다고 한다.55) 위 사료 ④의 '참고'에 의하면 경찰관주재소에 1902년 5월 5일에 최병린과 배계주로부터 하타모토 에이지로에게 넘어간 콩의 피해자 김병문 외 7명으로부터 콩을 되돌려주도록 하타모토를 설득해 달라는 신청이 있었다. 주재소의 취조의 결과 배계주와 최병린 두 사람이 완전히 자기 소유품으로 넘겨버린 증거를 발견하여 배계주가 섬에 돌아온 후에 다시 신청하도록 타일렀다고 하는 것으로 보아 배계주가 울도 군수로 도임하면 그러한 송사에 휘말릴 가능성이 있다. 이 일 때문에 야반도주한 배계주가 울도 군수로서의 체통을 지키기

---

51) 『주한일본공사관기록』(機密제133호(1901년 12월 10일)「(67) 鬱陵島在留民取締 / 爲ㇷ警察官派遣 / 件上申」.
52) 신용하 편저, 『독도영유권 자료의 탐구』 제3권, 독도연구보전협회, 2000, 151쪽.
53) 『주한일본공사관기록』「本省機密往信」(明治 34년) 機密 제133호.
54) 『鬱陵島郵便所沿革簿』.
55) 『交涉國日記』 광무 6년 9월 30일.

위해 '군규(郡規)'를 마련하여 「울도군절목」이라 이름 하여 내부에 보낸 것은 그것에 대한 돌파구를 마련하기 위한 것이라고 볼 수 있다.

1902년 5월 10일 울도 군민 김찬수(金贊壽)가 울도 군수 배계주를 고소한 일 때문에 평리원에서 법부에 구금했다는 보고가 있었고,56) 5월 17일 '평리원에서 울도 군수의 재임 시 선박배상금 징수과정에서 백성을 위협한 배계주의 처벌보고'에 대한 자료가 있다.57) 평리원이 법부에 보낸 보고서와 위 사료 ④는 같은 사건이지만 달리 보인다. 그것은 배계주가 피고로서 자신의 입장을 적극 변호한 자료이기 때문이다. 평리원의 보고서의 경우 배계주가 울도 군수로 있을 때, 김성술이 일본인 사선을 빌려 콩을 실으려 하였으나 조사위원 최병린이 사선을 이용하다 발각되면 해관에 몰수된다고 하면서 공선인 창용환(蒼龍丸)에 옮겨 실었다. 일인의 풍범선주가 최병린에게 손해배상을 청구하였지만 최병린은 김성술에게 추징하려고 하였고, 서기 박필호가 내부의 지령을 받아 김성술을 압상하러 와서 손해배상 문제는 김성술의 거짓으로 생긴 것이라 하니 김성술이 스스로 목숨을 끊었다. 이때 배계주는 공무로 상경할 참이었는데 김성술의 시신을 보고 자살이 분명하다고 여겨 검시를 행하지 않고 문서를 작성하지 않았다고 하여 태형 40대에 처하였다는 보고를 법부에 보냈다. 사료 ④는 배계주가 본토로 도주하였다고 한 것에 반해 배계주는 공무로 상경하였다고 하였다. 아마 배계주는 이렇게 둘러대어 3월 7일에 울도 군수로 재임용되었던 것 같다. 그런 것에 불만을 품은 전 군수 강영우가 6월 22일에 배계주가 금산에서 벌목한 일로 소장을 접수하여 평리원에서 배계주를 구금한 것을 법부에 보고한 기록이 나온다.58) 아마 강영우가 자신이 면직되고 배계주가 후임으로 교체된 것 때문에 배계주의 불법 사실을 고소한 것 같다. 아마 이 둘 사이에 울도 군수의 교체를 두고 상당한 갈등이 있는 것으로 보인다. 그 이후 7월 7일 평리원에서 배계주를 방면할 것을 보고하고, 8월 25일에 배계주에 대한 선처를 요청한 기

---

56) 국사편찬위원회, 『각사등록』 司法稟報(乙) 報告書, 第71號(광무 6년 5월 10일).
57) 국사편찬위원회, 『각사등록』 司法稟報(乙) 報告書, 第72號(광무 6년 5월 17일).
58) 국사편찬위원회, 『각사등록』 司法稟報(乙) 報告書, 第99號 (광무 6년 6월 22일).

록 등, 배계주와 관련된 소송이 1903년 1월 5일까지 지속되었다. 그런 점에서 배계주는 1901년 3월 7일에 울도 군수로 임용되었지만 울도군에 부임하지 못하였다. 그런 상황에서 배계주는 서울에서 자신이 '군규'를 만들어「울도군절목」으로 내부에 상신하여 내부의 재가를 받아 그것을 지녔지만 울릉도에 들어가 언문으로 등사하여 각동에 게시하지 못하였다. 시행되지 못한「울도군절목」을 두고 독도를 포함한 울릉도 관할구역을 대한제국이 실효적으로 경영한 증거로서 주목할 만한 가치가 있는 것이라고 평가하는 것은59) 문제가 있다고 생각된다.

2.「鬱島郡節目」에 나타난 1902년대의 울릉도 사회상

「울도군절목」은 울릉도 각동에 게시된 '군규'는 아니었지만 그 절목을 통해 1902년대의 사회상을 엿볼 수 있는 의미 있는 자료인 것만은 분명하다. 이 절목은 언문으로 번역하고 등사하여 각동에 게시하고자 한 것이니 일본인이 아닌, 본국인을 대상으로 한 '군규'이다. 당시 울릉도의 현안은 일본인이 행하는 무단 벌목과 가옥 매입, 행정체제, 그리고 세수 문제였다.60)「울도군절목」에는 그것이 담겨 있다.

제1조에 일본의 잠월인들이 투작하는 것을 특별히 엄금할 것을 제일 먼저 언급한 것은 이들의 울릉도 재류가 '범월(犯越)'인 것을 내세워 투작하는 것을 제일 먼저 엄금하라는 것은 이 시기 대한제국 정부에서 계속 울릉도에서 철환하라는 요구가 이어졌으므로 거기에 부합하여 군규로 삼고자 하였음을 알 수 있다. 울릉도 재류일본인들을 '범월자'로 규정하다보니 결국 가옥·전토를 외국인(일본인)들에게 몰래 파는 행위는 '일률(사형)'으로 다스리겠다는 것을 천명한 것으로 보인다. 위 1, 2조를 통해 알 수 있는 것은 그동안 일본인들의 범작 투운이 일상적으로 진행되었고, 울릉도민 중에 일본인에게 가옥, 전토를 파는 일이 비일비재하였던 것이라는 것을 알려준다.

제3조에서 본도의 개척이 미진하여 세금이 정해지지 못하였으니 본

---

59) 유미림, 앞의 글, 2010, 218쪽.
60) 유미림, 앞의 글, 2012, 105쪽.

토 복귀자의 전답을 관의 소유로 할 것을 규정하고 있다. 아마 이때 본토 귀환자의 경우 전답을 사사로이 사고파는 것이 있었으므로 관의 소유로 하겠다는 것을 천명하여 세수의 부족을 메우겠다는 뜻으로 받아들여진다. 개척민의 세금 면제를 내세워 본토 귀환자의 사사로운 매매를 불법으로 간주하여 관의 소유로 하고자 하는 목적을 납득시키고자 하였다고 보면 된다.

제4조의 경우, 관청 신축으로 인한 민폐 금지로 볼 수 있지만 지붕을 수리하고, 4~5칸을 더 건축할테니 최소한의 민폐를 양해해달라는 것으로 해석된다.

제5조의 경우 향장 1명, 서기 1명, 사령 3명을 먼저 두어 일을 보게 할 것을 규정한 것은 1905년 울도군으로 승격된 이후에도 최소한의 인원이 없다는 것을 말해준다. 4조의 관청 4~5칸을 더 건축하는 이유에 해당하는 것이다.

제6, 7조의 경우, 군수 이하의 관리 급료 규정이다. 우용정은 당초 관제를 개편하되 이에 따라 늘어나는 관원, 서기, 사환의 월봉은 도내 400여 호로부터 걷는 콩·보리 80석으로 충당할 수 있으며, 도의 경비는 전라남도민으로부터 징수하는 미역세를 100분의 5에서 10으로 올리면 그 액수가 연간 1,000원이 됨으로 적지 않은 도움이 될 것이라고 건의한 적이 있었다.61) 그것과 비교하면 배계주가 「울도군절목」에서 제시한 금액은 훨씬 많다. 6조에서는 본도의 호수 500호에 매호마다 춘등의 보리 3말과 추등의 콩 4말씩을 거두어 봉급을 충당한다고 하였고, 7조에서는 500호에 거둔 보리 100섬에 대해 군수, 향장, 서기, 사령의 봉급을 명시하고만 있다. '후록'에서 내부가 계산한 군수 이하의 관리 급료는 춘등의 보리와 추등의 콩을 합쳐 보리 100섬, 콩 100섬이다. 각동에 게시하고자 하는 '군규' 6, 7조에 대해 배계주는 꼼수를 부린 것이다. 배계주는 울도 군수로 재부임하면서 군수 이하의 관리 봉급을 대폭 올리려는 생각을 갖고 있었다고 볼 수 있다.

제8조의 경우 세금에 대한 규정이다. 제8조의 규정을 "상선 및 수출입 화

---

61) 우용정, 『鬱島記』; 『內部去來案』 8(광무 4년), 照會 제12호.

물에 대한 징세"로 해석하는 경우가 있으므로62) 그 조항을 다시 소개한다.

　　각 道의 商船이 本島에 來泊하고 魚藿을 捕採하는 사람들에게 매 10분의 1을 세금으로 거두고, 그밖에 출입하는 貨物은 금액에 따라 매 100분의 1을 (세금으로 거두어) 경비로 보충할 것.

「울도군절목」은 본국인을 대상으로 하는 '군규'이다. 배계주는 대한제국 정부가 일본에 대해 울릉도 재류일본인의 철수를 요구하는 것을 당연히 알았고, 일인들에게 불법으로 수출세를 받았으면서도 영수증을 발급하지 않았다. 1900년 우용정 울릉도를 시찰했을 때 배계주의 진술을 듣고 다음과 같이 언급하고 있다.

　　일본인에게 세금을 거두는 조목은 도감이 부임하던 초기인 병신년과 정유년 두 해에는 간혹 벌금을 내라고 질책하고 화물을 살펴 100에 2를 거두었다. 몇 년 전 부터는 도감 스스로가 통상하지 않는 항구에서 세금을 거두는 것이 옳지 않다는 것을 알게 되자 일본인의 무시가 갈수록 심해져 사실대로 납세하려 않는다. 그러므로 그대로 놔두고 거두지 않는 것뿐이다.63)

배계주는 병자년(1896)년과 정유년(1897)년에 재류일본인에게 벌금이라고 하여 세금을 거둔 적이 있지만 뒷날 부통상 항구에 세금을 거두는 것이 옳지 않다는 것을 알게 되자 세금을 거두지 않았다고 하였다.64) 그

---

62) 유미림, 앞의 글, 2012, 105쪽.
63) 우용정, 「後錄」.
64) 『內部來去案』 「外部大臣 內部大臣에게의 照復」(광무 4년 9월 12일)의 기록에서 외부대신 박제순이 내부대신 이건하에 보낸 조복에서 제국정부의 의견을 나열하면서 "섬에 있는 본방인이 섬 주민과 함께 상업 활동을 하여 수용하고 공급하는데 긴요하고 또 섬 주민의 바램에 관계되는 것으로서 도감이 그 수출과 수입의 화물을 가지고 징수하는 것은 수출세와 수입세의 경우와 같이해야 합니다."라는 견해에 대해 "도감이 징수한 세금에 관한 조목이라는 것은 다만 항구 밖으로 나가는 물화를 가지고 값이 백이라면 2할만을 뽑아서 벌주는 조항으로 대신했던 것인데 이것은 일본인이 스스로 원한 것에 말미암은 것입니다. 항구로 들어오는 물화에 이르러서는 이 例에 포함되어 있지 않습니다. 혹시 수출세와 수입세와 같은 것은 어찌 화물을 실어낼 때에만 징수하고 화물을 실어들일 때에는 징수하지 않겠습니

런 그가 각동마다 게시할 '군규'에 수출입세를 거두겠다는 것을 명시할 이유가 되지 않는다. 이것을 '수출입 화물에 대한 징세' 규정으로 해석할 수 없다. 앞에서 언급한 '각도의 상선'은 울릉도에 거주하는 '본도인'이 아닌 각 도의 외부 상선을 의미하고, '그밖에 출입하는 화물'은 아마도 울릉도에 거주하는 '본도인'의 화물이거나 상선이 아닌 본토와 울릉도를 드나드는 관선, 혹은 사선의 화물에 대한 징세로 볼 수 있다. '그밖에 출입하는 화물'을 일본 배라고 상정하여 수출입세를 부과하였다는 것은 잘못 이해한 것으로 보인다. 그렇지만 현실적으로 당시 상황은 일본인에게 수출세를 받는 것이 현실이었다. 1900년 6월 1일, 우용정 일행이 울릉도에 왔을 때 한일 양국 조사위원이 후쿠마(福間) 등을 심문할 때 "화물을 내갈 때 도감이 매번 사람을 파견해 적발해 100분의 2를 세금으로 납부했으니 이는 화물을 몰래 운송한 것이 아닙니다."65)라고 하거나 "울릉도에 온 일본인에게 세금이나 거두고 돌려보내지 말라."고 요청했다는 것을 통해 일본은 수세를 평계를 대고 재류일본인 철수를 피하려고 하였다. 「울도군절목」 제8조를 '수출입 화물에 대한 징수'로 볼 경우, "비개항장의 징세를 허락하지 않는다."는 정부 훈령이 있었던 후로 일본인은 납세를 회피하려 했으나, 정부 훈령은 실행되지 못했고 오히려 정부 정책은 도감의 징세권을 인정해주는 방향으로 전환했다. 그 첫 조치가 1900년 「대한제국 칙령 제41호」의 '수세조항'이고, 두 번째가 1902년 「울도군절목」의 '수출입세' 조항이다."라고 하거나 "정부가 「대한제국 칙령 제41호」로 울도 군수의 징세권을 합법화했음에도 일본인들이 세금을 내려고 하지 않았던 것이다."라는 견해는66) '대한제국 칙령 제41호'와 「울도군절목」의 수세조항은 울릉도의 본국인에 해당하는 것이라는 것을 이해하지 못한 것으로 비롯되었다고 할 수 있다. 비개항장의 외국인 거주는 불법이었으므로 철수의 대상이지 수세의 대상이 아니었다. 그렇지만 이 시기의

까. 또 어찌 값이 백이라면 2할만을 뜯는 법이 있겠습니까."라고 하여 수출입세가 분명 아니라고 하였다. 일본의 자료에 나오는 '수출세' 항목은 일본이 울릉도 재류 거주민을 확보하기 위한 획책에서 '수출세'라고 기록한 것일 뿐이다.
65) 우용정, 「鬱島在留日本人調査要領·韓日人分日査問」.
66) 유미림, 앞의 글, 2012, 100·104쪽.

울릉도의 경우 엄연히 일본인들이 불법 거주하면서 일본에서 수출입에 종사하고 있었으니 도감이나 군수들은 관청의 경비를 조달하기 위해 불법적으로 세금을 부과하는 현실이었다. 그것을 조장하고, 그것을 빌미로 일본은 울릉도에 일본인들이 거주하는 것을 획책하였다. 결국 일본은 이 주어촌을 만들어갔다. 결국 이런 현실 때문에 대한제국은 1910년 일본의 식민지로 전락하였다. 그 실패의 역사 속에 울릉도·독도도 포함되었다는 것을 인식할 필요가 있다.

제9조는 관선 마련을 위한 대책이다. 울릉도에는 내륙을 항해할 수 있는 선박이 없었다. 그러므로 일본인의 잠입 불법이 자행되어도 때맞추어 정부에 알릴 길이 없었다. 도민이 필요로 하는 쌀·소금·포목이나 그 밖의 일용품을 제 때에 구입하기도 어려웠다. 도민들은 이런 것들을 전라남도 선박으로부터 공급받기도 하였다. 그러나 일본 선박에 의존하는 경우도 많았다. 일본 선박이 가지고 오는 상품들은 도민이 생산하는 콩·호콩·보리·해산물도과 교환되었다. 그리고 교역하는 과정에서 일본인들의 범작 투운 등을 방조하는 도민도 생기게 된 것이다. 이 때문에 울릉도로서는 내륙을 왕래하는 선박을 갖추는 것이 절실히 요청되었다. 우용정은 이런 도내의 실정을 살펴 도민들이 개운환을 구입하려는 것을 보고 자금을 변통해주었다.[67] 그와 함께 울릉도의 물산은 개운환으로만 운반해야 하고, 화물 운반은 가능하면 울릉도 배로 하되 외국 선박으로 수송하더라도 그 화물은 일단 울릉도 회사 소속으로 하는 고시를 내렸다.[68] 배계주는 사료 ①에서 보다시피 한국 연안과의 교통이 열리지 않았기 때문에 매우 곤란을 느껴, 그 결과 빈번히 일본인의 도항을 권유하는 일에 힘쓰고 또 직접 시마네 또는 고베 등의 지방에 가서 이 섬 산출의 규목 매매를 특약하는 등 점차 일본인이 이 섬으로 도항할 길을 열었다고 일본이 평가하는 것처럼 울릉도 행정의 급선무 가운데 배를 마련하는 것이라고 생각하였다. 그리고 첫 울도 군수 재직 시 개운환이 파선된 후 앞 절에서 언급했듯이 울릉도 도민들이 회의한 결과 울릉도에서 상권을 외

---

[67] 송병기, 앞의 글, 182~183쪽.
[68] 유미림, 앞의 글, 100쪽.

국인, 즉 일본인에게 빼앗기는 것은 화물을 운반할 선박이 없기 때문이라고 결론짓고 도민들이 각기 출자금을 출연하여 보합환(保合丸) 2척을 구입하기로 의결한 것을 배계주가 개운환이 파선된 후 운반선 2척 비용을 도민에게 부과하려다가 일부 도민의 거센 반발에 부딪친 바가 있다는 사실이 있다. 또 울릉도의 재류 일본인 2대 파벌을 이끌었던 하타모도와 와키다 등은 자기 배에 짐을 싣고 출항하려고 하자 배계주와 최병린이 창룡호가 오는 대로 편승하여 부산세관에 가서 선체와 화물을 압수하고 하타모도 등을 울릉도에서 퇴거시키려고 섬의 한인들과 협의한 것 때문에 김성술이 자살하고 결국 배계주가 울릉도에 도주한 경력이 있었다. 그런 배계주로서는 '군규'에 관선 구입에 관한 조목을 넣지 않을 수 없다. 그 배의 구매 비용은 투작한 목료를 공으로 돌려 구입하겠다는 뜻을 밝히고 있다.

제10조는 미진한 군규는 본군에서 협의하여 정하겠다는 것을 내부에 밝힌 것이다.

배계주가 이상과 같은 '군규'를 내부에서 승인해달라고 「울도군절목」을 올렸다. 그 절목을 내부에서 검토하고 '후록'을 담아 내각총리대신 윤용선(尹容善)의 결재를 받아 배계주에게 돌려준 것이 앞 장의 원문에 담겨 있다. 내부의 '후록'에는 울도군에서 정부에 향목(香木) 200근을 격년으로 진상할 것과 호포전(戶布錢) 500냥을 매년 탁지부에 수납할 것을 명시하고 있다. 1899년 6월경 내부는 배계주를 다시 도감에 임명하면서 규칙을 지시하였는데, 거기에 "물고기와 콩에 관한 세금은 사실대로 조사해 본부에 상납할 것"이 들어 있다.[69] 그에 더하여 「울도군절목」의 내부 '후록'에서는 진상품과 호포전까지 받겠다고 나섰음을 알 수 있다.

---

69) 『皇城新聞』 1899년 6월 15일, 「잡보」 '仍任裴監'.

Ⅳ. 맺음말

이 글은 한국학중앙연구원에서 동해와 서해, 남해의 섬들의 고문서를 통해 섬들의 사회상을 알아보겠다는 기획과제의 한 과제로 출발한 것이다. 그래서 당초 '「울도군절목」을 통해본 1902년대의 울릉도 사회상'이라는 제목을 잡았다. 흔히들 「울도군절목」이 2010년에 공개된 이후, 이 자료를 독도에 관한 행정관할 증거로 파악하고 있다. 「울도군절목」에는 '독도'에 관한 언급이 하나도 없다. 그리고 내부에서 울도군에 내린 지침이 아니다. 그래서 「울도군절목」의 원문 전문과 번역문 전문을 소개하고, 그것을 통해 1902년대의 울릉도 사회상을 간단히 그려내겠다는 생각으로 이 주제를 구상하였다. 연구를 진행하면서 배계주는 과연 1902년 3월 7일에 울도 군수로 재임용된 뒤 울릉도에 부임하였는가에 대한 의문이 들었다. 그래서 배계주의 행적을 추적하기 시작하는데 많은 지면을 할애하였다. 그런 점에서 이 글은 울릉도 도감과 울도 군수 배계주 추적기이다. 그런 것 때문에 제목을 바꾸는 것이 좋지 않을까 생각했지만 기획과제로 마련된 것이라는 점, 또 배계주의 행적 추적기를 통해 울릉도의 사회상을 이해할 수 있다는 점에서 제목을 고치지 않았다. 결국 그런 점에서 배계주의 행적의 추적을 통해 울릉도 사회상을 설명하려는 생각 때문에 장황스러운 글이 되었다.

배계주가 울도 군수에 1902년 3월 7일에 재임용되었지만 울릉도에 부임하지 못하고 첫 울도 군수로서 한 행적 때문에 재판에 회부되어 결국 면직되었다. 그런 상황에서 배계주는 서울에서 자신이 '군규'를 시행할 목적으로 「울도군절목」으로 이름 하여 내부에 상신하여 내부의 재가를 받아 그것을 지녔지만 울릉도에 들어가 언문으로 등사하여 각동에 게시하지 못하였다. 시행되지 못한 「울도군절목」을 두고 독도를 포함한 울릉도 관할구역을 대한제국이 실효적으로 경영한 증거로서 주목할 만한 가치가 있는 것이라고 평가하는 것은 문제가 있다고 생각된다.

「울도군절목」은 울릉도 각동에 게시된 '군규'는 아니었지만 그 절목을 통해 1902년대의 사회상을 엿볼 수 있는 의미 있는 자료인 것만은 분명하다. 이 절목은 언문으로 번역하고 등사하여 각동에 게시하고자 한 것이니 일본인이 아닌, 본국인을 대상으로 한 '군규(郡規)'이다. 그렇지만 절목에는 울릉도 재류일본인과의 갈등이 심각하게 보인다. 당시 울릉도의 현안은 일본인이 행하는 무단 벌목과 가옥 매입이었다. 또 울도군의 행정체제를 어떻게 확립할 것인가, 세수를 어떻게 확보할 것인가의 하는 문제였다. 「울도군절목」에는 그것이 담겨 있다. 특히 서문에는 울도군수와 울릉도 주민과의 갈등이 나타난다.

「울도군절목」의 '수세' 조항은 1900년대 '대한제국 칙령 제41호'의 연장선상에 나온 것이다. 그리고 '대한제국 칙령 제41호'의 '수세' 조항은 오성일과 배계주가 당시 성립한, 비개항장 교역의 '수세' 관행을 정부가 인정해준 것이다. 수세 품목에는 한인이 채취한 미역과 造船용 목재, 곡물도 포함되어 있으나, 절목에서 말하는 '출입하는 화물'은 주로 대일 수출화물을 가리키며 해산물도 포함한다. 해산물에는 전복과 우뭇가사리, 해삼, 오징어, 강치 등이 들어가 있고 세금 납부자는 일본인이었다. 전복과 우뭇가사리는 울릉도뿐만 아니라 독도에서도 채포됐고, 강치는 20세기 초에는 독도에서만 포함되는 동물이었다. 그런데 대한제국 정부는 이들 품목의 징세권을 울릉도 수장에게 위임했다. 일본이 수출 화물에 정한 한국의 징세권에 동의했고 그 화물에 독도산 해산물이 포함되어 있다는 사실은 일본이 독도 징세권을 인정했음을 의미한다는 견해는 '대한제국 칙령 제41호'와 「울도군절목」의 '수세' 조항을 잘못 이해한 것이다. 그것은 울릉도에 사는 본국인에 대한 수세조항이다. '대한제국 칙령 제41호'와 「울도군절목」을 비개항장 교역의 수세관행을 정부가 인정했다면 수출세에 대한 한일 양국의 논란과 대한제국이 울릉도 재류일본인의 철수를 요구할 권리가 없는 것이다. 그것은 울릉도에 재류일본인을 창출하려는 일본의 획책에 놀아난 울릉도 도감과 울도 군수가 수출세를 징수하였기 때문에 나타난 문제이다. 그것을 되돌아 지키기에는 울릉도 도감과 울도 군수가 그 맛에 취해 있었기 때문에 결국 도감과 군수가 몇 번이나 바뀌고, 임명되었음에도 부임하지 못하였던 것이다. 이게 1902년대의 울릉도의 사회상이다.

【참고문헌】

김영수, 「울도군 절목의 발굴과 그 의미」 『영토해양연구』 2, 2011 Winter
송병기, 『재정판 울릉도와 독도』 단국대학교 출판부, 2007
신용하 편저, 『독도영유권 자료의 탐구』 제3권, 독도연구보전협회, 2000
유미림, 「1902년의 울도군 절목(節目) 번역 및 해제」 『2010 경상북도 독도사료연구회 연구보고서』 경상북도, 2010
유미림, 「수세(收稅) 관행과 독도에 대한 실효지배」 『영토해양연구』 4, 2011 Winter
주강현, 『울릉도 개척사에 관한 연구-개척사 관련 기초자료 수집-』 한국해양수산개발원, 2009
허영란·유미림, 『중학교 아름다운 독도』 천재교육, 2012

제12장

'독도마을' 정책 강화 방안

Ⅰ. 머리말

유인도가 되기 위한 조건은 첫째, 수목이 있어야 하고, 둘째, 식수가 나와야 하고, 셋째, 상주인구가 있어야 한다. 독도는 토양이 거의 없는 동도와 서도 외 89개의 바위로 이루어진 돌섬에 불과하여 나무와 식수가 거의 없어 오랫동안 무인도로 여겨 왔다. 척박한 환경인 돌섬, 독도에 드나들었던 우리나라 사람들은 바위 하나하나에 이름을 붙이고, 나무를 가져다 심고, 식수를 발견하여 '물골'을 정비하고 살림집까지 만들었으며, 주민등록까지 옮겨 배타적 경제수역과 대륙붕을 가질 수 있는 유인도로 만들었다. 그런 노력으로 인해 독도는 한갓 바위가 아닌 우리 민족의 삶의 숨결이 스민 섬으로 온전히 서게 되었다. 독도 주권을 지키는 최선의 방법은 '독도마을'을 만드는 일이다.

해방 후 독도영유권을 지키기 위한 방안 가운데 독도를 관광단지로 만들자는 주장과 함께 독도를 유인도화하자는 주장이 오래전부터 제기되어 왔다. 정부는 1982년부터 천연기념물 제336호 '독도 해조류 번식지'로 지정되어 공개제한지역이 되었다. 2005년 3월 24일, 공개제한지역 일부 해제(동도 접안지 및 통행로)로 인해 1회 70명, 1일 140명으로 허용하였다. 봇물처럼 독도 관광을 하려는 사람들이 밀려들면서 2005년 8월에

1회 200명, 1일 400명으로, 2006년 12월 1회 470명, 1일 1,880명으로 확대하였다. 2009년 8월에 동도 전체, 서도 주민숙소까지 공개지역으로 확대되고, 1일 입도제한인원이 폐지되었다. 2014년 9월 14일 독도관람자가 현재 1,353,855명(내국인 1,352,466, 외국인 1,389)이 되었다.[1] 관광객의 증가로 '독도입도지원센터'가 동도 몽돌해변에 건립될 것으로 보인다.

2005년 공개제한지역 해제로 인해 정부는 관광객의 불편을 해소하기 위한 적극적 관광정책을 펼치기 시작하였다. 상대적으로 정부의 독도유인도화 정책은 그간 지지부진하였다. 그렇지만 독도는 '주민'이 있고, 도로가 있고, '마을'이 있다. 2014년 9월 1일 기준으로 독도 등록기준지 인원의 경우 3,025명이고, 독도거주자는 47명이다. 독도 주민 등록 23세대 24명이다. 독도 주민 등록 23세대 24명은 다음과 같다.

(주 민) 김성도, 김신열
(독도경비대) 윤장수, 박종률, 김대수, 변재철, 송길용, 이광섭, 임철모, 배태호, 곽윤철, 장지원, 남승호, 국성호, 조형섭, 박종탁, 임현수, 김종진
(독도 등대) 김준동, 김정환, 박종종, 신성철, 김종목, 이강일

독도의 주민 등록이 23세대 24명이 있다는 것은 부풀린 기록이다. 현재 독도 주민은 김성도 · 김신열 1가구 2명이 존재한다. 독도경비대와 독도 등대 항로표지원은 주민등록을 독도에 갖고 있지만 독도 주민이 아니다. 2005년 이후의 정부 독도관광 정책과 독도유인도화 정책이 지속적으로 추진되었지만 미국 지명위원회(BNG)는 2008년 7월 한때 독도에 대하여 한국 정부의 주권적 권리 행사에 정합성이 부족하다면서 '주권 미 지정 지역'으로 결정된 일이 있다. 정부의 그간 독도관광 정책과 독도유인도화 정책이 잘못되었고, 부풀린 정책으로 신뢰성을 얻지 못한 때문이다. 이를 감안하여 「독도마을」 정책 강화 방안」에 국한하여 구체적 제안을 하고자 한다. 그것은 독도영유권을 공고화하는 것은 독도 관광 정책 보다는 '독도마을' 조성 정책 강화 방안이 필요하다는 생각이기 때문이다.

---

1) 2014년 9월 18일 '독도관리소' 제공. 이하의 머리말의 통계수치는 '독도관리소'에 제공하였기 때문에 출처를 밝히지 않았다.

국제재판에서, 특히 영토분쟁사건에 있어서 재판소는 소위 '결정적 기일(Critical Date)'을 설정하는 경우가 있다. Critical Date가 설정되면 분쟁 당사국의 법률관계는 그 시점까지 존재하는 사실(법령, 징세 및 재판 등의 주권행사, 지도, 사료 및 자료 등)에 관해서만 결정되어야 하고 Critical Date 이후의 행위는 그 법률관계에 영향을 줄 수 없는 것이 원칙이다. 다만, Critical Date 이후에 발생한 사실은 제한적인 증거력만을 가지며 Critical Date 이전에 발생한 사실을 입증하기 위한 간접적인 역할을 한다.2) 독도영유권이 국제재판에 갈 때 결정적 기일로 설정되는 시점은 ① 1905년 2월 22일, ② 1952년 1월 28일, ③ 1952년 4월 28일, ④ 1954년 9월 25일, ⑤ 1965년, ⑥ 한·일 양국이 합의하여 독도 영유권문제를 ICJ에 제소하는 분쟁 부탁일자의 가능성이 있다.3)

결정적 기일이 확정되면 그 이후의 실효적 지배를 강화하려는 우리의 독도 개발정책과 보전정책이 실효성이 없다고 한다. 그걸 감안하면 '독도마을' 조성하는 것은 독도 영유권을 지킬 수 없는 방법이 된다. 그렇지만 한·일간의 독도를 둘러싼 갈등이 쉬이 해소되지 않을 가능성이 많다. 그 사이에 어떤 일이 발생할지도 모른다. 그렇기 때문에 결정적 기일이 미구에 결정될 수도 있다. 그리고 앞에서 언급한 결정적 기일의 경우 한·일 양국이 합의하여 독도 영유권문제를 ICJ에 제소하는 분쟁 부탁일자의 가능성도 있다. 그것을 대비해 우리는 독도영유권 공고화 노력을 해야 한다. 그 첫 번째가 '독도마을' 만드는 일이다.

Ⅱ. 왜 '독도마을'이 필요한가?

왜 '독도마을'이 필요한가? 신용하의 경우 "현재 국제사회와 국제법의 추세는 '사람', '주민'을 중시한다. 독도영유권에 논쟁이 있다고 하면, 국제사회의 질문은 첫째가 그 섬에 어느 사람이 살고 있는가이다. 독도에 한

---

2) 정갑용, 『독도에 관한 국제법적 쟁점 연구』 경인문화사, 2013.
3) 제성호, 「국제법상 결정적 기일의 분석 및 검토-이론과 쟁점, 독도 영유권과의 관련성을 중심으로-」 『중앙법학』 제12집 제2호, 2010, 298~303쪽.

국사람 가구가 거주하고 있다고 하면, 다른 어떠한 증명보다 앞서서 그 섬은 '한국영토'라고 국제사회는 생각한다."고 하였다.[4]

일본은 역사적으로 무인도인 돌섬, '독도' 보다는 '울릉도'에 더 눈독을 들였다. 그것을 통해 '독도마을'이 왜 필요한가를 논하도록 하겠다. 첫째, 1693년 울릉도에서 안용복과 박어둔이 일본의 오야 가문 어부들에 의해 납치되면서 '鬱陵島爭界(竹島一件)'가 조선 정부와 일본 에도막부에 의해 일어났다. 1695년 1월 28일, '竹島渡海禁止令'이 내려졌다. '울릉도쟁계' 논의의 과정에서 로주(老中) 아베 분고노카미(阿部豊後守)가 1695년 1월 9일, 구술 각서에서

> 조선국의 섬을 일본이 취했다고 말할 수 있는 근거도 듣지 못했습니다. 거리를 물었더니 竹島에서 조선은 거의 40리 장도이고 오키까지는 160리 정도라고 합니다. 조선에서는 각별히 가깝기 때문에 조선의 경계에 있는 울릉도일지도 모른다고 생각합니다. 그리고 일본이 취했다는 확실한 증거가 있다거나 또는 <u>일본인이 거주 등을 했다</u>고 이제 와서 조선에 말하기도 어렵지만 그러한 일도 이전에 전혀 없었습니다. 이쪽에서 竹島一件에 대한 관여하지 않을까함[5]

이라고 하면서, 울릉도에 일본인의 거주가 없었으니까 일본인의 竹島 도해를 금지하겠다는 취지를 내비쳤다. 17세기 말의 영토분쟁에서도 사람의 주거의 유무가 고려된 것을 알 수 있다. 에도막부 시절, 그런 경험을 갖고 있었던 일본은 1905년 독도를 불법 편입하기 위해 주민의 이주와 주거시설이 존재하였다는 것을 내세우게 된다.

'울릉도쟁계' 때 조선 조정이 울릉도에 주민을 徙民시켜 마을을 만들어 진을 설치하였다면 1876년 전후 일본의 '松島(독도)' 개척, '竹島(울릉도)' 개척 논의가 없었을 것이고, 지금 일본의 독도 '고유영토설' 주장도 없었을 것이다. 이것을 통해 볼 때 독도는 유인도화 정책이 반드시 필요하다. 그 궁극적인 목표는 '독도마을'을 만드는데 있다.

---

4) 신용하, 『독도영유의 진실 이해』 서울대학교 출판부, 2013, 371쪽.
5) 『竹嶋忌事』 元祿 9년 정월 28일, 정월 9일 구술 각서.

둘째, 1905년 일본의 독도 '무주지선점론'의 예를 통해 독도마을이 필요하다는 것을 살펴보겠다. 1905년 일본은 독도를 주인 없는 땅, 즉 무주지라고 하여 일본의 영토에 불법 편입하는 조처를 취하였다. 그 결정을 내린 일본 각의 결정문을 보면

> 별지 내무대신 청의 무인도소속에 관한 건을 심사해보니, 북위 37도 9분 30초, 동경 131도 55분, 오키섬(隱岐島)을 踞하기 서북으로 85리에 있는 이 무인도는 타국이 이를 점유했다고 인정할 형적이 없고, 2년전 36년 本邦人 나카이요자부로(中井養三郎)라는 자가 漁舍를 짓고 근로자를 옮겨와서 엽구를 갖추어서 강치잡이에 착수하였고, 이번에 영토편입 및 대여를 출원하게 된바 … 明治 36년 이래 나카이 요자부로(中井養三郎)란 자가 該島에 이주하고 어업에 종사한 것은 관계서류에 의하여 밝혀지며, 국제법상 점령의 사실이 있는 것이라고 인정하여 이를 本邦所屬으로 하고 시마네현소속(島根縣所屬) 오키도사(隱岐島司)의 소관으로 함이 무리없는 건이라 사고하여 請議대로 閣議決定이 성립되었음을 인정한다.6)

위의 자료를 보면 내각회의에서 독도는 "무인도로서 타국이 이를 점유했다고 인정할 형적이 없다."고 하면서 나카이 요자부로가 1903년부터 독도에 이주하여 漁舍를 지었기 때문에 국제법상 점령의 사실이 있는 것으로 인정하여 일본의 영토로 편입하여야 한다는 것을 내세운다. 그렇지만 나카이는 독도에 이주하였던 것이 아니다. 1905년 이전의 경우 울릉도를 본거지로 하여 일정 기간 독도에 들어가 강치 잡이를 하였을 뿐이다. 나카이의 「사업경영개요」분석에서 보다시피 "竹島에 海驢가 많이 군집하는 것은 종래 울릉도 방면 어부의 주지하는바"라고 한 것, 그리고 "홀연히 諸方으로부터 다수의 잡이꾼들이 來集하여 경쟁 남획에 이르지 않는 바가 없다."7)고 한 것에서 보다시피 독도의 강치 잡이는 울릉도를 거점으로 하여 이루어졌다. 한말 일제시대 강치 잡이에 나선 일본 어부들은

---

6) 『公文類聚』第29編 卷1.
7) 中井養三郎, 「履歷書」附屬文書 '事業經營槪要'(1910년 작성, 隱岐島廳 제출) 島根縣 廣報文書課 編, 『竹島關係資料』第1卷, 1953 ; 신용하, 『한국의 독도영유권 연구』 경인문화사, 2006, 182~183쪽.

'漁舍'를 짓지 않고, 다음의 자료에서 보다시피

> 明治 37년 11월 군함 쓰시마호가 이 섬을 조사할 때는 동 섬에 어부용 움막이 있었지만 풍랑 때문에 거의 파괴되었다고 한다. 매년 여름이 되면 강치 사냥을 위해 울릉도로부터 도래한 자가 많게는 수십 명에 이른 적이 있다. 이들은 섬에 움막을 지어 매회 약 10일간 임시 거처한다고 한다.8)

겨우 10일 간 머무를 정도의 임시 막사, 움막에 불과하였다. 나카이가 독도에 '이주했다.'는 1905년 1월 28일의 일본 각의는 과대포장된 것이다. 이를 통해 독도영유권을 지키기 위해 최우선적으로 주민을 이주시켜 가옥을 건설하여 '독도마을'을 만들 필요가 있다는 것을 알 수 있다.

셋째, 1883년 울릉도 개척이 실패로 끝난 것을 예로 들어 '독도마을' 정책이 어떤 방향으로 추진되어야 하는 것을 살펴보고자 한다. 1883년 울릉도 개척령에 의해 울릉도에 들어와 정착과 개간을 시작한 민호와 인구상황에 관한 구체적 자료인 『光緖九年七月 日 江原道鬱陵島 新入民戶人口 姓名年歲及田土起墾 數爻成冊』에 의하면 공식적 개척민은 16호 54명이다. 이를 정리하면 다음의 〈표 1〉과 같다.9)

<표 1> 개척민 이주상황

번호	개척장소	개척민 내역					개간상황
		세대주	나이	본관	원거주지	솔거인	
1	大黃土浦	장덕래 (張德來)	72	인동	경상도 안의	처 김씨(金氏 ; 59세 / 본관 안동) 아들 기현(琦現 ; 33세) 둘째아들 기영(琦英 ; 25세) 셋째아들 기량(琦良 ; 6세)	2석 지지
2		김연태 (金涓泰)	65	강릉	강원도 강릉	아들 탁향(鐸鄕 ; 37) 며느리 이씨(李氏 ; 35) 손자 진섭(辰燮 ; 14)	1석 지지

---

8) 『朝鮮水路誌』 제2 개정판, 453쪽.
9) 『光緖九年七月 日江原道鬱陵島 新入民戶人口 姓名年歲及田土起墾 數爻成冊』 서울대학교 규장각도서, No. 17117.

번호	개척장소	개척민 내역					개간상황
		세대주	나이	본관	원거주지	솔거인	
						둘째 손자 재복(在福 ; 2)	
3		이회영(李回永)	36	평창	〃	처 박씨(朴氏 ; 36 / 본관 밀양) 아들 인갑(仁甲 ; 14) 둘째 아들 의갑(義甲 ; 11)	〃
4		황수만(黃守萬)	24	증산	〃	처 이씨(李氏 ; 17 / 본관 평창)	〃
5	谷浦	배경민(裵敬敏)	33	김해	경기		〃
6		윤과열(尹果烈)	40	파평	경상도 선산		〃
7		변길량(卞吉良)	36		경상도 연일		반석지지
8		송경주(宋景柱)	67	여산	경상도 경주		5두지지
9		김성언(金成彦)	56	경주	〃		10두지지
10	錐峯	전재환(田在桓)	33	담양	강원도 울진	처 주씨(朱氏 ; 34 / 본관 웅천) 아들 시룡(時龍 ; 5) 차자 월룡(越龍 ; 3) 족숙 유(旒 ; 58) 족제 유환(有桓 ; 31) 솔인(率人) 배상삼(裵尙三 ; 32 / 居 大邱)	3석지지
11		주진현(朱晋鉉)	32	능성	경상도 안동		1석지지
12		정직원(鄭直源)	70	연일	강원도 울진	자 운표(雲杓 ; 30) 며느리 및 딸 합 5명	2석지지
13		조종환(趙鍾桓)	39	한양	충청도 충주		5두지지
14		과부 이씨(李氏) 모녀			충청도 충주		
						처 김씨(金氏 ; 55 / 본관 강릉)	1석지지

번호	개척장소	개척민 내역					개간상황
		세대주	나이	본관	원거주지	솔거인	
15	玄浦洞	홍경섭 (洪景燮)	57	남양	강원도 강릉	아들 재익(在翼 ; 34) 며느리 김씨(金氏 ; 36 / 본관 황주) 손자 수증(守曾 ; 5) 손녀(11), 둘째 손녀(1) 둘째 아들 재경(在敬 ; 20)	
16		최재흡 (崔在洽)	82	강릉	강원도 강릉	아들 형곤(亨坤 ; 50) 며느리 김씨(金氏 ; 40) 손자 하룡(河龍 ; 14) 둘째 손자 우룡(又龍 ; 7) 손녀(22) 둘째 아들 계수(桂秀 ; 44)	〃

16호 가운데 1명에 불과한 호가 7호나 되며, 2인이 경우도 2호나 된다. 온전한 호는 7호이다. 대개 사민의 경우 '富實戶'를 대상으로 하고 있다. 그런데 위 16호 54명은 대개 '不實戶'이다. 그것 때문에 울릉도 개척을 성공적으로 완수할 수 없다.[10] 〈표 1〉에 의하면 개간상황이 있지만 배 척수에 관한 기록이 없으므로 이때의 울릉도 개척은 농업이민이 중심이었다. 울릉도의 개척이 결정된 후 1883년 4월, 강원관찰사가 개척에 필요한 물자의 준비를 중앙정부에 보고한 기록에 의하면 개척민들을 위해 선박 4척, 사공 40명, 곡식종자로서 벼 20석, 콩 5석, 조 2석. 팥 1석을 준비하였다. 그리고 鐵物 40근, 가마솥 2좌, 사기그릇 6죽, 수저 30개, 돗자리 3죽, 무명베 5필, 삼베 5필, 삼 신발 5죽, 짚신 5죽, 항아리 5좌 등도 준비하였고, 목수 2명, 대장장이 2명을 동승시키고, 가축도 소를 암·수 각 1마리를 실어 종자소로 사용케 하였다. 아울러 이주민을 보호하기 위한 무기로서 총 3자루, 창칼 각 4자루, 탄환 300발, 화약 3근, 화승 50발, 銅爐口 2좌를 탑재하였다.[11] 대개 사료를 보면 울릉도를 드나들었던 배의 경우, 1척의 배에 20명 내외이므로 이때의 선박 4척과 사공 40명은 개척민을 수

---

10) 김호동, 『독도·울릉도의 역사』 경인문화사, 2007.
11) 『光緒九年四月日鬱陵島開拓時船格糧米雜物容入假量成冊』 奎章閣圖書, No. 170.

송하기 위한 것이었을 뿐 개척민들의 어업활동을 위해 마련된 것은 아니다. 울릉도는 섬이다. 개척 방향이 만일 울릉도의 특성을 감안해 어민들의 이주, 그리고 삼림벌채를 위한 이민으로 이루어졌다면 울릉도의 개척은 실효를 거두었을 것이고, 울릉도에 대한 일본인들의 삼림벌채, 그리고 출어행위를 단속하여 울릉도를 지켜낼 수 있었을 것이다. 이것을 거울삼아 '독도마을'을 만들려면 '富實戶'인 어민을 주 대상으로 해야 하고, 배를 지원해야만 한다.

Ⅲ. '독도마을' 조성 정책 강화 방안

1. 기존의 '독도 유인도화 정책' 개관

1945년 해방과 함께 독도는 우리 영토로 되돌아왔다. 그것을 지키기 위한 노력이 많이 기울어졌지만 독도유인도화 정책은 거의 없다. 민간인들에 의해 독도는 주민 삶의 공간이 되었다.

유인도가 되기 위한 조건은 첫째, 수목이 있어야 하고, 둘째, 식수가 나와야 하고, 셋째, 상주인구가 있어야 한다. 독도는 토양이 거의 없는 동도와 서도 외 89개의 바위로 이루어진 돌섬에 불과하여 나무와 식수가 거의 없어 오랫동안 무인도로 여겨져 왔다. 척박한 환경인 돌섬, 독도에 드나들었던 우리나라 사람들은 바위 하나하나에 이름을 붙이고, 나무를 가져다 심고, 식수를 발견하여 '물골'을 정비하고 살림집까지 만들었고, 주민등록까지 옮겨 배타적 경제수역과 대륙붕을 가질 수 있는 유인도로 만들었다. 그런 노력으로 인해 독도는 한갓 바위가 아닌 우리 민족의 삶의 숨결이 스민 섬으로 온전히 서게 되었다.

일본의 독도 침탈이 계속 되자 1953년 7월에 국회에서 독도에 경비대를 상주시키자는 '독도에 관한 결의안'이 채택되고, 1954년 8월 10일에 독도에 무인등대를 설치하고, 1956년 12월 30일부터 경찰로 구성된 독도경비대를 주둔시켜 독도의용수비대의 독도경비 임무를 인수해 맡도록 함으로써 동도는 경비구역이 되었다. 그것 때문에 해방 후 독도에 드나들었던 어부들과 제주 해녀들은 서도 물골 동굴에 생활할 수밖에 없었다. 그리고 독도 최초 주민 최종덕은 서도에 살림집을 만든 이유도 그것 때문이다.

1960년대는 독도에 대한 우리 정부의 영유권이 약화되고 훼손되었으며 실효적 지배를 강화하기 위한 어떠한 개발정책도 시행되지 않았다.[12] 그렇지만 1966년에 경상북도가 독도 근해 출어 어민을 위해 독도의 유일한 샘 '물골' 정비 공사를 시행한 적이 있었다. 그것은 민간에 의해 사람 사는 섬으로 개발되기 시작했다[13]는 의미가 아니고 독도 주민이 있음으로써 독도 주민의 요구에 의한 것이다.

해방 후 독도에서 미역 채취 등을 위해 독도에 들어간 사람들과 그에 의해 고용된 해녀들은 물골 동굴에서 잤다. 물골에 솟아오른 물을 작은 바가지를 이용하여 떠서 밥을 해 먹으면서 물을 아꼈다. 그들은 물골의 자갈밭에 가마니 몇 장을 깔고 얄팍한 야전용 군인 담요를 덮고 잤다. 그러다보니 여기저기에 튀어나온 돌 때문에 등이 배기기 때문에 그 돌을 고르느라고 잠을 설치기 일쑤였다. 그들은 대개 한 달 정도, 길게 두 달 정도 독도에 살았기 때문에 그렇게 물골에서 어려움 속에서 견뎌낼 수밖에 없었다.[14] 제주도의 한림읍 협재리의 제주 해녀 김공자는 19살 되던 해인 1959년에 독도에 물질 갔다. 금릉, 용포를 포함한 협재리 해녀 36명과 남자 10명 등 45명이 독도에 들어갔다. 이처럼 대거 독도에 물질을 간 것은 당시 재향군인회 회장이었던 김덕근과 울릉도에 살고 있었던 부회장 정원도가 제주해녀를 모집해서 가게 되었다. 남성들은 두 척의 풍선을 이용하여 해녀들이 딴 미역을 실어 날았다. 물골이 있는 굴은 높이가 2m가 되며, 30~40명이 살 수 있도록 나무를 이용하여 2층으로 단을 만들어 숙소를 마련하였다.[15]

---

12) 이재하,「정부의 독도개발정책 문제점과 미래대안 모색」『한국지역지리학회지』 제19권 제2호, 2013, 284쪽.
13) 이재하, 앞의 글 284쪽.
14) 좌혜경·권미선,「독도 출가해녀와 해녀 항일」『제주해녀의 재조명』제주해녀학술심포지움자료모음집, 해녀박물관, 2011, 271쪽.
15) 좌혜경·권미선,「독도 출가해녀와 해녀 항일」『제주해녀의 재조명』제주해녀학술심포지움자료모음집, 해녀박물관, 2011, 275~276쪽.

<그림 1> 독도 물골 동굴 움집

　그에 반해 독도 최초 주민 최종덕은 처음 물골 동굴에 살았지만 장기간 거주를 하기 위해 독도에 들어왔다. 최종덕은 처음에 물골에 터를 잡고 샘솟는 물을 저장하기 위한 급수시설을 만들기 위해 물골을 정비하였다. 제주해녀 김공자의 증언에 의하면 최종덕은 울릉도 남성 6~7명과 같이 들어와 물골에 물통을 만들어서 해녀들이 쉽게 이용하도록 했다고 한다.16) 그렇지만 울릉도에서 시멘트 등의 자재를 실어 와야 하는 어려움으로 인해 공사는 원만히 이루어지지 못하였다. 1966년 10월부터 경상북도의 지원을 받아 11월 22일에 '독도어민보호시설'이 준공될 수 있었다. 그것을 기념한 동판이 <그림 2>이다. 그것에 다음과 같은 기록이 보인다.

<그림 2> 독도어민보호시설기념 동판

---
16) 좌혜경·권미선, 앞의 글 278쪽.

독도어민보호시설기념
1. 시설물: 어민보호소 6평. 선착장 7m, 급수조 1개소
2. 총공사비: 1,200,000원
3. 공사기간: 1966.10.5.~1966.11.22.

위 시설물은 독도 근해에 출어하는 대한민국 어민의 안전보호와 독도 수산자원 개발을 위하여 시설
1966년 11월 22일
경상북도지사 김 인

위 '독도어민보호시설기념 동판'은 '독도 주민의 안전보호와 독도 수산자원 개발을 위하여 시설함'이라고 되어 있지 않고, '독도 근해에 출어하는 대한민국 어민의 안전보호'를 위하여 시설하였다고 되어 있다. 독도에 살고 있는 주민 최종덕의 존재를 드러내주지 않은 잘못을 범하고 말았다.

<그림 3> 최초의 독도 살림집

<그림 4> 독도주민숙소

최종덕은 물골의 정비와 함께 주거시설의 마련에 나섰다. 처음 물골에 움막을 지어 생활하였지만 해변에서 치는 파도로 인해 주거하는 게 어려워 1965년 장기 거주를 위해 물골에 들어간 이후 동도와 서도 여러 곳을 답사하여 항구적인 주거공간이 가능한 지역을 물색하였다. 독도의 경우 화산에 의해 생성된 섬이기 때문에 돌이 푸석푸석하여 돌들이 떨어지므로 모두 실패하였다. 그러한 노력으로 인해 현재의 주민숙소가 있는 장소가 최적의 장소였다고 판단하였다. 그는 결국 1966년에 현재의 어민숙소 자리에 함석과 슬레이트를 만들어 최초의 살림집을 만들어 1967년에 물골 생활을 접고 이사하였다.17) 이곳을 최종덕은 '덕골'로 불렀다. 살림집이 있는 덕골은 물골과는 반대 방향이어서 물을 운반하는 데는 힘들었지만 주거공간으로서는 최적지였다. 남향이고, 돌들이 떨어지지 않은 지역이고, 추위와 파도 및 바람의 영향을 적게 받는 지역이어서 웬만한 태풍이 와도 끄떡없는 곳이었다. 더군다나 배도 올릴 수 있는 장소였다.18) 다음의 사진은 독도의 살림집이 변화하는 모습이다.

현재의 경우 〈그림 4〉의 아래 건물을 '독도주민숙소'라고 부른다. '宿所'의 사전적 의미는 '집을 떠난 사람이 임시로 묵는 곳' 혹은 '머물러 묵는 곳', '숙박하는 곳'이다. 김성도·김신열 부부는 고작 3~4개월 머물기 때문에 '숙소'라고 할 수 있지만 1965년부터 1987년까지 독도에 살았던 최종덕은 1년 가운데 10개월 이상 살았다. 그 때문에 필자는 '주민숙소'로 부르지 않고 '살림집'으로 명명하였다.

최종덕은 살림집이 있는 공간을 박창희 경우 1978년에 최초로 '덕골'로 불렀다. '골'의 경우 '고을'의 준말이다. 마을 이름의 경우 '골'의 이름이 많다. 물골 동굴에서 최종덕은 2년 이상 거주하였다. 최종덕이 '독도마을'을 구상하여 '덕골'과 '물골' 이름을 붙였을 것이다. 지금은 지번 주소에서 도로명 주소로 바뀌었다. 독도 도로명 주소는 국민공모를 통해 정하였다. 서도는 '안용복길'이고 동도는 '이사부길'이다. 서도의 '덕골'과 '물골

---

17) 한국외대 박창희 교수의 증언 및「한국경제신문」1987년 8월 기사 ; 유하영 ,「독도 주민 최종덕의 삶과 생애」독도최종덕기념사업회, 2010. 10. 25, 15쪽 재인용.
18) 김호동,『영원한 독도인 최종덕』경인문화사, 2012, 57~58쪽.

은 정반대의 방향이다. 최종덕은 '물골'로 넘어가는 998계단을 만들었다. 그것을 감안하면 서도의 도로명 주소는 '물골길'이라고 불러야 마땅하다. 동도의 경우 옛날에 독도의용수비대가 경비하였고, 지금의 경우 독도경비대가 수비한다. 독도의용수비대와 독도경비대가 계단을 통해 오르락내리락하고 있다. 그것을 감안하면 '수비대의 길', 혹은 '경비대의 길'이라고 하면 된다.

아래 사진들을 보면 일본인들은 동도 몽돌해변에서 강치를 포획하였다.

<그림 5> 일본인의 독도에서 강치어로(『竹島問題100問100答』)

안용복은 1696년에 독도에 들어갔을 때 "왜인들이 막 가마솥을 벌여놓고 고기 기름을 다리고 있었습니다. 제가 막대기로 쳐서 깨뜨리고 큰 소리로 꾸짖었더니, 왜인들이 거두어 배에 싣고서 돛을 올리고 돌아가므로, 제가 곧 배를 타고 뒤쫓았습니다."[19]라고 하였다.

<그림 5>와 <그림 6> 사진을 감안하면 아마 안용복은 동도 몽돌해변에 내렸을 것이다. 이사부는 사료 상 독도에 온 흔적이 없다. 차라리 동도를 '안용복길'이라고 하면 더 나았을 것이다.

---

19) 『숙종실록』 숙종 22년 9월 27일(경진).

<그림 6> 일본인의 독도에서 강치어로(『竹島問題100問100答』)

독도마을을 만들기 위해 최종덕은 독도에 주민등록을 이전하고자 노력하였으나 정부의 소극적 방침에 의해 받아들여지지 않았다. 간신히 1981년에 독도전입이 허용되었다. 그것은 1982년 4월 유엔해양법협약이 채택되기 때문에 정부는 실효적 지배를 위해 최종덕에게 독도 전입을 허용하였다. 1981년 10월 14일, 법적으로 1가구 3인 가족(최종덕, 그의 처 조갑순과 딸 최경숙)이 공식적으로 독도 주민이 되었다.

최종덕은 1987년 9월 23일 뇌출혈로 인해 사망하였다. 최종덕이 사망한 후 그의 딸 최경숙과 그의 남편 조준기 내외가 자식(강현·한별)과 함께 독도생활에 들어갔다. 그들은 1987년 10월말에서 1992년까지 독도에서 생활하다가 육지로 나왔다. 그들은 연중 작게는 6개월 많게는 8개월 독도에 머물렀지만 결국 독도에서의 삶을 접었다. 1991년 11월 17일 이후부터 1996년 초까지 김성도·김신열 부부 1세대 2명이 울릉군 울릉읍 독도리 산 20번지에서 어로활동에 종사하며 거주하고 있었다. 그 외에 같은 주소지에 거주하였던 주민인 최종찬(1991. 6. 21.~1993. 6. 7), 김병권(1993. 1. 6~1994. 11. 7), 황성운(1993. 1. 7~1994. 12. 26), 전상보(1994. 10. 4~1994. 12. 18) 등이 일시적으로 거주어업을 하였다.[20]

---

20) 김호동, 앞의 책, 2007, 266쪽.

일본정부가 1995년에 접어들어 역사 왜곡과 독도영유권 주장까지 하였고, 1996년 초에 독도 기점의 배타적 경제수역을 선포하자 우리 정부는 1996년 2월 23일에 독도 선착장 건설 사업을 착수하여 1997년 11월 7일에 500톤급 선박이 접안할 수 있는 독도 선착장을 완공하였다. 같은 날 이 사업과 함께 추진한 최종덕이 지었던 두 채의 가옥을 헐고 그 자리에 철근 콘크리트 3층 건물 공사도 준공하였다. 그렇지만 정부는 그것을 '어업인 숙소'로 명명하고, 한동안 주민거주를 허용하지 않은 채 빈 집으로 내버려두었다.[21]

2005년 이후 일본 정부의 역사 왜곡과 독도 영유권 주장이 강화되자 정부는 독도 입도 제한 조치를 해제하였고, 독도와 독도 주변해역의 지속가능한 이용을 위한 정책 추진을 목적으로 '독도의 지속가능한 이용에 관한 법률'(2005. 5. 18)을 제정하였다. 이에 근거하여 2006년부터 5년간 국가종합계획인 '독도의 지속가능한 이용을 위한 기본 계획'을 수립하였다. 그 기본 내용 가운데 '서도 민간주민의 친환경적 정주시설 조성' 사업이 포함되었다. 1997년 11월에 완공된 비어있던 '어업인 숙소' 건물에 1996년 이전에 독도 거주어업을 하였던 김성도·김신열 부부로 하여금 2006년 2월 19일에 전입하여 정착생활을 하도록 허용하였고, 2007년부터는 독도리 이장으로 임명하여 매달 생계비를 지원해주고 있다.[22]

2008년 7월 14일 일본 문부과학성이 중학교 사회과 '학습지도요령해설서'에 한·일 양국 사이에 독도를 둘러싸고 영유권 주장에 차이가 있다고 명기함에 따라 경상북도는 2008년 9월에 독도의 실효적 지배를 강화하는데 역점을 둔 '독도수호종합대책'을 마련하였다. 독도 수호종합대책은 유인도호와 영토관리, 해양 생태자원 개발, 연구·교육과 홍보·기념, 울릉도 연계 개발, 추진체계 및 협력네트워크 등의 5분야에 관계된 13개 주요 과제와 38개 세부사업으로 구성되어 있다. 그 가운데 본 주제인 '독도마을'과 국한된 내용을 살펴보겠다.

'독도수호종합대책'에는 독도의 유인도화 확대를 위해 독도 다가구

---

21) 신용하, 앞의 책, 2012, 336~339쪽.
22) 이재하, 앞의 글 290쪽.

<그림 7> 오키의 어민들(『竹島問題100問100答』)

마을 조성사업을 추진하기로 하였다. 이 사업은 본래 울릉군이 2007년 초에 기획한 것에서 비롯된 것으로서, 2009년부터 2011년까지 동도의 선착장 앞바다를 매립하여 주거단지를 조성하고, 여기에 10세대가 입주하는 마을을 만드는 것으로서 담수화 시설 등 관련시설도 함께 갖추는 것으로 계획하였다. 그리고 독도 주민과 방문객의 편의증대를 위해 2가지 사업을 추진하기로 하였다. 하나는 독도 주민(어업인) 숙소 확장사업으로서 현재 어업인 숙소 겸 대피소로 이용되고 있는 기존 건물을 증·개축(리모델링)하는 사업이다. 다른 하나는 독도 현장관리사무소 설치를 위한 건물 건립사업을 하는 것이다. 경상북도 울릉군은 2005년 3월 일반인에 대한 독도의 개방조치로 증대된 독도 관리 업무를 효율적으로 추진하기 위해 동년 6월 10일부터 울릉읍 도동리에 독도관리사무소를 설치·운영해 오고 있으며, 2008년 4월 21일부터 소속 공무원 2명을 독도 임시 현장사무소(어업인 숙소 2층)에 파견하여 열흘씩 상주하며 업무를 수행해 오고

있다. 독도현장관리사무소 사업은 독도 주민과 방문객(관광객)에 대한 행정서비스와 안전서비스를 제공하기 위해 동도 부둣가에 독도 행정사무실과 기타 편의시설을 갖춘 건물(200㎡)을 건립하려는 것이다. '독도수호종합대책' 가운데 독도 주민 숙소 증·개축 사업 하나만 2011년 8월에 완료하였다. 독도의 영유권과 실효적 지배 강화에 결정적으로 요구되는 '독도 다가구 마을' 조성사업을 2009년에 들어 '독도 체험장'으로 변경하고 2010년에 그 입지를 울릉도로 바꾸더니 결국 사업 자체를 취소하였다. 독도현장관리소 건설은 2011년 10월 '독도입도지원센터'로 사업명을 변경까지 하였으나 부처 간 이견으로 표류하고 있다. 온갖 이유로 보류해오던 독도방파제와 독도 종합해양과학기지 건설 사업은 표류하고 있다.[23)]
이재하의 독도 생태마을 구상도는 다음과 같다.

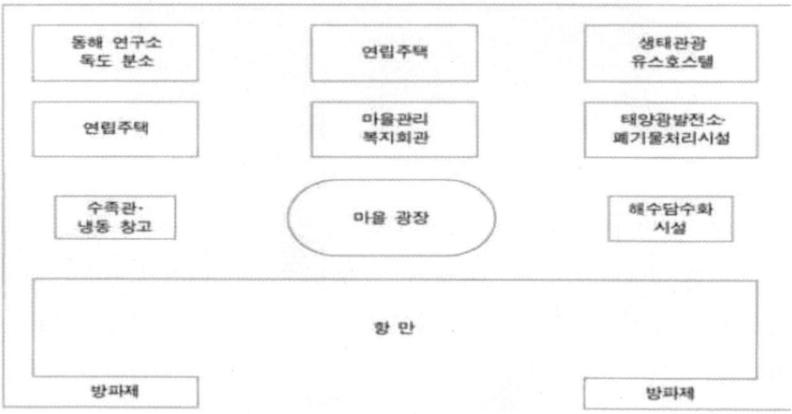

동해 연구소 독도 분소	연립주택	생태관광 유스호스텔
연립주택	마을관리 복지회관	태양광발전소· 폐기물처리시설
수족관· 냉동 창고	마을 광장	해수담수화 시설
방파제	항 만	방파제

<그림 8> 독도 생태마을 구상도(이재하)

이재하는 「정부의 독도개발정책의 문제점과 미래대안 모색」 '맺음말'에서 다음과 같이 제안하였다.

본 연구는 독도의 한일 간 영유권 문제에 적극적으로 대응하는 개발정책 과제는 독도의 우리 국민 정주생활 또는 자체적인 경제생활 기능을 강화하여 독도를 명실상부한 유인도로 개발하는 것으로 보고, UN이 채택하

---
23) 이재하, 앞의 글 290~292쪽.

고 있는 개발론(발전론)이기도 한 지속가능한 개발론 관점에서 독도의 자연환경 훼손을 최소화하면서 독도의 정주 겸 경제생활 기능을 현 수준보다 획기적으로 강화할 수 있는 미래의 바람직한 개발 대안으로 '독도 생태마을'조성을 제안하였다. 독도 생태마을은 독도의 지속가능성을 담보하는 경제생활 기능, 즉 생태어업(어민 10여 가구, 2인 기준 20여 명 거주)과 생태관광(1일 최대 30명 수반) 및 연구기능(한국해양연구원 동해연구소 독도분소, 상주연구원 1일 20명 이내)과 이를 지원하는 마을관리복지회관 등 제 시설의 종사관리인(20여 명)이 특정한 공간(마을)에서 정주생활이 이루어지도록 하려고, 동도의 선착장 부근 바다를 매립하여 조성한 약 1만 3천㎡(약 4천 평) 부지 면적에 필요로 하는 관련 제 시설을 조성하자는 것이다.[24]

신용하의 경우 2011년 6월, 월간조선 특별부록에 '우리가 독도에 관해 알아야 할 모든 것『독도, 130문 130답』을 게재한 적이 있다. 그 가운데 "Q.130 대한민국은 '독도'를 지키기 위해 어떤 대책을 수립하고 집행해야 하는가?"라는 질문이 있다. 그 답변 가운데 다음과 같이 제안하였다.

실효적 점유의 가장 확실한 방법은 독도에 5~20호 정도의 주민을 상주시켜 독도를 새로운 해양마을 또는 특수한 해양 도시로 만드는 것이다. 동도와 서도는 약 200m 가량 떨어져 있는데 수심은 채 2m도 안 된다. 동도와 서도 사이에 철교를 놓거나 동도와 서도 사이에 흩어져 있는 다수의 암초 위에 인공 지반을 만들어 해상의 유스호스텔과 현대 건물들을 건립하는 등 각종 현대적 시설을 설치할 필요가 있다. 독도를 ① 울릉도와 한국 연안 어민들의 어업전진기로, ② 독도와 울릉도를 묶어서 하나의 국내와 국제적 관광지구로, ③ 해양기상관측소, 해양수산연구소 등 연구실험기관 설치지구 및 해양수산관계 국제회의 행사 지역으로, ④ 한국의 초·중·고교·대학교 학생들의 훈련장, 야영장, 교육장으로 개발하면 독도 수호·보전에 큰 역할을 할 것이다. 한국 외교부는 일본 측 항의가 두려워 독도 개발에 소극적인데 이는 잘못된 생각이다.[25]

그리고『독도영유의 진실 이해』에서 다음과 같이 제안하였다.

---

24) 이재하, 앞의 글 297~298쪽.
25) 신용하,『독도, 130문 130답』2011년 6월,『월간조선 특별부록』233쪽.

독도에 2~5가구 정도의 주민을 상주시켜서 독도를 완벽한 '유인도를 만들 필요가 절실하다. 그 후 자연스럽게 10여 가구의 상주 해양 마을 또는 해양 도시로 발전하면 막을 이유가 전혀 없다. 독도의 유인도화는 실효적 점유를 종합적으로 완성하는 가장 효율적인 방법이다. 독도가 작은 해양마을이 되어, 남성들은 어업에 종사해서 독도가 어업전진기지로 크게 강화되고, 부인들은 관광객을 대상으로 한 기념품 등의 판매협동조합을 편성하여 공동수익을 분배하게 되면, 높은 소득이 창출되어 거주 희망자가 계속 증가할 것이다.26)

이재하는 동도의 선착장 부근 바다를 매립하여 조성한 약 1만 3천m^2 (약 4천평) 부지 면적에 '독도 생태마을'을 조성하자면서, 생태어업(어민 10여 가구, 2인 기준 20여명 거주)과 생태관광(1일 최대 30명 수반) 및 연구기능(한국해양연구원 동해연구소 독도분소, 상주연구원 1일 20명 이내)과 이를 지원하는 마을관리복지회관 등 제 시설의 종사·관리인(20여 명)이 필요로 하는 관련 제 시설을 조성하여야 한다고 하였다. 반면 신용하는 2~5 가구, 혹은 5~10호 가구의 해양마을을 조성하고, 그 후 10여 가구의 상주 해양 마을 또는 해양 도시로 발전하여야 한다고 하였다.

2. '독도마을' 조성 강화 방안

독도 주권을 지키는 최선의 방법은 '독도마을'을 만드는 일이다. 현재 독도거주자는 47명이다. 김성도·김신열 부부가 독도주민이고, 경비대 40명, 등대원 3명, 울릉군 직원 2명이다. 그 가운데 주민등록을 가진 사람은 23세대 24명이다. 그렇지만 생업을 하는 온전한 주민은 1가구 2인(김성도·김신열 부부)이고, 독도리 이장이 존재한다. 현재의 독도 주민이 1가구이다 보니 최소 2~5 가구, 혹은 10가구를 조성하여 '독도마을'을 구상하자는 주장이 나올 수밖에 없다. 그렇지만 그 구체적 방안과 내용은 나오지 않고 있다.

독도는 섬이다. 독도의 경우 마을을 만들려면 섬이다보니 어업을 하는 사람들을 들여보내야만 한다. 그러나 단순히 어민을 보낸다면 독도에

---

26) 신용하, 앞의 책, 2012, 171쪽.

서 어로활동을 할 수 없다. 울릉도 어민들에게 있어서 독도는 윗대 조상들이 노를 젓는 배(傳馬船)로 조업을 하였던 중요한 어로구역이다 보니 독도 어장의 경우 울릉도 도동어촌계의 소속이다. 1962년 수산업협동조합이 제정되면서 어촌계가 마을어장을 관리 운영하게 되었다. 도동어촌계에서 마을어장관리법에 의해 관리하는 독도어장은 마을어업과 협동양식어업이 이루어지는 구역으로 나뉘어져 있다.

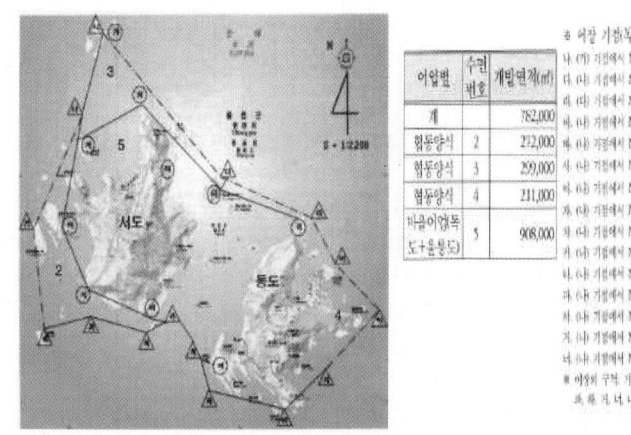

<그림 9> 도동어촌계 독도주변 어장도27)

「도동어촌계 정관」에 의하면 도동어촌계 구역은 "울릉군 울릉읍 도동 1리, 도동 2리 인원으로 한다."고 되어 있고, 계원의 자격은 "이 계의 구역 내에 거주하는 자로서 조합의 조합원은 계에 가입할 수 있다. 다만, 동일가구 내에 조합원이 2인 이상 있을 때에는 그 중 1인에 한한다."고 되어 있다.28) 최종덕과 김성도는 울릉도 도동에 살았고, 도동어촌계원이었다. 최종덕은 1965년 도동어촌계 행사료를 지불하여 1965년 3월에 독도어업 채취권을 획득하여 독도에 들어갔다. 도동어촌계 자료에 의하면 독도어장이 어떻게 운영되는가를 알 수 있다.

---

27) 박성용, 『독도·울릉도 사람들의 생활공간과 사회조직연구』 경인문화사, 2008, 63쪽.
28) 박성용, 위의 책 223~229쪽.

[독 도 어 장]
- 어 업 권: 경북면허 128호(도동어촌계 공동어장 185.4ha 중 140ha 차지)
- 어업권자: 울릉군 수협 도동어촌계

[공동어장 운영]
※ 종전 입어자 : 행사료 지불 후 입어
- 1965년 3월 ~ 1987년 9월 : 최종덕
- 1987년 3월 ~ 1991년 10월 : 조준기(최종덕의 사위)
- 년간 입어료: 2백만원(연간 생산량 : 25톤, 30백만원)
- 조업어선: 독도사랑호, 2.49톤(종전 : 덕진호 1.99톤)
  * 독도사랑호는 1991년 건조하였으며, 소유자는 서유석

- 1991년 11월 1일 이후: 도동어촌계 직영
- 연간 생산: 7 M/T 60,795천원
- 조업 어선: 명성호 208톤, 승선원 : 김성도외 3명

    독도어업채취권을 획득한 최종덕은 5년마다 도동어촌계에 바다세를 납부하였다. 그가 사망하고 난후 1991년 11월에 재계약을 할 처지였다. 도동어촌계는 조준기와 재계약 체결 과정에서 바다 세를 150% 이상을 요구하였다. 그 마찰로 인해 도동어촌계가 독도 어장권을 직영으로 관리하게 되었고, 1992년 조준기는 독도를 떠나 강원도로 이주하였다.[29]

    독도에 어민이 이주하더라도 도동어촌계의 일원이 될 수는 없다. 그렇기 때문에 어로 활동을 할 수 없다. 그럴 경우 '독도어촌계'를 조직할 수밖에 없다. 「수산업협동조합법 시행령」 제4조(어촌계의 설립)' 규정을 보면 "① 어촌계는 구역에 거주하는 지구별 수산업협동조합(이하 "지구별수협"이라 한다.)의 조합원 10명 이상이 발기인이 되어 설립준비위원회를 구성하고, 어촌계 정관을 작성하여 창립총회의 의결을 거쳐 시장(특별자치도의 경우에는 특별자치도지사를 말한다. 이하 같다) · 군수 · 구청장(자치구의 구청장을 말한다. 이하 같다.)의 인가를 받아야 한다." 고 되어 있다. 「도동어촌계 정관」에 의하면 "동일가구 내에 조합원이 2인 이상 있을 때에는 그 중 1인에 한한다."는 단서 조항이 있으므로 '독도어촌계'를 조직하려면 최소 10가구가 되어야 한다. 그렇기 때문에 '독도마을'을 만들면 최소 10가구가 되어야 한다. 「독도어촌계 정관」의 경우 "동

---

29) 최종덕의 딸 최경숙의 증언.

일가구 내에 조합원이 2인 이상 있을 때에는 그 중 1인에 한한다."는 단서 조항을 삭제하면 5가구 이상이 되면 '독도어촌계'가 조직될 수 있다. 이 경우 '독도마을'을 만들려면 5가구 이상이 되면 된다. 독도는 현재의 실정으로 보면 교육문제 등으로 인해 온전한 '富實戶'가 되기는 어렵다. 1가구 2인, 혹은 1가구 1인호가 될 수밖에 없다. 온전한 '독도마을'을 조성하려면 최소 1가구 2인이 필요하다. 그것 때문에 가까운 울릉도 주민, 도동어촌계 주민을 대상으로 독도 주민을 선정하는 것이 좋을 것이다.

아마 '독도어촌계'를 만들려면 '도동어촌계'가 독도어장 운영을 하지 못하기 때문에 반발이 클 것이다. 도동어촌계의 텃밭이 독도어장이고, 독도 어장을 유지하기 위해 많은 예산이 투입되었다. 도동어촌계의 반발은 줄이려면 독도 이주 어민의 경우 도동어촌계의 계원을 1차적 대상으로 하여야만 할 것이다. 그리고 독도에 잡은 해산물을 도동어촌계에 위탁 판매, 위탁 식당을 운영하여야 한다. 그것을 위해 울릉군에서 독도생산지를 밝히고 생산지추적제도를 도입하여야 할 것이다. 그것이 이루어지면 아마 높은 가격으로 팔릴 것이다. 그게 상생의 방법이다.

독도는 동도와 서도 외 89개의 바위로 이루어져 있다. 서도에는 1965년부터 독도 주민이 살고 있고, 동도에는 독도경비대와 등대원이 거주하고 있다. 그리고 조만간 동도 몽돌해변에 '독도입도지원센터'가 들어설 예정이다.

서도에는 주민숙소가 있다. 2014년 경상북도 독도정책관실 자료에 의하면 '주민숙소현황에 '숙소 5개소'로 되어 있다. 이곳에 독도주민인 김성도·김신열 부부가 살고, 울릉군 직원 2명이 살고 있다. 주민숙소가 있는 장소를 최종덕이 고을 이름인 '덕골'로 불렀다. 그것을 계승해 주민숙소의 명칭을 '덕골집'으로 부르는 게 좋을 것이다. 그리고 대개 독도 관광은 동도의 선착장에 이루어지고 있다. '독도입도지원센터'가 완성되면 울릉도 직원을 그곳에 옮기고, '덕골집'에는 온전한 주민공간이 되어야만 할 것이다.

동도 몽돌해변의 '독도입도지원센터'의 조감도는 다음과 같다.

독도입도지원센터 조감도. (사진제공=울릉군청)

　'독도입도지원센터'의 경우 경북 울릉군이 추진해온 사업이지만 2014년 정부사업으로 이관하였다. 이에 따라 이 사업은 해양수산부 산하 포항지방해양항만청이 시행하게 된다. 당초 울릉군은 지난 2011년 10월 문화재청으로부터 현상변경허가를 받아 독도 동도 몽돌해변에 입도센터를 건립하기로 했으며 2013년 2월 설계를 마쳤다. 입도센터는 99억 원의 공사비가 투입되며 올해 30억 원의 예산은 전액 국비로 편성됐다. 입도센터는 연면적 595.8㎡, 전용면적 464㎡, 지상 2층 규모로 사무실, 의무실, 입도민 편의시설 등과 상주 공무원(2명) 숙소가 들어선다.[30)]
　독도관광은 대개 동도 선착장에서 20~30분 관광이 이루어진다. 그리고 독도경비대 인력이 있으므로 독립된 공간의 '독도입도지원센터'가 필요 없다. 10가구 이상의 독도마을이 조성되면 울릉군 상주 공무원이 필요 없고, 독도 주민이 대신할 수 있다. '독도입도지원센터'를 조속히 변경, 확장하여 '독도마을'을 조성하여야 한다. 서도의 경우 10가구가 들어서기에 좁다. 두 개의 '자연마을'이 있으면 독도의 영유권 공고화에 이바지할 것이다. 그리고 동도 몽돌해변의 독도마을을 '몽돌마을'로 부르면 좋을 것이다. 그리고 1층 공간에 '독도사랑카페'를 개설하면 될 것이다. '독도

---

30) 「문화일보」 2014년 1월 13일.

사랑카페'는 2013년 5월 21일 독도선착장에서 개업했다. 판매물품은 기념품(티셔츠, 타월, 손수건, 토시, 수산물)이다. 당초 김성도는 2009년 3월 11일, '독도수산(수산물판매업)'으로 사업자 등록을 했다. '독도사랑카페' 개업으로 업종을 '소매점'으로 바꾸었다. 더 이상 김성도는 어민이 아니다. 국민성금으로 모금한 '독도호'를 김성도가 팔면서 어민으로서 김성도는 끝났다. 독도 주민 김성도는 배가 없고, 단지 고무보트를 갖고 있다. 또 연로해서 어로활동을 할 수 없다. 그것을 감안해 '독도사랑카페'를 열어주었을 것이다. 김성도는 1년에 독도에 3~4개월 정도 머무른다. 그로 인해 '독도사랑카페'도 열리는 것보다 닫히는 것이 다반사이다. 독도 10가구가 조성되면 '독도사랑카페'가 활성화될 것이다. 독도 주민의 소득을 올리려면 물골을 정비하여 먹을 수 있는 물로 되살려 그 물로 '주먹밥'을 만들어 판매하는 것이 좋을 것이다. 그것도 독도체험의 한 방법이다. 그렇지만 물골의 물로 만든 '주먹밥'은 독도에서 팔 수 없고, 울릉도에서 판매하여야 한다. 독도는 빈번한 관광객의 실어 나르는 배와 폐기물로 인해 몸살을 앓고 있고 있다. 독도 갯녹음 현상도 계속 늘어났다. 독도는 후손에게 물려줄 우리 땅이니까 보전에도 신경을 써야만 한다. 독도는 환경오염이 되면 그것을 되살리기에 다른 지역보다 많은 예산이 투입되어야만 한다. 독도 해산물과 독도 물골의 물로 만든 주먹밥을 울릉도에서 판매하여야 하는 것은 그 때문이다. 독도에 10가구의 '독도마을'이 조성되면 독도보전을 위해 독도경비대를 줄이는 것도 고려해야만 한다.

기존의 울릉군과 경상북도의 '독도 다가구마을' 조성계획과 이재하가 제기한 '독도 생태마을'은 동도의 선착장 앞바다를 매립하여 주거단지와 유스호스텔을 조성한다는 계획이다. 그 계획에 따르면 동도의 '몽돌해변'은 역사의 뒤안길로 사라진다. 역사적으로 동도 몽돌해변에서 아마 어로활동이 전개되었을 것이다. 안용복도 아마도 몽돌해변에서 내렸을 것이고 일본 어부들에게 독도를 우리 땅이라고 하면서 몽둥이를 내려쳐 일본 어부들을 쫓아내었을 것이다. 그 역사적 현장을 사라지는 것은 안 된다. 그리고 선착장 앞바다 매립의 경우 독도의 자연환경과 수중 생태환경도 급격한 변화를 일으킬 것이다. 지금부터 동도 몽돌해변의 증감을 측정하여야만 한다. 그 측정의 결과를 바탕으로 방파제와 선착장의 추가의 경우 다른 장소를 알아볼 필요가 있다.

동도 선착장 앞바다를 매립하여 유스호스텔 등의 숙박시설을 조성한다는 계획을 필자는 반대한다. 독도에는 숙박할 수 없다는 기본입장을 마련하고, 10가구 이상의 독도마을이 조성되면 독도 주민으로 하여금 고무보트를 이용하여 독도 주변을 둘러보고, 서도 물골과 덕골을 답사하면 관광객도 독도에 많은 관심을 기울이고, 독도 주민의 수익을 올릴 수 있다. 그것을 위해 독도 20~30분 관광은 바뀌어야만 될 것이다.

Ⅳ. 맺음말

독도영유권을 지키기 위한 방안 가운데 독도를 관광단지로 만들자는 주장과 함께 독도를 유인도화하자는 주장이 오래전부터 제기되어 왔다. 2005년 독도 입도 제한 조치가 해소되면서 독도 관광 정책이 주가 되고, '독도마을' 조성 정책이 부차적으로 밀려났다. 울릉군과 경상북도가 추진하는 '독도 다가구마을'이 백지화되고, 독도지원입도센터가 정부의 재원으로 바뀐 것은 그 일례이다. 그렇지만 독도 관광정책으로 독도를 지킬 수 없다. 독도 주권을 지키는 최선의 방법은 '독도마을'을 만드는 일이다. 독도는 척박한 환경이라서 사람이 살기에 어렵다. 그것을 감안하여 독도에 거주하였던, 독도어장에 어업활동을 하는 경험자로 독도에 이주시켜 '독도마을'을 조성하여야만 성공할 수 있을 것이다. 구체적으로 독도 주민의 후예, 그리고 독도경비대 출신, 울릉도 주민, 특히 독도어장을 텃밭으로 가꾸었던 도동 어촌계원을 1차적으로 독도 주민을 선발하는 게 좋을 것 같다.

독도의 경우 마을을 만들려면 섬이다보니 어업을 하는 사람들을 들여보내야만 한다. 그러나 단순히 어민을 보낸다면 독도에 어로활동을 할 수 없다. 독도 어장의 경우 울릉도 도동어촌계의 소속이다. 독도에 어민이 이주하더라도 도동어촌계의 일원이 될 수는 없다. 그렇기 때문에 어로 활동을 할 수 없다. 그럴 경우 '독도어촌계'를 조직할 수밖에 없다. 「수산업협동조합법 시행령」'제4조(어촌계의 설립)' 규정을 보면 "① 어촌계는 구역에 거주하는 지구별 수산업협동조합(이하 "지구별수협"이라 한다.)의 조합원 10명 이상이 발기인이 되어 설립 준비 위원회를 구성하고, 어촌계 정관을 작성하여 창립총회의 의결을 거쳐 시장(특별자치도의 경우에는 특별자치도지사를 말한다. 이하 같다) · 군수 · 구청장(자치구의 구청장을 말한다. 이하 같다.)의 인가를 받아야 한다."고 되어 있다. 「도동어촌계 정관」에 의하면 "동일가구 내에 조합원이 2인 이상 있을 때에는 그 중 1인에 한한다."고 되어 있으므로 '독도어촌계'를 조직하려면 최소 10가구가 되어야 한다. '독도마을'을 만들면 최소 10가구가 되어야 한다. 독도는 현재의 실정으로 보면 교육문제 등으로 인해 온전한 '富實戶'가 되기는 어렵다. 1가구 2인, 혹은 1가구 1인호가 될 수밖에 없다. 온전한 '독도마을'을 조성하려면 최소 1가구 2인이 필요하다. 그것 때문에 울릉도 주민을 대상으로 독도 주민을 선정하는 것이 좋다.

아마 '독도어촌계'를 만들려면 '도동어촌계'가 독도어장 운영을 하지 못하기 때문에 반발이 클 것이다. 도동어촌계의 텃밭이 독도어장이고, 독도 어장을 유지하기 위해 많은 예산이 투입되었다. 도동어촌계의 반발은 줄이려면 독도 이주 어민의 경우 도동어촌계의 계원을 1차적 대상으로 하여야만 할 것이다. 그리고 독도에 잡은 해산물을 도동어촌계에 위탁 판매, 위탁 식당을 운영하여야 한다. 그것을 위해 울릉군에서 독도생산지를 밝히고 생산지추적제도를 도입하여야 할 것이다.

서도에는 주민숙소가 있다. 주민숙소의 경우 최종덕이 고을 이름인 '덕골'로 불렀다. 그것을 계승해 주민숙소의 명칭을 '덕골집'으로 부르는게 좋을 것이다. 그리고 대개 독도 관광은 동도의 선착장에 이루어지고 있다. 그것을 지원하기 위해 동도 몽돌 해변에 조만간 '독도입도지원센터'가 조성될 것이다. '독도입도지원센터'를 조속히 변경, 확장하여 '독도마을'을 조성하여야 한다. 서도의 경우 10가구가 들어서기에 좁다. 동도와 서도, 두 개의 '자연마을'이 있으면 독도의 영유권 공고화 강화에 이바지할 것이다. 그리고 동도 몽돌해변의 독도마을을 '몽돌마을'로 부르면 좋을 것이다. 그리고 1층 공간에 '독도사랑카페'를 개설하면 될 것이다.

기존의 울릉군과 경상북도의 '독도다가구마을' 조성계획과 이재하가 제기한 '독도 생태마을'은 동도의 선착장 앞바다를 매립하여 주거단지와 유스호스텔을 조성한다는 계획이다. 그 계획에 따르면 동도의 '몽돌해변'은 역사의 뒤안길로 사라진다. 대개 역사적으로 동도 몽돌해변에서 주로 어로활동이 전개되었다. 안용복도 아마도 몽돌해변에서 내렸을 것이고 일본 어부들에게 독도를 우리 땅이라고 하면서 몽둥이를 내려쳐 일본 어부들을 쫓아내었을 것이다. 그 역사적 현장을 사라지는 것은 안 된다. 그리고 선착장 앞바다 매립의 경우 독도의 자연환경과 수중 생태환경도 급격한 변화를 일으킬 것이다.

　동도 선착장 앞바다를 매립하여 유스호스텔 등의 숙박시설을 조성한다는 계획을 필자는 반대한다. 독도에는 숙박할 수 없다는 기본입장을 마련하고, 10가구 이상의 독도마을이 조성되면 독도 주민으로 하여금 고무보트를 이용하여 독도 주변을 둘러보고, 서도 물골과 덕골을 답사하면 관광객도 독도에 많은 관심을 기울이고, 독도 주민의 수익을 올릴 수 있다. 그것을 위해 독도 20~30분 관광은 바뀌어야만 될 것이다.

　독도 주민이 2, 3대가 되면 국유지를 사유지로 불하하여야 할 것이다. 국민으로서 재산세(토지세, 건물세)를 내야만 한다. 독도에 떠날 때 독도 주민에게 팔고, 팔지 못하면 다시 국유지로 환원한다는 원칙이 정해져야만 한다. 그 원칙이 준수된다면 '독도마을'이 유지될 것이다.

【참고문헌】

김호동,『독도·울릉도의 역사』경인문화사, 2007
김호동,『영원한 독도인 최종덕』경인문화사, 2012
박성용,『독도·울릉도 사람들의 생활공간과 사회조직연구』경인문화사, 2008
신용하,『독도, 130문 130답』2011년 6월, 월간조선 특별부록
신용하,『독도영유의 진실 이해』서울대학교 출판부, 2013
이재하,「정부의 독도개발정책 문제점과 미래대안 모색」『한국지역지리학회지』제19권 제2호, 2013
정갑용,『독도에 관한 국제법적 쟁점 연구』경인문화사, 2013
제성호,「국제법상 결정적 기일의 분석 및 검토-이론과 쟁점, 독도 영유권과의 관련성을 중심으로-」『중앙법학』제12집 제2호, 2010
좌혜경·권미선, 좌혜경·권미선,「독도 출가해녀와 해녀 항일」『제주해녀의 재조명』제주해녀학술심포지움자료모음집, 해녀박물관, 2011

제13장

역사·지리적 관점에서 본 독도

Ⅰ. 머리말

1947년 8월 16일부터 약 2주일간 한국산악회 주최로 제1차 독도학술조사단을 꾸리게 된 배경은 다음과 같다.

① 독도에 대한 소속문제가 현재 한일간의 중요한 문제로 되어있는 것은 세인이 다 아는 바이나 이 문제가 처음으로 제기된 것은 14년전인 단기 4280(1947)년 여름의 일이다. 독도는 동해 한복판 울릉도 동남방 49리, 동경 131도 52분 22초 북위 37도 14분 18초의 해상에 위치한 무인고도로서 울릉도와 거리가 49리인데 대하야 일본 오카섬(隱岐島)과의 거리는 약 2배인 83리나 된다. 이와 같은 지리적 관계로 보아 독도는 울릉도에 속하는 것이 당연할 뿐만 아니라 역사상 또한 우리나라의 것이며 8·15해방과 동시에 미군이 일본에 진주한 후 1945년 9월 5일자 미국의 최초의 대일방침을 발표하여 「일본의 주권은 혼슈(本州) 홋카이도(北海島) 규슈(九州) 시코쿠(四國)의 4대도(四大島)에 한(限)한다」하였고 동년 10월 13일자 연합군최고사령부의 공시 제42호로서 일본인의 어업구역의 한계선을 결정한 맥아더 라인(MacArthur Liine)을 발표하였는데 그 선이 독도 동방 12해리상을 통과하였으므로 우리는 독도가 당연히 우리나라 영토로 편입된 줄 알았다. 그런데 1947년(단기 4280년)

7월 11일에 미극동위원회가「일본의 주권은 혼슈(本州) 홋카이도(北海島) 규슈(九州) 시코쿠(四國)의 제도(諸島)와 금후 결정될 수 있는 주위의 제소도(諸小島)에 한정될 것이다」라고 대일기본정책을 발표하게 되자 일본은 독도를 일본영토라고 여론을 일으켰다. 이에 우리나라에 처음으로 독도문제가 일어나 동년 8월 16일부터 약 2주일간 한국산악회 주최로 제1차학술조사단이 독도에 가게 되었으며 정부에서도 여러 가지 초치를 취하였다. 이때 필자는 독도의 역사를 조사하라는 당시 민정장관 안재홍(安在鴻)선생의 명령을 받고 제1차학술조사단에 참가하여 울능도와 독도를 답사하고 돌아와「사해(史海)」창간호에「독도소속(獨島所屬)에 대(對)하여」라는 소품을 발표하여 독도가 역사상 지리상 우리나라의 영토란 것을 증명한 바 있으며…(申奭鎬,「獨島의 來歷」『思想界』1960년 8월)

위의 자료에 의하면 1947년 7월 11일에 미극동위원회가 '일본의 주권은 혼슈(本州), 홋카이도(北海島), 규슈(九州), 시코큐(四國)의 諸島와 금후 결정될 수 있는 주위의 諸 小島에 한정될 것이다.'라고 하여 대일기본정책을 발표하게 되자 일본은 독도를 일본영토라고 여론을 일으켰으며, 우리나라에서 처음으로 독도문제가 일어나 1947년 8월 16일부터 한국산악회 주최로 제1차 학술조사단을 꾸려 독도에 가게 되었다.[1]

1947년 과도정부·조선산악회의 독도조사 결과 신석호에 의해『史海』(1948. 12)에서「독도소속(獨島所屬)에 대(對)하여」란 논문을 발표하여, 위 사료 ①에 의하면 '독도가 역사상 지리상 우리나라의 영토란 것을 증명한바'가 있다고 하였다. 신석호의「독도소속에 대하여」란 논문은 이후 독도연구는 물론 한국의 독도 인식과 정책에서 가장 중요한 핵심자료이자 출발점이 되었다.[2] 그 때문에 필자가 제목을「역사·지리적 관점에서

---

1) 정병준은 조선산악회 독도조사의 배경을 "일본인들의 독도 불법점거·총격 사실이 알려진 후 한국인들의 대응은 크게 두 가지로 진행되었다. 첫째, 남조선과도정부는 독도조사 및 관련문헌조사를 실시했다. 둘째, 남조선과도정부와의 긴밀한 협조하에 민간단체인 조선산악회의 울릉도·독도 조사활동이 이루어졌다. 이는 상호 보완적인 의미가 있었는데, 미군정 통치하에서 영토문제와 관련해 결정권을 가질 수 없었던 남조선과도정부의 한국 관리들은 민간조직인 조선산악회를 통해 적극적인 조사활동을 펼쳤던 것이다."라고 하였다(정병준,『독도 1947』돌베개, 2010, 111쪽).
2) 정병준,『독도 1947』돌베개, 2010, 162쪽.

본 독도」라고 잡아서 보완하였다.
신석호의 「독도소속에 대하여」의 결론은 다음과 같다.

(1) <u>독도는 조선시대 성종조 삼봉도와 동일한 섬으로 15세기부터 우리나라의 영토가 되었다.</u>
(2) <u>숙종 조에 일본은 竹島(울릉도)를 조선 영토로 인정하였으니 그 소속인 竹島(독도)도 조선 영토로 승인하였다고 간주함.</u>
(3) 일본 해군성에 발행한 『朝鮮沿岸水路誌』와 울릉도 古老 洪在現씨 등의 말에 의하여 독도는 울릉도 개척 이후 광무 9년(1904년, 명치 39년)까지 <u>울릉도 사람이 이용하던 조선에 속한 섬인 것이 명백함.</u>
(4) 광무 10년 丙午 음3월 5일부 울릉군수 보고서와 『帝國地名辭典』기타 일본 지학자 諸書에 의하면 러일전쟁 당시에 일본이 독도를 강탈한 것이 명백함.
(5) 독도는 본래 조선의 속한 섬이요, 지리적으로 조선에 속하는 것이 가장 합리적인 까닭에 일본이 독도를 강탈한 후에도 『조선연안수로지』『한국수산지』 등 일본정부 금 준정부의 기록과 일본 민간학자 히다타 세코(樋烟雪湖) <u>모두 독도를 조선 屬島로 인정하였음.</u>
(6) 현재 일본 어구를 획정한 맥아더선(MacArthur Line)으로 논하여도 그 선이 독도 동방 해상 12해리 지점을 통과하여 독도가 조선 漁區에 속하였음.3)

본 논문은 밑줄 친 결과를 보강하는 것을 목적으로 하고 있다.

Ⅱ. 지리적 관점에서 본 독도

일본 외무성 홈페이지 '竹島' 사이트의 경우 '竹島 영유권에 관한 일본의 일관된 입장'의 첫머리에 "竹島는 역사적 사실에 비추어도, 또한 국제법상으로도 명백히 일본국 고유의 영토입니다."라고 하였다. 그러나 우리나라 외교부 홈페이지 '독도' 사이트의 경우 '독도에 대한 정부의 기본입장은 다음과 같다.

---

3) 신석호, 「獨島所屬에 對하여」『史海』제1권 제1호, 1948. 12·98~99쪽 : 정병준, 『독도 1947』돌베개, 2010, 161~162쪽 인용.

독도에 대한 정부의 기본입장

독도는 역사적, 지리적, 국제법적으로 명백한 우리의 고유의 영토입니다. 독도에 대한 영유권 분쟁은 존재하지 않으며, 독도는 외교 교섭이나 사법적 해결이 대상이 될 수 없습니다.

우리 정부는 독도에 대한 확고한 영토주권을 행사하고 있습니다.

우리 정부는 독도에 대한 어떠한 도발에도 단호하고 엄중하게 대응하고 있으며, 앞으로도 지속적으로 독도에 대한 우리의 주권을 수호해 나가겠습니다.

독도에 관한 일본 정부의 입장은 '역사적·국제법으로 일본의 고유영토'라고 하지만 우리 정부의 기본 입장은 '역사적·지리적·국제법으로 한국 고유의 영토'라고 한다. 일본보다 '지리적' 내용요소가 추가되었다. 신석호도 「사해」 창간호에 「독도소속에 대하여」란 논문을 발표하여 '독도가 역사상 지리상 우리나라의 영토'란 것을 증명한 바 있다.

일본의 경우 17세기 중엽에 독도 영유권을 확립했고, 일본의 경우 독도에 관한한 한국의 역사자료를 부정 한다.

한국 외교부 홈페이지 '독도' 사이트의 경우 '독도 일반 현황'에서 독도의 '위치'를 다음과 같이 표시하고 있다.

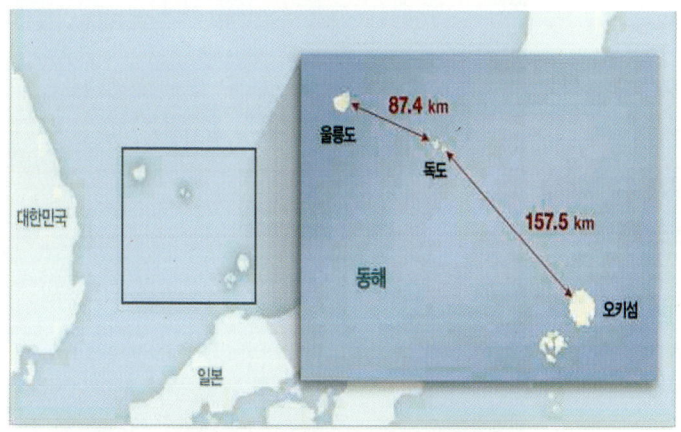

<그림 1> 한국 외교부 홈페이지 독도 사이트 '독도 위치'

현재 일본 외무성 홈페이지 '일본의 영토' 사이트의 경우 첫 페이지의 경우 다음과 같이 구성되었다.

'일본의 영토 정보'의 경우 "일본의 영토는 홋카이도, 혼슈, 시코쿠, 규슈의 비교적 큰 4개 섬과 그 외의 작은 섬들로 구성된다."고 하였다. 그리고 '일본의 영토 Q&A'에서 'Q3 일본의 영토는 어떻게 정해졌습니까?' 질문에서 답변은 "현재의 일본 영토는 제2차 세계대전 후인 1952년 4월에 발효된 샌프란시스코 평화조약에 따라 법적으로 확정되었습니다."라고 하였고, 'Q4 영토문제란 무엇입니까?' 질문에서 답변은 "일본정부는 일반적으로 타국과의 사이에 해결해야 할 영유권 문제라는 의미에서 '영토문제'라는 표현을 쓰고 있습니다. 일본이 관련된 영토문제는 러시아와의 북방영토 문제 및 한국과의 다케시마 문제입니다."라고 하였다. 한국 정부의 독도에 대한 기본입장은 "독도에 대한 영유권 분쟁은 존재하지 않는다."고 하였다.

일본 외무성의 '竹島' 사이트의 경우 다음과 같은 지도를 게시하였다.

<그림 2> 일본 외무성 홈페이지 '일본의 영토' 사이트 첫 페이지

<그림 3> 일본 외무성 홈페이지 '竹島' 사이트 지도

〈그림 1〉과 〈그림 3〉을 비교하면 〈그림 1〉은 울릉도와 독도 거리 87.4km, 독도와 일본 오키섬과의 거리 157.5km를 비교하였다. 〈그림 3〉은 울릉도와 독도 거리, 오키섬과 독도 거리를 비교하고, 더 나아가 한국 본토와 독도 거리, 일본 본토와 독도 거리를 비교하고 있다. 시마네현(島根縣)과 독도 거리 약 211km이고, 한국 본토와 독도 거리는 약 217km이다. 동북아역사재단 초·중·고등학교『독도 바로알기』(2015 개정판) 독도와 주변 지역과의 거리를 다음 〈그림 4〉와 표시하였다.

<그림 4> 중학교『독도 바로알기』(2015 개정판) 독도와 주변 지역과의 거리

〈그림4〉는 죽변~독도 거리를 표시하고 〈그림 3〉과 달리 시마네현~독도 거리를 표시하지 않았다. 왜 한국의 경우 시마네현에서 독도까지의 거리를 나타내지 않을까? 그것은 위 외무성 홈페이지에서 나오는 시마네현-독도 거리가 한국의 죽변-독도 거리보다 더 가깝기 때문이다. 그러나 이러한 비교는 별 의미가 없다. 한국 본토와 독도, 일본 본토와 독도까지의 거리가 멀고 가깝고 상관없이 독도를 제외한 한국의 최동단인 울릉도와 독도까지의 거리, 그리고 일본의 최서단인 오키섬과의 독도까지의 거리가 중요하다.

한국과 일본에서 독도 거리를 따질까? 미국과 네덜란드 사이의 1928년 팔마스 섬 사건에서 미국도 지리적 연속성 주장을 했지만, 막스 후버 중재재판관은 "영해 밖의 섬이 가장 가까운 육지를 소유한 국가에 속한다는 국제법은 확인할 수 없다. 지리적 연속성이 영토주권의 권원이 될 국제법상 근거가 없다."는 판결을 내렸고, 1998년 에리트리아와 예멘 간의 중재사건에서도 재판부는 지리적 연속성이 그 자체로 영토권원을 형성할 수 없다고 보았다.

그렇지만 한·일 양국은 '울릉도쟁계(竹島一件)' 때 일본 에도막부가 울릉도가 일본에 멀고 조선에 가깝다고 하여[4] '竹島渡海禁止令'을 내린 적이 있고, 『竹島考證』(1881)에서 松島를 거론하면서 "만약 조선이 문제를 제기한다면 어느 쪽에서 더 가깝고 어느 쪽에서 더 먼지에 대해 논하여 일본의 섬임을 증명해야한다."는 기록이 있다.[5] 한일 양국이 멀고 가

---

[4] 『竹嶋紀事』元祿 9년(1696) 1월 28일, "전임 태수가 竹島의 일로 인해 사절을 귀국에 파견한 것이 두 차례인데 사절의 일이 불행히도 완료되지 않은 채 별세했으므로 이로 말미암아 사절을 소환했습니다. (宗義眞이) 머지않아 上船해서 江戶에 입관했을 때에 (老中의) 질문이 竹島의 지형과 방향에 미치자 사실에 근거해 대답했습니다. 그러자 그것이 본방으로부터의 거리는 매우 멀리 떨어져 있으나, 오히려 귀국으로부터의 거리는 가깝다는 것이었습니다. 또한 두 나라 사람들이 (그곳에서) 섞이면 潛通과 私市 등의 폐단이 반드시 있을 것입니다. 따라서 곧 명령을 내려 사람들이 가서 漁採하는 것을 불허했습니다. 무릇 틈이 벌어지는 것은 細微한 곳에서 생기고 禍患은 하찮은 것에서 일어나는 것이 고금의 通病이니, 미리 못하도록 막는 것이 오히려 낫다고 생각됩니다. 이로써 100년의 우호를 더욱 돈독히 하고자 하니 하나의 섬에 불과한 작은 일을 곧바로 다투지 않는 것이 두 나라의 아름다운 일일 것입니다. 유념하시기 바랍니다."
[5] 『竹島考證』下 제8호, '松島 개척에 대한 안건.' 明治 9년 7월 武藤平學 첨부문서,

깝다는 것을 들어 영유권 분쟁을 해결한다는 것이 역사적 관습이 있었으므로 "지리적 연속성이 영토주권의 권원이 될 국제법상 근거가 없다."는 국제 판례가 성립할 수 없다.

땔감도 없고 담수가 거의 없이 사람이 살 수 없는 무인도인 독도이지만 옛날부터 사람들이 들어간 흔적은 역사적 사료가 전한다. 그것이 가능했던 것은 삼척, 울진 등의 동해안지역 사람들은 육안으로 울릉도를 바라보았고, 울릉도에서 강원도와 독도를 바라보았다. 울릉도에서 독도를 육안으로 볼 수 있다.『世宗實錄』「지리지」에서 기록된 것처럼 '風日淸明' 때 울릉도에서 눈에 보이는 독도로 건너갔다. 다시 울릉도로 돌아와 삼척, 울진 등지로 드나들었다고 보아야 한다. 울릉도와 독도는 삼척, 울진 등의 동해안 지역민의 삶의 터전으로서 하나의 생활공동체였다고 할 수 있다. 그렇지만 일본 최서단에 위치한 오키 섬에서는 독도를 볼 수 없다.

울릉도에서 독도를 보기가 쉽지 않다. 독도는 1년 가운데 맑은 날이 60일~90일 밖에 안 된다. 주로 가을(9월)에서부터 이듬해 봄, 2월 사이이다. 그리고 해가 뜰 무렵에서부터 오전 10시 전후까지, 비가 온 직후에 잘 보인다. 해가 중천에 떠오르면 해수면의 온도가 올라서 수증기가 발생하기 때문에 잘 안 보인다. 항상 맑은 날 바라볼 수 있다면『世宗實錄』「지리지」 등에 기록되지 않았을 것이다. 일본의『地學雜誌』(1901. 5)에도 "지금도 울릉도에 있는 일본인은 맑은 날 산의 높은 곳에서 동남을 바라보니 아득히 섬 윤곽을 확인하였다고 한다."[6]고 하였고,『韓海通漁指針』(1903)에서도 "맑은 날 울릉도 산봉우리의 높은 곳에서 볼 수 있다."고 하였다.[7]

"어떤 사람은, 일본이 지금 松島에 손을 대면 조선이 문제를 제기할 것이라고 말하지만, 松島는 일본 땅에 가깝고 예로부터 우리나라에 속한 섬으로서 일본 지도에도 일본 영역 안에 그려져 있는 일본 땅이다. 또 竹島는 도쿠가와(德川)씨가 다스리던 때에 갈등이 생겨 조선에 넘겨주게 되었으나, 松島에 대한 논의는 없었으니 일본 땅임이 분명하다. 만약 조선이 문제를 제기한다면, 어느 쪽에서 더 가깝고 어느 쪽에서 더 먼지에 대해 논하여 일본의 섬임을 증명해야 한다. 실로 日朝 간의 왕래와 북쪽의 외국 땅과의 왕복에 있어 중요한 땅이므로, 만국을 위해서는 일본이든 조선이든 빨리 좋은 항구를 선택해 먼저 등대를 설치하는 일이 지금의 급무다."

6)『地學雜誌』vol.13 no. 5,「雜報」「日本海中の一島嶼(ヤソコ」.
7) 葛生修吉,『韓海通漁指針』「江原道」1903, 123쪽.

한일 양국의 자료에서 울릉도에서 독도를 볼 수 있다는 자료가 있음에도 불구하고 가와카미 겐조가 복잡한 수학공식을 동원해 울릉도에서 독도를 볼 수 없다고 증명하려고 한 것은 어떤 이유일까? 눈에 보인다는 것은 하나의 생활권역을 의미하기 때문이다. 그래서 독도는 울릉도민의 삶의 터전이라고 한다. 울릉도에서 독도에 들어간 사람들은 해질 무렵 울릉도를 또렷이 볼 수 있다. 그리고 울릉도에서도 강원도가 보인다.8)

<삼척 소공대에서 바라본 울릉도>

<울릉도 사동 새각단에서 바라본 독도>

<독도에서 바라본 울릉도>

<울릉도 석포에서 바라본 강원도>

8) 장한상은 『鬱陵島事蹟』에서 "비가 그치고 안개가 걷힌 날 中峯에 올라보니 남북 두 봉우리가 소소리 치솟아 서로 마주 보고 있으니 그것이 바로 三峯이란다. 서쪽을 바라보니 대관령이 구불구불 뻗어있고 동쪽을 바라보니 바다 한 가운데 섬 하나가 辰方(동남쪽)으로 어렴풋이 보이는데 그 크기가 울릉도의 삼분의 일도 안 되어 삼백여리에 불과하다."고 하였고, 박세당의 『西溪雜錄』 「鬱陵島」에서도 일찍이 한 승려를 만났더니 그가 "임진년의 난리에 포로가 되어 일본에 들어갔다가 병오년(1606년)에 倭船을 따라 울릉도에 갔었는데, 섬에 큰 산이 있고 세 봉우리가 더욱 우뚝하게 솟아 있었다. … 대개 두 섬이 여기에서 그다지 멀지 않아 한번 큰 바람이 불면 이틀 수 있는 정도이다. 于山島는 지세가 낮아 날씨가 매우 맑지 않거나 정상에 오르지 않으면 보이지 않는다. 울릉이 조금 더 높다."고 하였다고 기록하였다.

위 사진을 통해 울릉도와 독도는 울진, 삼척 등지의 동해안 연안민의 삶의 터전이었음을 알 수 있다. 독도를 흔히 '삼봉도', '요도'라고 한다. 신석호의 「독도소속(獨島所屬)에 대(對)하여」논문은 '독도는 조선시대 성종조 삼봉도와 동일한 섬으로 15세기부터 우리나라의 영토가 되었다'고 하였다. 그 논문 이후에 '삼봉도'는 '독도'라고 하였다. 『조선실록』의 삼봉도, 요도 자료는 거의 동해안에 보인다고 하였다. 삼봉도, 요도 대부분의 자료는 울릉도이다.

고대에서부터 조선전기의 사료에 울진, 영해, 삼척 사람들이 울릉도와 독도에 드나든 자료가 있다. 그러나 조선 후기에 오면 울산, 부산, 전라도 남해안 어민들까지 동해 남북연근해 항로를 따라 삼척, 울진, 영해 지역으로 진출하여 울릉도와 독도로 건너갔다. 거문도 주변의 해류는 동남쪽으로 연결되었다. 거문도 주변의 해류는 제주도해역에서 동쪽으로 올라오는 대만난류의 직접적인 영향을 받아 북동쪽으로 물이 낙조할 때 남서쪽으로 드는 물의 속력보다 빨라 이 조류를 타면 빠르게 동남쪽 해역으로 드나들 수 있었다. 남동해안 항로에 위치한 거문도는 연도, 욕지도를 돌아 경상도 연안으로 진입하여 장기곶을 지나 울진, 영해 등으로 진출하여 울릉도와 독도로 진출하였다. 그리고 북동계절풍을 타고 역순으로 돌아와 장기곶을 거쳐 남해안의 섬과 섬 사이를 타고 돌아왔다.[9]

조선 후기에 동남해연안민들이 울릉도·독도를 들어가던 중에 1693년에 안용복·박어둔이 일본 오야가의 어부들에게 피랍된 사건을 계기로 '울릉도쟁계'가 일어나 수토관이 파견되었다. 그렇기 때문에 18세기 후반의 『輿地圖』(59.6×74.5cm) 3책으로 구성된 지도책 중의 「강원도」지도와 19세기 중기에 만들어진 「海左全圖」(가채목판본, 97.8×55.4cm, 영남대 박물관)의 경우 울진-울릉도 항로가 표시되었다.

이러한 현상은 조선 후기에 수토관들이 울진 대풍헌에 기다려 출발하

---

[9] 이에 관해서는 추효상, 「하계 한국 남해의 해항 변동과 멸치 초기 생활기 분포 특성」(『한국수산경영지』 35, 2002) 및 고희종 외 2인, 「한반도 주변 해역 5개 정점에서 파랑과 바람의 관계」(『한국지구과학회지』 26, 2005)의 연구 성과를 활용한 김수희, 「개척령기 울릉도와 독도로 건너간 거문도 사람들」(『한일관계사연구』 38, 2011, 207~208쪽)의 연구 논문이 있다.

였고, 동남해연안민들도 울진 등지에서 출항하였기 때문에 나타난 현상일 것이다. 이 지도 2점 외에 울진 등의 동해안과 울릉도 항로에 관한 지도가 보이지 않는다.

 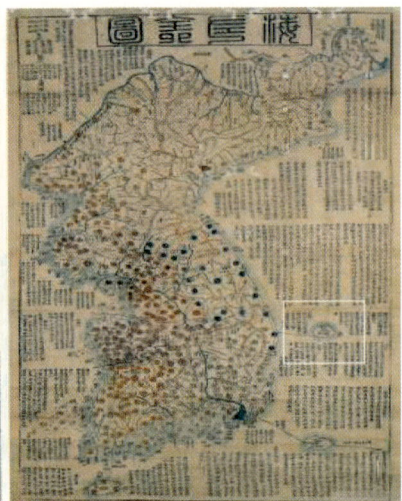

<『輿地圖』「강원도지도」>　　　　　　　　<해좌전도>

혼히들 독도를 국토의 '막내둥이'라고 부르지만, 독도는 제주도와 울릉도보다 훨씬 일찍 생성된 화산섬이다. 독도는 450만년~250만년 사이, 울릉도는 250만년~120만년 사이, 제주도는 120만년~100만년 이후에 생성되었다. 가장 늦게 분출한 제주도 한라산 분화구인 백록담에는 물이 담겨 있다. 제주도보다 이른 시기에 분출한 울릉도 칼데라호인 나리 분지에는 '신령수' 등의 용출수가 있지만 대부분 사력층으로 되어 있어서 물이 지하로 스며들어 넓은 경작지와 취락이 존재한다. 가장 먼저 형성된 독도는 외륜산(복식화산에서 중앙의 분화구를 둥글게 둘러싸고 있는 산을 말한다.)이다보니 분화구가 없다. 오랜 파랑에 의한 침식작용과 풍화작용으로 인해 토양이 거의 없는 바위섬, 돌섬으로 남아 있다.

<제주도 백록담>

<울릉도 나리분지>

<돌섬 독도>

 그래서 돌섬의 사투리인 '독섬'으로 불러왔고, 그것을 한자로 옮길 때 '대한제국 칙령 41호'의 경우 뜻으로 읽어 '石島'라고 하였고, 일반 사람들의 경우 소리 나는 대로 읽어 '獨島'라고 하였다.10)

 섬에서 사람이 생존하기 위한 조건 가운데 제일 중요한 것이 海水가 아닌 淡水이다. 바위섬으로 이루어진 독도는 토양이 별로 없어 나무가 거의 없고, 유일하게 물골에만 담수가 존재하고 있기 때문에 독자적으로 사람들이 살 수 있는 생활공간이 되지 못한다. 1901년 일본에서 발행한 『地學雜誌』 '雜報'란에 "지상에서 몇 척 정도를 파내려가 보아도 물을 얻을 수 없어서 지금으로서는 수산물 제조장으로서의 가치는 부족하지만 학자와 실업가가 탐험할 여지가 충분히 있다."11)고 한 기록이나 구즈오

---

10) 1947년 과도정부·조선산악회의 독도조사 결과 방종현에 의해 독도라는 명칭의 기원을 "독도에는 흙이 없고, 전부 돌뿐이요, 둘째 '돌'을 전라남도 해안지방에서는 '독'으로 부르기 때문에 돌섬=독섬=석도=독도라고 추정했다."고 하였다. 다음으로 방종현은 독도의 외형이 물독처럼 안이 텅 빈 모양이이어서 '독'이린 명칭이 나왔을 가능성을 제시했다(정병준, 『독도 1947』 돌베개, 2010, 156~157쪽).
11) 『地學雜誌』 vol. 13 no. 5, 「雜報」 '日本海中の一島嶼(ヤソコ'.

슈스케(葛生修亮)의 기록에서도

> 울릉도로부터 동남쪽 약 30리, 우리 오키국 서북으로 거의 같은 거리의 바다에 무인도가 하나 있다. 날씨가 맑으면 산봉우리의 높은 곳에서 바라볼 수 있다. 한국인과 우리나라 어부들은 이를 양코도라고 부르며 길이는 거의 십여 정이며 해안의 굴곡이 아주 많아 어선을 정박하고 풍랑을 피하는 데 좋다. 그러나 땔감이나 음료수를 구하기가 아주 어려워 땅에서 수척 아래를 파도 쉽게 물을 얻을 수가 없다고 한다. 이 섬에는 해마가 많이 서식하고 있고 근해에는 전복, 해삼, 우뭇가사리 등이 풍부하다. 수년 전 야마구치현의 잠수기선이 희망을 품고 출어한 자가 있었으나 잠수를 할 때 무수한 해마 무리의 방해를 받았고, 음료수의 결핍 때문에 충분한 작업을 하지 못한 채 되돌아왔다고 한다. 생각하건대 당시의 계절은 마침 5~6월로 해마의 출산기에 해당하기 때문에 특히 그 방해를 받았던 것이 아닐까.12)

독도에서 담수의 부족을 지적하고 있다. 부산의 일본 영사관이 낸 '울릉도상황' 보고서 안에서도

> 이 섬의 정동 약 50해리에 3개의 작은 섬이 있다. 이를 리양코도라고 한다. 우리나라 사람은 松島라고 칭한다. 거기에는 전복이 좀 있으므로 이 섬에서 출어하는 자가 있다. 그러나 그 섬에는 마실 물이 모자라 오랜 기간 출어할 수 없으니 4, 5일이 지나면 울릉도로 귀항한다(外務省通商局, 『通商彙纂』 235호, 明治 35년(1902) 10월 16일).

라고 하여 마실 물이 모자라 4, 5일이 지나면 울릉도로 귀항한다고 하였다. 그렇지만 일본 해군의 망루 설치를 위해 울릉도와 독도를 예비 탐색 조사한 니이다카호(新高號)의 1904년 9월 25일의 항해일지에 의하면 "松島(울릉도)로부터 도항하여 海馬 사냥에 종사하는 자는 6~70석 적재량의 和船을 사용한다. 섬 위에 納屋을 만들어 매번 약 10일간 체재하는데 다량의 수입이 있다고 한다. 그런데 그 인원도 때로 4~50명을 초과할 경우

---

12) 葛生修亮, 「韓國沿海事情」 『黑龍』 제1권 제2호, 1901, 13쪽 ; 『韓海通漁指針』 黑龍會, 1903, 123~124쪽.

도 있으나 담수의 부족은 말해지지 않는다."는 기록과 함께

> 담수는 동도의 바다가 오목하게 들어간 곳에서 얻을 수 있다. 또 동도의 남쪽 수면으로부터 3간여에 湧川이 있어 사방으로 침출하는데 그 양이 상당히 많아 연중 고갈되는 일이 없다. 서도의 사방에서 역시 淸水가 있다.13)

동도와 서도에 물이 있어서 40~50 명을 초과하더라도 담수의 부족이 없다고 하여 다른 기록과 차이가 보이지만 10일간만 겨우 체류한다고 하여 독자의 삶의 공간이 되지 못하였음을 알려준다. 위 사료 전체를 통해 담수와 땔감 부족 때문에 독도는 생활할 수 없는 공간, 즉 무인도여서 울릉도 주민들의 생활공간으로 인식하고 있음을 알 수 있다. 그래서 독도는 4, 5일 내지, 길어야 10일 정도 머물 수 있는 것으로 여겼다. 1965년 이전까지 독도가 무인도로 남아 있었던 것은 이와 같은 열악한 조건 때문이다.

Ⅲ. 일본 자료를 통한 역사적 관점에서 바라본 독도

고려 현종 조 이후 우산국이 멸망하면서 조선시대에 걸쳐 이민과 설읍 논의가 있었지만 1883년 이전까지 지방행정체계상 울릉도와 독도가 울진현의 속도로 포함되었지만 지방행정을 담당하는 수령 등이 파견되지 않았다.

고려시대부터 조선 전기까지의 사료를 통해 울진, 삼척 등지의 동해안 연안민들이 조세와 역역 동원이 없는 울릉도와 독도를 드나들었다는 것을 확인할 수 있다. 조선조에 접어들어 왜구의 침입을 우려하여 울릉도민을 소개하여 육지로 옮겼다. 그렇지만 울릉도에 동해안 연안민들이 끊임없이 드나들었다. 그런 사태에 직면하여 태종~세종 무렵 울릉도에 설읍을 할 것인가 주민을 육지로 다시 끄집어내어 군역과 세금을 부과할

---

13) 신용하 편저, 「戰艦新高行動日誌」『독도영유권 자료의 탐구』 3, 독도연구보전협회, 2000, 186~193쪽.

것인가를 심각하게 논의하였다. 울릉도로 들어간 사람들이 군역을 모면하기 위한 도망자란 인식 때문에 쇄읍을 하면 다른 데로 다시 도망할 것이라고 판단하여 결국 쇄환(쇄출)하기로 결정하였다. 그러면서도 순심경차관 등을 정기적으로 파견하여 일본으로 하여금 조선의 땅임을 인식시키고자 하였다.14) 그 이후 사료 상 정기적인 쇄환을 위한 수토관의 파견이 보이지 않는다.

세종~성종 조에 요도와 삼봉도를 정부 차원에서 찾는 탐색이 전개된 이후 『조선왕조실록』에는 1693년에 이르기까지 우산과 무릉에 관한 기사가 거의 나오지 않는다. 그것은 조선의 空島政策으로 인한 것으로 보기도 하고,15) 세종 20년 '순심경차관' 파견 이후 단순한 거민 '쇄출'에서 '처벌'로 강화되었기 때문이라고도 본다.16)

임진왜란과 양차의 호란을 겪으면서 조선 후기의 통치력이 붕괴되고, 17세기 소빙기에 따른 대재난이 닥치면서 울진, 삼척 등지의 동해안 연안민들은 물론 울산, 부산을 비롯한 경상도 연안민들과, 심지어 거문도 등의 전라도 남해안 연안민들이 '나선(羅船)'을 타고 울릉도와 독도에 드나들었다.17)

1693년 안용복 사건이 일어났을 때 일본에서 안용복이 진술한 내용을 보면 "열 명중 아홉 명은 울산 사람, 한 명은 부산포 사람입니다. 우리들

---

14) 김호동, 「조선 초기 울릉도·독도 관리정책」 『동북아역사논총』 20, 동북아역사재단, 2008 ; 「조선시대 독도·울릉도에 대한 인식과 정책」 『역사학연구』 48, 호남사학회, 2012, 92~101쪽.
15) 池內 敏, 「일본 에도시대(江戶時代)의 다케시마(竹島)·마츠시마(松島) 인식」 『獨島硏究』 6, 영남대학교 독도연구소, 2009, 201쪽, "15세기 이후 다케시마(울릉도)에 대해서는 조선 왕조 정부에 의해서 공도화 정책이 실시되어 조선인의 도항·거주가 엄금되었기 때문에 이 섬은 오랫동안 무인도와 같은 상태가 되어 있었다. 그곳에 일본인의 모습이 나타난 것은 1590년대부터이다."라고 하거나 "조선왕조는 울릉도 공도화정책을 내실을 동반한 것으로 추진하였고, 수토관들은 엄격하게 운영하여 조선인으로 울릉도에 도항하는 사람은 물론, 더 멀리 있는 竹島(독도)까지 도항한다는 것은 생각할 수 없다."
16) 손승철, 「조선시대 '空島政策'의 허구성과 '搜討制' 분석」 『이사부와 동해』 창간호, 한국이사부학회, 2010, 290~291쪽.
17) 김호동, 「안용복이 살았던 시대」 『민족문화논총』 57, 영남대학교 민족문화연구소, 2014, 1~23쪽.

이 탄 배와 類船은 세 척이고, 그 중 한 척은 전라도의 배라고 들었습니다. 인원은 17명이 타고 있다고 했습니다. 다른 한 척은 15명이 탔고 경상도의 가덕이란 곳의 사람들이라고 들었습니다."18)하여 동남해연안민이 배 3척, 42명이 출선하였다. 울산 배 1명이 복통을 일으켜 영해에서 내려주고 41명이 울릉도에 들어왔다. 울릉도에서 일본 어부들에 의해 안용복·박어둔 두 사람이 납치되었다는 것을 경상감영으로부터 보고를 받은 중앙정부는 아래의 사료 ①에서 보다시피

① 경상도 연해의 어민들은 비록 풍파 때문에 武陵島에 표류하였다고 칭하고 있으나 일찍이 연해의 수령을 지낸 사람의 말을 들어보니 바닷가 어민들이 자주 무릉도와 다른 섬에 왕래하면서 대나무도 베어오고 전복도 따오고 있다 하였습니다. 비록 표류가 아니라 하더라도 더러 이익을 취하려 왕래하면서 漁採로 생업을 삼는 백성을 일체 금단하기는 어렵습니다.19)

경상도 연해의 수령들로부터 바닷가 어민들이 자주 무릉도와 다른 섬에 왕래하면서 대나무도 베어오고 전복도 따오고 있다는 것을 확인하였다.20) 그것은 일본 고문헌에도 확인된다.

② 우리들이 그 섬(울릉도)으로 건너간 이유는 전복과 미역이 많이 있다고 들어 돈벌이를 위해 건너간 것입니다. 같이 간 배도 그렇습니다. … 같이 타고 있던 사람 중에 긴바타이라는 사람이 작년에 한 차례 돈벌이를 위해 건너간 적이 있어, 상황을 알고 있는 사람이 있기 때문에 우리들이 건너갔습니다. 가토쿠(가덕)에서 온 배에 탄 두 사람이 예전에 한 번 그 섬에 건너간 적이 있다고 들었습니다. 우리들이 그 섬에 건너간 일은 달리 몰래 간 것은 절대로 아닙니다. 작년에도 울산 사람 20명 정도가 건너갔습니다. 물론 조정의 명령을 받은 것도 아닙니다. 자신들의

---

18) 『竹嶋紀事』 元祿 6년 6월.
19) 『비변사등록』 숙종 19년 11월 14일.
20) 이와 관련한 한국 측의 더 많은 사료는 필자의 「울릉도와 독도로 건너간 사람들」 『한·일 양국의 관점에서 본 울릉도 독도』 (지성인, 2012, 120~127쪽)를 참고하기 바란다.

돈벌이를 위해 건너갔습니다.(『竹嶋紀事』元祿 6(1693)年 9月 4日)

③ 겐로쿠 5년의 竹島도해는 무라카와 이치베 차례였다. 그래서 예년과 같이 배를 만들어 21명이 타고 2월 11일 요나고를 출범하여 오키국 도고(嶋後) 후쿠우라(福浦) 해안에 도착하였고, 잠시 여기서 정박하였다가 3월 24일 순풍이 불어 돛을 펴고 같은 달 26일 진시에 竹島의 伊賀嶋라고 하는 작은 섬에 배를 묶어두고 본섬의 상황을 살피는데 … 배를 몰아 하마다포(濱田浦)를 향해 가니 해변 가에 이국선 2척이 보였는데 한척은 해변에 올려져있었고 한척은 떠있었는데 30명 정도가 타고 있었고 우리 배 쪽으로 향해 오다가 7 또는 8, 9간정도 떨어진 곳에서 오사카포(大阪浦) 쪽으로 갔다. 또, 이국인 두 사람이 해변에 있었는데 이들도 작은 배를 타고 우리 배 쪽으로 오다가 지나쳐가려 하였으므로, 이를 불러 세워서 예의 두 사람을 억지로 우리 배에 태우고는 어느 나라에서 왔느냐고 물으니, 그 중 한 사람이 譯者였는데 말하기를, 우리들은 조선국의 가와텐 가와구(カワテンカワグ)「이곳에 대해 잘 알지 못함」사람이라고 하였다. 우리 선원들이 말하길, "원래 이 竹島는 대일본국의 장군님이 우리들에게 주신 것으로 옛날부터 우리가 도해하던 섬이다. 그런데 감히 너희 같은 외국인이 도래하여 우리 일을 방해하였으니 전대미문의 괘씸하기 그지없는 일이다, 한시라도 빨리 이곳을 떠나라"고 하며 혼을 내니, 통역이 설명하여 말하길, "여기에서 북쪽으로 작은 섬 하나가 있다, 우리가 예전부터 우리 왕의 명령을 받아 3년에 한 번 그 섬으로 가서 전복을 잡아 바쳐왔다, 올 봄에도 그 섬으로 가고자 2월 21일 배 수십 척이 함께 본국을 떠났는데, 도중에 갑자기 풍랑이 일어 그 중 5척의 배에 탔던 선원 53인이 3월 23일 간신히 이 섬으로 흘러 들어왔는데, 해안을 보니 전복이 많이 보이기에 심중에 다행이라고 여기며 기뻐하고 지금까지 머물면서 일을 하고 있는 것이다, 아무튼, 바다가 험했을 때 배가 조금 부서져서 고치고 있는데 다 고쳐지면 즉시 돌아갈 것이니, 그쪽도 어서 배를 대시오" 라며 오고 싶어 온 것이 아니라는 듯이 말하였다.[21]

④ 올해도 그 섬에 벌이를 위해 부산포에서 장삿배가 3척 나갔다고 들었습니다. 한비치구라는 이국인을 덧붙여 섬의 형편이나 모든 것을 해로에

---

[21] 『竹島考』 하권, 「조선인이 처음으로 竹島에 도래하다」.

이르기까지 자세히 지켜보도록 분부했으므로 그 자들이 돌아오는 대로 추후에 아뢰겠으나 먼저 들은 바에 대해여 별지 문서에 적겠습니다.

'두렵게 생각하면서도 적은, 口上의 각서'
1. 부룬세미의 일은 다른 섬입니다. 듣자하니 우루친토라고 하는 섬입니다. 부룬세미는 우루친토보다 동북에 있어, 희미하게 보인다고 합니다.
1. 우루친토 섬의 크기는 하루 반 정도면 돌아볼 수 있는 크기라고 합니다. 높은 산이며 논밭이나 큰 나무가 있다고 듣고 있습니다.
1. 우루친토는 강원도 에구하이란 포구에서 남풍을 타고 출범한다고 듣고 있습니다.
1. 우루친토에 왕래하고 있는 건은 재작년부터임에 틀림없습니다.
1. 우루친토로 왕래하고 있는 일은 관아에서 모르고 있고, 자기들 생계를 위해 나가고 있습니다. 다른 것들은 한비차구가 돌아오는대로 물어 다시 상세한 것을 아뢰겠습니다.22)

조선 후기에 울릉도와 독도로 들어간 동남해연안민들은 사료 ④에서 보다시피 관에 알리지 않고 몰래 들어갔고, 적발이 되면 사료 ①에서 보다시피 풍파 때문에 무릉도, 즉 울릉도에 표류했다고 둘러댔다. 그런 상황이다 보니 울릉도에서 일본인들을 조우하였다 하더라도 관에 보고할 리가 없었다.

일본 오야 · 무라카와 가문도 조선의 울릉도라고 하지 않고 竹島라는 새로운 무인도를 발견하였다고 하여 에도 막부로부터 도해면허를 받았기 때문에23) 조선인을 만나더라도 그것을 기록에 남기지 않았다. 돗토리번에서 "竹島는 이나바 · 호키의 부속이 아닙니다."라고 에도막부에 보고한 것처럼 오야 · 무라카와 가문 역시 울릉도로의 도해가 불법적인 것을 잘 알고 있었을 것이다. 그렇기 때문에 조선의 울릉도에서 어채활동을 한 것을 본국에 알리지 않았고, 그들만이 어로활동을 독점한 것처럼 말하기 위해 에도막부에 호키국의 영지라고 하면서 토관이 파견되었다는 거짓말 보고를 평상시 하였다고 보아야 한다. 그런 관점에서 볼 때 오야 ·

---
22) 『竹嶋紀事』 元祿 6年 8月 13日.
23) 『숙종실록』 권26, 숙종 20년 2월 23일.

무라카와 가문은 1692년에 조선인들이 울릉도에 처음 어로활동을 하면서 충돌이 일어나게 되었다는 것을 말할 필요가 있었다. 이들의 보고 자료에 전적으로 의존하여 만들어 진 오카지마 마사요시(岡嶋正義, 1784~1858)가 쓴 『竹島考』(1828)에서 「조선인이 처음으로 竹島에 도래하다」는 편목을 만들어 1692년에 조선인들이 울릉도에 처음 어로활동을 하면서 충돌이 일어나게 되었다고 밝혔다.24)

그렇지만 쓰시마번에서 만들어진 『竹嶋紀事』의 사료 ②, ④에 의하면 조선에서 울릉도와 독도에 꾸준히 들어와 어채활동을 한 것으로 확인된다. 사료 ③에서도 울릉도에서 조선의 譯者가 "여기에서 북쪽으로 작은 섬 하나가 있다. 우리가 예전부터 우리 왕의 명령을 받아 3년에 한 번 그 섬으로 가서 전복을 잡아 바쳐왔다. 올 봄에도 그 섬으로 가고자 2월 21일 배 수십 척이 함께 본국을 떠났는데, 도중에 갑자기 풍랑이 일어 그 중 5척의 배에 탔던 선원 53인이 3월 23일 간신히 이 섬으로 흘러 들어왔다."고 일본 무라카와 어부들에게 이야기하였다. '譯者'가 존재한다는 것은 이미 울릉도에서 일본인과 조우한 경험에서 비롯된 것이다. '譯者'의 존재를 통해서도 1692년에 조선인들이 처음으로 竹島에 도래했다는 것은 오야, 무라카와 가문이 거짓말한 것임을 알 수 있다. 1693년의 오야 가문의 안용복·박어둔 납치사건은 조선에서 건너온 어채인과 일본 오야, 무라카와 가문이 그간의 상호 묵인관계가 깨어지면서 일본 어부들의 무력 사용으로 인해 역사의 표면으로 드러난 것일 뿐이다.25)

일본은 17세기 중엽 영유권 확립설을 주장하기 위해 안용복 사건으로 인해 '竹島渡海禁止令'을 내렸지만 독도에 대한 금지령은 내리지 않아서 일본은 독도를 자국의 영토라고 인식하였다고 주장한다. 또 『숙종실록』 등의 한국 측 사료에서 안용복이 울릉도와 독도가 한국의 땅이라고 주장했다는 것은 믿을 바가 못 된다고 한다. 1693년 울릉도에서 불법 어업을 하던 일본 어민들이 울릉도에서 마주친 안용복과 박어둔을 일본으로 납

---

24) 김호동, 「『竹島考』 분석」 『인문연구』 63, 영남대학교 인문과학연구소, 2012.
25) 이에 관해서는 김호동, 「조선 숙종 조 영토분쟁의 배경과 대응에 관한 검토-안용복 활동의 새로운 검토를 위해」(『대구사학』 94, 2009)에서 검토된 바가 있다.

치하였다. 이를 계기로 한·일 양국 간에 울릉도 영유권 분쟁이 대두되었는데 이를 한국에서 '울릉도쟁계' 또는 일본에서 '竹島一件'이라고 한다. 한일 양국이 논쟁을 하고 있는 가운데, 1695년 일본의 도쿠가와 막부는 돗토리번(鳥取藩)에 울릉도와 독도가 언제부터 속하게 되었는지를 물었다. 이에 돗토리번은 울릉도와 독도는 "돗토리번에 속하지 않는다."고 답하였다.

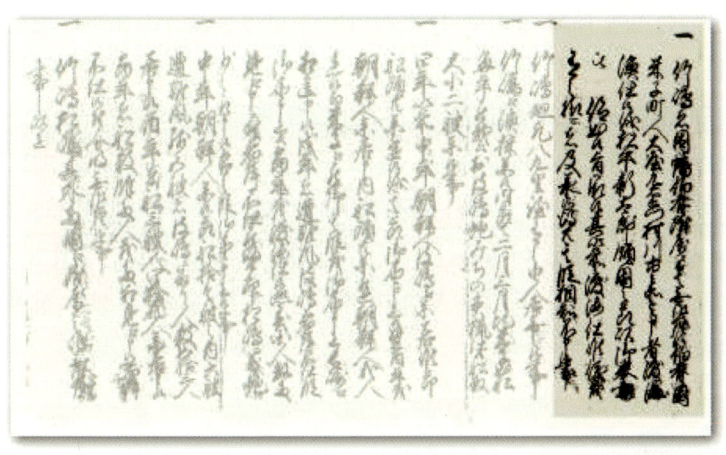

[원문]
竹島는 이나바 [因幡] , 하쿠슈 [伯州] 부속이 아닙니다.
호키국 [伯耆國] 요나고 [米子] 의 상인 오야 규에몬 [大屋九右衛門] 과 무라카와 이치베 [村川市兵衛] 라는 자가 도해하여 어업하는 것을 마쓰다이라 신타로 [松平新太郎] 가 다스리고 있을 때 봉서를 통해 허가받았다고 들었습니다.
그 이전에도 도해한 적이 있다고 듣기는 했으나 그 일은 잘 모릅니다.
…
竹島 松島 그 외 양국(이나바, 호키)에 부속된 섬은 없습니다.

「도쿠가와 막부에 대한 돗토리번 답변서(1695)」

결국 도쿠가와 막부는 1696년 1월 '竹島渡海禁止令'을 내렸다. 일본의 경우 '竹島도해금지령'에는 독도가 포함되지 않았다고 주장한다. 그렇지만 일본의 오야 가문(大谷家)의 사료에서 '竹島(울릉도) 근변의 松島(독도)(竹嶋近邊松島)'(1659년), '竹島(울릉도) 내의 松島(독도)(竹嶋內松島)'(1660년)라고 한 것처럼 竹島도해금지령에는 松島, 즉 독도가 포함되었다. 1722년 이와미주(石見州) 어민의 울릉도 밀항 사건이 발생하자 에도막부는 대마도에 대해 안용복 사건 때의 竹島도해금지령이 독도에도 적용되는지에 대해 조회했다. 쓰시마번의 답변은 "(松島 또한) 竹島와 마찬가지로 일본인들이 건너가 고기잡이를 하는 것을 금지시켰다고 생각할 수 있습니다."고 하였다.26) 그 후 竹島도해금지령 해제 청원 과정에서 「大谷氏舊記」 등에 의하면 1740년 오야 가쓰후사(大谷勝房)는 에도막부에 "竹島·松島 양도 도해가 금지된 이후에는 하쿠슈(伯州)의 요나고(米子) 성주가 가엾게 여겨주신 덕택에 생활하고 있다."고 진술하고 있다. '竹島渡海禁止令'에 독도가 포함되지 않았다는 일본의 주장은 성립하지 않는다.

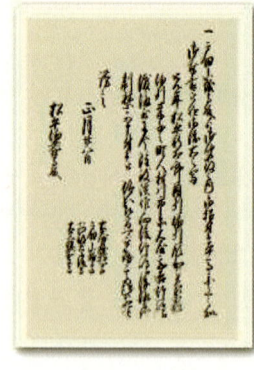

[원문]
[…] 이전에 마쓰다이라 신타로 [松平新太郞] 가 인슈 [因州] 와 하쿠슈 [伯州] 를 다스리던 때 하쿠슈 요나고 [米子] 의 상인 무라카와 이치베 [村川市兵衞], 오 야 진키치 [大屋甚吉] 가 죽도(울릉도)에 도해하여 현재까지 어업을 해왔지만 향후에는 죽도 도해 금지를 명하니 이를 명심하라.
정월 28일 쓰치야 사가미노카미
도다 야마시로노카미
아베 분고노카미
오쿠보 가가노카미
마쓰다이라 호키노카미

「竹島渡海禁止令」

『숙종실록』, 『승정원일기』 등에는 1693년에 안용복이 울릉도와 우산

---

26) 『對馬島 宗家文書』 1722년 ; 남기훈, 「17세기 朝·日 양국의 울릉도·독도인식」 『한일관계사연구』 23, 한일관계사학회, 2005, 31쪽 재인용.

도(독도)가 우리나라 땅이라는 에도막부의 서계를 받아왔다고 하였다. 일본은 안용복의 진술 내용을 신빙성이 없다고 한다. 일본의 고유영토설, 즉 17세기 영유권 확립설 주장의 최대 걸림돌이 안용복이기 때문이다. 일본의 무라카와 가문에서 공개한 「원록구병자년조선주착안일권지각서」(1696)에서 안용복이 강원도에 '竹島(울릉도)'와 '松島(독도)'가 포함되었다는 것을 주장한 기록이 나온다.

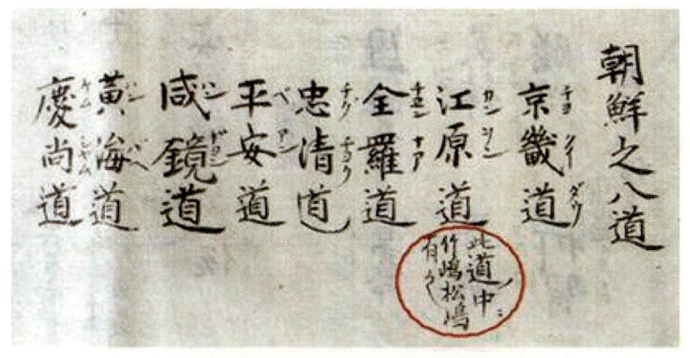

「원록구병자년조선주착안일권지각서」

한국의 경우 안용복을 '장군', 혹은 '민간외교가'로 칭송하면서 안용복 개인이 독도영유권을 해결하였다는 인식을 갖고 있다. 그렇지만 한 개인의 활동으로 인해 영토문제가 해결되었다는 인식을 뛰어넘어 안용복 사건으로 인해 조선정부와 일본 에도막부 사이에서 '울릉도쟁계(竹島一件)'가 발생하여 일본이 울릉도를 조선의 땅으로 인정했고, '竹島도해금지령'을 내렸다. 그 속에 독도가 포함되었다는 것을 강조할 필요가 있다. 그것을 위해 에도막부가 질문한 돗토리번의 답변서에서(1695) 竹島와 松島는 이나바와 호키에 부속된 섬은 아니라고 밝혔다는 것을 드러내고, '울릉도쟁계' 이후에 일본이 독도만을 목적으로 독도에 건너오지 않았던 것을 강조할 필요가 있다.

1833년 이마즈야 하치에몬(會津屋八衛門)이 도해면허 없이 월경하여 울릉도에서 어로활동을 한 사실이 발각되었고, 1836년 처형되었다. 하치에몬을 조사한 조서인 「竹島渡海一件記」(1836)와 「朝鮮竹嶋渡航始末記」

(1870)는 여기에 하치에몬이 그린 지도인 「竹嶋方角圖」(1833)가 부록으로 첨부됐으며, 이 지도에 조선 영토는 붉은색으로, 일본 영토는 노란색으로 채색되어 있다. 울릉도와 독도 역시 붉은색으로 표시되어 조선의 영토임을 분명하게 나타내고 있다.

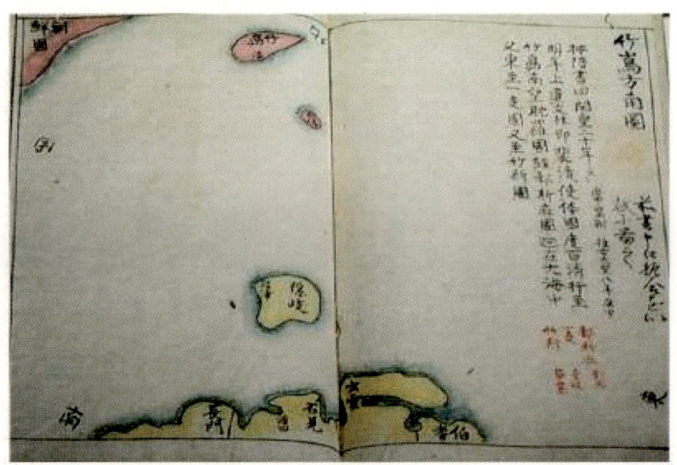

「竹嶋方角圖」

일본의 메이지 정부는 1869년에 외무성 관료 3명을 조선에 보내어 조선의 사정을 염탐하도록 지시했다. 이 외무성 관료들의 조사를 바탕으로 1870년에 「조선국교제시말내탐서」라는 보고서가 작성되었다. 이 문서에서는 울릉도와 독도가 조선의 영토가 된 사정을 밝히고 있다. 「조선국교제시말내탐서」는 안용복 사건, '元祿年間' 자료를 들어 울릉도와 독도는 한국의 영토라는 것을 밝혔다.

제13장_ 역사ㆍ지리적 관점에서 본 독도   439

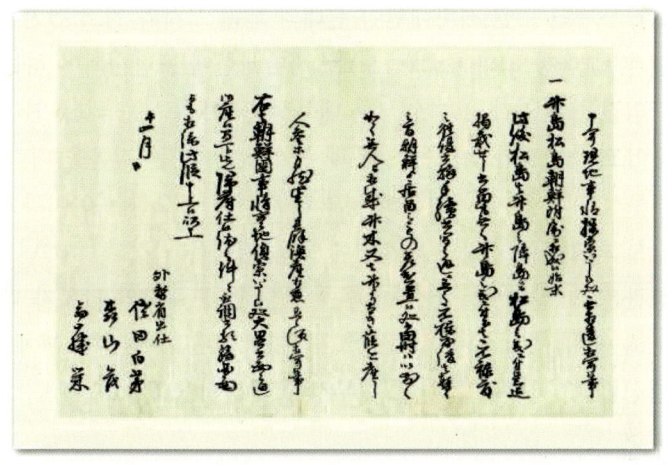

[원문]

「조선국교제시말내탐서」

'竹島·松島가 조선에 속하게 된 사정'

松島는 竹島 옆에 있는 섬입니다.
松島에 관해서는 지금까지 기재된 기록이 없지만 竹島에 관해서는 元祿年間에 주고받은 서한에 기록이 있습니다.
원록 연간 이후 한동안 조선이 거류하는 사람을 파견하였으나 이제는 이전처럼 무인도가 되어 있습니다.
대나무나 대나무보다 두꺼운 갈대가 자라고 인삼도 저절로 나며 어획도 어느 정도 된다고 들었습니다.
이상은 조선의 사정을 현지 정찰한 바,
대략적인 내용은 서면에 있는 그대로이므로 우선 돌아가 사안별로 조사한 서류, 그림 도면 등을 첨부하여 말씀드리겠습니다.
이상.

일본 메이지정부의 최고 행정기관인 太政官이 1877년에 내무성에 하달한 지령으로, 일본이 한국의 독도 영유권을 인정한 또 하나의 결정적인 증거이다. 1876년 10월 시마네현이 관내의 地籍 조사와 지도 편찬 작업을 하던 중 竹島(울릉도)와 松島(독도)를 시마네현에 포함시켜야 하는지 내무성에 의견을 물었다. 1877년 3월 내무성은 "이 문제는 元祿 연간에 끝난 문제이고 울릉도와 독도는 일본과 관계가 없다."는 결론을 내렸다. 하지만 내무성은 이 문제가 일본의 영역과 관련된 중요한 사안이라고 판단하고 당시 최고 행정기관인 태정관에 최종 결정을 넘겼다. 1877년 3월 29일 태정관은 이 질의서를 검토한 후 17세기 말 도쿠가와 막부가 내린 울릉도 도해 금지 조치 등을 근거로 "울릉도와 독도가 일본과 관계없다는 것을 명심할 것"이라는 지령을 내무성에 하달하였다.

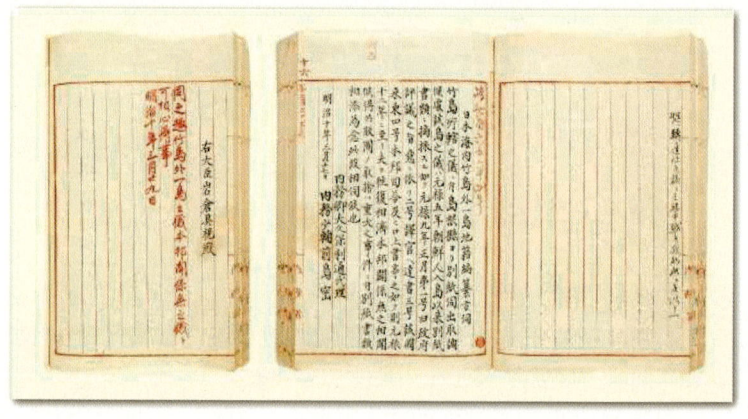

[원문]
품의한 취지의 죽도(울릉도) 외 1도(一島: 독도)의 건에 대해 본방(本邦, 일본)은 관계가 없다는 것을 명심할 것.
메이지 10년 3월 29일

「태정관지령」

'竹島外一島'의 1도가 독도라는 것은 위 관련 공식 문서의 첨부 지도인 「礒竹島略圖」에서 확인할 수 있다. 이 지도에서 독도는 당시 일본의 독도 명칭인 '松島'로 표기되어 있다. 이와 같이 일본은 1905년 이전에 울릉도와 독도가 일본의 영토가 아님을 명확히 하였다

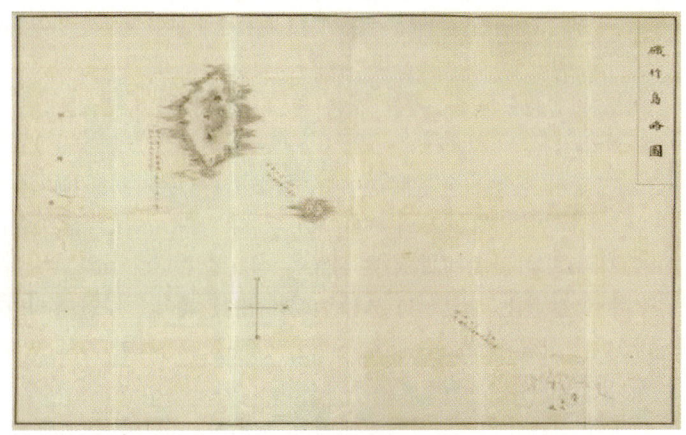

「磯竹島略圖」

4. 맺음말

　　1947년 과도정부·조선산악회 독도조사에서 두 개의 중요한 자료가 발굴되었다. 첫째는 울릉도청에서 발견한 '沈興澤 報告書 副本'이고, 둘째는 울릉도 거주 60년이 된 홍재현의 증언이었다. '심흥택 보고서 부본'은 신석호가 「독도소속에 대하여」(『사해』 제1권 제1호, 1948.12)에 소개하고 있다. 한국산악회가 주관한 독도학술조사단이 울릉도와 독도를 현지 답사하였을 때 홍재현은 이에 적극 협조하였다. 그때 그가 작성한 학술조사단에 제공한 '진술서'가 있다. 홍재현 증언사실은 위 논문에서 거론되었지만, 진술서 전체는 1955년 일본 외무부 정무국이 간행한 『독도문제개론』 책에 수록되었다.[27] 본 논문과 관련된 1947년 홍재현 진술서이다.

진술서

　　비가(鄙家)에 왕림하여 울릉도의 속도에 관한 인식을 심문(尋問)하심에 대하여 좌(左)와 여(如)히 진술함

---

27) 정병준, 『독도 1947』 돌베개, 2010, 163쪽.

一. 나는 거금 60년전 강원도 강릉서 이래(移來)하여 지금까지 본도에 거
주하고 있는 홍재현(洪在現)입니다. 연령은 85세입니다.
一. 독도가 울릉도의 속도라는 것은 본도 개척당시부터 도민의 주지하는
사실입니다.
一. 나도 당시 김양윤(金量潤)과 배수검(裵秀檢) 동지들을 작반(作伴)하
여 거금 45년전(묘년)부터 45차(四五次)나 감곽(미역)(甘藿採取) 엽호
포(강치)획차(獵虎捕獲次)로 왕복한 예가 있습니다.
一. 최후에 갈 시는 일본인의 본선을 차대(借貸)하여 선주인 무라카미(村
上)이란 사람과 요오우에(大上)이란 선원을 고용하여 가치 포획한 예
도 있습니다.
一. 독도는 천기청명한 날이면 본도에서 분명하게 조망할 수 있고 또는 본
도 동해에서 표류하는 어선은 종고(從古)로 독도에 표착하는 일이 종
종 있었던 관계로 독도에 대한 도민의 관심은 심절(深切)한 것입니다.
一. 광무 10년에 일본 오키도사(隱岐島司) 일행 10여인이 본도에 도래(渡
來)하여 독도를 일본의 소유라고 무리하게 주장한 사실은 나도 아는
일입니다.
一. 당시 군수 심흥택(沈興澤)씨는 오키도사(隱岐島司) 일행의 무리한 주
장에 대하여 반박항의를 하는 동시에 부당한 일인의 위협을 배제하기
위하여 당시 향장(鄕長) 전재항(田在恒) 외 다수의 지사인(知事人)들
과 상의하여 상부에 보고하였다는 것을 내가 당시에 들은 사실입니다.
一. 나는 당시 전향장 재항씨(前鄕長在恒氏)와 교의(交誼)도 있었고 또
위문(慰問) 출입(出入)도 종종 하였던 관계로 본도의 중요한 안건이라
는 것은 거지 알고 있습니다.
一. 일인 오키도사(隱岐島司) 일행이 독도를 일본소유라고 주장하였다는
전문을 들은 당시 도민, 더구나 어업자들은 크게 분개하였던 것입니다.
一. 당시 군수가 상부에 보고는 하였지마는 일본세력이 우리나라에 위압되
는 기시의 대세라 아무런 쾌보도 듣지 못한 채로 합병이 되고 만 것은
통분한 일이었습니다.

서기 1947년 8월 20일

울릉도 남면 사동 170번지
홍 재 현

남조선 과도정부 외무처
일본과장 추인봉(秋仁奉) 귀하

정병준의 경우, "홍재현의 진술에 그대로 의지하자면, 그는 1947년으로부터 60년 전인 1887년 울릉도에 입도했으며 강릉 출신이었다. 1947년 당시 85세라 했으므로 1863년생이었고, 1887년 입도 당시 24세가량 되었을 것이다. 기록과 비교해보면 그의 진술이 상당히 정확함을 알 수 있다. 울릉도의 개척은 1883년 조선정부가 김옥균을 동남제도개척사로 임명하면서 본격적으로 시작되었는데, 이해에 16호 54명이 울릉도에 이주했다. 당시 울릉도 이주자에 대한 기록인「光緖九年七月 日 江原道鬱陵島 新入民戶人口 姓名年歲及田土起墾 數爻成冊」에 따르면, 현포동에 정착한 洪景燮 가족이 강릉에서 들어왔고, 큰 아들 洪在翼(34세), 둘째 아들 洪在敬(20세)으로 되어 있다. 여기에 기록된 홍재경이 홍재현인 것으로 보인다. 홍재현이 60여년 뒤에 진술한 것이므로 정확한 연도에 차이가 있었을 것이다. 1883년 울릉도 입도연도로 계산하면 홍재현과 홍재경은 모두 20세였고, 강원도 강릉 출신이었다. 1883년 울릉도 개척을 위해 입도한 16호 가운데 강원도 강릉 출신은 홍경섭 가족이 유일했다. 한편, 신용하는 1950년대 독도의용수비대장 홍순칠이 홍경섭의 손자라고 했으며, 1965년『주간한국』에 따르면 홍순칠은 울릉도 최고령인 홍재현의 손자이자 홍종욱의 아들이라고 되어 있다. 그러므로 홍재현과 홍재경이 동일 인물이며, 울릉도 개척민으로 입도한 홍경섭의 아들임을 확인할 수 있다."[28] 울릉도 독도의용수비대장을 지낸 홍순칠의 수기를 분석하면 홍재현이 1883년 4월 8일에 울릉도에 입도하였다.[29] 개척민의 3대째 수기 기록을 얼마

---

28) 정병준,『독도 1947』돌베개, 2010, 165~166쪽.
29) 홍순칠,『독도의용수비대 홍순칠 대장 수기 이 땅이 뉘 땅인데!』13쪽, "1883년 (음력) 4월 초8일 강원도 강릉에서 향후 10년을 예정으로 울릉도로 낙향한 할아버지(洪在現)께서 4일간 뱃길로 해서 지금의 울릉군 북면 현포동에 당도하셨는데, 그때 울릉도의 주민이라고는 고작 두 가구가 살고 있었다. 강릉을 떠나실 때 가지고 온 씨앗들은 바닷물에 젖어 못 쓰게 되고 또 먼저 울릉도에 온 두 가구에게도 곡식의 씨앗들은 전혀 없었다. 그리하여 매일 산에서 칡을 캐고 바다에서 소라, 생복, 문어 등과 미역, 김, 해초를 따다 생명을 유지하면서 울릉도와 강원도 간을 횡단할 수 있는 배를 만들기 시작하셨다. 그러나 배를 만드는 데 필요한 연장들이

만큼 신빙할 것인가 하는 문제가 있지만 이 기록을 「光緖九年四月 日 鬱陵島開拓時船格糧米雜物容入假量成冊」과 관련시켜볼 때 홍재현가는 4월에 입도하였다면 개척령을 듣고 개별적으로 입도한 경우에 해당한다고 볼 수 있다. 그러나 홍재현의 이름이 7월의 신입민호 16호 54명에 보이지 않는다. 또 홍재현가가 울릉도에 도착할 때 이미 울릉도에는 두 가구가 살고 있었다고 한다. 이 두 가구가 개척령에 의해 들어온 가구인지 전석규처럼 개척령 이전부터 살고 있었던 가구인지 알 수는 없다. 홍재현이 처음 울릉도에 들어왔고, 홍경섭이 홍재현을 따라 들어갈 경우도 있다. 그 경우 정병준이 주장한 홍재현과 홍재경이 동일 인물이라는 것은 아닌 것 같다.

홍재현의 증언은 여러 가지 측면에서 중요했으며, 이는 이후 한국이 독도 영유권을 보강하는 주요 논거로 활용되었다. 첫째, 독도가 울릉도의 속도라는 인식이었다. 이는 1883년 울릉도 개척 당시부터 울릉도 도민들이 모두 알고 있는 사실로 진술되었다. 본 발표문에서 독도는 울릉도의 속도인 동시에 울릉도·독도는 동남해 연안민들의 삶의 터전인 것을 강조하였다.

둘째, "천기청명한 날이면 본도에서 분명하게 조망할 수 있다."는 홍재현이 진술한 것처럼 독도는 맑은 날 울릉도에 분명히 보인다는 것을 강조하였다. 삼척, 울진 등에서 울릉도가 육안으로 보이고, 울릉도에서 독도가 보이고, 독도에서 울릉도가 보이고, 울릉도에 육지가 보인다는 것을 강조해 역사적으로 울릉도·독도가 동해안 연안민들의 삶의 터전으로 강조했다.

셋째, 홍재현의 진술에 의거하면 울릉도 도민들이 독도에서 미역채취, 강치사냥을 하거나 정박지·피난처로 활용했다는 점이 분명해졌다.

일본 해군사령부는 독도에 러시아 함대의 동태를 감시하기 위한 일본해군의 망루 설치를 계획하였다. 그 일본 군함 니이다카호(新高號)가 예비탐색조사를 하라는 명령을 받고 1904년 9월 25일 조사활동을 벌였다. 이때 작성된 일기는 주목할 만하다.

없기에 그 과정은 힘들고 또 진척이 늦었다."

松島에서 '리양코르토암(リヤソコールト岩)'을 실제로 본 사람으로부터 들은 정보에 '리양코르토암(リヤソコールト岩)'은 韓人이 그를 獨島라고 쓰며 본방 어부들은 약하여 '리양코도(リヤソコ島)'라고 한다. … 풍파가 강하여 같은 섬에 배를 메어두기 어려울 때는 대저 松島에서 순풍을 기다려 피난한다고 한다. 松島로부터 渡航하여 海馬 사냥에 종사하는 자는 6~70석 적재량의 和船을 사용한다. 섬 위에 納屋을 만들어 매번 약 10일간 체재하는데 다량의 수입이 있다고 한다. 그런데 그 인원도 때로 4~50명을 초과할 경우도 있으나 淡水의 부족은 말해지지 않는다. 또 올해에 들어와서는 여러 차례 도항했는데, 6월 17일에는 러시아의 군함 3척이 이 섬 부근에서 발견되어 일시 표박한 후 북서쪽으로 進航하는 것을 봤다고 한다.30)

이 일기는 주로 우리나라 사람들이 1900년에 이미 '독도'라고 부른 것을 입증하는 자료로 활용하고 있지만 필자가 주목하고자 하는 것은 독도에서의 해마 잡이나 어로활동이 주로 울릉도로부터 이루어지고 있음이다. 우리나라 어민이던 일본 어민이던 독도에서의 어로활동은 울릉도를 중심으로 전개되었고, 이들은 '독도'를 울릉도민의 삶의 터전으로 여겼던 것이다. 홍재현의 진술은 "최후에 갈 시는 일본인의 본선을 차대(借貸)하여 선주인 무라카미(村上)이란 사람과 오오우에(大上)이란 선원을 고용하여 가치 포획한 예도 있습니다."라는 것은 독도 어로 활동이 주로 울릉도로부터 이루어지고 있음을 방증한다. 일본 외무성 홈페이지에 「전단 : 竹島」와 「竹島」동영상의 경우 "17세기 당시에 에도막부가 강치포획을 공인함으로써 일본이 영유권을 확립, 1900년대 초기에는 어업도 본격화했다."는 것을 강조한다. 홍재현의 진술은 우리나라 어민이던 일본인이던 독도 어로활동이 주로 울릉도로부터 이루어지고 있음을 알 수 있다. 그에 더하여 조선 후기에 동남해연안민들이 울릉도·독도에서 어로활동을 하였다는 것을 강조하였다.

넷째, 홍재현의 진술서에 의하면 "일인 오키도사(隱岐島司) 일행이 독도를 일본 소유라고 주장하였다는 전문을 들은 당시 도민, 더구나 어업자

---

30) 「戰艦新高行動日誌」『독도영유권 자료의 탐구』 3, 신용하 편저, 독도연구보전협회, 2000, 186~193쪽.

들은 크게 분개하였던 것입니다."라고 하였다. 그것을 통해 1906년까지 우리나라의 울릉도 어업자들도 독도에서 어로활동을 할 수 있었다.

다섯째, 홍재현의 진술서에 의하면 "당시 군수 沈興澤씨는 오키도사(隱岐島司) 일행의 무리한 주장에 대하여 반박항의를 하는 동시에 부당한 일인의 위협을 배제하기 위하여 당시 鄕長 田在恒 외 다수의 知事人들과 상의하여 상부에 보고하였다는 것을 내가 당시에 들은 사실입니다."고 하였다. 심흥택 울도 군수가 향장 전재항과 지사인과 상의하여 상부에 보고하였다는 것을 알 수 있다.

'鄕長 田在恒'은 1883년에 16호 54명 중 '田在桓'일 것이다. 1938년의 울릉도 거주자 명단이 일부 전하고 있는데,31) 거기에 울릉도 도동에 살고 있는 사람 가운데 나오는 '田在桓'을 보면 홍재현이 이름을 잘못 쓴 것 같다. 1883년 16호 54명 가운데 1명에 불과한 호가 7호나 되며, 2인이 경우도 2호나 된다.32) 전재환의 경우 울진에서 울릉도에 들어왔다. 가족은 다음과 같다.

   田在桓
 처 朱氏(34 ; 본관 웅천)
 아들 時龍(5)
 차자 越龍(3)
 족숙 旒(58)
 족제 有桓(31)
 率人 裵尙三(32 ; 居 大邱)

전재환은 처와 아들 2명과 족숙, 족제, 솔인까지 거느리고 울릉도에 7명이 들어왔다. 16호 가운데 개간한 면적이 '3석지지'가 되어 최대로 많다.33)

일본의 경우 "竹島는 역사적 사실에 비추어도, 또한 국제법상으로도

---

31) 문보근, 『동해의 수련화―우산국, 울릉군지』 1981.
32) 김호동, 『독도·울릉도의 역사』 경인문화사, 2007, 145쪽.
33) 『光緖九年七月 日江原道鬱陵島 新入民戶人口 姓名年歲及田土起墾 數爻成冊』 서울대학교 규장각도서, No. 17117.

명백히 일본국 고유의 영토입니다."라고 하였고, 한국의 정부의 기본입장은 "독도는 역사적, 지리적, 국제법적으로 명백한 우리의 고유의 영토입니다."라고 하였다. 그리고 일본의 경우 독도에 관한한 한국 자료는 신빙성이 없다고 한다. 그렇기 때문에 제목을 「역사적 지리적 관점에서 본 독도」라고 잡고, 1장을 '지리적 관점에서 바라본 독도'라고 하였다. 일본의 경우 한국 자료를 믿을 바 못된다고 하여 2장을 '일본 자료를 통한 역사적 관점에서 본 독도'라고 잡았다. 일본의 에도, 메이지 시대의 고문서를 중심으로 일본의 독도영유권 주장에 대한 반박을 하고자 하였다.

【참고문헌】

고희종 외 2인, 「한반도 주변 해역 5개 정점에서 파랑과 바람의 관계」『한국지구과학회지』 26, 2005
김수희, 「개척령기 울릉도와 독도로 건너간 거문도 사람들」『한일관계사연구』 38, 2011
김호동, 『독도·울릉도의 역사』 경인문화사, 2007
김호동, 「조선 초기 울릉도·독도 관리정책」『동북아역사논총』 20, 동북아역사재단, 2008
김호동, 「조선 숙종 조 영토분쟁의 배경과 대응에 관한 검토-안용복 활동의 새로운 검토를 위해-」『대구사학』 94, 2009
김호동, 「『竹島考』분석」『인문연구』 63, 영남대학교 인문과학연구소, 2012
김호동, 「조선시대 독도·울릉도에 대한 인식과 정책」『역사학연구』 48, 호남사학회, 2012
김호동, 「울릉도와 독도로 건너간 사람들」『한·일 양국의 관점에서 본 울릉도 독도』 지성인, 2012
남기훈, 「17세기 朝·日 양국의 울릉도·독도인식」『한일관계사연구』 23, 한일관계사학회, 2005
문보근, 『동해의 수련화—우산국울릉군지』 1981
손승철, 「조선시대 '空島政策'의 허구성과 '搜討制' 분석」『이사부와 동해』 창간호, 한국이사부학회, 2010
신석호, 「獨島所屬에 對하여」『史海』 제1권 제1호, 1948
신석호, 「獨島의 來歷」『思想界』 1960년 8월
신용하 편저, 『독도영유권 자료의 탐구』 3, 독도연구보전협회, 2000
정병준, 『독도 1947』 돌베개, 2010
추효상, 「하계 한국 남해의 해항 변동과 멸치 초기 생활기 분포 특성」『한국수산경영지』 35, 2002
홍순칠, 『독도의용수비대 홍순칠 대장 수기 이 땅이 뉘 땅인데!』
葛生修亮, 「韓國沿海事情」『黑龍』 제1권 제2호, 1901
葛生修吉, 『韓海通漁指針』 1903
池內 敏, 「일본 에도시대(江戶時代)의 다케시마(竹島)·마츠시마(松島) 인